全国优秀教材一等奖

"十四五"职业教育国家规划教材

浙江省普通高校"十三五"新形态教材
高职高专土建专业"互联网+"创新规划教材

全新修订

第三版

工程地质与土力学

主　　编 ◎ 杨仲元
副主编 ◎ 熊伟明　许　野
参　　编 ◎ 吴颖峰　钱树波　陈　祎
主　　审 ◎ 吕　庆

北京大学出版社
PEKING UNIVERSITY PRESS

内容简介

"工程地质与土力学"是高职道路桥梁工程技术专业的一般课程之一,以工程地质学和土力学的基本理论为基础,培养学生今后能成为从事工程地质勘察与设计、地质灾害防治及岩土工程试验的建设单位技术人员、地质勘察设计院技术人员和施工企业技术人员。

本书以交通土建类专业学生的就业为导向,根据行业专家对本专业所涵盖的岗位群进行的任务和职业能力分析,同时遵循高等职业院校学生的认知规律,紧密结合职业资格证书中相关的考核要求,确定本课程的学习内容。为了充分体现"任务引领、实践导向"的课程思想,本书共分 8 个学习情境,主要包括工程地质认知、岩体结构与边坡稳定性分析、地质图认知、常见不良地质现象分析、工程地质勘察、土质学认知、土的压缩与变形计算、土压力与地基承载力分析等内容。同时,本书选择具有代表性的野外地质实习和岩土试验案例进行教学,以加深学生对课程内容的理解。此外,本书还根据技能培养与训练要求及可持续发展的需要,安排了必要的专业理论知识与能力训练项目。

本书主要供高等职业教育道路桥梁工程技术专业教学使用,也可作为土木工程技术人员的培训教材或自学用书。

图书在版编目(CIP)数据

工程地质与土力学/杨仲元主编. —3 版. —北京:北京大学出版社,2019.2
高职高专土建专业"互联网+"创新规划教材
ISBN 978-7-301-30230-9

Ⅰ. ①工… Ⅱ. ①杨… Ⅲ. ①工程地质—高等职业教育—教材 ②土力学—高等职业教育—教材 Ⅳ. ①P642 ②TU43

中国版本图书馆 CIP 数据核字(2019)第 006694 号

书　　　名	工程地质与土力学(第三版)
	GONGCHENG DIZHI YU TULIXUE (DI-SAN BAN)
著作责任者	杨仲元　主编
策 划 编 辑	刘健军
责 任 编 辑	伍大维
数 字 编 辑	蒙俞材
标 准 书 号	ISBN 978-7-301-30230-9
出 版 发 行	北京大学出版社
地　　　址	北京市海淀区成府路 205 号　100871
网　　　址	http://www.pup.cn　新浪微博:@北京大学出版社
电 子 信 箱	编辑部邮箱:pup6@pup.cn　总编室邮箱:pup@pup.cn
电　　　话	邮购部 010-62752015　发行部 010-62750672　编辑部 010-62750667
印 刷 者	天津中印联印务有限公司
经 销 者	新华书店
	787 毫米×1092 毫米　16 开本　21 印张　480 千字
	2012 年 6 月第 1 版　2014 年 7 月第 2 版
	2019 年 2 月第 3 版
	2023 年 1 月修订　2023 年 8 月第 8 次印刷
定　　　价	50.00 元

未经许可,不得以任何方式复制或抄袭本书之部分或全部内容。
版权所有,侵权必究
举报电话:010-62752024　电子信箱:fd@pup.pku.edu.cn
图书如有印装质量问题,请与出版部联系,电话:010-62756370

《工程地质与土力学》自 2012 年出版以来，经有关院校教学使用，反映良好。高等职业教育肩负着培养面向生产、建设、服务和管理一线需要的高技能人才的使命，在加快推进"工匠精神"培育和"交通强国"建设过程中，具有不可替代的作用。为了更好地开展教学，适应大学生学习的要求，我们对本书进行了修订。

这次修订主要做了以下工作。

1. 任务 1.2，补充了矿物条痕的内容，补充了矿物鉴定相关内容的二维码。

2. 任务 1.3，修订了沉积岩分类的内容，补充了岩浆岩鉴定、沉积岩鉴定、变质岩鉴定相关内容的二维码。

3. 任务 1.4，修订了地质年代表。

4. 任务 1.5，补充了地质构造相关内容的二维码。

5. 学习情境 2，补充了岩体结构与边坡稳定性分析相关内容的二维码。

6. 学习情境 4，补充了不良地质现象中的崩塌、滑坡、泥石流、岩溶、地震相关内容的二维码。

7. 在 8 个学习情境后，补充了复习思考题和能力训练。

8. 修改了书中的一些错误，对遗漏部分进行了补充。

经修订，本书具有以下特点。

1. 编写体例新颖。从学生好用、实用、够用的角度出发，增加内容的趣味性，图文结合，突出案例，创新形式，增加课后的学习考核。

2. 突出对职业能力的培养。本书以工程建设中处理工程地质问题的能力为主线，注重对学生野外地质勘测能力和解决不良地质问题能力的培养。

3. 导入数字化信息，实现线上线下教学。有关矿物、岩石、地质构造、岩体结构和不良地质现象等工程地质知识和技能方面，增加大量的二维码，可提高学生的学习兴趣，并在数字化信息条件下实现线上线下教学，提升课堂教学效果，使学生学以致用。

【资源索引】

本书由浙江交通职业技术学院杨仲元担任主编，由杭州光华路桥工程有限公司熊伟明、杭州市地铁集团有限责任公司许野担任副主编，浙江交通职业技术学院郑晓国、许玮珑、薛倩参编。本书编写分工如下：学习情境1、学习情境2和学习情境3由杨仲元编写，学习情境4由许玮珑编写，学习情境5由熊伟明编写，学习情境6由许野编写，学习情境7由郑晓国编写，学习情境8由薛倩编写。全书由杨仲元负责统稿。

对于本版存在的不足和疏漏，敬请读者批评指正。对使用本书、关注本书及提出修改意见的同行们表示深深的感谢。

编　者

2018年12月

本书课程思政元素

本书以立德树人为根本，以社会主义核心价值观为指导，弘扬劳动光荣，实现课程思政，总结并提炼"爱国、诚信、敬业、实干、奉献、合作、自强、专注"等8个课程思政元素。紧紧围绕"立德树人、价值塑造、能力培养、知识传授"四位一体的教材建设目标，在书的内容中寻找相关的思政落脚点。通过引例、特别提示、知识点、技能实训和试验操作等教学素材的设计运用，以润物细无声的方式发挥教材铸魂的育人功能。

本书的课程思政元素设计采取思政与技能并重、岗位与任务对接、教材与资源相融的教材结构设计，将职业技能与课程思政高度融合，实现知识传授与价值引领同频共振。充分挖掘课程思政元素，特别是交通工程建设所需要的家国情怀、工匠精神、劳动风尚。充分发挥本书在提升学生政治素养、职业道德、工匠精神中的引领作用，创新教材呈现方式，实现"三全育人"。

本书针对每个思政元素由老师和学生共同参与其中，将职业技能和德育教育贯穿于课堂教学活动全过程。在课堂，教师可根据以下的内容导引、展开研讨、总结分析、思政落脚点等环节，引导学生具有专业知识、职业技能和思政素养能力。

页码	内容导引（案例或知识点）	展开讨论（思政内涵）	思政元素
3	引例	1. 世界最高的山峰在哪里？ 2. 如何认识中国西高东低的台阶型地理分布？	民族自豪感
6	5.12汶川大地震	1. 让学生了解2008年的奥运年发生了汶川大地震的基本情况。 2. 地震发生的机理是什么？	爱国情怀
15	矿物鉴定	1. 是否知道6大造岩矿物？ 2. 是否知道在野外鉴定矿物的简便工具？ 3. 为什么要去野外寻找矿物？	劳动精神 职业素质
38	岩石鉴定	1. 是否知道三大岩石？ 2. 能否亲身在野外用肉眼鉴定岩石？ 3. 能否仔细认真分析各种岩石的特征？	劳动精神 职业素质
39	地质年代	1. 是否知道人类的起源年代？ 2. 是否知道新生代的生物界发展演化？	民族自豪感
47	节理调查	1. 谈一谈开展野外调查的危险性、工作条件。 2. 体验野外调查的辛劳。	劳动光荣 工匠精神 安全意识
52	特别提示	1. 我国四大高原是什么？ 2. 我国四大平原是什么？ 3. 我国四大盆地是什么？	爱国情怀 美丽中国
77	特别提示	1. 人类活动会影响地下水。 2. 特别是不合理的工程设计施工，会造成地下水资源的缺失。	国家水资源保护意识

续表

页码	内容导引（案例或知识点）	展开讨论（思政内涵）	思政元素
104	人为因素	1. 过度的边坡开挖或加载是否会引起边坡失稳？ 2. 石方爆破是否会引起周边地质塌方灾害？	家国情怀 美丽中国
119	地质图	1. 地形分布特点有哪些？ 2. 地质构造特征由哪些？ 3. 由什么地层的接触关系？	职业精神 工匠精神
123	引例	1. 崩塌的原因是什么？ 2. 崩塌对人类破坏因素有哪些？	生态环境 保护意识 美丽中国
127	引例	1. 滑坡的原因是什么？ 2. 滑坡对人类破坏因素有哪些？	生态环境 保护意识 美丽中国
136	引例	1. 泥石流的原因是什么？ 2. 泥石流对人类破坏因素有哪些？	生态环境 保护意识 美丽中国
140	引例	1. 岩溶的原因是什么？ 2. 岩溶对人类破坏因素有哪些？	生态环境 保护意识 美丽中国
146	引例	1. 地震的原因是什么？ 2. 地震对人类破坏因素有哪些？	生态环境 保护意识 美丽中国
182	野外地质勘察	1. 是否知道去野外地质勘察的主要目的？ 2. 是否知道野外地质勘察的调查内容？	劳动光荣 职业精神 工匠精神
199	引例	1. 土是劳动人民辛勤耕作的宝藏。 2. 土中有哪些成分、结构和性质？	劳动光荣
214—227	含水率、密度、液塑限试验	1. 如何做好试验的准备工作？ 2. 如何准确操作试验仪器？ 3. 如何保持实验室的清洁状态？	劳动光荣 职业精神 工匠精神
244	地基沉降计算	1. 如何掌握最新的地基沉降计算方法。 2. 如何正确开展复杂烦琐的计算过程？	职业精神 工匠精神
253—254	土的压缩试验	1. 如何做好试验的准备工作？ 2. 如何准确操作试验仪器？ 3. 如何保持实验室的清洁状态？	劳动光荣 职业精神 工匠精神
309	按规范确定地基承载力	1. 如何切实按照国家行业规范标准开展设计、施工、检测工作？ 2. 如何积累实际工程经验？	职业精神 工匠精神
313—316	土的剪切试验	1. 如何做好试验的准备工作？ 2. 如何准确操作试验仪器？ 3. 如何保持实验室的清洁状态？	劳动光荣 职业精神 工匠精神

目 录

学习情境 1　工程地质认知 ·· 001

任务 1.1　地质作用认知 ·· 003
任务 1.2　矿物鉴定 ·· 009
任务 1.3　岩石鉴定 ·· 018
任务 1.4　地质构造认知 ·· 038
任务 1.5　地貌与第四纪地质认知 ····································· 051
任务 1.6　地下水分析 ··· 070
小结 ··· 085
复习思考题 ·· 088
能力训练 ··· 089

学习情境 2　岩体结构与边坡稳定性分析 ·································· 091

任务 2.1　岩体结构 ·· 092
任务 2.2　边坡稳定性分析 ·· 100
小结 ··· 110
复习思考题 ·· 111
能力训练 ··· 111

学习情境 3　地质图认知 ·· 112

任务 3.1　地质图概述 ··· 113
任务 3.2　地质图阅读与分析 ··· 117
小结 ··· 120
复习思考题 ·· 121
能力训练 ··· 121

学习情境 4　常见不良地质现象分析 …… 122

- 任务 4.1　崩塌分析 …… 123
- 任务 4.2　滑坡分析 …… 127
- 任务 4.3　泥石流分析 …… 136
- 任务 4.4　岩溶分析 …… 140
- 任务 4.5　地震分析 …… 146
- 小结 …… 153
- 复习思考题 …… 153
- 能力训练 …… 154

学习情境 5　工程地质勘察 …… 155

- 任务 5.1　工程地质勘察概论 …… 156
- 任务 5.2　节理玫瑰花图绘制及野外地质勘察 …… 181
- 小结 …… 188
- 复习思考题 …… 189
- 能力训练 …… 189

学习情境 6　土质学认知 …… 190

- 任务 6.1　土的三相组成 …… 191
- 任务 6.2　土的工程分类 …… 199
- 任务 6.3　土的工程性质分析 …… 206
- 任务 6.4　含水率、密度、液限和塑限试验 …… 214
- 小结 …… 228
- 复习思考题 …… 229
- 能力训练 …… 229

学习情境 7　土的压缩与变形计算 …… 230

- 任务 7.1　土中应力的分布与计算 …… 231
- 任务 7.2　土的压缩性及变形计算 …… 242
- 任务 7.3　土的压缩试验 …… 253
- 小结 …… 255
- 复习思考题 …… 255
- 能力训练 …… 256

学习情境 8　土压力与地基承载力分析 …… 258

- 任务 8.1　土的强度指标与测定 …… 259
- 任务 8.2　土压力计算 …… 271

任务 8.3　地基承载力分析 …………………………………………………… 301
任务 8.4　土的直剪试验 ……………………………………………………… 313
小结 ……………………………………………………………………………… 316
复习思考题 ……………………………………………………………………… 317
能力训练 ………………………………………………………………………… 317

附录　**常用地质符号** …………………………………………………… 319

参考文献 ……………………………………………………………………… 321

学习情境 1　工程地质认知

学习目标

1. 能描述地球的圈层构造和地质作用。
2. 能鉴定常见的矿物。
3. 能鉴定常见的岩石。
4. 会认知地质年代。
5. 能测定和表示岩层产状。
6. 能描述褶皱、节理、断层等地质构造。
7. 能描述山岭地貌、流水地貌、平原地貌的工程地质特征。
8. 会分析地下水对工程的影响。

教学要求

	知识要点	重要程度
地质作用认知	地球的圈层构造	B
	内力地质作用的类型与特征	A
	外力地质作用的类型与特征	A
矿物鉴定	矿物的分类	B
	矿物的形态与物理性质	B
	矿物的鉴定方法	A
岩石鉴定	三大岩石的分类	C
	岩石的结构与构造	B
	岩石的性质与工程分类	B
	岩石的鉴定方法	A

续表

知识要点		重要程度
地质构造认知	地质年代	C
	岩层产状及产状要素	A
	褶皱构造的几何要素与分类	B
	节理与断层的含义及特征	B
	用地质罗盘仪测定岩层的产状	A
地貌与第四纪地质认知	地貌类型的划分	A
	山岭地貌、流水地貌、平原地貌的工程地质特征	C
	第四纪沉积物的主要成因类型	B
地下水分析	地下水及其类型	A
	地下水物理性质和化学成分	B
	地下水的运动规律	C

注：表中知识要点的重要程度，A＞B＞C(全书同)。

章 节 导 读

本学习情境由地质作用认知、矿物鉴定、岩石鉴定、地质构造认知、地貌与第四纪地质认知，以及地下水分析6个部分组成。地质作用认知介绍了地球的圈层构造、地壳板块构造和内外力地质作用的类型。矿物鉴定介绍了六大造岩矿物、矿物组成元素和矿物的鉴定方法。岩石鉴定介绍了三大岩类、岩石的结构与构造、岩石的性质与工程分类，以及岩石的鉴定方法。地质构造认知主要介绍了地质年代和地质罗盘仪的操作方法，以及褶皱、节理、断层的主要特征。地貌与第四纪地质认知主要介绍了地貌类型的划分和第四纪沉积物的主要成因类型。地下水分析主要介绍地下水的分类、成分，以及地下水运动对土木工程的影响。

知 识 点 滴

地壳是由岩石和岩体组成的。自然界岩石的种类很多，按形成原因可分为岩浆岩、沉积岩和变质岩三大类。人类目前使用的多种自然资源如各种金属与非金属矿产及石油等蕴藏于岩石中，并且与岩石具有成因上的联系。在工程上，岩石通常作为建筑物或构筑物的基础持力层，其物理力学性质对这些工程建筑起到至关重要的作用。岩石也是构成各种地质构造和地貌的物质基础，对指导找矿勘探、开发地下资源、工程建筑设计，以及交通运输、国防工程的建设等都具有极其重要的研究价值。

各种不同的地貌及第四纪地质，关系到公路勘测设计、桥隧位置选择的技术经济问题和养护工程等。

埋藏在地表以下岩土的空隙(包括孔隙、裂隙和空洞)中的水，称为地下水。自然界存在于岩土空隙中的地下水有气态、液态和固态3种，其中以液态为主。

学习情境 1　工程地质认知

【素质拓展】

任务 1.1　地质作用认知

地壳在地质历史中，受地球内力和外力地质作用的影响，不停地运动和演变。自地球形成以来，整个地壳一直处于运动、变化和发展之中，但运动、变化和发展的速度、幅度、范围和方向，在不同的时间和地点，往往是不同的。如地壳的上升或下降、挤压或拉伸运动是极其缓慢的，而地震却是十分剧烈的。

喜马拉雅山上发现了鱼、海螺、海藻等海洋生物化石，如图 1.1 所示。这说明在很久以前，喜马拉雅山地区是一片汪洋大海，后来由于地壳运动，使这个地区的海底抬升成为陆地，地表形态也发生了巨大的变化。那么，地壳为何运动？地表形态为什么会不断地发生变化？运动和变化的力量来自哪里？

图 1.1　喜马拉雅山上的海洋生物化石

1.1.1　地球的圈层构造

1. 地球的内部圈层

（1）地球的形状

地球是人类居住的星球。根据地球内部放射性同位素蜕变速度测定，地球从形成至今大约经历了 46 亿年。地球的形状为不规则的椭球体。地球表面高低不平，最高的山峰海拔达到 8844.43m，最深的海沟深达海平面之下 11929m。地球的平均半径为 6371.3km，体积为 1.083×10^{21} m³。地球的自然表面积约为 5.11×10^8 km²，赤道周长为 40075.04km。

在这漫长的地质历史进程中，它一直处在不断运动之中，其成分和构造时刻都在变化着。过去的海洋经过长期的演变而成为陆地、高山；陆地上的岩石经过长期风吹、日晒、雨淋之后逐渐破坏粉碎，脱离原岩而被流水携带到低洼处沉积下来，结果高山被夷为平地。海枯石烂、沧海桑田，地壳面貌不断改变，形成了今天的地壳外部形态特征。

（2）地球的结构

由于组成物质和物理性质不同，地球从地表到地心呈圈层状分布，这种现象称为地球的圈层结构。根据地震波在地球内部的传播速度和传播特征，一般把地球划分为地壳、地幔、地核 3 个圈层（图 1.2）。

003

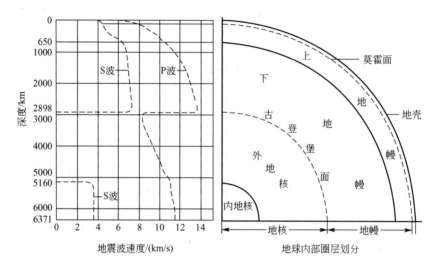

图 1.2　地球的圈层构造及 P 波和 S 波的速度分布

地球的赤道半径为 6378.137km，两极半径为 6356.752km。地球的表面起伏不平，约有 70.9% 的面积为海洋，29.1% 的面积为陆地。

地壳是固体地球的表层部分，以莫霍面为其下界面，平均厚度为 33km。地壳由各种岩石组成，密度为 $2.7\sim2.9g/cm^3$，大陆型地壳主要由沉积岩、花岗岩和变质岩组成，大洋型地壳主要由玄武岩等组成。

地幔是指莫霍面以下至古登堡面以上的圈层（33～2900km），其密度为 $3.3\sim4.6g/cm^3$。地幔又分为上地幔和下地幔两个部分：上地幔指莫霍面至 670km 深度处的地幔上部（33～670km）；下地幔指 670～2900km 范围的地幔下部。整个地幔物质成分，一般认为与球粒陨石相近，即以铁、镁、硅酸盐为主。

地核是指古登堡面以下的地球核心部分（2900～6371km），其密度为 $11\sim16g/cm^3$。地核又分为外地核和内地核两部分：外地核分布范围为 2900～5155km；内地核分布范围为 5155～6371km，位于地球核心部位。由于横波不穿过外地核和地震纵波吸收得很少等现象的存在，一般认为外地核为铁、硅、镍组成的熔融体。内地核的物质组成为铁镍合金。

（3）地壳的板块构造

1915 年，德国魏格纳提出"大陆漂移说"，认为大约距今 1.5 亿年前，地球表面有个统一的大陆——联合古陆。联合古陆周围全是海洋，从侏罗纪开始，联合古陆分裂成几块并各自漂移，最终形成现今大陆和海洋的分布格局。奥地利地质学家休斯对"大陆漂移学说"做了进一步推论，认为古大陆不是一个而是两个，北半球的一个称劳亚古陆，南半球的一个称冈瓦纳大陆。"大陆漂移说"的主导思想是正确的，但限于当时的地质科学发展水平而未得到普遍接受。

直到 20 世纪 60 年代末，根据大量科学观测资料，将大陆、海洋、地震、火山及地壳以下的上地幔活动有机地联系起来，才形成一个完整的"地壳板块构造学说"。

"地壳板块构造学说"认为：刚性的岩石圈分裂成 6 个大的地壳板块，它们驮在软流圈上做大规模水平运动。各板块边缘结合地带是相对活动的区域，表现为强烈的火山（岩浆活动）、地震和构造变形等，而板块内部则是相对稳定区域。

全球可划分出6个大型板块(太平洋板块、非洲板块、美洲板块、印度洋板块、南极洲板块、欧亚板块)和6个小型板块(菲律宾板块、富克板块、可可板块、澳大利亚-印度板块、加勒比海板块、纳兹卡板块),共12个板块(图1.3)。

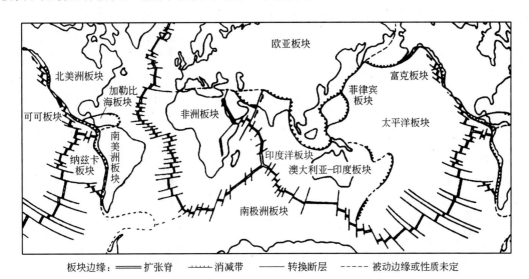

图1.3 地壳的板块构造

特别提示

大陆内部也可以划出一些次一级的板块。板块之间,分别以海峡或海沟、造山带为界。一般来说,板块内部地壳比较稳定;板块与板块交界处是地壳比较活跃的地带,其活动性主要表现为地震、火山、张裂、错动、岩浆上升、地壳俯冲等。世界上的火山、地震活动,集中分布在板块的分界线附近。

2. 地球的外部圈层

地球的外部圈层,主要是大气圈、水圈和生物圈。

(1) 大气圈

大气是人类和生物赖以生存的物质条件。根据大气在垂直方向上的温度、成分、密度、电离等物理性质和运动状况,可把大气圈分为5层:对流层(自地面至8～18km高空)、平流层(从对流层顶至离地面50～55km高空)、中间层(从平流层顶至离地面80～85km高空)、热层或暖层(从中间层顶至离地面800km高空)、外层或逸散层(800km以上高空)。低层大气(0～25km高空)主要由氮(质量百分比75.523%)、氧(质量百分比23.142%)、氩(质量百分比1.280%)、二氧化碳(质量百分比0.050%),以及少量的臭氧、氢、氖、氦、氪、氙等组成。

(2) 水圈

水圈是指由地球表层水体所构成的连续圈层。地球上水的总体积约为$13.6 \times 10^8 \mathrm{km}^3$。按天然水所处的环境不同,水圈的水可分为海洋水(咸水)、陆地水(绝大部分为淡水)、大气水(存在于大气圈中的气态水)3种类型。海洋水约占水圈总体积的97.2%;陆地水约占水圈总体积的 2.799%；大气水约占水圈总体积的 0.001%。

(3) 生物圈

生物圈是指地球表层由生物及其生命活动的地带所构成的连续圈层，是地球上所有生物及其生存环境的总称。根据目前的研究资料，生物圈中 90% 以上的生物都活动在从地表到 200m 高空，以及从水面到水下 200m 水域的范围内，这部分空间是生物圈的主体。构成生物圈的生物种类极其繁多，现今地球上已被发现、鉴定、定名的就达 200 万种，其中动物 150 万种，植物 50 万种。

1.1.2　地质作用

在地质历史发展过程中，由自然动力引起地壳物质组成、内部结构及地表形态变化和发展的自然作用，统称为地质作用。按其动力能量的不同，地质作用可分为内力地质作用和外力地质作用。

1. 内力地质作用

内力地质作用简称为内力作用，是由地球转动能、重力能和放射性元素蜕变的热能等所引起的，主要是在地壳或地幔中进行。内力地质作用包括构造运动、岩浆作用、地震作用和变质作用等。

(1) 构造运动

【构造运动】

由于地球自转速度的改变等原因，使得组成地壳的物质不断运动，并改变它的相对位置和内部构造的过程，称为构造运动，又称为地壳运动。它是内力地质作用的一种重要形式，也是改变地壳面貌的主导作用。

按构造运动的作用方向，可分为水平运动和垂直运动。水平运动是地壳演变过程中表现得较为强烈的一种运动形式。垂直运动是地壳演变过程中表现得较为缓慢的一种运动形式。

(2) 岩浆作用

【岩浆作用】

岩浆在高温高压下常处于相对平衡状态，但当构造运动使地壳出现破裂带，或其上覆岩层受外力地质作用发生物质转移时，岩浆会向压力减小的方向移动，引起地形改变。岩浆侵入地壳上部或喷出地表冷凝形成岩石的作用，统称为岩浆作用。

由岩浆作用形成的岩石，称为岩浆岩。岩浆作用有两种方式：喷出作用和侵入作用。

(3) 地震作用

【地震作用】

地震是地壳快速振动的现象，是构造运动和岩浆作用的一种强烈表现。火山喷发可引起火山地震，地下溶洞或地下采空区的塌陷可引起陷落地震，山崩、陨石坠落等也可引起地震。地震发生时，不仅会使地壳内部的岩层发生褶曲、断裂，地面隆起和陷落，而且还可能使地表出现滑坡、山崩或使河流改道等不良地质现象。

全球每年约发生 500 万次地震，绝大多数属于微震，有感地震约 5 万次，造成严重破坏的地震十余次。2008 年 5 月 12 日 14 时 28 分四川省汶川县发生了 8.0 级地震，余震上千次,造成了重大人员伤亡和财产损失。汶川地震主要是由印度洋板块与亚欧板块的挤压造成的。根据有关地质专家的调查监测和评价研究结果,这次地震的原因有如下3个方面。

① 印度洋板块向亚欧板块俯冲,造成青藏高原快速隆升。高原物质向东缓慢流动,在高原东缘沿龙门山构造带向东挤压,遇到四川盆地之下刚性地块的顽强阻挡,造成构造应力能量的长期积累,最终在龙门山北川至映秀地区突然释放。

② 逆冲、右旋、挤压型断层地震。发震构造是龙门山构造带的中央断裂带,在挤压应力作用下,由南西向北东逆冲运动;这次地震属于单向破裂地震,由南西向北东迁移,致使余震向北东方向扩张;挤压型逆冲断层地震在主震之后,应力传播和释放过程比较缓慢,可能导致余震强度较大,持续时间较长。

③ 浅源地震。汶川地震不属于深板块边界的效应,而是发生在地壳脆性—韧性转换带,震源深度为10~20km,因此破坏性巨大。

(4) 变质作用

在地壳演变过程中,地下一定深度的岩石受到高温、高压及化学成分加入的影响,在固体状态下,发生一系列变化,形成新的岩石,这一过程称为变质作用。

影响变质作用的主要因素为温度、压力和化学成分的加入。

内力地质作用及其特征见表1-1。

【变质作用】

表1-1 内力地质作用及其特征

类型		地质作用力	特征	结果表现
构造运动	水平运动	离心力、挤压力、惯性力	岩层受到挤压、拖曳、旋扭等	形成裂谷、盆地及褶皱山系,如我国的喜马拉雅山、天山等
	垂直运动	挤压力	板块的上升与下降	由于上升形成山岳、高原,由于下降形成湖、海、盆地
岩浆作用	喷出作用	岩浆压力	岩浆从地表喷溢	火山,如喷出岩
	侵入作用	岩浆压力	岩浆在地下凝固	岩浆冷凝成岩,如侵入岩
地震作用		地应力	地壳震动	火山地震、地面震动
变质作用		温度	温度增高,岩石中矿物的重结晶作用增强	地热、岩浆热和动力热
		地壳压力	下层岩石体积缩小、破裂变形	位于下层的岩层不断压密
		化学作用	岩浆活动导致岩层内部生成新的矿物	变质岩的形成

2. 外力地质作用

外力地质作用是由来自外部能源所引起的地质作用,主要有太阳辐射能及太阳和月球的引力等。其具体表现方式有风化作用、剥蚀作用、搬运作用、沉积作用和固结成岩作用。外力地质作用的总趋势是削高补低,使地面趋于平坦。各类土层和沉积岩就是外力地

【外力地质作用】

【物理风化作用】

质作用的产物。

外力地质作用及其特征见表1-2。

表1-2 外力地质作用及其特征

类型		地质作用力	特征	结果表现
风化作用	物理风化作用	热胀与冷缩	剥离	岩石呈层状脱落、剥离现象
		冻结与融化	冰劈	季节性或昼夜的温差变化，使岩石崩裂成碎块
		结晶与潮解	晶胀	导致岩土胀裂
	化学风化作用	溶解作用	矿物变成溶液	形成溶洞
		碳酸化作用	变成新矿物	坚硬的正长石变成疏松的高岭石
		水化作用	引起矿物体积膨胀	生成新的含水矿物
		水解作用	生成带OH⁻的新矿物	花岗岩中的正长石在水解作用下，先变成高岭石，再进一步分解为铝矾土
		氧化作用	氧化物的矿物	黄铁矿经氧化形成褐铁矿
剥蚀作用		风力、地面流水、地下水等外动力因素	把风化后的碎屑物从岩石表面剥离下来	提供了裸露的新鲜岩石
搬运作用		风力、流水、冰川、湖水、海水及生物的动力	被搬离母岩后而转移空间的过程	将剥蚀下来的岩屑搬走
沉积作用		机械沉积作用	拖曳或悬浮的物质依次沉积	沉积物
		化学沉积作用	溶质达到过饱和后开始沉积	
		生物沉积作用	在湖沼和浅海有生物残骸	

续表

类　型	地质作用力	特　征	结果表现
固结成岩作用	压实作用	当沉积物达到一定厚度时，发生脱水，孔隙减小，体积压缩，密度增大	由黏土沉积物变为黏土岩，碳酸盐沉积物变为碳酸盐岩
	胶结作用	碎屑沉积物经过压实形成碎屑岩	形成泥质、钙质、铁质、硅质等沉积物
	重结晶作用	形成结晶，颗粒由细变粗，并固结成岩	形成黏土岩和化学岩

【固结成岩作用】

特 别 提 示

在降水量少、蒸发剧烈的干旱或半干旱地区，渗透到岩土裂隙中的水，往往溶解了一些盐类物质。结晶后，体积随之膨胀，如明矾从过饱和溶液中结晶时，体积增大0.5%，晶面膨胀压力可达4MPa。夜间气温降低，结晶盐类物质又从大气中吸收水分重新变成盐溶液，即潮解。

1.1.3　内外力地质作用的相互关系

内力地质作用总的趋势是形成地壳表层的基本构造形态和地壳表面大型的高低起伏。

外力地质作用，一方面通过风化和剥蚀作用不断地破坏露出地面的岩石；另一方面又把高处剥蚀下来的风化产物通过流水等介质搬运到低洼的地方沉积下来，重新形成新的岩石。外力地质作用总的趋势是切削地壳表面隆起的部分，填平地壳表面低洼的部分，不断使地壳的面貌发生变化。

自地壳形成以来，内力和外力地质作用在时间和空间两个方面，都是一个连续的过程。虽然两种作用时强时弱，有时以某种作用为主导，另一种作用为辅，但始终是相互依存、彼此推进的。由于地壳表层是内力和外力地质作用共同活动的场所，因而，自然界中的各种地质体无不留有内力和外力地质作用共同活动的痕迹。

任务1.2　矿物鉴定

【常见造岩矿物光学性质】

矿物是由元素组成的，是组成地壳的基本物质，它是各种地质作用下形成的具有一定化学成分和物理性质的单质体或化合物。其中构成岩石的主要矿物称为造岩矿物。

矿物是地质作用的最基本产物,自然界中现已发现的矿物有 3000 余种,且新矿物还在不断被发现,但只有 6 种矿物或矿物族最为常见。这 6 种矿物或矿物族组成了地球表面 95% 的固体物质,这些矿物被称为造岩矿物。地壳中造岩矿物及其百分含量见表 1-3。

表 1-3 地壳中造岩矿物及其百分含量

矿物及矿物族	含量(%)	所含主要元素
长石族	60	Na、K、Ca、Al、Si、O
石英	13	Si、O
辉石族	12	Mg、Fe、Ca、Na、Al、Ti、Mn、Si、O
闪石族	5	
云母族	4	K、Mg、Fe、Al、Si、O
橄榄石	1	Mg、Fe、Si、O

1.2.1 矿物的化学元素组成及分类

1. 矿物的化学元素组成

自然界产出的元素总共有 92 种,但各元素的含量分布是极不均匀的。O、Si、Al、Fe、Ca、Na、K、Mg、Ti、H 这 10 种元素占了地壳质量的 99.96%(表 1-4)。

表 1-4 地壳中主要元素的质量百分比

元素	元素符号	含量(%)	元素	元素符号	含量(%)
氧	O	46.95	钠	Na	2.78
硅	Si	27.88	钾	K	2.58
铝	Al	8.13	镁	Mg	2.06
铁	Fe	5.17	钛	Ti	0.62
钙	Ca	3.65	氢	H	0.14

元素在一定地质条件下形成矿物,矿物的自然集合体则是岩石。地壳和地球内部的化学元素,除极少数呈单质存在外,绝大多数是以化合物的形态存在的。这些具有一定化学成分和物理性质的自然元素和化合物,称为矿物。由一种矿物或多种矿物组成的自然集合体称为岩石,它是各种地质作用的产物,是构成地壳的物质基础。

由同种元素组成的矿物称单质矿物,如自然金(Au)、金刚石(C)、自然硫(S)。由两种或两种以上的元素化合而成的矿物称为化合物矿物,如石英(SiO_2)、方解石($CaCO_3$)、石膏($CaSO_4 \cdot 2H_2O$)等。

2. 矿物分类

矿物是构成岩石的基本单元,自然界的矿物按其成因可分为三大类型。

① 原生矿物。在成岩或成矿的时期内，从岩浆熔融体中经冷凝结晶过程所形成的矿物，如石英、长石等。

② 次生矿物。原生矿物遭受化学风化而形成的新矿物，如正长石经水解作用后形成的高岭石等。

③ 变质矿物。在变质作用过程中形成的矿物，如区域变质的结晶片岩中的蓝晶石和十字石等。

1.2.2 矿物的形态与物理性质

1. 矿物的形态

矿物常具有一定的外形，根据矿物的外形可以区别一些常见的矿物。

矿物绝大多数是结晶质，少数为非晶质。结晶质的基本特点是组成矿物的原子、离子、分子等基本质点在矿物内部按一定的周期和规律进行排列，形成稳定的结晶格子构造。图1.4所示为石英晶体构造。矿物由于质点有规律地排列形成晶格，造成矿物的各向异性，几乎所有矿物的物理特征（导热性、导电性、硬度、光性等）都会表现出各向异性，即不同方向具有不同性质，被认为是非均质体。非晶质（也称玻璃质）的内部质点呈无序排列，无固定几何外形，并经常表现出各向同性的特点，被称为均质体。蛋白石、玛瑙、火山玻璃质等都是非晶质矿物。

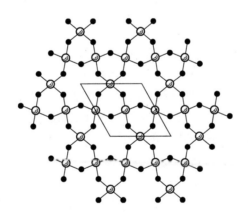

图1.4 石英晶体构造

在自然界，结晶质很少以完整的单体晶形出现，而非晶质矿物则根本没有规则的单体形态。矿物常常会以许多较小的单体聚集在一起，形成矿物的集合体，因此可按矿物集合体的形态来识别矿物。矿物集合体形态往往反映了矿物的生成环境。在矿物形成过程中，如果条件适宜，则能生成具有一定几何外形的晶体。图1.5所示为常见的矿物晶体。常见的矿物集合体形态有以下几种。

① 晶簇。在同一基座上生长出许多同类矿物的晶体群，如石英晶簇、方解石晶簇等。

② 纤维状。由许多针状、柱状或毛发状的同种单体矿物，平行排列成纤维状，如石棉、纤维石膏等。

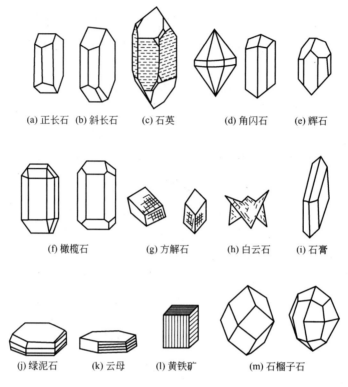

图 1.5 常见的矿物晶体

③ 粒状。大小相近，不按一定规律排列的晶体，聚合在一起形成粒状集合体，如橄榄石。依颗粒大小，粒状可分为粗粒状、中粒状和细粒状。

④ 钟乳状。钙质溶液或胶体在岩石的孔洞或裂隙中，因水分蒸发，从同一基底向外逐层生长而成的圆锥形或圆柱形矿物集合体。这种集合体最常见于石灰岩溶洞中，由洞顶向下生长而形成的下垂钟乳体称为石钟乳；由下向上逐渐生长的钟乳体称为石笋；石钟乳和石笋相互连接时，就形成了石柱。

⑤ 鲕状、豆状、肾状。胶体物质围绕某质点凝聚而成一个结核，一个个细小的结核聚合成集合体，形似鱼卵，故称鲕状；若结核颗粒大小如豆，则称为豆状；形似肾状者，则称为肾状。如赤铁矿可以出现致密块状、鲕状、豆状及肾状等形态，代表了不同的成因环境。

⑥ 土状。单体矿物已看不清楚，常呈疏松粉末状，由此类矿物聚集而成的集合体称为土状集合体，如高岭石。

⑦ 块状。细小的矿物颗粒紧密集合在一起，无一定的排列形式，形成块状集合体，如蛋白石、块状石英等。

2. 矿物的物理性质

矿物的物理性质取决于矿物的化学成分和晶体结构特点。矿物的主要物理性质有光性质和力学性质等，这些性质是鉴定矿物的主要依据。一般用肉眼观察并借助简单的工具和试剂鉴定矿物。

(1) 矿物的光学性质

矿物的光学性质是指矿物对自然光的吸收、反射和折射所表现出的各种性质。

① 颜色。颜色是指矿物对可见光中不同光波选择吸收和反射后映入人眼视觉的现象。它是矿物最明显、最直观的物理性质。常以标准色谱的红、橙、黄、绿、蓝、靛、紫,以及白、灰、黑来说明矿物颜色,也可以根据最常见的实物颜色来描述矿物的颜色,根据成色原因分为自色、他色和假色。

a. 自色。自色是矿物本身所固有的颜色,对矿物具有重要的鉴定意义,如黄铁矿多呈黄铜色等。

b. 他色。他色是矿物含有杂质等机械混入物所引起的,无鉴定意义。

c. 假色。假色是矿物内的某些物理原因所引起的颜色,比如光的干涉、散射等。

原生矿物按其自色分为浅色矿物和深色矿物两类。浅色矿物有石英、长石、白云母等;深色矿物有橄榄石、黑云母、角闪石、辉石等。

② 条痕。条痕是指矿物粉末的颜色,通常以矿物在白色无釉瓷板上擦划时留下的粉末痕迹而得出。条痕颜色较矿物块体的颜色固定,它对于不透明的金属矿物和色彩鲜明的透明矿物具有重要的鉴定意义。如赤铁矿因形态的不同可分别呈铁黑、钢灰、褐红等色,但它的条痕均为樱红色;黄铁矿呈浅黄铜色,而条痕呈绿黑色。

③ 光泽。光泽是矿物对可见光的反射能力。根据反光强弱用类比方法分为金属光泽、半金属光泽和非金属光泽。绝大多数矿物呈非金属光泽。

还有一些特殊的光泽,如丝绢光泽、油脂光泽、蜡状光泽、土状光泽等。

矿物遭受风化后,光泽强度会有不同程度的降低,如玻璃光泽变为油脂光泽等。

④ 透明度。透明度是指矿物透过可见光波的能力,即光线透过矿物的程度,一般规定以 0.03mm 的厚度作为标准进行鉴定。肉眼鉴定矿物时,根据透明度的差异分为透明矿物、半透明矿物和不透明矿物。这种划分无严格界限,鉴定时采用矿物的边缘较薄处,并以相同厚度的薄片及同样强度的光源比较加以确定。

(2) 矿物的力学性质

矿物的力学性质是指矿物在受力后所表现的物理性质。

① 硬度。硬度是矿物抵抗刻划、研磨的能力,一般用肉眼鉴定矿物时常用两种矿物对划的方法来确定矿物的相对硬度。在野外鉴别矿物硬度时,还可采用简易鉴定方法来测试其相对硬度,即利用指甲(硬度 2~2.5)、小刀(硬度 5~5.5)、玻璃片(硬度 5.5~6)和钢刀(硬度 6~7)等粗略判定。矿物的硬度是指单个晶体的硬度,而纤维状、放射状等集合方式对矿物硬度有影响,难以测定矿物的真实硬度。

国际公认的摩氏硬度计以常见的 10 种矿物作为标准,从低到高分为 10 级(表 1-5)。

表 1-5 矿物摩氏硬度计

硬　度	1	2	3	4	5	6	7	8	9	10
标准矿物	滑石	石膏	方解石	萤石	磷灰石	长石	石英	黄玉	刚玉	金刚石

② 解理与断口。解理指晶体在受到应力作用而超过弹性极限时,能沿着晶格中特定方向裂开成光滑平面的性质。

根据矿物解理组数不同可分为一个方向解理(如云母等)、两个方向解理(如正长石等)、三个方向解理(如方解石等)及四个方向解理(如萤石等)等。图1.6所示为方解石的三个方向解理。

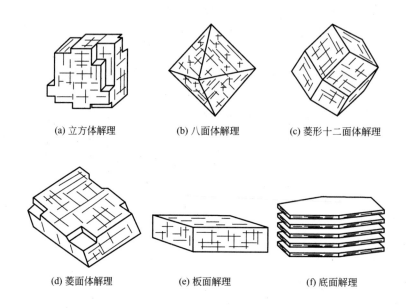

(a) 立方体解理　　(b) 八面体解理　　(c) 菱形十二面体解理

(d) 菱面体解理　　(e) 板面解理　　(f) 底面解理

图1.6　方解石的三个方向解理

根据解理面的发育程度，可将解理分为以下几种。

a. 极完全解理。矿物在外力作用下极易裂成薄片，解理面光滑平整，很难发生断口，如云母、石墨等。

b. 完全解理。矿物在外力作用下易沿解理方向分裂成平面(不成薄片)，解理面平滑，较难发生断口，如方解石、萤石等。

c. 中等解理。矿物在外力作用下可以沿解理方向分裂成平面，解理面不甚平滑，断口较易出现，如普通辉石、角闪石等。

d. 不完全解理。矿物在外力作用下，不易裂出解理面，易成断口，如磷灰石等。

e. 极不完全解理(即无解理)。矿物在外力作用下，极难出现解理面，常为断口，如石英、石榴子石等。

矿物受外力打击后在任意方向破裂呈现的各种凹凸不平的断面，称为断口。矿物断口的形态特征可分为下列几种。

a. 参差状断口。断口参差不齐、粗糙不平，大多数矿物具有此种断口，如磷灰石的断口。

b. 贝壳状断口。断口呈圆形光滑面，面上常出现不规则的同心纹，形似贝壳状，如石英的断口。

c. 平坦状断口。断面相对平坦，土状或致密块状矿物具有此种断口，如高岭石的断口。

d. 锯齿状断口。断口呈尖锐的锯齿状，延展性很强的矿物具有此种断口，如自然铜的断口。

(3) 矿物的弹性、挠性和延展性

① 弹性是指矿物受外力作用时发生弯曲而不断裂，外力撤除后即能恢复原状的性质，如云母。

② 挠性是指矿物受外力作用时发生弯曲而未断开，但外力解除后不能恢复原状的性质，如绿泥石、滑石等。

③ 延展性是指矿物受外力的拉引或锤击、滚轧时，能拉伸成细丝或展成薄片而不破裂的性质，如自然金等。

(4) 矿物的其他性质

① 相对密度。矿物的相对密度是某些矿物的重要鉴定特征之一。通常将矿物的相对密度粗略地分为轻、中等、重3个等级。相对密度小于2.5的为轻，如石膏；相对密度为2.5~4的为中等，如橄榄石；相对密度大于4的为重，如重晶石。决定矿物相对密度的根本因素有两个：一是组成矿物元素的原子量大小；二是晶体结构中原子或离子半径的大小及其堆积的紧密程度。

② 磁性。矿物的磁性是指矿物可被外部磁场吸引或排斥的性质，磁性也是某些矿物的鉴定特征。在矿物手标本的鉴定中，通常只使用普通永久磁铁来测试矿物的磁性，能被普通永久磁铁吸引的矿物，称为磁性矿物或铁磁性矿物，如磁铁矿、磁黄铁矿。不为普通永久磁铁吸引的矿物则称为无磁性矿物，如普通角闪石、黄铁矿等。

③ 矿物的发光性。矿物的发光性是指矿物在外来能量的激发下，发出可见光的性质。

在矿物鉴定上具有意义的主要是那些性质较稳定的发光现象。例如白钨矿在紫外线下总是发鲜明的浅蓝色荧光；金刚石在X射线下则发天蓝色荧光。这一性质也被用于找矿和选矿工作中。

1.2.3 矿物鉴定及常见矿物

【素质拓展】

1. 矿物的鉴定方法与步骤

矿物的鉴定方法有标本比对法、室内仪器检测法、肉眼鉴定法，其中以肉眼鉴定法最为简便和迅速。肉眼鉴定矿物是凭借放大镜、小刀、磁铁等简便工具，对矿物的外表形态及物理性质等进行肉眼观察。第一步，先确定矿物的硬度、光泽、解理和相对密度，因为这些物理性质比较固定；第二步，观察矿物的颜色、形态和透明度等；第三步，注意矿物是否具有磁性、发光性或挠性，遇酸是否起泡等特征，逐步缩小范围；第四步，综合分析，确定矿物的名称。

肉眼鉴定矿物是一种粗略的方法，一般在野外工作中常用，要精确地给矿物定名，需取样进行室内仪器检测，一般常把试样切成薄片(0.03mm)，在偏光显微镜下进行鉴定。

2. 常见矿物及其物理性质

一种矿物之所以不同于别的矿物，是由于在化学成分、内部构造和物理性质3个方面有别于其他矿物。常见矿物及其物理性质见表1-6。

【常见矿物一】

【常见矿物二】

表 1-6 常见矿物及其物理性质

矿物名称	化学成分	形状	颜色	条痕	光泽	硬度	解理与断口	相对密度	其他	主要鉴定特征
石英	SiO_2	粒状、六方棱柱状或呈晶簇	乳白或无色及其他颜色	无	玻璃或油脂	7	贝壳状断口	2.6	晶体柱面有横条纹	形状、光泽、断口、颜色
正长石	$KAlSi_3O_8$	板状、短柱状	肉红色	无	玻璃	6	两组中等解理正交	2.6	有时可见卡氏双晶	颜色、解理、光泽
斜长石	$(Na,Ca)[AlSi_3O_8]$	板状、柱状	(灰)白色	白色	玻璃	6	两组中等解理(86°)	2.7~3.1	有聚片双晶	解理、硬度
白云母	$KAl_2[AlSi_3O_{10}](OH,F)_2$	片状、鳞片状	无色	无	玻璃	2~3	一组完全解理	2.0~3.0	其薄片有弹性	解理、光泽、硬度
黑云母	$K(Mg,Fe)_3[AlSi_3O_{10}](OH,F)_2$	片状、鳞片状	黑或棕黑	无	玻璃	2~3	一组完全解理	2.7~3.1	其薄片有弹性	解理、光泽、形状
角闪石	$(Ca,Na)_{2~3}(Mg,Fe,Al)_5[Si_6(Si,Al)_2O_{22}](OH)_2$	长柱状	黑绿色	淡绿	玻璃	6	两组中等解理(86°)，锯齿状断口	3.1~3.6	晶体横断面近八边形	形状、颜色、光泽
辉石	$(Ca,Mg,Fe,Al)_2[(Si,Al)_2O_6]$	短柱状	绿黑色	灰绿	玻璃	5~6	三组中等解理(86°)，平坦状断口	3.3~3.6	晶体断面近八边形	形状、颜色、光泽
橄榄石	$(Mg,Fe)_2SiO_4$	粒状	橄榄绿	无	玻璃	6~7	贝壳状断口	3.3~3.5	不与石英共生	颜色、硬度、形状
方解石	$CaCO_3$	菱面体、粒状	无色	无	玻璃	3	三组完全解理	2.7	滴盐酸起泡	形状、解理、与酸作用
白云石	$CaCO_3 \cdot MgCO_3$	粒状、块状	白带灰色	白	玻璃	3~4	三组完全解理	2.8~2.9	滴热盐酸起泡	形状、解理、与酸作用

续表

矿物名称	化学成分	形状	颜色	条痕	光泽	硬度	解理与断口	相对密度	其他	主要鉴定特征
石膏	$CaSO_4 \cdot 2H_2O$	纤维状、板状	白色	白	丝绢	2	三组解理 一组完全	2.3	具挠性	形状、硬度、解理
高岭石	$Al_4[Si_4O_{10}](OH)_8$	土状、块状	白、黄色	白	土状	1	一组解理、土状断口	2.5~2.6	有吸水性，可塑性	形状、光泽、吸水
蒙脱石	$(Al_2Mg_3)[Si_4O_{10}](OH)_2$	土状、微鳞片状	白、浅粉红	白	土状	1	无解理	2.5~2.6	吸水剧烈膨胀	形状、剧烈吸水膨胀性
伊利石	$KAl_2[(OH)_2AlSiO_{10}]$	块状	白色	白	土状	1	无解理	2.5~2.6	吸水性强，无可塑性	形状、光泽、硬度
绿泥石	$(Mg,Al,Fe)_{12}[(Si,Al)_8O_{20}](OH)_{16}$	板状、鳞片状	绿色	无	油脂、丝绢	2~3	一组完全解理	2.8	其薄片有挠性	颜色、硬度、薄片弯曲无弹性
滑石	$Mg_3[Si_4O_{10}](OH)_2$	块状、叶片状	白、黄、绿色	白或绿	油脂	1	一组中等解理	2.7~2.8	具滑感	形状、光泽、硬度、滑感
石榴子石	—	菱形十二面体、四角三八面体、粒状	褐、棕红、绿黑色	无色	玻璃、油脂	6.5~7.5	无解理	3.1~3.2	—	形状、光泽、硬度、相对密度
蛇纹石	$Mg_6[Si_4O_{10}](OH)_8$	板状、纤维状	浅至深绿	白	油脂	3~4	一组中等解理	2.5~2.7	具滑感	形状、光泽、硬度
萤石	CaF_2	立方体、八面体、粒状	黄、绿、蓝紫等色	白色	玻璃	4	四组完全解理	2.3	受热发蓝，紫色荧光	形状、颜色、光泽、硬度
黄铁矿	FeS_2	立方体或粒状等	铜黄色	黑绿	金属	6~6.5	参差状断口	4.9~5.2	晶面有条纹	形状、光泽、颜色、条痕
褐铁矿	$Fe_2O_3 \cdot nH_2O$	块状、土状、钟乳状	黄褐、深褐	铁锈色	半金属	4~5.5	两组解理	2.7~4.3	可染手	形状、颜色、条痕
赤铁矿	Fe_2O_3	块状、鲕状、肾状、豆状	赤红、钢灰	砖红	金属至半金属	5.5~6	无解理	4.9~5.3	—	条痕、颜色、相对密度

任务 1.3 岩石鉴定

【岩浆岩的构造】

1.3.1 岩浆岩

岩浆涌向地表或地下一定深度处，因其温度和压力条件发生了变化，使之冷凝而成的岩石称为岩浆岩。岩浆是地下深处形成的具有高温(800～1000℃)、高压(大约在几百兆帕以上)的熔融状态的硅酸盐物质。岩浆的主要成分是SiO_2，此外还有其他元素、化合物和挥发成分。岩浆沿着地壳的薄弱地带上升(侵入)或喷出地表，在这个过程中岩浆会逐渐冷却，造岩矿物依次结晶，最后凝固形成岩石，即岩浆岩。岩浆岩又称火成岩，占地壳总质量的95%。

根据岩浆冷却凝固成岩的环境，岩浆岩可以分为深成岩、浅成岩和喷出岩三大类。深成岩是岩浆在地壳深处冷却而成的；浅成岩是岩浆在地壳表层(通常是0～3km)冷凝而成的；喷出岩是岩浆喷出地表后冷却而成的，是火山作用的产物，也称火山岩(称火山岩时则包括因火山作用而被破碎并堆积在火山附近的碎屑物形成的岩石)。其中深成岩和浅成岩又合称为侵入岩。

1. 岩浆岩的成因及产状

岩浆岩按其生成环境可分为侵入岩和喷出岩。岩浆侵入地壳内部，在高温下缓慢冷却结晶而成的岩浆岩称为侵入岩。岩浆在岩浆源附近凝结而成的岩浆岩称为深成侵入岩；如果是在接近地表不远的地段，未上升至地表面而凝结的岩浆岩则称为浅成侵入岩。喷出地表在常压下迅速冷凝而成的岩石称为喷出岩。

岩浆岩生成的空间位置、形状和大小称为岩浆岩的产状，如图1.7所示。

① 岩基。岩基是一种规模巨大的深成侵入岩体，其横截面面积一般大于$60km^2$，构成岩基的岩石多是花岗岩或花岗闪长岩等，岩性均匀稳定，是良好的建筑地基。如三峡坝址区就是选定在面积约$200km^2$的花岗岩-闪长岩岩基的南部。

② 岩株。岩株是一种形体较岩基小的岩体，分布面积一般小于$60km^2$，也常是岩性均一的良好地基。岩基边缘的分枝，在深部与岩基相连。

③ 岩盘。岩盘是一种中心厚度较大、底部较平、顶部呈穹隆状的层间侵入体，分布范围可达数平方千米，多由酸性、中性岩石组成。

④ 岩床。岩床是由流动性较大的岩浆，沿着岩层层面贯入而形成的板状岩体。其表面无明显凸凹，厚度为数米至数百米不等。

⑤ 岩脉和岩墙。岩脉是沿岩层裂隙侵入形成的狭长形的岩浆岩体，与围岩层理或片理斜交。其中比较规则而又近于直立的板状岩体称为岩墙。

2. 岩浆岩的矿物成分、结构和构造

(1) 岩浆岩的化学成分和矿物成分

绝大多数岩浆以硅酸盐类为主，其中O、Si、Al、Fe、Ca、Na、K、

【岩浆岩鉴定】

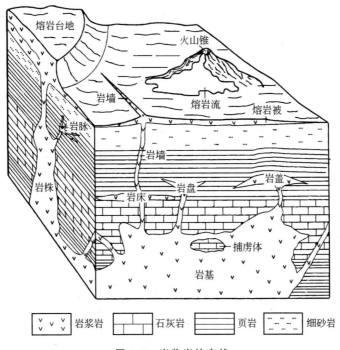

图 1.7 岩浆岩的产状

Mg、H 这 9 种元素约占地壳总质量的 98.13%，其中又以 O、Si 的含量为最多，约占 75.13%，这些元素一般都以氧化物的形式存在。

岩浆岩中的各种氧化物之间有明显的变化规律：当 SiO_2 含量较低时，FeO、MgO 等铁镁质矿物增多；当 SiO_2 含量较高时，Na_2O、K_2O、Al_2O_3 等硅铝质矿物增多。由此根据 SiO_2 的含量将岩浆岩分为四大类，见表 1-7。

表 1-7 岩浆岩的分类

类别	酸性岩	中性岩	基性岩	超基性岩
SiO_2 的含量(%)	>65	65～53	53～45	<45

岩浆岩中矿物成分不是任意组合，而是有规律地共生，它主要取决于岩浆岩的化学成分及形成时的物化环境。化学成分不同的岩浆岩其矿物成分也不一样。岩浆岩的矿物成分既可以反映岩石的化学成分和生成条件，是岩浆岩分类命名的主要依据之一，同时，矿物成分也直接影响岩石的工程地质性质。所以，在研究岩石时要重视矿物的组成和识别鉴定。

组成岩浆岩的矿物大约有 30 多种，按其颜色及化学成分的特点可分为浅色矿物和深色矿物两类。浅色矿物富含 Si、Al 成分，如正长石、斜长石、石英、白云母等；深色矿物富含 Fe、Mg 成分，如黑云母、辉石、角闪石、橄榄石等。

（2）岩浆岩的结构

岩浆岩的结构主要是指岩浆岩的结晶程度、矿物颗粒大小、形状特征及这些物质彼此之间的相互关系等所反映出来的特征。下面从不同角度介绍岩浆岩的分类及其结构特征。

① 按岩石的结晶程度分类。岩石的结晶程度是指岩石中结晶物质和非结晶玻璃物质的含量比例，根据岩石的结晶程度可将岩浆岩的结构分为以下 3 种。

a. 全晶质结构。岩石全部由矿物晶体所组成的一种结构，常见于深成岩中，如花岗岩。

b. 玻璃质结构。岩石全部由玻璃质组成的一种结构，主要分布于喷出岩中，如黑曜岩。

c. 半晶质结构。岩石中既有矿物晶体，又有玻璃物质，常见于喷出岩中，如流纹岩。

② 按晶粒的绝对大小分类。

a. 粗粒结构。晶粒直径大于 5mm。

b. 中粒结构。晶粒直径为 1~5mm。

c. 细粒结构。晶粒直径小于 1mm。

③ 按晶粒的相对大小分类。

a. 等粒结构。岩石中的矿物全部为显晶质，呈粒状，且主要矿物颗粒大小近似相等的结构。等粒结构是深成岩特有的结构。

b. 不等粒结构。组成岩石的主要矿物结晶颗粒大小不等，相差悬殊。不等粒结构多见于深成侵入岩边部或浅成侵入岩中。

c. 斑状结构。斑状结构是指岩石中较大的矿物晶体被细小晶粒或隐晶质、玻璃质矿物所包围的一种结构。较大的晶体矿物称为斑晶，细小的晶粒或隐晶质、玻璃质称为基质。若基质由显晶质物质组成时则形成似斑状结构，似斑状结构多见于深成侵入体的边缘或浅成岩中；若基质为隐晶质或玻璃质组成时则形成斑状结构，斑状结构是浅成岩或喷出岩的重要特征。

(3) 岩浆岩的构造

岩浆岩的构造是指岩石中各种矿物集合体在空间排列及充填方式上所表现出来的特征。常见的构造形式有以下 3 种。

a. 块状构造。组成岩石的矿物在岩石中的分布是均匀的，其排列无一定次序、无一定方向。块状构造是大部分侵入岩所具有的构造。

b. 流纹状构造。在喷出岩中由不同颜色的矿物、玻璃质和拉长气孔等沿一定方向排列，表现出熔岩流动的状态。

c. 气孔及杏仁状构造。当熔岩喷出时，由于温度和压力骤然降低，岩浆中大量挥发性气体被包裹于冷凝的玻璃质中，气体逐渐逸出，形成各种大小和数量不同的孔洞，称为气孔构造。有的岩石气孔极多，以致岩石呈泡沫状块体，如浮岩。如果孔洞中被后期次生方解石、蛋白石等矿物充填，形如杏仁，则称为杏仁状构造。

3. 岩浆岩的分类及常见的岩浆岩

(1) 岩浆岩的分类

岩浆岩通常根据其成因、矿物成分、化学成分、结构、构造及产状等方面的综合特征分类，见表 1-8。

表 1-8　岩浆岩的分类

类　　型	酸性岩	中性岩	基性岩	超基性岩
SiO_2 含量(%)	75~65	65~53	53~45	<45
化学成分	以 Si、Al 为主		以 Fe、Mg 为主	
颜色(色率%)	0~30	30~60	60~90	90~100

续表

成因		产状	矿物成分	酸性岩	中性岩		基性岩	超基性岩
				正长石		斜长石		不含长石
			代表岩石	石英>20%	石英 0%~20%		极少石英	无石英
				云母、角闪石	黑云母、角闪石、辉石		角闪石、辉石、黑云母	橄榄石、辉石
			结构构造					
侵入岩	浅成岩	岩床、岩盘、岩墙	块状、气孔状	等粒、似斑状、斑状	花岗斑岩	正长斑岩	闪长玢岩	辉绿岩	橄玢岩（少见）
	深成岩	岩基、岩株	块状	等粒	花岗岩	正长岩	闪长岩	辉长岩	橄榄岩
喷出岩	喷出堆积		块状、气孔状	玻璃质	黑曜石、浮石、火山凝灰岩、火山碎屑岩				少见
	火山锥、岩流、岩被		块状、气孔状、杏仁状、流纹状	隐晶质、玻璃质、斑状	流纹岩	粗面岩	安山岩	玄武岩	苦橄岩

（2）常见的岩浆岩

常见的岩浆岩的鉴定特征见表 1-9。

【花岗岩】 【流纹岩】 【闪长岩】

表 1-9 常见的岩浆岩的鉴定特征

岩石名称		颜色	所含矿物	结构	构造	产状	其他特征
酸性岩类	花岗斑岩	棕红色、黄色	斜长石、石英或正长石	斑状	块状	岩盘、岩墙	斑晶含量为15%~20%
	花岗岩	灰白至肉红	钾长石、酸性斜长石和石英，少量黑云母、角闪石	等粒、半自形、花岗、似片麻状	块状	岩基、岩株	在我国约占所有侵入岩面积的80%
	流纹岩	灰白、粉红、浅紫、浅绿	石英、正长石斑晶，偶尔夹黑云母和角闪石	斑状	流纹状、气孔状	熔岩流、岩钟	喷出岩类，产在大陆边缘活动带
中性岩类	闪长玢岩	灰至灰绿	中性斜长石、普通角闪石	斑状	块状	岩床、岩墙	—
	闪长岩	浅灰至灰绿	中性斜长石、普通角闪石、黑云母	中粒、等粒、半自形	块状	岩株、岩床或岩墙	和花岗岩、辉长岩呈过渡关系

续表

岩石名称		颜色	所含矿物	结构	构造	产状	其他特征
中性岩类	安山岩	红褐、浅紫灰、灰绿	斜长石、角闪石、黑云母、辉石	斑状交织	块状、气孔状、杏仁状	喷出岩流	斑晶为中至基性斜长石，多定向排列
基性岩类	辉绿岩	暗绿和黑色	辉石、基性斜长石，少量橄榄石和角闪石	辉绿	块状、气孔状	岩床、岩墙	基性斜长石晶体程度比辉石好，易变为绿石
	辉长岩	黑至黑灰	辉石、基性斜长石、橄榄石、角闪石	辉长	块状	深成	常呈小侵入体或岩盘、岩床、岩墙
	玄武岩	黑、黑灰、暗	基性斜长石、橄榄石、辉石	斑状隐晶、交织、玻璃	块状、气孔状、杏仁状	喷出岩流、岩被、岩床	柱状节理发育
超基性岩类	橄榄岩	黑绿至深绿	橄榄石、辉石、角闪石、黑云母	全晶质、自形至半自形、中粗粒	块状	深成	易蚀变为蛇纹石
	金伯利（角砾石母橄榄岩）	黑至暗绿	橄榄石、蛇纹石、金云母、镁铝榴石等	斑状	角砾状	喷出脉状	偏碱性，含金刚石，岩石名称因矿物成分而异，种类繁多

【安山岩】

【辉绿岩】

【玄武岩】

【橄榄岩】

1.3.2 沉积岩

【常见沉积岩】

1. 沉积岩的成因及物质组成

（1）沉积岩的成因

沉积岩是在地表常温常压下，由外力地质作用促使地壳表层首先生成的矿物和岩石遭到破坏，将其松散碎屑搬运到适宜的地带沉积下来，再经压固、胶结形成的层状岩石。沉积岩广泛分布于地壳表层，占陆地面积的75%，沉积岩各处的厚度不一，最厚可超过10km，薄者只有数十米。沉积岩是地表常见的岩石，在沉积岩中蕴藏着大量的沉积矿产，如煤、石油、天然气等，同时各种建筑物（如道路、桥梁、矿山、水坝等）几乎都以沉积岩为地基，沉积岩也是建筑材料的重要来源。

（2）沉积岩的物质组成

① 沉积物颗粒。沉积物颗粒由单矿物和岩屑（先成的岩浆岩、沉积岩和变质岩经物理风化作用产生的岩石碎屑）组成；此外，还有其他方式生成的沉积物颗粒，如火山喷发产

生的火山灰、火山角砾等火山碎屑，以及由生物残骸或有机化学变化而成的物质（贝壳、泥炭、有机质等）。

沉积岩中已发现的矿物约 160 余种，但比较重要的只有 20 余种，如石英、长石、云母、黏土矿物、碳酸盐矿物、卤化物及含水氧化铁、锰、铝矿物等，在同一种沉积岩中出现的矿物成分一般有 1~3 种。沉积物颗粒的矿物成分按其成因可分为以下几种。

a. 碎屑矿物。碎屑矿物是指母岩中抵抗风化能力强而残留下来的矿物，如石英、长石、白云母等原生矿物。

b. 黏土矿物。黏土矿物是指主要由含铝硅酸盐类的母岩经化学风化作用新形成的不溶矿物，如高岭石、伊利石、蒙脱石等，这些矿物粒径小于 0.002mm，具有很大的亲水性、可塑性及膨胀性。

c. 化学沉积矿物。化学沉积矿物是指由纯化学作用或生物化学作用从真溶液和胶体溶液中沉淀出来而形成的矿物，如方解石、石膏、蛋白石、铁和锰的氧化物或氢氧化物等。

② 胶结物。在沉积物颗粒之间，存在有把松散沉积物联结起来的物质，称为胶结物。胶结物对于沉积岩的颜色、坚硬程度有很大的影响。胶结物按其成分可以分为下面 4 种。

a. 硅质胶结物。其胶结物成分为二氧化硅，所胶结的岩石强度高，呈灰色。

b. 铁质胶结物。其胶结物成分为氢氧化铁或三氧化二铁，所胶结的岩石强度仅次于硅质胶结，常呈黄褐色或砖红色。

c. 钙质胶结物。其胶结物成分为钙质，所胶结的岩石强度比泥质胶结的岩石强度高，具有可溶性，呈灰白色。

d. 泥质胶结物。其胶结物成分为黏土物质，多呈黄褐色，所胶结的岩石硬度小，强度低，易碎，易湿软，断面呈土状。

胶结物在沉积岩中的含量一般为 25% 左右，若含量超过 25%，即可参加岩石的命名。如钙质长石石英砂岩，说明长石石英砂岩中钙质胶结物含量超过了 25%。

2. 沉积岩的结构及构造

（1）沉积岩的结构

沉积岩的结构是指组成岩石的物质颗粒大小、形状及其组合关系。

① 碎屑结构。碎屑结构是指碎屑物被胶结物胶结而成的结构，其按碎屑颗粒的粒径大小可划分为以下 3 种结构。

a. 砾状结构。碎屑粒径大于 2mm。碎屑形成后未经过长距离搬运呈棱角状的结构，称为角砾状结构；碎屑经过长距离搬运呈浑圆状的结构，称为圆砾状结构。

b. 砂质结构。碎屑粒径为 0.074~2mm。其中，0.5~2mm 的为粗粒结构，如粗粒砂岩（粗砂岩）；0.25~0.5mm 的为中粒结构，如中粒砂岩；0.074~0.25mm 的为细粒结构，如细粒砂岩（细砂岩）。

c. 粉砂质结构。碎屑粒径为 0.002~0.074mm，如粉砂岩。

② 泥质结构。泥质结构是由粒径 $d<0.002$mm 的陆源碎屑和黏土矿物经过机械沉积而成。其外观呈均匀致密的泥质状态，特点是手摸有滑感，用刀切呈平滑面，断口平坦。

③ 结晶结构。结晶结构是指溶液中沉淀或重结晶，纯化学成因所形成的结构。它是溶液中溶质达到过饱和后逐渐积聚生成的。

④ 生物结构。生物结构是指岩石以大部分或全部生物遗体或碎片所组成的结构。

（2）沉积岩的构造

沉积岩的构造是指岩石各组成部分的空间分布和排列方式所呈现的特征，包括以下 3 个方面。

① 层理构造。层理构造是指由于季节、沉积环境的改变使先后沉积的物质在颗粒大小、颜色和成分上发生相应的变化，从而显示出来的成层现象。沉积岩的层理构造分为水平层理、斜层理和交错层理，如图 1.8 所示。不同类型的层理构造反映了沉积岩形成时的古地理环境的变化。

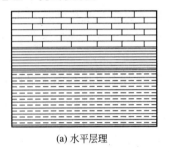 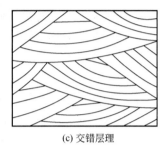

(a) 水平层理　　　　　　(b) 斜层理　　　　　　(c) 交错层理

图 1.8　沉积岩的层理构造示意

② 层面构造。层面构造是指未固结的沉积物，由于搬运介质的机械原因或自然条件的变化及生物活动，在层面上留下痕迹并被保存下来，如波痕、泥裂、雨痕等。

③ 层间构造。层间构造是指不同厚度、不同岩性的层状岩石之间层位上发生变化的现象。层间构造有尖灭、透镜体、夹层等类型。

3. 沉积岩中的化石

化石是岩层中保存的经石化了的各种古生物遗骸和遗迹，如三叶虫、贝壳等。

在沉积岩中常可见到许多动植物化石，它们是经过石化作用保存下来的动植物的遗骸或遗迹，如鱼类化石、三叶虫化石、树叶化石等。化石常沿层面平行分布，是推断沉积物的古地理、古气候变化的主要依据之一，也是划分地层地质年代的重要依据之一。

4. 沉积岩的分类及常见的沉积岩

（1）沉积岩的分类

由于沉积岩的形成过程比较复杂，目前对沉积岩的分类方法尚不统一，但是通常主要是依据岩石的成因、成分、结构和构造等方面的特征进行分类的，见表 1-10。

表 1-10　沉积岩的分类

岩类	结　　构	岩石分类名称	主要亚类及其组成物质
碎屑岩类	砾状结构（粒径＞2mm）	砾岩及角砾岩	砾岩由浑圆的砾石经胶结而成，角砾岩由带棱角的角砾经胶结而成
	砂质结构（粒径为 0.074～2mm）	砂岩	石英砂岩：石英（含量＞90%）、长石和岩屑（含量＜10%） 长石砂岩：石英（含量＜75%）、长石（含量＞25%）、岩屑（含量＜10%） 岩屑砂岩：石英（含量＜75%）、长石（含量＜10%）、岩屑（含量＞25%）
	粉砂结构（粒径为 0.002～0.074mm）	粉砂岩	主要由石英、长石及黏土矿物组成

续表

岩类	结构	岩石分类名称	主要亚类及其组成物质
黏土岩类	泥质结构（粒径＜0.002mm）	泥岩	主要由高岭石、微晶高岭石及水云母等黏土矿物组成
		页岩	黏土质页岩：由黏土矿物组成 碳质页岩：由黏土矿物及有机质组成
化学及生物化学岩类	结晶结构及生物结构	石灰岩	石灰岩：方解石（含量＞90%）、黏土矿物（含量＜10%） 泥灰岩：方解石（含量为50%～75%）、黏土矿物（含量为25%～50%）
		白云岩	白云岩：白云石（含量为90%～100%）、方解石（含量＜10%） 灰质白云岩：白云石（含量为50%～75%）、方解石（含量为25%～50%）

(2) 常见的沉积岩

① 碎屑岩类。

a. 砾岩及角砾岩。砾岩及角砾岩由50%以上粒径大于2mm的砾或角砾胶结而成，呈砾状结构、块状构造。硅质胶结的石英砾岩，非常坚硬，开采加工较困难，而泥质胶结的则相反。

【砾岩】

b. 砂岩。砂岩由50%以上粒径为0.074～2mm的砂粒胶结而成，砂粒主要成分为石英、长石及岩屑等，呈砂状结构、层理构造。

砂岩为多孔岩石，孔隙越多，透水性和蓄水性越好。砂岩强度主要取决于砂粒成分和胶结物的成分、胶结类型等。其抗压强度差异较大，由于多数砂岩岩性坚硬而脆，在地质构造作用下张裂隙发育，所以，常具有较强的透水性。

【砂岩】

c. 粉砂岩。粉砂岩由直径为0.002～0.074mm的砂粒经胶结而成。粉砂岩成分以石英为主，其次是长石、云母和岩石碎屑等。

【粉砂岩】

② 黏土岩类。黏土岩类又称泥质岩类，为沉积岩中常见的岩石，其体积约占沉积岩总体积之和的60%。这类岩石主要由粒径小于0.005mm的细粒沉积物组成，主要矿物成分为高岭石、蒙脱石、水云母等黏土矿物，此外尚可有少量极为细小的石英、长石、云母、硫酸盐类矿物等。黏土岩类属于碎屑岩类与化学岩类之间的过渡类型，可通过机械沉积与胶体化学沉积两种方式形成。黏土岩类的颜色与沉积环境和混入物有关，有黑色、褐色、紫色、红色、绿色、白色、灰色等各种颜色；具泥质结构，质地均一，有细腻感；可塑性和吸水性很强，吸水后体积膨胀；由于其岩石组成颗粒细，肉眼不能鉴别其成分，易于风化。

a. 泥岩。泥岩主要由黏土矿物经脱水固结而成，具黏土结构，层理不明显，呈块状构造；固结不紧密、不牢固；强度较低，一般干试样的抗压强度为5～30MPa，遇水易软化，强度显著降低，饱水试样的抗压强度可降低

【泥岩】

50%左右。

b. 页岩。页岩是层理十分发育的黏土岩类,沿层理方向易裂成薄片。一般情况下,页岩岩性松软,易于风化呈碎片状,强度低,遇水易软化而丧失其稳定性。

③ 化学岩及生物化学岩类。最常见的化学岩及生物化学岩类是由碳酸盐组成的岩石,以石灰岩和白云岩分布最为广泛。鉴别这类岩石时,要特别注意对盐酸试剂的反应:石灰岩在常温下遇稀盐酸会剧烈起泡;泥灰岩遇稀盐酸起泡后会留有泥点;白云岩在常温下遇稀盐酸不起泡,但加热或研成粉末后则会起泡。多数化学岩及生物化学岩类结构致密、性质坚硬、强度较高,但是它们具有可溶性,在水流的作用下常形成溶蚀裂隙、洞穴、地下河等。

【石灰岩】

a. 石灰岩。石灰岩是一种以方解石为主要组分的碳酸盐岩,常混有黏土、粉砂等杂质。石灰岩呈灰色或灰白色,性脆,硬度不大,小刀能刻划,滴稀盐酸会剧烈起泡。按成因石灰岩可分为生物灰岩、化学灰岩等。由于石灰岩易溶蚀,所以在石灰岩发育地区,常形成石林、溶洞等自然景观。

b. 白云岩。白云岩是一种以白云石为主要组分的碳酸盐岩,常混有方解石、黏土矿物和石膏等杂质。其外貌与石灰岩很相似,滴稀盐酸会缓慢起泡或不起泡。白云岩风化表面常有白云石粉及纵横交叉的刀砍状溶沟,且较石灰岩坚韧。

1.3.3 变质岩

【变质岩的构造】

1. 变质岩的形成因素及矿物成分

(1) 变质岩的形成因素

变质岩是地壳中已形成的岩石(岩浆岩、沉积岩或变质岩)在高温、高压及化学活动性流体的作用下,其成分、结构、构造发生改变再造所形成的新岩石。变质岩是变质作用的产物。其岩性特征,一方面受原来岩石的控制,而且还常保留着原来岩石(简称原岩)的某些特点,具有明显的继承性;另一方面由于变质作用的某些成因特点,又使其具有与原岩不同或不完全相同的成分和结构特征。

(2) 变质岩的矿物成分

组成变质岩的矿物极为复杂多样,其矿物成分一方面与原岩的特点有密切的继承性和依存关系,另一方面又取决于变质的类型和强度。

组成变质岩的矿物,可分为两部分:一部分是与岩浆岩和沉积岩共有的矿物,主要有石英、长石、云母、角闪石、辉石、方解石、白云石等;另一部分是变质岩所特有的变质矿物,主要有石榴子石、红柱石、蓝晶石、阳起石、硅灰石、透辉石、透闪石、矽线石、绿泥石、蛇纹石、绢云母、石墨、滑石等。变质岩所特有的变质矿物是鉴别变质岩的重要标志。

一定的原岩成分,经过变质作用会产生不同的矿物组合。例如,同样是含Al_2O_3较多的黏土岩类,在低温时产生绿泥石、绢云母与石英的矿物组合;在中温条件下产生白云母、石英的矿物组合;在高温环境中则产生硅卡石、长石的矿物组合。变质矿物的共生组合还取决于原岩成分,不同的原岩,即使变质条件相同,所产生的变质矿物也不相同。例如,石英砂岩受热力变质生成石英岩,而石灰岩同样也受热力变质却只能形成大理岩。

2. 变质岩的结构和构造

（1）变质岩的结构

变质岩的结构是指变质岩的变质程度、颗粒大小和连接方式，按变质作用的成因及变质程度不同，可分为下列主要结构。

① 变余结构。变余结构是一种过渡型结构。由于变质作用进行得不彻底，原岩的矿物成分和结构特征部分被保留下来，即构成变余（残留）结构。这种结构易出现在低级变质岩中，由于温度低，溶液活动性不大，使原岩的一部分特征得以保存。如泥质砂岩经变质后，泥质胶结物变成绢云母和绿泥石，而其中的碎屑物质（如石英）不发生变化，形成变余砂状结构。若原岩是岩浆岩，则可出现变余斑状结构、变余花岗结构等。

② 变晶结构。变晶结构是变质岩最重要的结构，指岩石在变质作用过程中重结晶所形成的结构。此类结构的重结晶基本是在固态条件下进行的，并在同一变质作用时期各种矿物几乎同时结晶和发育，因此岩石一般为全晶质，矿物无明显的结晶顺序且晶形较差，柱状、片状及放射状矿物较发育。

③ 碎裂结构。碎裂结构是当刚性岩石在低温下所受定向压力超过弹性限度时，岩石本身及组成矿物就会发生弯曲、碎裂，甚至成碎块或粉末状后，又被黏结在一起形成的结构。碎裂结构的特点由原岩的物理性质、应力强度、作用方式和持续时间等因素决定。碎裂岩、糜棱岩等具有这种结构。

（2）变质岩的构造

变质岩的构造是指变晶矿物集合体之间的分布和充填方式，是识别各种变质岩的重要标志。一般变质岩的构造可分为片理构造和块状构造。

① 片理构造。片理构造不仅是识别各种变质岩，而且是区别于其他岩类的重要特征。片理构造是由于岩石中的片状、板状和柱状矿物（如云母、长石、角闪石等），在定向压力作用下重结晶，在垂直压力方向呈平行排列而形成的。顺着平行排列的面，可把岩石劈成薄片状。根据形态不同，片理构造又可分为以下几种。

a. 板状构造。板状构造是指在温度不高而以压力为主的变质作用下，由显微片状矿物平行排列成密集的板理面。具有板状构造的岩石结构致密，所含矿物肉眼不能分辨，板理面上有弱丝绢光泽，沿一定方向极易分裂成均一厚度的薄板。

b. 千枚状构造。千枚状构造的岩石中矿物重结晶程度比板岩高，其中各组分基本已重结晶并定向排列，但结晶程度较低而使肉眼尚不能分辨矿物，仅在岩石的自然破裂面上见到较强的丝绢光泽，此光泽是由绢云母、绿泥石小鳞片引起的。

c. 片状构造。片状构造是指原岩经区域变质、重结晶作用，片状、柱状、板状矿物平行排列成连续的薄片状的构造。片状构造的岩石中各组分全部重结晶，而且肉眼可以看出矿物颗粒，片理面上光泽很强。

d. 片麻状构造。片麻状构造是一种变质程度很深的构造，不同矿物（粒状、片状相间）定向排列，呈大致平行的断续条带状，沿片理面不易劈开，它们的结晶程度都比较高。

② 块状构造。块状构造的岩石由粒状结晶矿物组成，无定向排列，也不能定向裂开。

3. 变质岩的分类及常见的变质岩

（1）变质岩的分类

变质岩根据其构造特征分为片理状岩石类和块状岩石类。主要变质岩的分类见表 1-11。

表 1-11　主要变质岩的分类

岩　类	岩石名称	构　造	结　构	主要矿物成分	变质作用类型
区域变质岩	板岩	板状构造	变余结构，部分变晶结构	黏土矿物、绢云母、绿泥石、石英等	区域变质作用（由板岩至片麻岩变质程度递增）
	千枚岩	千枚状构造	鳞片状变晶结构	绢云母、石英、长石、绿泥石等	
	片岩	片状构造	鳞片状、叶片状变晶结构	云母、角闪石、绿泥石、石墨、滑石、石榴子石等	
	片麻岩	片麻状构造	粒状变晶结构	石英、长石、云母、角闪石等	
接触变质岩	大理岩	块状构造	粒状变晶结构	方解石、白云石等	接触变质作用
	石英岩		粒状变晶结构	石英等	
	硅卡岩		不等粒变晶结构	石榴子石、透辉石、硅灰石等	
气液变质岩	蛇纹岩	块状构造等	隐晶质结构	蛇纹石、滑石等	热液交代作用
动力变质岩	糜棱岩	条带构造等	糜棱结构	原岩细破碎物、绢云母等	动力变质岩

（2）常见的变质岩

【板岩】

① 板岩。板岩是由黏土岩类（泥质岩类）经轻微变质而成。矿物颗粒很细，肉眼一般很难识别，只在板理面上可见有散布的绢云母或绿泥石鳞片。板岩与页岩的区别是，板岩质地坚硬，用锤击之能发出清脆的响声。

【千枚岩】

② 千枚岩。千枚岩的变质程度比板岩深，原泥质一般不保留，新生矿物颗粒较板岩粗大。千枚岩中片状矿物形成细而薄的连续片理，沿片理面呈定向排列，致使这类岩石具有明显的丝绢光泽和千枚状构造。千枚岩颜色一般为绿色、黄绿色、黄色、灰色、红色和黑色等。这类岩石大多由黏土岩类变质而成，少数可由隐晶质的酸性岩浆岩变质而成。

③ 片岩。片岩是以片状构造为其特征的岩石。组成这类岩石的矿物成分主要是一些片状矿物，如云母、绿泥石、滑石等，此外尚含有部分石榴子石、蓝晶石、十字石等变质矿物。片岩与千枚岩、片麻岩极为相似，但其变质程度较千枚岩深，而片岩与片麻岩的区别，除构造上不同外，最主要的是片岩中不含或很少含长石。根据片岩中片状矿物种类不同，又可分为云母片岩、绿泥石片岩、滑石片岩、石墨片岩等。

④ 片麻岩。由各种沉积岩、岩浆岩和原已形成的变质岩经变质作用而成。这类岩石变质程度较深，矿物大都重结晶，且结晶粒度较大，肉眼可以辨识。

⑤ 大理岩。较纯的石灰岩和白云岩在区域变质作用下，由于重结晶而变为大理岩，

部分大理岩是在热力接触变质作用下产生的。大理岩因主要矿物为方解石，故滴冷稀盐酸会强烈起泡。大理岩色彩多异，有纯白色（又称汉白玉）、浅红色、淡绿色、深灰色及其他各种颜色的大理岩，并因其含有杂质而呈现出美丽的花纹，故广泛用作建筑石料和雕刻原料。

【大理岩】

⑥ 石英岩。由较纯的石英砂岩经变质而成，变质以后石英颗粒和硅质胶结物合为一体。因此，石英岩的硬度和结晶程度均较砂岩高。质纯的石英岩为白色，因含杂质常可呈灰色、黄色和红色等。石英岩有时易与大理岩相混，其区别在于大理岩加盐酸起泡，且硬度比石英岩小。

【石英岩】

⑦ 糜棱岩。糜棱岩是由刚性的岩石受强烈压碎后所形成的。糜棱岩具有明显的"流纹状"条带，还有一些透镜状或棱角状的岩石或矿物碎屑。

1.3.4 岩石的工程地质性质

岩石的工程地质性质包括物理性质、水理性质和力学性质。影响岩石工程地质性质的因素，主要是组成岩石的矿物成分、岩石的结构构造和岩石被风化的程度。

1. 岩石的物理性质

岩石的物理性质是岩石的基本工程地质性质，主要是指岩石的重力性质和孔隙性，包括相对密度、重度、孔隙率、孔隙比等。

（1）岩石的相对密度

岩石的相对密度是指岩石固体部分的质量与同体积4℃水的质量比值。

岩石相对密度大小取决于组成岩石矿物的相对密度及其在岩石中的相对含量，如超基性、基性岩含铁、镁矿物较多，其相对密度较大，酸性岩相反。岩石的相对密度介于2.5～3.3，测定其数值常采用比重瓶法。

（2）岩石的重度

岩石的重度是指包括孔隙在内的单位体积岩石的质量。组成岩石的矿物相对密度大，或岩石中的孔隙性小，则岩石的重度大。对于同一种岩石，若重度有差异，则重度大的结构致密、孔隙性小，强度和稳定性相对较高。

（3）岩石的孔隙性

岩石的孔隙是指岩石的孔隙和裂隙的总称。岩石的孔隙性指岩石孔隙和裂隙的发育程度。岩石中孔隙和裂隙大小、多少及其连通情况等，对岩石的强度及透水性有着重要的影响，一般可用孔隙率和孔隙比来表示。

孔隙率 n 指岩石中孔隙体积（V_v）与岩石总体积（V）的百分比。

$$n = \frac{V_v}{V} \times 100\% \tag{1-1}$$

孔隙比 e 指岩石中孔隙体积（V_v）与岩石固体部分体积（V_s）的比值。

$$e = \frac{V_v}{V_s} \tag{1-2}$$

岩石孔隙性主要取决于岩石的结构和构造，也受到外力因素的影响。由于岩石中孔隙、裂隙发育程度变化很大，其孔隙率的变化也很大。

2. 岩石的水理性质

岩石的水理性质指岩石和水相互作用时所表现的性质,包括吸水性、透水性、软化性、溶解性和抗冻性。

(1) 岩石的吸水性

岩石在一定试验条件下的吸水性能称为岩石的吸水性。它取决于岩石的孔隙数量、大小、开闭程度、连通与否等情况。表征岩石吸水性的指标有吸水率、饱水率和饱水系数等。

吸水率 w_a 指岩石试件在常压下(1atm,1.01×10^5 Pa)所吸入水分的质量(m_{w1})与岩石试样干质量 m_s 的比值,用百分数表示。

$$w_a = \frac{m_{w1}}{m_s} \times 100\% \tag{1-3}$$

饱水率 w_{sa} 指在高压(15MPa)或真空条件下岩石吸入水的质量(m_{w2})与干燥岩石质量的比值,用百分数表示。

$$w_{sa} = \frac{m_{w2}}{m_s} \times 100\% \tag{1-4}$$

岩石的吸水率与饱水率的比值,称为岩石的饱水系数。

$$k = \frac{w_a}{w_{sa}} \tag{1-5}$$

饱水系数反映了岩石大开型孔隙与小开型孔隙的相对数量。饱水系数越大,表明岩石的吸水能力越强,受水作用越加显著。一般认为饱水系数 $k<0.8$ 的岩石抗冻性较高,一般岩石饱水系数为 $0.5\sim0.8$。

(2) 岩石的透水性

岩石的透水性是指在一定压力作用下,岩石允许水通过的能力。岩石的透水性大小,主要取决于岩石中孔隙、裂隙的大小和连通情况。岩石的透水性用渗透系数(K)来表示。

(3) 岩石的软化性

岩石受水的浸泡作用后,其力学强度和稳定性趋于降低的性能,称为岩石的软化性。岩石软化性的大小取决于岩石的孔隙性、矿物成分及岩石结构和构造等因素。

$$k_R = \frac{R_c}{R} \tag{1-6}$$

岩石软化性大小常用软化系数 k_R 来表示,为岩石试件的饱和抗压强度(R_c)与干抗压强度(R)的比值。

软化系数 k_R 是判定岩石耐风化、耐水浸能力的指标之一。岩石的软化系数值越大,则岩石的软化性越小。当 $k_R>0.75$ 时,说明岩石的抗冻性和抗风化能力强。

(4) 岩石的溶解性

岩石的溶解性是指岩石溶解于水的性质,常用溶解度或溶解速度来表示。岩石的溶解性,主要取决于岩石的化学成分,但和水的性质也有密切关系,如富含 CO_2 的水,则具有较大的溶解能力。常见的可溶性岩石有石灰岩、白云岩、石膏、岩盐等。

(5) 岩石的抗冻性

岩石抵抗冻融破坏的能力称为岩石的抗冻性,常用抗冻系数和质量损失率来表示。抗冻系数(k_d)是指饱和岩石试件在 $-20\sim20$°C 温度下反复冻融 25 次后的干抗压强度(R_2)与冻融前干抗压强度(R_1)之比,用百分数表示。

$$k_d = \frac{R_2}{R_1} \tag{1-7}$$

岩石的抗冻性主要取决于岩石中大开型孔隙的发育情况、造岩矿物的亲水性、可溶性矿物的含量、岩石的强度、粒间连接及含水率等因素。

现将常见岩石的物理性质和水理性质的有关指标列于表 1-12 中。

表 1-12　常见岩石的物理性质和水理性质的有关指标

岩石名称	相对密度	天然密度（kg/m³）	孔隙率（%）	吸水率（%）	软化系数
花岗岩	2.50～2.84	22.56～27.47	0.04～2.80	0.10～0.70	0.75～0.97
闪长岩	2.60～3.10	24.72～29.04	0.25 左右	0.30～0.38	0.60～0.84
辉长岩	2.70～3.20	25.02～29.23	0.29～0.13	—	0.44～0.90
辉绿岩	2.60～3.10	24.82～29.14	0.29～1.13	0.80～5.00	0.44～0.90
玄武岩	2.60～3.30	24.90～30.41	1.28 左右	0.30 左右	0.71～0.92
砂岩	2.50～2.75	21.58～26.49	1.60～28.30	0.20～7.00	0.44～0.97
页岩	2.57～2.77	22.56～25.70	0.40～10.00	0.51～1.44	0.24～0.55
凝灰岩	2.70～2.75	24.04～26.00	1.00～10.00	1.00～3.00	0.44～0.54
石灰岩	2.48～2.76	22.56～26.49	0.53～27.00	0.10～0.45	0.58～0.94
片麻岩	2.63～3.01	25.51～29.43	0.30～2.40	0.10～3.20	0.91～0.97
片岩	2.75～3.02	26.39～28.65	0.02～1.85	0.10～0.20	0.49～0.80
板岩	2.84～2.86	26.49～27.27	0.45 左右	0.10～0.30	0.52～0.82
大理岩	2.70～2.87	25.80～26.98	0.10～6.00	0.10～0.80	—
石英岩	2.63～2.84	25.51～27.47	0.00～8.70	0.10～1.45	0.96 左右

3. 岩石的力学性质

岩石的力学性质是指岩石抵抗外力作用的性能。岩石在外力作用下，首先发生变形，当外力增加到某一数值时，岩石便开始破坏。当岩石遭到破坏时的强度，称为岩石的极限强度。岩石的极限强度可分为极限抗拉强度、极限抗剪强度和极限抗压强度等。

（1）岩石的变形

岩石在外力作用下，其内部应力状态发生变化，使各质点位置改变，引起岩石形状和尺寸的改变，称为变形。岩石的变形可分为弹性变形和塑性变形。一般岩石同时具有弹性和塑性，因此岩石的变形和一般固体材料有显著的区别：一般固体材料的变形有一个明显的"屈服点"，在屈服点以前表现为弹性变形，在屈服点以后表现为塑性变形；而岩石则在产生弹性变形的初期，甚至在开始出现弹性变形的同时便出现塑性变形。

岩石的变形规律可用应力-应变曲线表示。根据应力-应变曲线，可以得到表征岩石变形特征的常用物理参数：岩石的变形模量、弹性模量及泊松比。

① 岩石的应力-应变关系。根据不同方法的岩石变形试验，可得到 3 种应力-应变关系：逐级连续加载应力-应变关系；恒量重复加载、卸载应力-应变关系；变量重复加载、卸载应力-应变关系。

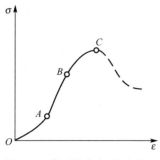

图1.9 岩石的应力-应变关系

a. 逐级连续加载应力-应变关系。

逐级连续加载系连续递增荷载施加于岩样上(单轴压缩)。对一般坚硬岩石,由其应力-应变曲线,可将变形过程大致划分为以下3个阶段(图1.9)。

(a) 压密阶段。开始加载,应变较大,但随着荷载加大,应变反而渐减,如图1.9中的OA段。此段变形是以塑性变形为主。

(b) 近似直线变形阶段。随着荷载继续加大,应力与应变基本上按比例增长,如图1.9中的AB段,呈近似直线。当荷载卸除后,岩石几乎可恢复原状,这是岩石弹性变形的主要阶段。

(c) 破坏阶段。随着荷载继续增大,变形量不断增大,应力与应变的关系呈明显的非线性,此时由直线转变为曲线,如图1.9中的BC段,即应变比应力的增长率大得多,最后直至岩样破坏。工程中常将岩石的这种尚存的承载能力称为岩石的残余强度。

b. 恒量重复加载、卸载应力-应变关系。

每次加载、卸载量相等,并重复加载、卸载多次,试验所获得的应力-应变关系曲线如图1.10(a)所示,其变形特点:每次加载与卸载曲线都不重合,围成一环形面积,称为回滞环。每次卸荷后再加荷到原来荷载并继续增加时,曲线沿着单调加荷曲线上升。

c. 变量重复加载、卸载应力-应变关系。

当应力在弹性极限以上的某一较高应力下反复加荷、卸荷时[图1.10(b)],将导致变形进一步增加,直至破坏。

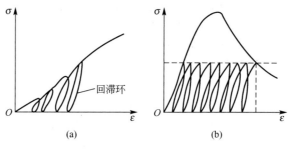

图1.10 反复加载、卸载时的试验曲线

② 岩石的变形指标。岩石的变形指标主要有弹性模量、变形模量和泊松比。

a. 弹性模量。弹性模量(E,MPa)为应力(σ,MPa)与弹性应变(ε_r)的比值。

$$E = \frac{\sigma}{\varepsilon_r} \qquad (1-8)$$

岩石的弹性模量越大,变形越小,说明岩石抵抗变形的能力越强。弹性模量可作为岩石分类的指标,也是研究岩石强度及破坏机理的重要指标。

b. 变形模量。变形模量(E_o,MPa)为应力(σ,MPa)与总应变($\varepsilon_o + \varepsilon_r$)的比值。

$$E_o = \frac{\sigma}{\varepsilon_o + \varepsilon_r} \qquad (1-9)$$

其中,总应变($\varepsilon_o + \varepsilon_r$)为塑性应变。

c. 泊松比。岩石在轴向压力作用下,除产生纵向压缩外,还会产生横向膨胀,这种横

向应变 ε_H 与纵向应变 ε_V 的比值，称为泊松比 μ。

$$\mu = \frac{\varepsilon_H}{\varepsilon_V} \tag{1-10}$$

泊松比越大，表示岩石受力作用后的横向变形越大。岩石的泊松比一般为 0.1～0.4。岩石的变形指标可用来计算岩石的变形，并作为基础设计的重要依据。常见岩石的变形指标见表 1-13。

表 1-13 常见岩石的变形指标

岩石名称	变形模量 $E(\times 10^4 \text{MPa})$	泊松比 μ	岩石名称	变形模量 $E(\times 10^4 \text{MPa})$	泊松比 μ
花岗岩	5～10	0.1～0.3	页岩	0.2～8	0.2～0.4
流纹岩	5～10	0.1～0.25	石灰岩	5～10	0.2～0.35
闪长岩	7～15	0.1～0.3	白云岩	5～9.4	0.15～0.35
安山岩	5～12	0.2～0.3	板岩	2～8	0.2～0.3
辉长岩	7～15	0.1～0.3	片岩	1～8	0.2～0.4
玄武岩	6～12	0.1～0.35	片麻岩	1～10	0.1～0.35
砂岩	0.5～10	0.2～0.3	石英岩	6～20	0.08～0.25

(2) 岩石的强度

按外力作用方式不同可将岩石强度分为单轴抗压强度、单轴抗拉强度和抗剪强度等。

① 单轴抗压强度。岩石在单向受力破坏时，单位面积（A，mm^2）所能承受的最大压应力（P，N），称为单轴抗压强度（σ_c，MPa），简称抗压强度。常见岩石的强度指标见表 1-14。

表 1-14 常见岩石的强度指标　　　　　　　　　　　　　　　　单位：MPa

岩石名称	抗压强度 σ_c	抗剪强度 σ_t	岩石名称	抗压强度 σ_c	抗剪强度 σ_t
花岗岩	100～200	25～70	页岩	5～100	2～10
流纹岩	160～300	30～120	黏土岩	2～15	0.3～1
闪长岩	120～280	30～120	石灰岩	40～250	7～20
安山岩	140～300	20～100	白云岩	80～250	15～25
辉长岩	160～300	35～120	板岩	60～200	7～20
辉绿岩	150～350	35～150	片岩	10～100	1～10
玄武岩	150～300	30～100	片麻岩	50～200	5～20
砾岩	10～150	15～20	石英岩	150～350	10～30
砂岩	20～250	25～40	大理岩	150～250	7～20

$$\sigma_c = \frac{P}{A} \tag{1-11}$$

② 单轴抗拉强度。岩石试件在单向受拉条件下断裂时，单位面积上所能承受的最大拉应力称为岩石的单轴抗拉强度，简称抗拉强度。测定岩石抗拉强度的方法有直接拉伸法和间接拉伸法两类。由于直接拉伸法制备试件困难且试验技术较复杂，故目前多采用间接拉伸法。间接拉伸法中又以劈裂法和点荷载试验应用最为广泛。

劈裂法是采用 $\phi 5cm \times 5cm$ 的圆柱体试件,横置于压力机的承压板上,并在试件与上下承压板间各放一根垫条,然后加压,将所加压力变为沿直径方向分布的线性荷载,使试件中产生垂直于上下荷载作用方向的张应力,直至试件受力后沿直径方向裂开破坏(图 1.11)。根据弹性理论,岩石的抗拉强度可按式(1-12)计算。

$$\sigma_t = \frac{P_t}{\pi D h} \tag{1-12}$$

式中 σ_t——岩石的抗拉强度(MPa);
P_t——试件破坏荷载(N);
D——试件直径(mm);
h——试件长度(mm)。

在劈裂法试验中,试件破坏面的位置严格受施加的线性荷载方位控制,受试件中已有结构面的影响很少,这一点与直接拉伸试验不同。

岩石抗拉强度的影响因素与抗压强度的影响因素相同,也包括岩石本身性质和试验条件两方面。但起决定性作用的还是岩石本身的性质,如矿物成分、矿物颗粒间的连接及孔隙性等。

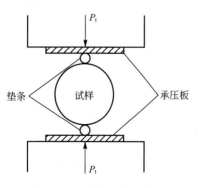

图 1.11 劈裂法试验装置

③ 抗剪强度。岩石试件受剪力作用时单位面积能抵抗剪切破坏的最大剪应力称为抗剪强度。岩石的抗剪强度可由内聚力(c)和内摩擦阻力($\sigma\tan\varphi$)两部分组成。按试验方法不同,所测定的抗剪强度的含义也不同,通常可分抗剪断强度、抗剪(摩擦)强度和抗切强度 3 种。

a. 抗剪断强度。抗剪断强度是指在一定的法向应力作用下,沿预定剪切面剪断时的最大剪应力,如图 1.12(a)所示。它反映了岩石的内聚力和内摩擦阻力。

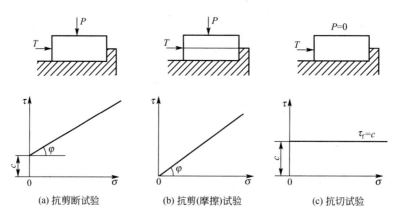

图 1.12 剪切试验示意

b. 抗剪(摩擦)强度。抗剪(摩擦)强度指在一定的法向应力作用下,沿已有破裂面再次剪坏时的最大剪应力,如图 1.12(b)所示。它反映了岩石中微结构面或人工破裂面上的摩擦阻力。

c. 抗切强度。抗切强度指法向应力为零时,沿预定剪切面剪断时的最大剪应力,如图 1.12(c)所示。它反映了岩石的内聚力。

室内剪切试验测定的通常是岩石的抗剪断强度,常用的方法有直剪试验、变角板剪切及三轴试验等。常见各种岩石的内摩擦角多为30°～60°，内聚力多在1～60MPa之间变化。常见岩石的内聚力、内摩擦角见表1-15。

表1-15　常见岩石的内聚力、内摩擦角

岩石名称	内聚力c(MPa)	内摩擦角φ(°)	岩石名称	内聚力c(MPa)	内摩擦角φ(°)
花岗岩	10～50	45～60	页岩	2～30	20～35
流纹岩	15～50	45～60	石灰岩	3～40	35～50
闪长岩	15～50	45～55	板岩	2～20	35～50
安山岩	15～40	40～50	片岩	2～20	30～50
辉长岩	15～50	45～55	片麻岩	8～40	35～55
辉绿岩	20～60	45～60	石英岩	20～60	50～60
玄武岩	20～60	45～55	大理岩	10～30	35～50
砂岩	4～40	35～50			

4. 岩石的工程分类

（1）按坚硬程度分类

岩石的坚硬程度根据岩块的饱和单轴抗压强度标准值σ_c划分，岩石的坚硬程度直接与地基的承载力和变形性质有关。根据《岩土工程勘测规范（2009年版）》（GB 50021—2001），以岩石抗压强度30MPa为界限划分硬质岩与软质岩，定性分类岩石坚硬程度等级，见表1-16。

表1-16　岩石按坚硬程度分类

岩石类别		抗压强度（MPa）	定性鉴定	代表性岩石
硬质岩	坚硬岩	>60	锤击声清脆，有回弹，振手，难击碎，基本无吸水反应	未风化—微风化的花岗岩、闪长岩、辉绿岩、玄武岩、安山岩、片麻岩、石英岩、石英砂岩、硅质砾岩、硅质石灰岩等
	较硬岩	30～60	锤击声较清脆，有轻微回弹，稍振手，较难击碎，有轻微吸水反应	（1）微风化的坚硬岩 （2）未风化—微风化的大理岩、板岩、石灰岩、白云岩、钙质砂岩等
软质岩	较软岩	15～30	锤击声不清脆，无回弹，较易击碎，浸水后指甲可刻出印痕	（1）中等风化—强风化的坚硬或较硬岩 （2）未风化—微风化的凝灰岩、千枚岩、泥灰岩、砂质泥岩等
	软岩	5～15	锤击声哑，无回弹，有凹痕，易击碎，浸水后手可掰开	（1）强风化的坚硬岩或较硬岩 （2）中等风化—强风化的较软岩 （3）未风化—微风化的页岩、泥岩、泥质砂岩等

续表

岩石类别	抗压强度(MPa)	定性鉴定	代表性岩石
极软岩	<5	锤击声哑，无回弹，有较深凹痕，手可捏碎，浸入水后可捏成团	(1) 全风化的各种岩石 (2) 各种半成岩

> **特 别 提 示**
>
> 软质岩石往往具有一些特殊性质，如可压缩性、软化性、可溶性等，这类岩石不仅强度低，而且抗水性也差，在水的长期作用下，其内部的联结力会逐渐降低，甚至失去。

(2) 按施工难易程度分类

岩石按施工难易程度可划分为三级，见表 1-17。

表 1-17 岩石按施工难易程度分类

岩石等级	代表岩石名称	钻眼 1m 所需时间			爆破 1m³ 所需的炮眼长度(m)		开挖方法
		湿式凿岩一字合金钻头(净钻时间)(min)	湿式凿岩普通钻头(净钻时间)(min)	双人打眼(工日)	路堑	隧道导坑	
软石 Ⅰ	各种松软岩石、盐岩、胶结不紧的砾岩、泥质页岩、砂岩、煤、较坚实的泥灰岩、块石土及漂石土、软的节理较多的石灰岩	—	7 以内	0.2 以内	0.2 以内	2.0 以内	部分用翘棍或大锤开挖，部分用爆破法开挖
次坚石 Ⅱ	硅质页岩、硅质砂岩、白云岩、石灰岩、坚实的泥灰岩、软玄武岩、片麻岩、正长岩、花岗岩	15 以内	7~20	0.2~1.0	0.2~0.4	2.0~3.5	用爆破法开挖
坚石 Ⅲ	硬玄武岩、坚实的石灰岩、白云岩、大理岩、石英岩、闪长岩、粗粒花岗岩、正长岩	15 以上	20 以上	1.0 以上	0.4 以上	3.5 以上	用爆破法开挖

(3) 按风化程度分类

岩石按风化程度可划分为四级，见表 1-18。

表 1-18　岩石按风化程度分类

风化程度	图例	风化系数(k_f)	野外特征
微风化	⊥	$k_f > 0.8$	(1) 岩质新鲜，表面稍有风化现象 (2) 结构面间距≥150cm
弱风化	⊥	$0.4 < k_f \leq 0.8$	(1) 结构未破坏，构造层理清晰 (2) 矿物成分基本未变化，仅沿节理面出现次生矿物 (3) 锤击声脆，石块不易击碎，不能用镐挖掘 (4) 结构面间距 70～150cm，裂隙中填充少量风化物
强风化	⊥	$0.2 \leq k_f \leq 0.4$	(1) 结构已部分破坏，构造层理不甚清晰 (2) 矿物成分已显著变化 (3) 锤击声哑，碎石可用手折断，用镐可以挖掘 (4) 结构面间距 20～70cm
全风化	⊥	$k_f < 0.2$	(1) 结构已全部破坏，仅保持外观原岩状态 (2) 除石英外其他矿物均变质成次生矿物 (3) 碎石可用手捏碎 (4) 岩体被节理裂隙分割成散体状

1.3.5　三大岩类的地质特征及岩石鉴定

1. 三大岩类的地质特征

三大岩类的地质特征见表 1-19。

表 1-19　三大岩类的地质特征

地质特征	岩类		
	岩浆岩	沉积岩	变质岩
主要矿物成分	由原生矿物组成，成分复杂但较稳定。浅色矿物有石英、长石、白云母等；深色矿物有黑云母、角闪石、辉石、橄榄石等	次生矿物占主要地位，仅较稳定的原生矿物保留。常见的矿物有石英、长石、白云母、方解石、白云石、高岭石等	由原岩矿物及变质岩所特有的矿物组成，原岩矿物有石英、长石、云母、角闪石、辉石、方解石、白云石、高岭石等；变质岩所特有的矿物有石榴子石、红柱石、蓝晶石、阳起石、硅灰石、透辉石、透闪石、矽线石、绿泥石、蛇纹石、绢云母、石墨、滑石等
结构	结晶粒状结构、斑状结构、玻璃质结构等	碎屑结构、泥质结构、生物碎屑结构	变余结构、变晶结构、碎裂结构
构造	块状、流纹状、气孔状、杏仁状构造	层理构造	片理构造
岩石成因	岩浆作用	沉积作用	变质作用

2. 三大岩类的岩石鉴定

三大岩类的岩石鉴定实例见表 1-20。

表 1-20 三大岩类的岩石鉴定实例

鉴定特征	岩石		
	A	B	C
岩性(类别、矿物成分、颜色、强度等)	(1) 岩浆岩的酸性类 (2) 云母、角闪石 (3) 肉红色 (4) 岩块坚硬	(1) 沉积岩的化学岩类 (2) 方解石、黏土 (3) 灰白 (4) 岩块质软 (5) 加盐酸起泡	(1) 变质岩的块状类 (2) 石英 (3) 灰、灰白 (4) 岩块质软
结构	(1) 等粒结构 (2) 全晶质等粒结构(粗粒、中粒)	(1) 化学结晶结构 (2) 粒径<0.002mm(细粒)	(1) 变晶结构 (2) 等粒结构(中粒)
构造	块状构造	结晶构造	块状构造
鉴定结果	花岗岩	石灰岩	石英岩

任务 1.4 地质构造认知

【地质构造】

在地球历史演变过程中，地壳是不断运动、变化和发展的。构造运动改变了岩石的原始产出状态，使地壳产生隆起或凹陷，岩层发生弯曲、错断等，形成了各种不同的构造形迹，如褶皱、断裂等，这种残留在岩石中的变形或变位的构造形迹称为地质构造。常见的地质构造有褶皱、断层和节理，其中断层和节理又统称为断裂。

1.4.1 地质年代

地质年代是指地球上地层形成及各种地质事件发生的时代，它可以用相对地质年代和绝对地质年代来表示。绝对地质年代则是指地层形成和地质事件发生的距今年龄，而相对地质年代是指地层形成和地质事件发生的先后顺序。

1. 地质年代单位和地层单位

在地质年代表中，首先根据生物演化的巨型阶段，将 46 亿年地球演化史划分为隐生宙（冥古宙、太古宙、元古宙）和显生宙。然后在显生宙中，根据生物界的总体面貌划分出 3 个二级地质年代单位(代)，即从老至新分为古生代、中生代和新生代。在每一个代中，再根据生物界面貌及其演化特色划分出若干个三级地质年代单位(纪)，纪是最常用的地质年代单位。

地质年代单位包括宙、代、纪、世，是国际统一规定的名称和地质年代划分单位。与地质年代相对的地层单位是宇、界、系、统。地质年代单位与地层单位的对应关系见表 1-21。

表 1-21 地质年代单位和地层单位的对应关系

地质年代单位	地层年代单位	地质年代单位	地层单位
宙	宇	纪	系
代	界	世	统

2. 地质年代表

地质年代表是将地球上的各种地质事件,按其发生的先后顺序,进行系统的时代编排后列出的反映地质历史的时间表。

【地质年代】

19 世纪以来,人们根据生物地层学的方法,逐步进行了地层的划分和对比工作,并按时代早晚顺序进行编年、列表。1881 年在意大利召开的第二届国际地质学大会上曾经通过了一个定性的地质年代表。在该表中依据生物界的发展演化阶段,将地质历史划分为 5 个代,即太古代(最古老的生命)、元古代(原始的生命)、古生代(古老的生命)、中生代(中等年龄的生命)和新生代(新生命的开始)。

由于在古老岩层中缺少或少有生物化石,当时对于这样的地层和地质年代的划分遇到很大困难。直到 20 世纪初,有了同位素年龄资料后,这个问题才得以解决。

1937 年,英国地质学家霍姆斯(A. Holmes)发表了第一个定量的(即带有同位素年龄数据的)地质年代表。几十年来,随着同位素年代学和层型剖面研究的不断深入,以及测试技术水平的提高和新数据的不断积累,地质年代表的内容日益丰富和精确。

根据世界各地的地层划分对比,结合我国的实际情况,确定了我国的地质年代表。我国地质年代及生物历史对照见表 1-22。地质年代表反映了地壳历史阶段的划分和生物演化的发展阶段。

表 1-22 我国地质年代及生物历史对照

相对年代				绝对年龄(百万年)	生物开始出现时间		主要特征
宙(宇)	代(界)	纪(系)	世(统)		植物	动物	
显生宙(宇)	新生代(界)Kz	第四纪(系)Q	全新世(统)Q$_4$	0.02		←现代人	各种近代堆积物、冰川分布,黄土生成
			更新世(统)Q$_{1-3}$	1.5±0.5			
		晚第三纪(系)N	上新世(统)N$_2$				主要成煤期;哺乳动物、鸟类发展;被子植物繁盛
			中新世(统)N$_1$	37±2		←古猿	
		早第三纪(系)E	渐新世(统)E$_3$				
			始新世(统)E$_2$				
			古新世(统)E$_1$	67±3			
	中生代(界)Mz	白垩纪(系)K	白垩世(统)	137±5	←被子植物		
		侏罗纪(系)J	侏罗世(统)				
		三叠纪(系)T	三叠世(统)	195±5		←哺乳类	

续表

相对年代				绝对年龄(百万年)	生物开始出现时间		主要特征
显生宙(宇)	古生代(界)	晚古生代(界) Pz₂	二叠纪(系) P	二叠世(统)	230±10			后期地壳运动强烈，岩浆活动，海水退出大陆；恐龙时代；裸子植物繁盛；华北为陆地，华南为浅海，鱼类、两栖类时代
			石炭纪(系) C	石炭世(统)	285±10		←爬行类	
			泥盆纪(系) D	泥盆世(统)	350±10	←裸子植物	←两栖类	
		早古生代(界) Pz₁	志留纪(系) S	志留世(统)	405±10	←蕨类植物	←鱼类	后期地壳运动强烈，大部分地区处于浅海环境，华北缺O₃—S地层；无脊椎动物时代
			奥陶纪(系) O	奥陶世(统)	440±10		←无颌类	
			寒武纪(系) ∈	寒武世(统)	500±10		←无脊椎动物	
隐生宙(宇)	元古代(界) Pt		震旦纪(系) Z	震旦世(统)	570±15		←菌藻类	海侵广泛原始单细胞动物时代，晚期构造运动强烈
					1800			
					2500			
	太古代(界) Ar				4000			
			地球初期发展阶段		4600		无生物	

1.4.2 岩层产状

岩层是指由两个平行或近于平行的界面所限制的、同一岩性、同一类型和同一成分组成的层状岩石。在地质学中，把某一地质时代形成的一套岩层称为那个时代的地层，它有时间含义。由地壳运动形成的地质构造，无论其形态多么复杂，它们总是由一定数量和一定空间位置的岩层或岩石中的破裂面构成的。岩层在空间的展布状态称为岩层产状。

1. 岩层产状要素

岩层的产状是以岩层面在三维空间的延伸方位及其倾斜程度来确定的，即采用岩层面的走向、倾向和倾角三个要素来表示(图1.13)。

① 走向。岩层面与水平面相交的线叫走向线,走向线两端所指的方向即为岩层的走向。所以,同一岩层的走向有两个方位角数值,两者相差180°。岩层的走向表示岩层在空间的水平延伸方向。

② 倾向。垂直走向线顺岩层倾斜面向下引出一条直线,此直线在水平面上投影所指的方位角称为岩层的倾向。同一岩层的倾向只有一个方位角数值。与走向方位角相差90°。岩层的倾向表示岩层在空间上倾斜方向。

③ 倾角。岩层层面与水平面所夹的锐角称为岩层的倾角。岩层的倾角表示岩层在空间的倾斜程度的大小。

2. 岩层产状的测定方法

岩层产状要素在野外是用地质罗盘仪直接测定其走向、倾向和倾角的,其测定方法如图1.14所示。

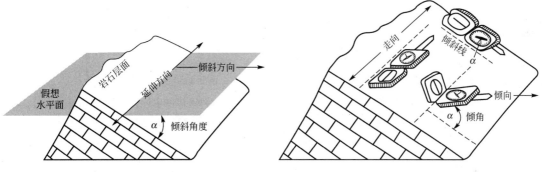

图 1.13 岩层产状要素　　　　图 1.14 岩层产状要素的测定方法

① 岩层走向测定。第一步,将罗盘长边的一条棱紧贴岩层层面。第二步,转动罗盘,使圆形水准器的水泡居中。第三步,固定磁针。第四步,读出指针所指刻度。因为岩层的走向可以两边延伸,所以南针或北针所指方向(如80°与260°)均可代表该岩层的走向。

② 岩层倾向测定。第一步,将罗盘北端(底盘标N的一端)指向岩层向下倾斜方向。第二步,罗盘南端底边棱紧贴岩层层面。第三步,转动罗盘,使圆形水准器水泡居中。第四步,固定磁针。第五步,读北针(不绕铜丝的一端),其所指刻度即为岩层的倾向。假若在岩层顶面上进行测量有困难,也可以在岩层底面上测量,将罗盘北端紧靠底面,读北针即可;如果在岩层底面上测量读北针有困难时,则用罗盘南端紧靠岩层底面,读南针亦可。

③ 岩层倾角测定。第一步,将罗盘直立,并以罗盘长边(底盘标有半圆刻度的一侧)平行倾斜线紧贴岩层层面。第二步,转动罗盘背面的活动扳手,使测斜管状水准器中的水泡居中。第三步,读取底盘标有半圆刻度一侧的刻度。

3. 岩层产状的表示方法

(1)方位角表示法

岩层产状的记录方式有多种,既可以用方位角数值表示,也可以用象限角数值表示。如某一岩层的走向为290°、倾向为20°、倾角为49°,若用方位角数值表示,则记录为290°/20°∠49°(走向/倾向∠倾角)。

由于岩层的走向与倾向相差 90°，测量岩层的产状时，往往只记录倾向和倾角，上述岩层产状可以记为 20°∠49°；如要知道岩层的走向，则只需将倾向加减 90°即可。

（2）象限角表示法

上述地层走向的方位角为 290°，若用象限角数值表示，记录为 E20°N；倾向的方位角为 20°，其象限角记录为 N20°E；故用象限角方式记录该岩层的产状为 E20°N/N20°E∠49°（走向/倾向∠倾角），或直接记录为 N20°E∠45°（倾向∠倾角）。

（3）符号表示法

在地质图上，岩层产状要素是用符号来表示的，常用符号如下。

① ⊥₄₅° 长线表示走向，短线表示倾向，数字表示倾角。长短线必须按实际方位画在地质图上。

② ＋ 岩层水平（倾角小于 5°）。

③ ⊥ 岩层直立，箭头指向较新岩层。

④ ⊥₄₅° 岩层倒转，箭头指向倒转后的岩层倾向，即指向老岩层，数字表示倾角。

后面将要讲到的褶皱轴面、节理面、裂隙面和断层面等形态的产状意义、表示方法和测定方法均与岩层相同。

4. 水平岩层、倾斜岩层和直立岩层

由于形成岩层的地质作用、形成时的环境和形成后所受的构造运动的影响不同，岩层在地壳中的空间方位也各不一样，但概括地说有水平岩层、倾斜岩层和直立岩层 3 种基本情况。

（1）水平岩层

产状基本是水平的或近于水平的岩层叫水平岩层。覆盖大陆表面的 3/4 面积的沉积岩，绝大多数都是在广阔的海洋和湖泊盆地中形成的，其原始产状大部分是水平的或近于水平的；只在沉积盆地的边缘、岛屿周围等少数地区才呈原始倾斜状态。对于水平岩层，一般岩层时代越老，出露位置越低，越新则分布的位置越高。

（2）倾斜岩层

除了某些原始倾斜岩层以外，绝大多数倾斜岩层都是由于构造运动使原来的水平岩层发生倾斜的结果。如果在一定地区内一套岩层的倾斜方向和倾角基本一致，这种岩层则称为单斜岩层。在大范围内，倾斜岩层常常是褶皱的一翼或断层的一盘。

（3）直立岩层

岩层层面与水平面相垂直的岩层，称为直立岩层。其露头宽度与岩层厚度相等，与地形特征无关。

1.4.3 褶皱构造

褶皱构造是岩层在构造运动中受力形成的连续弯曲变形，它是岩层塑性变形的结果，在层状岩石中表现得最为明显。

1. 褶皱构造的两种形式及其判别方法

褶皱的规模差别很大，大者延伸数十千米甚至数百千米，小者则可出现

【褶皱构造】

在手标本上。褶曲是褶皱构造中的一个弯曲，是褶皱构造的组成单位。褶皱构造的基本类型有两种（图 1.15）：一种是岩层向上弯曲，其核心部位的岩层时代较老，外侧岩层较新，这种褶皱构造称为背斜；另一种是岩层向下弯曲，核心部位的岩层较新，外侧岩层较老，这种褶皱构造称为向斜。

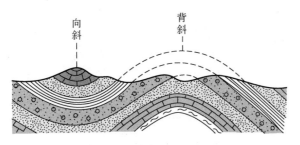

图 1.15 背斜和向斜

由于后来风化剥蚀的破坏，造成向斜在地面上的出露特征是：从中心向两侧岩层从新到老对称重复出露［图 1.16(a)、(b)左侧］，而背斜在地面上的出露特征却恰好相反，从中心到两侧岩层从老到新对称重复出露［图 1.16(a)、(b)右侧］。

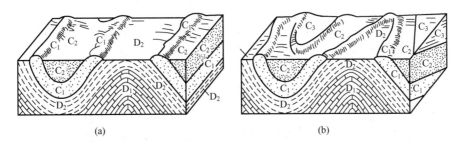

图 1.16 背斜和向斜在平面上和剖面上的表征

2. 褶皱的几何要素

褶皱的几何要素主要有核、翼、轴面、轴线和枢纽等（表 1-23）。

表 1-23 褶皱的几何要素

几何要素	描 述	图 示
核	褶皱的中心部位的岩层	
翼	核部两侧对称出入的岩层	
轴面	从褶曲顶平分两侧的假想面。它可以是平面，也可以是曲面；它可以是直立的、倾斜的或近似于水平的	
轴线	轴面与水平面的交线。轴的长度表示褶曲延伸的规模	
枢纽	轴面与褶曲同一岩层层面的交线，称为褶曲的枢纽。它有水平的、倾伏的，也有波状起伏的	

3. 褶皱分类

褶皱的形态多种多样,为了便于描述和研究,可以从不同角度进行分类。

(1) 按褶皱轴面和两翼产状分类(图 1.17)

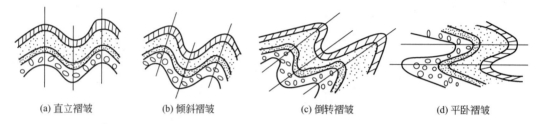

(a) 直立褶皱　　(b) 倾斜褶皱　　(c) 倒转褶皱　　(d) 平卧褶皱

图 1.17　按褶皱轴面和两翼产状划分褶皱类型

① 直立褶皱。轴面直立,两翼岩层倾向相反,倾角大致相等。

② 倾斜褶皱。轴面倾斜,两翼岩层倾向相反,倾角不相等。轴面与褶皱平缓翼倾向相同。

③ 倒转褶皱。轴面倾斜,两翼倾斜,两翼岩层倾向相同,倾角相等或不相等,一翼岩层层序正常,另一翼岩层层序倒转。

④ 平卧褶皱。轴面水平,两翼岩层近于水平重叠,一翼层序正常,另一翼层序倒转。

(2) 按纵剖面上枢纽产状分类

① 水平褶皱[图 1.18(a)、(c)]。枢纽近于水平延伸,两翼岩层走向大致平行并对称分布。

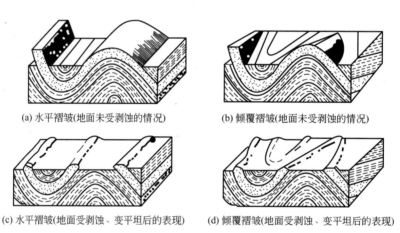

(a) 水平褶皱(地面未受剥蚀的情况)　　(b) 倾覆褶皱(地面未受剥蚀的情况)

(c) 水平褶皱(地面受剥蚀、变平坦后的表现)　　(d) 倾覆褶皱(地面受剥蚀、变平坦后的表现)

图 1.18　按纵剖面上枢纽产状划分褶皱类型

② 倾伏褶皱[图 1.18(b)、(d)]。枢纽向一端倾伏,两翼岩层走向发生弧形封闭。对于背斜,封闭的尖端指向枢纽的倾伏方向;对于向斜,封闭的尖端指向枢纽的扬起方向。

4. 褶皱构造的识别

在一般情况下,人们容易认为背斜为山,向斜为谷,但实际情况要比这复杂得多。因为有的背斜遭受长期剥蚀,不仅可以逐渐被夷为平地,而且往往由于背斜轴部岩层遭到构造作用的强烈破坏,在一定的外力条件下,甚至可以发展成为谷地。向斜山与背斜谷

（图 1.19）的情况在野外比较常见。因此不能简单地以地形的起伏情况作为识别褶皱构造的主要标志。

褶皱的规模不一，小的褶皱可以在小范围内，通过几个出露在地面的基岩露头进行观察。规模大的褶皱，因分布

图 1.19 褶皱构造与地形

的范围大并常受地形高低起伏的影响，很难一览无余，也不可能通过少数几个露头就能窥其全貌。对于这样的大量褶皱构造，在野外就需要采用穿越的方法和追索的方法进行观察。

5. 褶皱构造的工程地质评价

褶皱的核部是岩层强烈变形的部位，一般在背斜的顶部和向斜的底部发育有拉张裂隙，将岩层切割成块状。在变形强烈时，沿褶皱核部常有断层发生，造成岩石破损或形成构造角砾岩带。此外，地下水多积聚在向斜核部，背斜核部的裂隙也往往是地下水富集和流动的通道。由于岩层的构造变形和地下水的影响，公路、隧道或桥梁工程在褶皱核部容易遇到工程地质问题。

褶皱的核部，从岩层的产状来说是岩层倾向发生显著变化的地方；从构造作用对岩层整体性的影响来说，又是岩层受应力作用最集中的地方。因此，在褶皱的核部，不论公路、隧道或桥梁工程，都容易遇到工程地质问题，主要是由于岩层破碎而产生的岩体稳定问题和向斜核部地下水的问题。这些问题在隧道工程中往往显得更为突出，它们容易导致隧道塌顶和涌水现象，甚至会严重影响正常施工。

褶皱的翼部不同于褶皱核部，它具有另一类工程地质问题。在褶皱两翼形成倾斜岩层容易造成顺层滑动，特别是当岩层倾向与临空面坡向一致，且岩层倾角小于坡角时，或当岩层中有软弱夹层，如云母片、滑石片等软弱岩层时，应慎重考虑。

褶皱构造的工程地质评价主要是倾斜岩层的产状与路线或隧道轴线走向的关系问题。倾斜岩层对建筑物的地基，一般来说，没有特殊不良的影响，但对于深路堑、挖方高边坡及隧道工程等，则需要根据具体情况做具体的分析。

对于隧道工程来说，从褶皱的翼部通过一般是比较有利的；但如果中间有松软岩层或软弱构造面时，则在倾向一侧的洞壁，有时会出现明显的偏压现象，甚至会导致支撑破坏，发生局部坍塌。

1.4.4 断裂构造

岩层受构造运动作用，当所受的构造应力超过岩石强度时，岩石的连续完整性会遭到破坏，产生断裂，这种构造称为断裂构造。它是地壳中普遍发育的基本构造之一，在地壳的各个地区和各类岩石中均有广泛的分布。按照断裂后两侧岩层沿断裂面有无明显的相对位移，又分节理和断层两种类型。

1. 节理

节理是指岩层受力断开后，裂面两侧岩层沿断裂面没有明显的相对位移时的断裂构造。节理的断裂面称为节理面。节理常把岩层分割成形状不同、大小不等的岩块，小块岩石的强

度与包含节理的岩体的强度明显不同。岩石边坡失稳和隧道洞顶坍塌往往与节理有关。

（1）节理的类型

节理按成因可分为原生节理、次生节理和构造节理。

① 原生节理。原生节理是岩石形成过程中形成的节理，如玄武岩在冷却凝固时形成的柱状节理。

② 次生节理。次生节理是由卸荷、风化、爆破等作用形成的节理，分别称为卸荷节理、风化节理、爆破节理等。次生节理一般分布在地表浅层，大多无一定方向性。

③ 构造节理。构造节理是由构造运动形成的节理。根据其受力性质，又分为剪节理（也称扭节理）和张节理两类。

a. 剪节理。岩石受剪（扭）应力作用形成的破裂面称为剪节理，其两组剪切面一般形成X形的节理，故又称X节理。剪节理常与褶皱、断层相伴生。由于剪节理交叉互相切割岩层成碎块体，破坏岩体的完整性，故剪节理面常是易于滑动的软弱面。

b. 张节理。岩层受张应力作用而形成的破裂面称为张节理。当岩层受挤压时，初期是在岩层面上沿先发生的剪节理追踪发育形成锯齿状张节理。在褶皱岩层中，多在弯曲顶部产生与褶皱轴走向一致的张节理。张节理两壁间的裂缝较宽，呈开口形或楔形，并常被岩脉充填，节理间距较大，往往是渗漏的良好通道。

（2）节理的工程地质评价

岩石中的节理，在工程上除有利于开采外，对岩体的强度和稳定性均有不利影响。节理破坏了岩石的整体性，促使风化速度加快，提高了岩体的透水性，使岩体的强度和稳定性降低。若节理的主要发育方向与路线走向平行，倾向与边坡一致，则不论岩体的产状如何，路堑边坡都容易发生崩塌或碎落。在路基施工时，还会影响爆破作业的效果。

（3）节理的调查、统计和表示方法

为了反映节理分布规律及其对岩体稳定性的影响，一般利用统计图式，将野外调查的岩体节理分布情况表示出来。

调查时应先在工作地点选择一处具有代表性的基岩露头，对一定面积内的节理按表1-24的内容进行调查。调查资料的统计图种类很多，常采用节理玫瑰图来表示，它能够较直观地反映节理的产状、分布规律及其对岩体稳定的影响，且作图简单容易，因此被广泛应用。

表 1-24 节理野外调查记录表

方位间隔(°)	走向		倾向		方位间隔(°)	走向		倾向	
	均值(°)	条数	均值(°)	条数		均值(°)	条数	均值(°)	条数
0~10	—	—	—	—	180~190	—	—	182	—
10~20	13	8	16	3	190~200	—	—	194	2
20~30	25	15	24	2	200~210	—	—	207	5
30~40	34	21	32	5	210~220	—	—	215	7
40~50	47	7	45	11	220~230	—	—	223	13

续表

方位间隔(°)	走向均值(°)	走向条数	倾向均值(°)	倾向条数	方位间隔(°)	走向均值(°)	走向条数	倾向均值(°)	倾向条数
50~60	56	9	57	6	230~240	—	—	236	11
60~70	68	16	66	2	240~250	—	—	245	3
70~80	75	7	75	3	250~260	—	—	257	2
80~90	84	6	89	0	260~270	—	—	269	0
90~100	—	—	96	0	270~280	—	—	277	0
100~110	—	—	103	4	280~290	286	5	283	4
110~120	—	—	115	7	290~300	294	7	295	8
120~130	—	—	124	12	300~310	302	12	304	9
130~140	—	—	137	3	310~320	315	24	317	4
140~150	—	—	146	4	320~330	327	17	326	5
150~160	—	—	158	9	330~340	336	5	338	7
160~170	—	—	165	2	340~350	345	5	345	5
170~180	—	—	179	2	350~360	355	0	357	4
小计	—	89	—	75	小计	—	75	—	89

节理玫瑰图有两类：一类是节理走向玫瑰图；另一类是节理倾向玫瑰图。

① 节理走向玫瑰图[图 1.20(a)]。通常是在一任意半径的半圆上，画上刻度网，把所得的节理按走向，以每 5°或每 10°分组，统计每一组内的节理条数并算出平均走向。自圆心沿半径引射线，射线的方位代表每组节理平均走向的方位，射线的长度代表每组节理的条数。然后用折线把射线的端点连接起来，即得到节理玫瑰花。图中的每一个"玫瑰花瓣"越长，反映沿这个方向分布的节理越多。从图 1.20(a) 中可以看出，走向 30°~40°、60°~70°、310°~320°的三组节理最为发育。

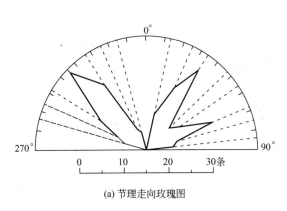

(a) 节理走向玫瑰图   (b) 节理倾向玫瑰图

图 1.20　节理玫瑰图

② 节理倾向玫瑰图[图 1.20(b)]。先将测得的节理按倾向以每 5°或每 10°为一组，统计每组内节理的条数，并算出其平均倾向，用绘制走向玫瑰图的方法，在注有方位的圆周上根据平均倾向和节理条数，定出各组相应的端点。用折线将这些点连接起来，即为节理倾向玫瑰图。从图 1.20(b)中可以看出，倾向 40°～50°、120°～130°、220°～230°、300°～310°的四组节理最为发育，而倾向南西 240°～280°的节理不发育。

2. 断层

岩石破裂，并且沿破裂面两侧的岩块有明显的相对滑动者，称为断层。

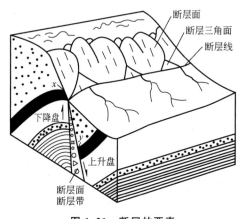

图 1.21 断层的要素

（1）断层的要素

断层的基本组成部分叫作断层要素，主要有断层面、断层线、断盘及断距等，如图 1.21 所示。

① 断层面是指相邻两岩块断开或沿其滑动的破裂面。它的空间位置由其走向、倾向、倾角决定。断层面可以是平面，也可以是弯曲面。断层面还常常表现为具有一定宽度的破裂带，并可以由许多破裂面组成，称为断层带，断层带宽度不一，自几米至数百米不等。一般断层规模越大，形成的断层带越宽。

② 断层面与地面或其他面的交线称为断层线，断层线的分布规律与地层露头线相同。

③ 断盘是指断层面两侧相对移动的岩块（图 1.22）。断盘有上下之分，相对上升的一盘叫上升盘，相对下降的一盘叫下降盘；当断层面直立或断层性质不明时，以方位表示断盘，如断层走向为东西方向，则可分出北盘与南盘。

④ 断距是断层两断盘相对错开的距离。岩层原来相连的两点，沿断层面断开的距离称为总断距，总断距的水平分量称为水平断距，垂直分量称为垂直断距。

（2）断层的基本类型

按断层两盘相对位移的方式，可把断层分为正断层、逆断层和平移断层 3 种类型（图 1.22）。

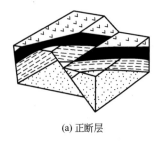
(a) 正断层

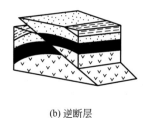
(b) 逆断层

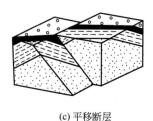
(c) 平移断层

图 1.22 断层的基本类型

① 正断层。上盘相对下降，下盘相对上升的断层称为正断层。正断层由拉张力和重力作用形成。

② 逆断层。上盘相对上升，下盘相对下降的断层称为逆断层。逆断层由挤压力作用形成。断层面倾角小于25°的逆断层称为逆掩断层。

③ 平移断层。断层面两侧岩体沿水平方向相对错动的断层称为平移断层。因其两侧岩体是沿断层的走向相对滑动的，所以也叫走向滑动断层。

（3）断层的野外识别标志

在自然界，大部分断层由于后期遭受剥蚀破坏和覆盖，在地表上暴露得不清楚，因此需根据地层、构造等直接证据和地貌、水文等方面的间接证据来判断断层的存在与类型。

① 构造（线）不连续。地层、矿层、矿脉、侵入体与围岩的接触界线等都有一定的形状和分布方向。一旦断层发生，它们就会突然中断、错开，即造成构造（线）的不连续现象，这是判断断层存在的直接标志。图1.23所示为断层造成的不连续标志。

图1.23 断层造成的不连续标志

② 地层的重复或缺失。在倾斜岩层中，地层出现重复或缺失现象，是识别断层的重要证据。虽然褶皱构造也有地层的重复现象，但它是对称性的重复；而断层的地层重复却是单向性的重复。沉积间断或不整合构造也可造成地层缺失，但这两类地层缺失都是区域性的，断层造成的地层缺失则是局部性的。图1.24所示为岩层的重复。

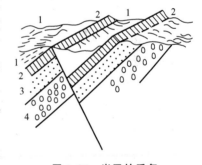

图1.24 岩层的重复

③ 断层面上的构造特征。由于断层面两侧岩块的相互滑动和摩擦，在断层面上及其附近留下了各种证据，这是识别断层的直观证据，常见有以下几种。

a. 断层擦痕。断层擦痕就是断层两侧岩块相互滑动和摩擦时留下的痕迹，由一系列彼此平行而且较为均匀的细密线条组成，或为一系列相间排列的擦脊与擦槽构成，有时可见擦痕一端粗而深，另一端细而浅，则由粗的一端向细的一端的指向即为对盘运动方向，如图1.25（a）所示。

b. 断层阶步。断层阶步即断层摩擦面上的不规则阶梯状断口，其上覆以纤维状的矿物（如方解石等）晶体。断层阶步是断层面上与擦痕垂直的微小陡坡，在平行运动方向的剖面上，其形状特征呈不对称波状，陡坡倾斜方向指示对盘错动方向。

c. 断层破碎带。规模较大的断层常形成断层破碎带［图1.25（b）］，其宽窄可自几厘米至数十米不等。

  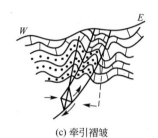

(a) 断层擦痕　　　　　　(b) 断层破碎带　　　　　　(c) 牵引褶皱

图 1.25　断层面上的构造特征

d. 牵引褶皱。断层两盘相对错动时，断层两侧岩层受到牵引而形成的弧形弯曲，称为牵引褶皱 [图 1.25(c)]。弧形突出的方向指示本盘相对错动的方向，据此可判断断层的性质。

④ 地貌及地下水特征。巨大断层多反映在地貌上的突然变化。例如，山区与平原的分界处形成的三角形山的坡面叫作断层三角面，形成的陡崖叫作断层崖（图 1.26）。在山区，断层带岩石破碎，容易被风化冲刷成深沟峡谷。河谷常沿断层带发育，有些河流沿断层冲刷侵蚀而突然急剧转弯改变流向。断层切断地下含水岩层时，地下水沿断层带流出地表形成泉水；在野外常可见到一系列泉眼沿断层带出露，尤其是呈线状分布的热泉，多反映了现代活动性的断层。

图 1.26　断层崖

判断一条断层是否存在，主要是依据地层的构造不连续、重复或缺失这两个标志。其他标志只能作为辅证，不能依此下定论。

(4) 断层的工程地质评价

断层的存在，从总体上说，破坏了岩体的完整性，断层面或破碎带的抗剪强度远低于岩体其他部位的抗剪强度。因此，断层一般从以下几个方面对工程建筑产生影响。

① 断层破碎带力学强度低，压缩性增大，会发生较大沉陷，易造成建筑物断裂或倾斜。断裂面是极不稳定的滑移面，对岩质边坡稳定及桥墩稳定常有重要影响。

② 断层破碎带不仅岩体破碎，而且断层上下盘的岩性也可能不同，如果在此处进行工程建设，有可能会产生不均匀沉降。

③ 隧道工程通过断层破碎带地段，易发生坍塌甚至冒顶。

④ 沿断层破碎带地段易形成风化深槽及岩溶发育带，断层陡坡或悬崖多处于不稳定状态，容易发生崩塌等。

⑤ 断层破碎带常为地下水的良好通道，地下水的出露也常为断裂构造所控制。施工

中，若遇到断层带会出现涌水问题。

⑥ 构造断裂带在新的地壳运动影响下，可能会产生新的移动。因为构造断裂带是地壳表层的薄弱地带，当有新的地壳运动发生时，往往会引起附近断裂带产生新的移动，从而影响建筑物的稳定。

任务 1.5　地貌与第四纪地质认知

【地貌】

中国的地貌总轮廓是西高东低，形成一个以西藏高原最高，向东逐级下降的阶梯状斜面，可明显分为三级阶梯，如图 1.27 所示。

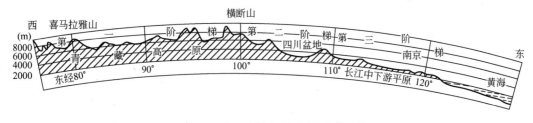

图 1.27　中国地势剖面图（沿北纬 32°）

地貌及第四纪地质条件与工程的建设及运营有着密切的关系。尤其是公路路线经常穿越不同的地貌及第四纪地质单元，地貌及第四纪地质条件是评价公路工程地质条件的重要内容之一。各种不同的地貌及第四纪地质，都关系到公路勘测设计、桥隧位置选择的技术经济问题和养护工程等。

1.5.1　地貌概述及地貌类型

1. 地貌概述

由于内力和外力地质作用的长期进行，在地壳表面形成的各种不同成因、不同类型、不同规模的起伏形态，称为地貌。多种多样的地貌形态主要是内力和外力地质作用造成的。

内力地质作用指的是地壳的构造运动和岩浆活动，特别是构造运动，它不仅使地壳岩层受到强烈的挤压、拉伸或扭动，形成一系列褶皱带和断裂带，而且还在地壳表面造成大规模的隆起区和沉降区，使地表变得高低不平，隆起区形成大陆、高原、山岭，沉降区则形成海洋、平原、盆地。

外力地质作用则对内力地质作用所形成的基本地貌形态，不断地雕塑、加工，使之复杂化。外力地质作用总是不断地进行剥蚀破坏，同时把破坏了的碎屑物质搬运堆积到由内力地质作用所形成的低地和海洋中去。因此，外力地质作用的总趋势是削高补低，力图将地表夷平。

可见，地貌的形成和发展是内外力地质作用不断斗争的结果。由于内力和外力地质作用始终处于对立统一的发展过程中，因而在地壳表面便形成了各种各样的地貌形态。

2. 地貌类型

地球的表面是高低不平的，而且差距较大，大致可划分为海洋和大陆两部分。

海洋的面积约占地壳的71%，其平均深度超过3700m。海洋地形的半数为表面平坦无明显起伏的大洋盆地。海底的山脉称为海岭；而海底长条形的洼地则称为海沟，海沟一般深度大于6km，地球表面最低洼地区如西太平洋马里亚纳海沟深11034m，菲律宾海沟深10540m；与陆地连接的浅海平台称为大陆架；大陆架外缘的斜坡称为大陆坡。

大陆的平均海拔高度大于800m，按高程和起伏状况，大陆表面可分为山地（占33%）、丘陵（占10%）、平原（占12%）、高原（占26%）和盆地（占19%）等地貌形态。

(1) 地貌的形态分类

按地貌绝对高度和地形起伏的相对高度大小来划分和命名，大陆地貌的形态分类见表1-25。

表1-25 大陆地貌的形态分类

形态类型		绝对高度(m)	相对高度(m)	平均坡度(°)	举 例
山地	高山	>3500	>1000	>25	喜马拉雅山
	中山	1000～3500	500～1000	10～25	庐山、大别山
	低山	500～1000	200～500	5～10	川东平行岭谷
高原		>600	>200	—	青藏高原、内蒙古高原、云贵高原、黄土高原
平原	高平原	>200	—	—	成都平原
	低平原	0～200	—	—	东北、华北、长江中下游
盆地		<海平面高度	—	—	四川盆地、柴达木盆地、吐鲁番盆地
丘陵		<500	<200	—	闽东沿海丘陵

特 别 提 示

(1) 山地。山地是陆地上海拔高度在500m以上，由山顶、山坡和山脚组成的隆起高地。按山地的外貌特征、海拔高度、相对高度和山地坡度，结合我国的具体情况，山地又分高山、中山和低山三类。

(2) 高原。高原是陆地表面海拔高度在600m以上、相对高度在200m以上、面积较大、顶面平坦或略有起伏、耸立于周围地面之上的广阔高地。规模较大的高原，顶部常形成丘陵和盆地相间的复杂地形。世界上最高的高原是我国的青藏高原，平均海拔高度超过4000m。我国的内蒙古高原、云贵高原，以及华北、西北地区的黄土高原等，规模都十分可观。

（3）平原。平原是陆地表面宽广平坦或切割微弱、略有起伏，并与高地毗连或为高地围限的平地。平原按海拔高度分为高平原和低平原两种。

（4）盆地。盆地是陆地上中间低平或略有起伏、四周被高地或高原所围限的盆状地形。盆地的海拔高度和相对高度一般较大，如我国的四川盆地中部的平均高程为500m，青海柴达木盆地的平均高程为2700m。盆地规模大小不一，依其成因分构造盆地和侵蚀盆地两种。构造盆地常常是地下水富集的场所，蕴藏丰富的地下水资源。侵蚀盆地中的河谷盆地，即山区中河谷的开阔地段或河流交汇处的开阔地段，往往是修建水库的理想库盆。

（5）丘陵。丘陵是一种起伏不大、海拔高度一般不超过500m、相对高度在200m以下的低矮山丘。丘陵多半由山地、高原经长期外力侵蚀作用而成。丘陵形态个体低矮、顶部浑圆、坡度平缓、分布零乱，无明显的延伸规律等，如我国东南沿海一带的丘陵。在公路工程中，丘陵可进一步划分为重丘和微丘，其中相对高度大于100m的为重丘，小于100m的为微丘。

（2）地貌的成因分类

按形成的地质作用因素分类，地貌可分为内力地貌和外力地貌两大类。

① 内力地貌。以内力地质作用为主形成的地貌称为内力地貌。按地貌的成因不同，内力地貌分为构造地貌和火山地貌。

a. 构造地貌。由地壳的构造运动所形成的地貌，其形态能充分反映原来的地质构造形态。如高地符合构造隆起和上升运动为主的地区，盆地符合构造凹陷和下降运动为主的地区。如褶皱构造山、断块山、褶皱断块山等均属于构造地貌。

褶皱构造山：是岩层受构造作用发生褶皱而形成的山。根据褶皱构造形态及褶皱山发育的部位不同，又可分为背斜山和向斜山（图1.28）。

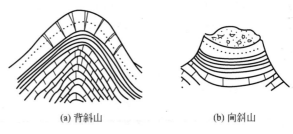

图1.28　背斜山与向斜山

断块山：因断层使岩层发生错断相对抬升而形成的山。断块山垂直位移值越大，山势也就越陡。陕西境内的秦岭就是一典型的断块山。

褶皱断块山：由褶皱与断层两种作用组合而成的山地。其基本地貌特征由断层形式决定，具有高大而明显的外貌。

b. 火山地貌。由火山喷发出来的熔岩和碎屑物质堆积所形成的地貌为火山地貌，如熔岩盖、火山锥等。

② 外力地貌。以外力作用为主所形成的地貌称为外力地貌。根据外动力的不同，它又分为以下几种地貌。

a. 水成地貌。水成地貌以水的作用为地貌形成和发展的基本因素。水成地貌又可分为面状洗刷地貌、线状冲刷地貌、河流地貌、湖泊地貌与海洋地貌等。

图 1.29 风蚀蘑菇

b. 冰川地貌。冰川地貌以冰雪的作用为地貌形成和发展的基本因素。冰川地貌又可分为冰川剥蚀地貌与冰川堆积地貌。前者如冰斗、冰川槽谷等，后者如侧碛、终碛等。

【石林】

c. 风成地貌。风成地貌以风的作用为地貌形成和发展的基本因素。风成地貌又可分为风蚀地貌与风积地貌。前者如风蚀洼地、风蚀蘑菇（图 1.29）等，后者如新月形沙丘、沙垄等。

d. 岩溶地貌。岩溶地貌以地表水和地下水的溶蚀作用为地貌形成和发展的基本因素。其所形成的地貌有溶沟、石芽、溶洞、峰林、地下暗河等。

e. 重力地貌。重力地貌以重力作用为地貌形成和发展的基本因素。其所形成的地貌有崩塌、滑坡等。

【钟乳石】

此外，外力地貌还有黄土地貌、冻土地貌等。

1.5.2　山岭地貌

1. 山岭地貌的形态要素

山岭地貌的特点：具有山顶（山脊）、山坡、山脚（山麓）等明显的形态要素。

山顶是山岭地貌的最高部分，山顶呈线状延伸时称为山脊。

山岭及其形态要素如图 1.30 所示。

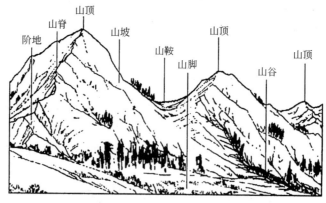

图 1.30　山岭及其形态要素

山坡是介于山顶与山脚之间的部分。在山岭地区，山坡分布的地面最广。山坡的形状有直线形、凹形、凸形及复合形等各种类型，这取决于新构造运动、岩性、岩体结构及坡面剥蚀和堆积的演化过程等因素。

山脚是山坡与周围平地的交接处。由于坡面剥蚀和坡脚堆积，使山脚在地貌上一般并不明显，在那里通常有一个起缓坡作用的过渡地带（图1.31），它主要由一些坡积裙、冲积锥、洪积扇、岩锥及滑坡堆积体等流水堆积地貌和重力堆积地貌组成。

图1.31　山前缓坡过渡地带

2. 山岭地貌的类型

（1）按形态分类

按形态分类一般是根据山地的绝对高度、相对高度和平均坡度等特点进行划分，见表1-25。

（2）按成因分类

根据地貌成因，山地地貌可划分为以下类型。

① 构造变动形成的山岭。

a. 平顶山。平顶山是由水平岩层构成的一种山岭，多分布在顶部岩层坚硬（如灰岩、胶结紧密的砂岩或砾岩）和下卧层软弱（如页岩）的硬软相互发育地区，在侵蚀、溶蚀和重力崩塌作用下，使四周形成陡崖或深谷，由于顶面坚硬、抗风化力强而兀立如桌面。由水平硬岩层覆盖的分水岭，有可能成为平坦的高原。

b. 单面山。单面山是由单斜岩层构成的沿岩层走向延伸的一种山岭，它常常出现在构造盆地的边缘和舒缓的穹隆、背斜和向斜构造的翼部，其两坡一般不对称。与岩层倾向相反的一坡短而陡，称为前坡。前坡多是经外力的侵蚀作用形成的，故称为剥蚀坡。与岩层倾向一致的一坡长而缓，称为后坡或者构造坡。如果岩层倾角超过40°，则两坡的坡度和长度均相差不大，其所形成的山岭外形很像猪背，所以又称猪背岭。

c. 褶皱山。褶皱山是由褶皱岩层所构成的一种山岭。在褶皱形成的初期，往往是背斜形成高地（背斜山），向斜形成凹地（向斜谷），地形是顺应构造的，所以称为顺地形[图1.32(a)]。随着外力剥蚀作用的不断进行，有时地形也会发生逆转现象，即背斜因长期遭受强烈剥蚀而形成谷底，而向斜则形成山地，这种与地质构造形态相反的地形称为逆

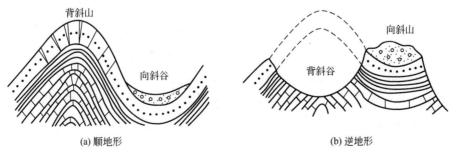

图1.32　顺地形和逆地形

地形［图1.32(b)］。一般年轻的褶皱构造上顺地形居多，而较老的褶皱构造上由于侵蚀作用的进一步发展，逆地形则比较发育。此外，在褶皱构造上还可能同时存在背斜谷和向斜谷，或者演化为猪背岭或单斜山、单斜谷。

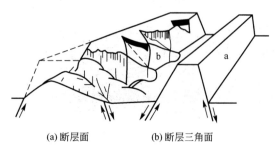

图 1.33 断块山

a—断层面；b—断层三角面

d. 断块山（图1.33）。断块山是由断裂变动所形成的山地。它可能只在一侧有断裂，也有可能两侧均为断裂所控制。断块山在形成的初期可能有完整的断层面及明显的断层线，断层面构成了山前的陡崖，断层线控制了山脚的轮廓，使山地与平原或山地与河谷间的界限相当明显，而且比较顺直。以后由于长期强烈的剥蚀作用，断层面被破坏而模糊不清。

e. 褶皱断块山。上述山地都是由单一的构造形态所形成，但在更多情况下，山地常常是由它们的组合形态所构成。由褶皱和断裂构造的组合形态构成的山地称为褶皱断块山，这里曾经是构造运动剧烈和频繁发生的地区。

② 火山作用形成的山岭。火山作用形成的山地，常见的有锥状火山和盾状火山。

a. 锥状火山是多次火山活动形成的，其熔岩黏性较大、流动性较小，冷却后便在火山口附近形成较大的锥状外形。由于多次喷发，锥形火山越来越高。如日本的富士山就是锥状火山，高达3758m。

b. 盾状火山是由黏性较小、流动性较大的熔岩冷凝形成，故其外形呈基部较大、坡度较小的盾状。如冰岛、夏威夷群岛的火山山地地貌则属于盾状火山。

③ 剥蚀作用形成的山岭。这种山岭是在山体地质构造的基础上，经长期外力剥蚀作用所形成的。例如，地面流水侵蚀作用所形成的河间分水岭，冰川刨蚀作用形成的刀脊和角峰，地下水溶蚀作用所形成的峰林等。

3. 垭口与山坡

(1) 垭口

山脊标高较低的鞍部，即相连的两山顶之间较低的山腰部分称为垭口。越岭的公路路线若能找到合适的垭口，便可以降低公路高程和减少展线工程量。根据垭口形成的主导因素，可以将垭口归纳为以下3种基本类型。

① 构造型垭口。这是由构造破碎带或软弱岩层经外力剥蚀所形成的垭口，常见的有下列3种。

a. 断层破碎带型垭口（图1.34）。这种垭口的工程地质条件比较差，岩体的整体性被破坏，经地表水侵入和风化，岩体破碎严重，一般不宜采用隧道方案，如采用路堑，也需控制开挖深度或者考虑边坡防护，以防止边坡发生崩塌。

b. 背斜张裂带型垭口（图1.35）。这种垭口虽然构造裂隙发育，岩层破碎，但工程地质条件较断层破碎带型垭口为好。这是因为这种垭口两侧岩层外倾，有利于排除地下水，也有利于边坡稳定，一般可采用较陡的边坡坡度，使挖方工程量和防护工程量都比较小。如果选用隧道方案施工费用和洞内衬砌比较节省，则是一种较好的垭口类型。

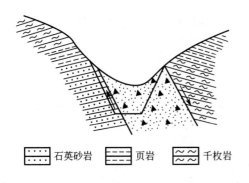

图 1.34 断层破碎带型垭口

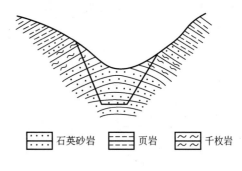

图 1.35 背斜张裂带型垭口

c. 单斜软弱层型垭口（图 1.36）。这种垭口主要由页岩、千枚岩等易于风化的软弱岩层构成，两侧边坡多不对称。由于其岩性松软，风化严重，稳定性差，故不宜深挖。若采取路堑深挖方案，两侧坡面都应有防风化的措施，必要时应设置护壁或挡土墙。穿越这一类垭口，宜先考虑隧道方案，可以避免因风化带来的路基病害，还有利于降低越岭线的高程，缩短展线工程量或提高公路纵坡标准。

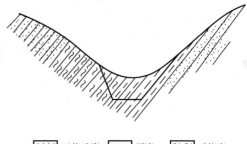

图 1.36 单斜软弱层型垭口

② 剥蚀型垭口。这是以外力强烈剥蚀为主导因素所形成的垭口。这类垭口的特点是松散覆盖层很薄，基岩多半裸露。垭口的肥瘦和形态特点主要取决于岩性、气候及外力的切割程度等因素。在气候干燥寒冷地区，岩性坚硬和切割较深的垭口本身较薄，宜采用隧道方案；采用路堑深挖也比较有利，是一种良好的垭口类型。在气候温湿地区，岩性较软弱的垭口本身较平缓宽厚，采用深挖路堑或隧道对穿都比较稳定，但工程量比较大。在石灰岩地区的溶蚀型垭口，无论是明挖路堑还是开凿隧道，都应注意溶洞或其他地下溶蚀地貌的影响。

③ 剥蚀-堆积型垭口。这是在山体地质结构的基础上，以剥蚀和堆积作用为主导因素所形成的垭口。其开挖后的稳定条件主要取决于堆积层的地质特征和水文地质条件。这类垭口外形浑缓，垭口宽厚，宜与公路展线，但松散堆积层的厚度较大，有时还发育有高地沼泽，水文地质条件较差，故不宜降低过岭标高，通常多以低填或浅挖的断面形式通过。

（2）山坡

山坡是山岭地貌形态的基本要素之一，不论是越岭线还是山脊线，路线的绝大部分都是设置在山坡或靠近岭顶的斜坡上的，所以在路线勘测中总是把越岭垭口和展线山坡作为整体通盘考虑。

山坡的外部形态特征包括山坡的高度、坡度及纵向轮廓等。山坡的外形是各种各样的，下面根据山坡的纵向轮廓和山坡的坡度，将其简略地概括为以下几种类型。

① 按山坡的纵向轮廓分类。

a. 直线形山坡。在野外见到的直线形山坡，一般可分为 3 种情况，如图 1.37 所示。

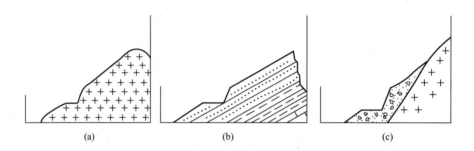

图 1.37　几种直线形山坡示意

第一种情况是山坡岩性单一，经长期的强烈冲刷剥蚀，形成纵向轮廓比较均匀的直线形山坡［图 1.37(a)］，这种山坡的稳定性一般较高。第二种情况是单斜岩层构成的直线形山坡［图 1.37(b)］，其外形在山地的两侧不对称，一侧坡度陡峻，另一侧则与岩层层面一致，坡度均匀平缓，从地形上看，有利于布设路线，但开挖路基后遇到的均为倾斜岩层，很容易发生大规模的滑坡，因此不宜深挖。第三种情况是由于山体岩性松软或岩体相当破碎，在气候干寒、物理风化强烈的条件下，经长期剥蚀破碎和坡面堆积而形成的直线形山坡［图 1.37(c)］，这种山坡在青藏高原和川西峡谷比较发育，其稳定性最差，若选作傍山公路的路基，应注意避免挖方内侧的塌方和路基沿山坡滑塌。

b. 凸形山坡［图 1.38(a)、(b)］。这种山坡上缓下陡，自上而下陡度渐增，下部甚至呈直立状态，坡脚界限明显。这类山坡往往是由于新构造运动加速上升，河流强烈下切所形成。其稳定条件主要决定于岩体结构，一旦发生山坡变形则会形成大规模的崩塌。凸形山坡上部的缓坡可选作公路路基，但应注意考察岩体结构，避免因人工扰动和加速风化导致失去稳定。

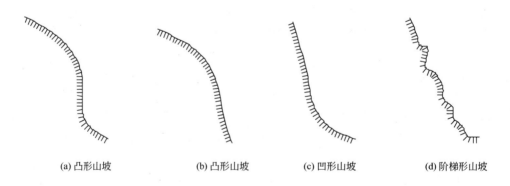

图 1.38　各种形态的山坡

c. 凹形山坡［图 1.38(c)］。这种山坡上部陡，下部急剧变缓，坡脚界限不明显。凹形山坡面往往就是古滑坡的滑动面或崩塌的依附面。在凹形山坡的下部缓坡上，也可进行公路布线，但设计路基时，应注意稳定平衡；沿河谷的路基应注意冲刷防护。

d. 阶梯形山坡 [图1.38(d)]。阶梯形山坡有两种不同的情况：一种是由软硬不同的水平岩层或微倾斜岩层组成的基岩山坡，由于软硬岩层的差异风化而形成阶梯状的山坡外形，山坡的表面剥蚀强烈，覆盖层薄，基岩外露，稳定性较好；另一种是由于山坡曾经发生过大规模的滑坡变形，由滑坡台阶组成的次生阶梯状斜坡。这种斜坡多存在于山坡的中下部，如果坡脚受到强烈冲刷或不合理的切坡，或者受到地震的影响，可能引起古滑坡复活，威胁建筑物的稳定。

② 按山坡的纵向坡度分类。山坡的纵向坡度，小于15°的为微坡，介于16°~30°的为缓坡，介于31°~70°的为陡坡，大于70°的为垂直坡。稳定性高和坡度平缓的山坡便于公路展线，对于布设路线是有利的，但应注意考察其工程地质条件。

1.5.3 流水地貌

从陆地表面水流的不同动态来看，可将地表流水分为暂时性流水（如片流和洪流）和常年性流水（如河流）。不论是暂时性流水还是常年性流水，在流动过程中均要与地表的土石发生相互作用，产生侵蚀搬运和堆积作用，形成各种不同的地貌和不同的沉积层。在外力地质作用中，流水的侵蚀、搬运和堆积作用是塑造地貌最活跃的因素，水通过自然界的循环产生巨大的动力，不断地改变着地球的面貌。因公路和桥梁是沿河谷布设的线性建筑物，而地表水地貌无论在山区还是在平原，都是分布最广、最常见的。地貌对公路与桥梁工程的建设有着积极的意义和消极的影响，因此是路桥工程中不可忽视的研究课题。

1. 暂时性流水的地质作用

地表暂时性流水是一种季节性、间歇性流水，主要指大气降水和冰雪融化后在坡面上和沟谷中运动着的水。

（1）坡面流水的地质作用

① 片流和细流的洗刷作用。

a. 片流也称漫洪，是大气降雨或冰雪融化后在斜坡上形成的面状流水。其特性是流程小、时间短、面积大、水层薄。片流在重力作用下，沿整个坡面将其松散的风化物带至斜坡下部，使坡面上部比较均匀地呈面状降低的过程。片流会导致基岩裸露，加速对坡面的破坏、侵蚀。这种现象尤以植被稀疏的坡面最为突出。

b. 细流是指片流向下流动时受到坡面上风化物的影响，逐渐汇集成的股状水流。这样，坡面上水流从片流的面状洗刷作用变成细流的股状冲刷，便会出现一些细小的侵蚀沟，即地貌学中的"纹沟"。

② 坡积物的特征。由于坡面流水的洗刷作用使松散物质向下搬运，在缓坡或坡角处堆积下来，形成坡积物（或坡积层）。坡积物颗粒的分选性及磨圆度差，一般无层理或层理不清晰，组成成分与斜坡上部的岩石性质有关。颗粒大小由斜坡上部向坡脚逐渐变细，上部多为较粗的岩石碎屑，靠近坡脚处常为细粒粉质黏土和黏土等，并夹有大小不等的岩块。坡积物的厚度，通常在斜坡上部较薄，下部逐渐变厚，在坡脚处最厚可达几十米。

③ 坡积层的工程地质性质。坡积层组成物质结构松散，孔隙率大，压缩性大，抗剪强度小，在水中容易崩解。当黏土质成分含量较多时，透水性较弱；当粗碎屑石块含量较多

时,透水性则较强。当坡积层下伏基岩表面倾角较陡,坡积物与基岩接触处为黏性土而又有地下水沿基岩渗流时,则易发生滑坡。在山区的河谷谷坡和山坡上,坡积物广泛分布,这对基坑开挖、开渠、修路等危害很大。在坡积物上修建建筑物时,还应注意地基的不均匀沉降问题。当线路通过坡积物时,应查明其厚度及物理力学性质,正确评定建筑物的稳定问题。

(2) 山洪急流的地质作用

山洪急流是暴雨或大量积雪消融时所形成的一种水量大、流速快,并夹带大量泥沙于沟槽中的水流。山洪急流大多沿着凹形汇水斜坡向下倾泻,具有巨大的流量和流速,对它所流经的沟底和沟壁产生显著的破坏作用,这种作用称为洪流冲刷作用。由洪流冲刷作用形成的沟谷,叫冲沟。洪流把冲刷下来的碎屑物质夹带到山脚平原或沟谷口堆积下来,形成洪积层。

① 冲沟。冲沟是陆地表面(山区或平原)流水切割的普遍形式。在冲沟发育的地区,地形变得支离破碎,路线布局往往受到冲沟的控制。由于冲沟的不断发展,它会截断路基,中断交通;或者由于洪积物的堆积而掩埋道路,淤塞涵洞,影响正常运输。在厚度较大的均质土分布地区,冲沟的发展大致可分为冲槽阶段、下切阶段、平衡阶段、休止阶段。

a. 冲槽阶段(或细沟阶段)。地表流水顺斜坡由片流逐渐汇集成细流后,使纹沟扩大形成的沟槽,称为细沟[图1.39(a)],也称浅沟或犁沟。细沟的规模不大,一般宽小于0.5m,深0.1~0.4m,长数米或十余米。沟底的纵剖面与斜坡坡形基本一致,沟形不太固定,易造成水土流失。

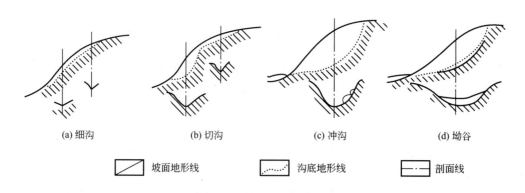

图 1.39 冲沟的形成和发展

细沟是冲沟的开始,若遍布于公路两侧任其发展,则会淤塞边沟,进而破坏路面与路基。在此阶段,只要填平沟槽,不使坡面水流汇集,种植草皮保护坡面,即可制止细流的发育。

b. 下切阶段(或切沟阶段)。细沟进一步发展,下切加深形成切沟[图1.39(b)]。切沟的宽、深均可达1~2m,沟长稍短于斜坡长。在横剖面上,切沟上段窄,呈V形或U形;在沟口平缓地带有洪积物堆积。

在切沟发育地带进行公路勘测时,路线应避免从沟顶附近的沟壁通过,若从切沟的中下部通过,也应该在沟顶修截水沟,以防向源侵蚀的延伸;或在沟头设置多级跌水石坎以减缓洪水的速度,降低冲刷下切力;此外,在沟底也可以采用铺石加固。

c. 平衡阶段(或冲沟阶段)。切沟进一步下切加深、加宽，向源头方向伸长，逐渐发展而形成冲沟 [图 1.39(c)]。这一阶段，侵蚀已大为减缓或接近停止，沟床下切的纵剖面已达平衡，但侧向侵蚀仍在进行，沟壁常有崩塌发生，沟槽不断加宽，在平缓的坡地上常形成密集的冲沟网。

平衡阶段的冲沟，其长度可达数千米或数十千米，深度和宽度达数米或数十米，有的可达数百米；沟底的平衡剖面略呈凹形，上陡下缓，悬沟陡坎已经消失，沟底开始有洪积物，沟壁常有坡积物。

同时应该指出的是，在冲沟中展线设路，应特别注重考察沟谷洪流的水文地质状况。路基、桥涵设置的高度应在洪水位以上，桥涵孔径应大于排洪量；对进出沟的路线布设，应加固沟壁，防止侧蚀水冲毁路基及切坡后内边坡壁的失稳，防止崩塌和滑坡的发生。

d. 休止阶段(或坳谷阶段)。冲沟进一步发展，沟坡由于崩塌及面状流水洗刷，逐渐变得平缓，形成坳谷 [图 1.39(d)]。在坳谷有较厚的洪积物堆积，并长有植物或已开垦为田园耕地。坳谷底部宽阔平缓，横剖面呈浅而宽的 U 形，沟缘呈浑圆形。坳谷是冲沟的衰老期，或称为死冲沟。在坳谷的谷坡上可能有新的冲沟在发生或发展。

在坳谷地区布设路线，除地形上应加以考虑外，对公路工程已无特殊影响。

② 洪积层。洪积层是由山洪急流搬运的碎屑物质组成的。当山洪夹带大量的泥沙石块流出沟口后，由于沟床纵坡变缓，地形开阔，水流分散，流速降低，搬运功能骤然减小，所夹带的石块、岩屑、砂砾等粗大碎屑先在沟口堆积下来，较细的泥沙继续随水搬运，多堆积在沟口外围一带。由于山洪急流的长期作用，在沟口一带就形成了扇形展布的堆积体，即为地貌中所说的洪积扇，如图 1.40 所示。洪积扇的规模逐年增大，有时会与邻谷的洪积扇相互连接起来，形成规模更大的洪积裙或洪积冲积平原。它是第四纪陆相沉积物中的一种类型。

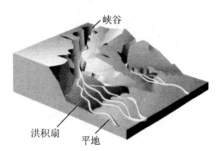

图 1.40　洪积扇示意

洪积层具有以下主要特征：组成物质分选不良，粗细混杂，碎屑物质多带棱角，磨圆度不佳；有不规则的交错层理、透镜体、尖灭及夹层等；山前洪积层由于周期性的干燥，常含有可溶性盐类，在土粒和细碎屑间，往往形成局部的软弱结晶联结，但遇水后，联结就会破坏。

在空间分布上，靠近山坡沟口的粗碎屑沉积物，孔隙大，其透水性强，地下水埋藏深，压缩性小，有较高的承载力，是良好的天然地基；洪积层外围地段的细碎屑沉积物，如果在沉积过程中受到周期性的干燥，黏土颗粒产生凝聚并析出可溶盐，则其结构较密实，承载力也较高；在沟口至外围的过渡地带，因常有地下水溢出，水文地质条件差，尤其是地质条件不均匀，对工程建筑不利。

2. 河流的地质作用

河流是指具有明显河槽的常年性的水流，它是自然界水循环的主要形式。由于河流流经距离长，流域范围大，加之常年川流不息，因此，河水在运动过程中所产生的地质作用在一切地表流水中就显得最为突出、最为典型。

(1) 河流的侵蚀、搬运和沉积作用

根据水文动态，河流可分为常流河和间歇河。在一个水文年度内，河水一般可分为平水期和洪水期。洪水期一般持续时间较短，但其流量和含沙量都远远超过平水期，是河流侵蚀、搬运和堆积作用进行得最活跃的时期。河谷形态的塑造及冲积物的形成，主要发生在洪水期，尤其是特大洪水还会给人类带来巨大的灾难。

① 侵蚀作用。河水在流动过程中不断加深和拓宽河床的作用称为河流的侵蚀作用。在天然河道上能形成横向环流的地方很多，但在河湾部分最为显著［图1.41(a)］。当运动的河水进入河湾后，由于受离心力的作用，表层流束以很大的流速冲向凹岸，使之冲刷变陡、后退；又由于凹岸水面相对压强增高，于是产生凹岸向凸岸的底流，同时将在凹岸冲刷所获得的物质带到凸岸堆积下来［图1.41(b)］。由于横向环流的作用，使凹岸不断受到强烈冲刷，凸岸不断发生堆积，结果使河湾的曲率增大，并受纵向流的影响，使河湾逐渐向下游移动，因而导致河床发生平面摆动。这样时间一久，整个河床就被河水的侧蚀作用逐渐拓宽。

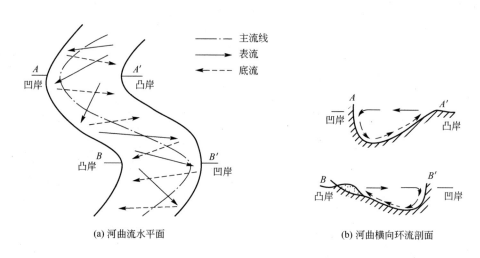

(a) 河曲流水平面　　　　(b) 河曲横向环流剖面

图1.41　河道横向环流示意

沿河布设的公路，往往由于河流的侧蚀及水位变化，常使路基发生水毁现象，特别是在河湾凹岸地段最为显著。所以，在确定路线具体位置时，必须注意避让。由于河湾部分横向环流作用明显加强，易发生塌岸，并产生局部剧烈冲刷和堆积作用，河床易发生平面摆动，因此，对桥梁建筑也是不利的。

山区河谷中，河道弯曲产生横向环流，对沿凹岸布设的公路，其边坡因产生水毁而导致局部断路的现象常有发生。

② 搬运作用。河流在流动过程中夹带沿途冲刷侵蚀下来的物质(泥沙、石块等)离开原地的移动作用，称为搬运作用。河流的侵蚀和堆积作用，在一定意义上都是通过搬运过程来实现的，河水搬运能量的大小，主要取决于河水的流量和流速。

③ 沉积作用。当河床坡度减小或搬运物质增加而引起流速变慢时，搬运能力不断降低，河水夹带的泥沙、砾石等搬运物质超过了河水的搬运能力，被搬运的物质便在重力作用下逐渐沉积下来，形成河流冲积层。河流沉积物几乎全部是泥沙、砾石等机械物，而化学溶解的物质多在进入湖盆或海洋等特定的环境后才开始发生沉积。

(2)河谷地貌

河谷是在流域地质构造的基础上,经河流的长期侵蚀、搬运和堆积作用逐渐形成和发展起来的一种地貌。由于路线沿河谷布设,可使路线具有线型舒顺、纵坡平缓、工程量小等优点,所以河谷通常是山区公路争取利用的一种地貌类型。

① 典型河谷地貌的形态要素(图1.42)。

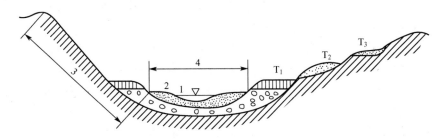

图1.42 典型河谷地貌的形态要素
1—河床;2—河漫滩;3—谷坡;4—谷底;
T_1—堆积阶地;T_2—基座阶地;T_3—侵蚀阶地

a. 谷底。谷底是河谷地貌的最低部分,地势一般较平坦,其宽度为两侧谷坡坡脚之间的距离。谷底上分布有河床及河漫滩。河床是在平水期间为河水所占据的部分,河漫滩是在洪水期间才为河水淹没的河床以外的平坦地带。其中每年都能为洪水淹没的部分称为低河漫滩;仅为周期性多年一遇的最高洪水所淹没的部分称为高河漫滩。

b. 谷坡。谷坡是高出谷底的河谷两侧的坡地。谷坡上部的转折处称为谷缘,下部的转折处称为坡脚或坡麓。

c. 阶地。沿着谷坡走向呈条带状分布或断断续续分布的阶梯状平台称为阶地。阶地有多级时,从河漫滩向上依次称为一级阶地、二级阶地、三级阶地等,每级阶地都有阶地面、阶地前缘、阶地后缘、阶地斜坡和阶地坡脚等要素(图1.43)。在通常情况下,阶地面有利于布设线路,但有时为了少占农田或因受地形等限制,也常在阶地坡脚或阶地斜坡上设线。

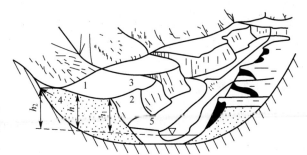

图1.43 河流阶地的形态要素
1—阶地面;2—阶地斜坡(陡坎);3—阶地前缘;
4—阶地后缘;5—阶地坡脚;h_1—前缘高度;
h_2—后缘高度;h—阶地平均高度

② 河谷的分类。

a. 按河谷的发展阶段分类,河谷可分为未成形河谷、河漫滩河谷和成形河谷3种类型。

b. 按河谷走向与地质构造的关系分类,河谷可分为背斜谷、向斜谷、单斜谷、断层谷、横谷和斜谷等。

(a)背斜谷。背斜谷是沿背斜轴伸展的河谷,是一种逆地形。背斜谷多是沿长裂隙发育而成,尽管两岸谷坡岩层反倾,但因纵向构造裂隙发育,谷坡陡峻,导致岩体稳定性差,易产生崩塌。

（b）向斜谷。向斜谷是沿向斜轴伸展的河谷，是一种顺地形。向斜谷的两岸谷坡岩层均属顺倾，在不良的岩性和倾角较大的条件下，易产生顺层滑坡等病害。但向斜坡一般比较开阔，使线路位置的选择有较大的回旋余地。

（c）单斜谷。单斜谷是沿单斜岩层走向伸展的河谷。单斜谷在形态上通常有明显的不对称性，岩层反倾的一侧谷坡较陡，岩层顺倾的一侧谷坡较缓。

（d）断层谷。断层谷是沿断层走向延伸的河谷。河谷两岸常有构造破碎带存在，岸坡岩体的稳定取决于构造破碎带岩体的破碎程度。

（e）横谷和斜谷。以上4种河谷，其共同点是河谷的走向与构造线的走向一致，也可以称之为纵谷，而横谷和斜谷则是河谷的走向与构造线垂直或斜交。就岩层的产状条件来说，它们对谷坡的稳定性是有利的，但它们的谷坡一般比较陡峻，在坚硬岩石分布地段，多呈峭壁悬崖地形。

由上述情况可以看出，河谷地貌是山岭地区向分水岭两侧的平原做缓慢倾斜的带状谷底，由于河流的长期侵蚀和堆积，成形的河谷一般都有不同规模的阶地存在。它一方面缓和了山谷坡脚地形的平面曲折和纵向起伏，有利于路线平、纵面设计和减少工程量；另一方面又不易遭受山坡变形和洪水淹没的威胁，容易保证路基稳定。所以通常情况下，阶地是河谷地貌中敷设路线的理想地貌部位。当有几级阶地时，除考虑过岭标高外，一般以利用一、二级阶地敷设路线为好。

1.5.4　平原地貌

平原地貌是地壳在升降运动微弱或长期稳定的条件下，经外力作用的充分夷平或补平而形成的。其特点是地势开阔，地形平坦，地面起伏不大。一般来说，平原地貌有利于公路选线，在选择有利地质条件的前提下，可以设计成比较理想的公路线形。

按高程，平原可以分为高平原和低平原；按成因，平原可以分为构造平原、剥蚀平原和堆积平原。

1. 构造平原

构造平原主要是地壳构造运动形成而又长期稳定的结果。其特点是微弱起伏的地形面与岩层面一致，堆积物厚度不大。构造平原可分为海成平原和大陆拗曲平原。海成平原是因地壳缓慢上升、海水不断后退形成的，其地形面与岩层面基本一致，上覆堆积物多为泥沙和淤泥，工程地质条件不良，并与下伏基岩一起略微向海洋方向倾斜。大陆拗曲平原是因地壳沉降使岩层发生扭曲所形成的，其岩层倾角较大，在平原表面留有凸状或凹状的起伏形态，其上覆堆积物多与下伏基岩有关，两者的矿物成分有很多相似。

由于基岩埋藏不深，构造平原的地下水一般埋藏较浅。在干旱和半干旱地区，若排水不畅，常易形成盐渍化；在多雨的冰冻地区则常易造成道路的冻胀翻浆。

2. 剥蚀平原

剥蚀平原是在地壳上升微弱、地表岩层高差不大的条件下，经外力的长期剥蚀、夷平所形成。其特点是地形面与岩层不一致，上覆堆积物很薄，基岩常裸露于地表；在低洼地段覆盖有厚度稍大的残积物、坡积物、洪积物等。按外力剥蚀作用的动力不同，剥蚀平原又可分为河成剥蚀平原、海成剥蚀平原、风力剥蚀平原和冰川剥蚀平原，其中较为常见的是前两种。河成剥蚀平原是由河流长期侵蚀作用所形成的侵蚀平原，也称准平原。其地形起伏较大，并沿河流向上逐渐升高，有时在一些地方则保留有残丘。海成剥蚀平原由海流的海蚀作用所形成，其地形一般极为平缓，微向海平面倾斜。

剥蚀平原形成后，往往因地壳运动变得活跃，剥蚀作用重新加剧，使剥蚀平原遭到破坏，故其分布面积常常不大。剥蚀平原的工程地质条件一般较好，剥蚀作用将起伏不平的小丘夷平，某些覆盖层较厚的洼地也比较稳定，宜于修建公路路基，或作为小桥涵的天然基地。

3. 堆积平原

堆积平原是地壳在缓慢而稳定下降的条件下，经各种外力作用的堆积填平所形成。其特点是地形开阔平缓，起伏不大，往往分布有厚度很大的松散堆积物。按外力堆积作用的动力不同，堆积平原又可分为河流冲积平原、山前洪积冲积平原、湖积平原、风积平原和冰碛平原，其中较为常见的是前3种。

（1）河流冲积平原

河流冲积平原是由河流改道及多条河流共同沉积所形成。它大多分布于河流的中下游地带，因为在这些地带河床常常很宽，堆积作用很强，且地面平坦，排水不畅，每当雨季洪水溢出河床，所携带的大量碎屑物质便堆积在河床两岸，形成天然堤。当河水继续向河床以上的广大面积淹没时，流速会不断减小，堆积物的颗粒会更为细小，经过长期堆积形成广阔的冲积平原。

河流冲积平原地形开阔平坦，宜于发展工业交通建设。但其下伏基岩埋藏一般很深，第四纪堆积物很厚，细颗粒多，地下水位浅，地基土的承载力较低。在公路勘测设计和路基、桥梁基础工程中，应注意选择较有利的工程地质条件，采取可靠的工程技术措施。

（2）山前洪积冲积平原

山前区是山区和平原的过渡地带，一般是河流冲刷和沉积都很活跃的地区。汛期到来时受洪水冲刷，在山前堆积了大量的洪积物；汛期过后，常年流水的河流中冲积物增加。洪积物或冲积物多沿山脚分布，靠近山脚地形较高，环绕着山前成一狭长地带，形成规模大小不一的山前洪积冲积平原。由于山前洪积冲积平原是由多个大小不一的洪（冲）积扇互相连接而成，因而呈高低起伏的波状地形。

山前洪积冲积平原堆积物的性质与山区岩层的分布有密切关系，其颗粒为砾石和泥沙，以至粉粒或黏粒。由于地下水埋藏较深，常有地下水溢出，水文地质条件较差，往往对工程建筑不利。

（3）湖积平原

湖积平原是由河流注入湖泊时，将所携带的泥沙堆积在湖底逐渐淤高，湖水溢出，干涸后沉积层露出地面所形成。在各种平原中，湖积平原的地形最为平坦。

湖积平原中的堆积物，由于是在静水条件下形成的，故淤泥和泥炭的含量较多，其总厚度一般也较大，其中往往夹有多层呈水平层理的薄层细砂或黏土，很少见到圆砾或卵石，且土颗粒由湖岸向湖心逐渐由粗变细。

湖积平原地下水一般埋藏较浅。其沉积物由于富含淤泥和泥炭，常具可塑性和流动性，孔隙度大，压缩性高，因此承载力很低。

1.5.5 第四纪地质

第四纪(Quaternary)一词，是1829年法国地质学家德努埃(Desnoyers)所创。当时，他把地球历史分为四个时期，第四纪是指地球发展历史最近的一个时期。1839年，赖尔(Ch. Lyell)把含现生种属海相无脊椎动物化石达90%和含人类活动遗迹的地层划为第四纪，从此奠定了第四纪地层划分系统。但直到1881年第二届国际地质学会才正式使用"第四纪"一词。

第四纪的下限一般定为258万年。第四纪分为全新世和更新世，更新世又分为早、中、晚三个世。第四纪地层划分和岩性特征见表1-26。

表1-26　第四纪地层划分和岩性特征

地层时代			极性世	年龄（万年）	气候期划分	
					气候	冰期划分
第四纪	全新世（Q_4）	晚（Q_4^2）	布容正向极性世	—	温	冰后期
		早（Q_4^1）		2	寒温	
	晚更新世（Q_3）	晚（Q_3^2）		—	冷夹暖	冰期
		早（Q_3^1）		13	暖	间冰期
	中更新世（Q_2）	晚（Q_2^2）		—	冷夹暖	冰期
		早（Q_2^1）		73	暖	间冰期
	早更新世（Q_1）	晚（Q_1^3）	松山反向极性世	97	冷	冰期
		中（Q_1^2）		187	暖	间冰期
		早（Q_1^1）		248	冷	冰期
上新世（N_2）		—	高斯正向极性世	—	暖	冰期前

1. 第四纪地质概况

第四纪时期地壳有过强烈的活动，为了与第四纪以前的地壳运动相区别，把第四纪以来发生的地壳运动统称为新构造运动。地球上巨大块体大规模的水平运动、火山喷发、地震等都是地壳运动的表现。第四纪气候多变，曾多次出现大规模冰川。地壳新构造运动的特征，对工程区域稳定性问题的评价是一个基本要素。

2. 第四纪沉积物

第四纪沉积物是这一时期古环境信息的主要载体，是研究第四纪古环境的物质基础。

(1) 第四纪沉积环境的一般特征

① 第四纪沉积基本上是一个连续的圈层。在现今地球表面的任何地方，包括大陆和海洋的各个角落，都有第四纪沉积物分布。

② 第四纪沉积常被称为沉积物而不称作岩石。第四纪沉积主要由尚未胶结成岩的松散沉积物构成，只有在少数情况下，才能见到已成岩的第四纪沉积。

③ 组成第四纪沉积的沉积物包括陆相沉积物和海相沉积物，其中陆相沉积物类型复杂多样，而海相沉积物类型比较简单。

④ 第四纪沉积具有松散性和不稳定性。它除了受外力作用被再次搬运、沉积之外，在其内部由于生物与水的作用，也在不断地发生物质的移动。相对来讲，海相沉积物尤其是深海沉积物要比陆相沉积物稳定得多。

⑤ 第四纪沉积的厚度变化较大。陆相沉积物的厚度可以从几厘米到几千米，而海相沉积物的厚度较薄，一般仅为几米到几十米，变化幅度也较小。

⑥ 第四纪沉积的分布、厚度及组成物质与地貌关系密切。例如，河流沉积的分布与特征和阶地有关，风沙沉积的分布和特征与沙漠有关等。

⑦ 第四纪沉积中的生物化石以哺乳动物为特征，而人类化石及其文化遗存则更为第四纪沉积所特有。

(2) 第四纪沉积物的判断及其成因类型

沉积物成因的主要依据有沉积物产出部位的地貌、沉积体的形态、沉积物的结构和构造、沉积物的物质组成、生物化石的种类及排列方式、地球化学指标等。

第四纪沉积物的成因类型复杂多样，根据沉积物形成的环境和作用营力，可以按成因将沉积物分为三大类，即陆相沉积物、海陆过渡相沉积物和海相沉积物。下面简要介绍常见的几种类型。

① 残积物（Q_4^{el}）。残积物是指原岩表面经过风化作用而残留在原地的碎屑物。残积物主要分布在岩石出露地表，经受强烈风化作用的山区、丘陵地带与剥蚀平原。残积物组成物质为棱角状的碎石、角砾、砂粒和黏性土。残积物孔隙多、无层次、不均匀。如以残积物作为建筑物地基，则应当注意不均匀沉降和土坡稳定问题。

② 坡积物（Q_4^{dl}）。山坡高处的风化碎屑物质，经过雨水或雪水的搬运，堆积在斜坡或坡脚，这种堆积物称为坡积物。其上部往往与残积物相接。坡积物搬运距离往往不远，物质主要来源于当地山坡上部，组成颗粒由坡积物坡顶向坡脚逐渐变细，坡积物表面的坡度越来越平缓。坡积物因厚薄不均，土质不均，孔隙大，压缩性高。如以坡积物作为建筑物地基，应当注意不均匀沉降和稳定性问题。

③ 冲积物（Q_4^{al}）。冲积物是指由河流搬运、沉积而形成的堆积物。其特点是：山区河谷中只发育单层砾石结构的河床相沉积，山间盆地和宽谷中有河漫滩相沉积，其分选性较差，具透镜状或不规则的带状构造，有斜层理出现，厚度不大，一般为10~15m，多与崩塌堆积物交错混合。

冲积物的工程地质性质视具体情况而定。河床相冲积物一般情况是粗颗粒，具有很大的透水性，也是很好的建筑材料；当其为细砂时，饱水后在开挖基坑时往往会发生流砂现象，应特别注意。河漫滩相冲积物一般为细碎屑土和黏性土，结构较为紧密，形成阶地，大多分布在冲积平原的表层，成为各种建筑物的地基，我国不少大城市，如上海、天津、武汉等都位于河漫滩相冲积物之上。

④ 洪积物（Q_4^{pl}）。由洪流搬运、沉积而形成的堆积物称为洪积物。洪积物一般分布在山谷中或山前平原上。在谷口附近多为粗颗粒碎屑物，远离谷口颗粒逐渐变细。这是因为

地势越来越开阔，山洪的流速逐渐减缓之故。其地貌特征：靠谷口处窄而陡，离谷后逐渐变得宽而缓，形如扇状，称为洪积扇。洪积物作为建筑物地基时，应注意不均匀沉降问题。

⑤ 湖积物（Q_4^l）。一般由湖沼沉积而形成的堆积物，称为湖积物。湖积物主要包括湖相沉积物和沼泽沉积物等。湖相沉积物包括粗颗粒的湖边沉积物和细颗粒的湖心沉积物。沼泽沉积物主要为黏土和淤泥，夹粉细砂薄层，呈带状黏土，强度低，压缩性高。湖泊逐渐淤塞和陆地沼泽化，将演变成沼泽而形成沼泽沉积物（即沼泽土）。沼泽沉积物主要为半腐烂的植物残余物一年年积累起来形成的泥炭所组成。泥炭的含水量极高，透水性很低，压缩性很大，不宜作为永久建筑物的地基。

⑥ 冰积物（Q_4^{gl}）。由于冰川作用形成的堆积物，均称为冰积物。冰积物不论是大陆冰川还是山地冰川的沉积物，都是一些大小块石和泥沙混杂的疏松物质，只有在冰川长期压实的情况下，才可以成为较坚实的沉积层。

在冰川的末端或者在冰川的边缘，当消融大于结冰的时候，冰川开始融化成冰水。以冰水作为主要营力而产生的沉积称为冰水沉积。它分布于冰川附近的低洼地带，其成分以砂粒为主，夹有少量分选性差的砾石，具斜交层理。其工程性质较冰川堆积为好。

⑦ 风积物（Q_4^{eol}）。风积物是指经过风的搬运而沉积下来的堆积物，主要以风积砂为主，其次为黄土。其成分由砂和粉粒组成。其岩性松散，一般分选性好，孔隙度高，活动性强，通常不具层理，只有在沉积条件发生变化时才发生层理和斜层理，工程性质较差。

3. 我国第四纪发育特征

我国第四纪沉积分布广泛；类型多样、发育齐全、生物化石丰富、人类化石及其遗存常见，是全世界第四纪研究程度最高的地区之一。

（1）我国第四纪沉积发育的一般规律

① 受气候地带性规律的控制，我国第四纪沉积具有明显的纬向地带性和经向地带性。一般来讲，秦岭以北的广大地区属温带季风气候，沉积物以富含钙质和呈碱性为特征，多具灰、灰白和灰黄色，粒度也较粗。而秦岭以南的广大地区，属热带、亚热带气候，沉积物以富含铁质和呈酸性为特征，颜色以红色、砖红色为主，化学作用强，粒度也较细。而在东、西方向上，随着距海洋距离的加大，大陆度不断加剧，从东向西，呈现冲积物—洪积物—黄土—沙漠沉积的地带性分布。

② 受我国三大阶梯地貌的影响，经向地带性明显。第一阶梯地势高，气候寒冷干燥，以冰川和冰缘沉积占优势，并有少量盐湖沉积。第二阶梯地势居中，南部气候湿热，以冲积物为主，灰岩区喀斯特沉积发育，北部气候干旱、半干旱，以大面积的风沙、黄土和洪积物分布为特征。第三阶梯地势低平，受海洋影响，气候温暖湿润，以河湖相沉积占优势。

③ 新构造运动对我国第四纪沉积物的分布有很大影响。不同的大地构造单元有不同类型的沉积，如沙漠沉积主要分布于稳定下沉的内陆盆地，黄土主要分布于构造长期稳定的黄土高原，而冲积物和湖积物主要分布于长期下降的东部平原和山间盆地，至于洪积物和山脚沉积则主要分布于山前沉降带。

④ 由于我国新构造运动和气候演变的继承性，决定了我国第四纪沉积物在时间上也具有明显的继承性，也即同一类型的沉积物在一个地区可以重复出现。如在河西走廊，第四纪期间一直发育山脚相的砾石堆积，早更新世为玉门砾石层，中更新世为酒泉砾石层，晚更新世为戈壁砾石层。又如在黄土高原，第四纪期间均为黄土堆积，其中早更新世为午

城黄土，中更新世为离石黄土，晚更新世为马兰黄土。而在东部的断陷区，在第四纪一直接受河湖相沉积。

(2) 我国第四纪沉积的分布特征

我国第四纪受喜马拉雅运动的影响，构造运动活跃，青藏高原逐渐隆起。青藏高原的隆起，不仅形成了我国三大地貌阶梯的格局，而且也促进了东亚季风环流的形成和发展。受构造和气候的控制，我国第四纪沉积物的分布可以分为以下几个区域。

① 东部沉降平原沉积区，主要包括三江平原、松辽平原、华北平原、淮河平原、江汉盆地等。本区具如下特征。

a. 本区是继承新第三纪拗陷发育的第四纪沉降区。

b. 由于长期的沉降，第四纪沉积物厚度大，可达 300~500m，且基本连续。

c. 本区受东南季风影响，气候温暖湿润。第四纪期间受全球气候变化的控制，发生过多次冷暖、干湿的交替。

d. 受构造和气候变化的影响，本区第四纪早期沉积物以河湖相为主，中期湖泊缩小，以冲积物占优势，而晚期则以洪积物为主，低地有湖沼沉积分布。

e. 受地形的控制，从山脚地带到沿海地带，依次出现洪积物、河湖相沉积和海相沉积。

② 中部断陷盆地沉积区，主要包括鄂尔多斯周边断陷盆地、秦岭山地、川西山地及横断山脉中的断陷盆地等。本区有如下特征。

a. 本区主要发育第四纪断陷盆地，其中东北向的有汾河地堑、银川地堑、川西断裂谷地、横断山纵向断裂谷等，东西向的有河套断陷盆地、大同—阳原断陷盆地、延庆断陷盆地、渭河断陷盆地、安康断陷盆地和汉中断陷盆地等。

b. 第四纪期间，这些盆地一直处于沉陷之中，因此沉积物厚度也很大，可达数百米，且基本上为连续沉积。

c. 沉积物早期以湖积物为主，也有河流沉积，中、晚期湖泊逐渐消失，冲积物、洪积物发育。在本区北部有大规模黄土堆积，灰岩山地中有洞穴堆积。

d. 本区南北两端第四纪期间有火山活动，北端以大同火山为代表，南端以腾冲火山为代表。

③ 北方黄土分布区，包括山西、陕西、宁夏及甘肃、青海的部分地区等。本区有如下特点。

a. 主要处于新构造运动相对比较稳定的大面积隆起区，其范围与三趾马红土分布区大体一致。

b. 沉积物厚度较大，一般为 100~200m，沉积连续、岩性均一。

c. 气候上受东南季风的影响，但从东南向西北，季风影响逐渐减弱。第四纪期间季风的进退对本区影响颇大。

d. 本区主要沉积风成黄土，但也有部分湖相沉积或河流相沉积。

e. 受主导风的控制，黄土的性状由西北向东南呈规律性的变化。受气候变化的控制，黄土的性状在剖面也呈规律性变化。

f. 所发现的哺乳动物化石属古北区耐干旱种属。

④ 华南红土沉积区，包括长江以南沿海各省和两湖、两广的广大地区。本区具有如下特征。

a. 本区地处新构造稳定地区。

b. 第四纪沉积厚度不大，一般仅几米至几十米。受热带、亚热带炎热多雨气候影响，沉积物以红色土状堆积为主，此中常见灰色网纹，故又称为网纹红土。此外还有河流堆积和洞穴堆积。

c. 网纹红土中缺乏化石，近年有旧石器发现。在洞穴堆积中有马来区系的大熊猫—剑齿象动物群化石，并有古人类化石发现。

d. 沿海地带有海岸阶地，保留有海相沉积物和海滩岩。

⑤ 西部干旱盆地沉积区，包括准噶尔盆地、塔里木盆地、柴达木盆地和河西走廊等。本区具有如下特征。

a. 本区为差异性升降运动造成的大型山间断陷盆地和山前断陷盆地，是第三纪盆地的继续。

b. 盆地中沉积物厚度大，可达数百米。

c. 由于地处大陆腹地，因此本区气候干燥少雨。

d. 盆地中心多为湖积物、盐湖层、风沙沉积，而山脚主要为巨厚的山脚砾石层。

e. 沉积物中哺乳动物化石罕见。

⑥ 西部高山冰川沉积区，包括105°E以西所有的高山，如喜马拉雅山、天山、昆仑山、祁连山、岷山和玉龙山等。本区地处新构造强烈隆起区，山体高大，一般均在4000m以上。气候寒冷，现代冰川活跃，也是第四纪古冰川分布区。因此，沉积物主要为冰碛物、冰水沉积和冰湖沉积。

⑦ 青藏高原冰缘沉积区，包括整个青藏高原及川西高原。本区也属于新构造运动大面积强烈隆起区，海拔在4000m以上，高寒气候使本区冰缘现象十分普遍，冰碛沉积发育，如冰卷泥、融冻泥流和石海等。在第四纪期间，本区经历了多次冰期、间冰期的交替，形成冰缘沉积和湖泊沉积物在剖面上有规律地交互出现。

任务1.6 地下水分析

【地下水】

> 引 例

地基土在具有某种渗透速度的渗透水流作用下，其细小颗粒被冲走，岩土的孔隙逐渐增大，慢慢形成一种能穿透地基的细管状渗流通路，即我们所说的管涌（图1.44），从而掏空地基，使得地基或斜坡变形、失稳。

1.6.1 地下水概述

地下水是构成水圈的重要水体之一，其水量仅次于海洋，约为地球上各种水体总量的4.1%。地下水主要是由大气降水、融雪水和地表水沿着地表岩石、土的孔隙、裂隙和空

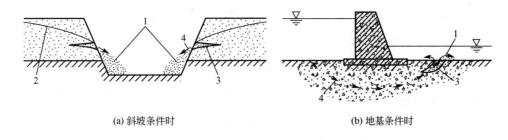

(a) 斜坡条件时　　　　　　(b) 地基条件时

图 1.44　管涌破坏示意
1—管涌堆积颗粒；2—地下水位；3—管涌通道；4—渗流方向

洞渗入地下而形成的。

在实际工程中，诸多不良工程地质现象（如滑坡、岩溶、潜蚀、土体盐渍化等）及工程病害（如地基沉陷与边坡滑塌、道路冻胀与翻浆等）都与地下水的存在和活动有关，有些地下水甚至还对结构物有化学侵蚀作用，使其结构破坏。因此，在工程结构物的设计、施工和维护过程中，要高度重视地下水的问题，以保证结构物的安全、稳定和正常使用。

研究地下水的学科称为水文地质学，与地下水的赋存、补给、径流和排泄等有关的条件称为水文地质条件。地下水的富集必须具备 3 个条件：有较多的储水空间；有充足的补给水源；有良好的汇水条件。岩土按相对的透水能力分为透水的、半透水的和不透水的 3 类。透水的（有时包括半透水的）岩土层称为透水层；不透水的岩土层称为隔水层；当透水层被水充填时称为含水层。

在含水层中，地下水能形成一定的统一的水面，叫地下水面，地下水面的高程叫地下水位。地面以下、地下水面以上的岩石孔隙中，含有气态和其他状态的水，也含有空气和其他气体，地层的这一部分称为包气带。地下水面以下的岩石孔隙中充满了水，地层的这一部分称为饱水带。在包气带与饱水带之间，有一个毛细水带，是二者的过渡带（图 1.45）。

总之，地下水对工程建设有很大的影响，为了充分合理地利用地下水和有效地防治地下水的不良影响，就必须对地下水的成分、性质、埋藏和运动规律等进行充分的研究。

1. 地下水来源

（1）渗透水

大气降水、冰雪消融水、各种地表水通过岩土的

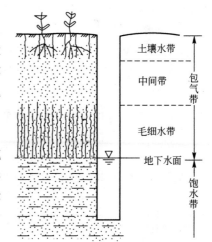

图 1.45　地下水的垂直分带

孔隙和裂隙向下渗透而形成的地下水叫渗透水。大气降水是地下水的主要补给源，年降水量是影响降水补给地下水的决定因素之一。年降水量越大，则入渗补给含水层的比值越大，降雨强度、降雨时间、地形、植被发育情况等也会影响大气降水对含水层的补给量。地表水也是地下水的主要来源，河水补给量的大小与河床透水性、河水位与地下水位的高差等有关。

(2) 凝结水

凝结水是大气中的水蒸气在土或岩石孔隙中遇冷凝结成水滴渗入地下而形成的地下水，它是干旱或半干旱地区地下水的主要来源。

(3) 其他补给源

其他补给源包括岩石形成过程中储存的水，如原生水、封存水等。

2. 地下水形成条件

地下水是在一定自然条件下形成的，它的形成与岩土性质和地质构造条件、地貌条件、气候条件、人为因素等有关。

(1) 岩土性质和地质构造条件

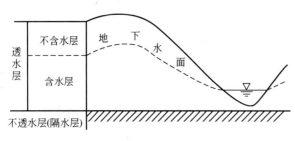

图 1.46 地下水储水构造示意

地下水的形成，必须具备一定的岩土性质和地质构造条件。岩土体的孔隙是形成地下水的先决条件，主要包括岩土中的孔隙和裂隙的大小、数量及连通情况。不同地质成因的岩土体地质条件不同，岩土中的孔隙和裂隙也区别较大。如前所述，按照透水性不同岩土层可分为透水层和不透水层，如图 1.46 所示。透水层中孔隙和裂隙大而多，能使地下水流通过，如砂岩层、砾岩层、石灰岩层、砂土层等。不透水层（或称隔水层）中孔隙和裂隙少而小，相对来说基本不透水，如黏土层、页岩层、泥岩层等。

(2) 地貌条件

不同的地貌部位与地下水的形成关系密切。一般在平原、山前区易于储存地下水，形成良好的含水层；在山区一般很难储存大量的地下水。

(3) 气候条件

气候条件对地下水的形成有着重要的影响，如大气降水、地表径流、蒸发等方面的变化将影响地下水的水量。

(4) 人为因素

大量抽取地下水，会引起地下水位大幅下降；修建水库，可促使地下水位上升等。

1.6.2 地下水的组成及其性质

地下水在由地表渗入地下的过程中，会聚集一些盐类和气体，地下水形成以后，又不断地在岩石孔隙中运动，经常与各种岩石相互作用，溶解岩石中的某些成分，如各种可溶盐类和细小颗粒，从而形成一种成分复杂的动力溶液，并随着时间和空间的变化而变化。研究地下水的物理性质和化学成分，对于了解地下水的成因与动态，确定地下水对混凝土等的侵蚀性，进行各种用水的水质评价等，都有着实际的意义。

1. 地下水的组成

地下水中含有各种离子、气体、胶体物质和有机物质等。自然界中存在的元素，绝大多数已在地下水中发现,但只有少数元素含量较高。

地下水中常见的成分可以分为离子成分、气体成分、胶体成分、有机质和细菌成分。

① 离子成分。地下水中常见的离子成分有 Cl^-、SO_4^{2-}、HCO_3^-、K^+、Na^+、Ca^{2+}、Mg^{2+} 7 种。它们分布广,在地下水中含量最多,这些离子成分决定了地下水化学成分的基本类型和特点。

② 气体成分。地下水中含有多种气体成分,常见的有 O_2、N_2、H_2S、CO_2 等。

③ 胶体成分。地下水中含有未离解的化合物构成的胶体,如 $Fe(OH)_3$、$Al(OH)_3$ 及 SiO_2 等。

④ 有机质和细菌成分。有机质主要来源于生物遗体的分解,多富集于沼泽水中,有特殊气味。细菌成分可分为病源菌和非病源菌两种。

2. 地下水的性质

(1) 地下水的物理性质

地下水的物理性质包括温度、颜色、透明度、气味、味道、导电性和放射性等。

① 地下水的温度变化范围很大。地下水温度的差异,主要受各地区的地温条件所控制。通常随埋藏深度不同而异,埋藏越深的,水温越高。

② 地下水一般是无色、透明的,但当水中含有某些有色离子或含有较多的悬浮物质时,便会带有各种颜色且显得混浊。如含有高铁的水为黄褐色,含腐殖质的水为淡黄色。

③ 纯净的地下水是无臭、无味的。当水中含有硫化氢气体时,水便有臭鸡蛋味;当含有氯化钠时,水有咸味;当含有氯化镁或硫化镁时,水有苦味。

④ 地下水的导电性取决于所含电解质的数量与性质(即各种离子的含量与离子价),离子含量越多,离子价越高,则水的导电性越强。

⑤ 地下水的放射性取决于其所含放射性元素的含量,一般地下水的放射性极其微弱。

(2) 地下水的化学性质

地下水的主要化学性质包括总矿化度、硬度、酸碱度和腐蚀性等。

① 总矿化度。地下水中含有各种离子、分子和化合物的总量称为总矿化度,简称矿化度。它表示水中含盐量的多少,以 g/L 为单位。通常是以 105~110℃ 温度下将水蒸干所得的干涸残余物总量来确定。根据矿化度的大小,可将地下水分为 5 类,见表 1-27。

表 1-27 地下水按矿化度的分类

水的类别	淡水	微咸水(低矿化度水)	咸水	盐水(高矿化度水)	卤水
矿化度(g/L)	<1	1~3	3~10	10~50	>50

高矿化水能降低混凝土强度、腐蚀钢筋,并能促进混凝土表面风化,因此在拌和混凝土时,一般不允许用高矿化度水。

② 硬度。水的硬度取决于水中 Ca^{2+}、Mg^{2+} 的含量。硬度分为总硬度、暂时硬度和永

久硬度。总硬度是指水中所含 Ca^{2+}、Mg^{2+} 的总量。暂时硬度是指将水加热煮沸后，水中一部分 Ca^{2+}、Mg^{2+} 与 HCO_3^- 作用生成碳酸盐（$CaCO_3$ 或 $MgCO_3$）沉淀，这部分 Ca^{2+}、Mg^{2+} 的总量称为暂时硬度。永久硬度等于总硬度减去暂时硬度。

硬度的表示方法很多，我国目前采用德国度表示，1 德国度相当于 1L 水中含 10mg 氧化钙（CaO）或 7.2mg 的氧化镁（MgO）。根据硬度可将地下水分为 5 类，见表 1-28。

表 1-28　地下水按硬度分类

水的类别	极软水	软水	微硬水	硬水	极硬水
德国度	<4.2	4.2~8.4	8.4~16.8	16.8~25.2	>25.2

③ 酸碱度。地下水的酸碱度取决于水中所含氢离子的浓度，常用 pH 表示。根据 pH 可将地下水分为 5 类，见表 1-29。

表 1-29　地下水按 pH 分类

水的类别	强酸性水	弱酸性水	中性水	弱碱性水	强碱性水
pH	<5.0	5.0~6.4	6.5~8.0	8.1~10.0	>10.0

地下水的氢离子浓度主要取决于水中 HCO_3^-、CO_3^{2-} 和 H_2CO_3 的数量。自然界中大多数地下水的 pH 为 6.5~8.5。

氢离子浓度为一般酸性侵蚀指标。

④ 腐蚀性。当地下水中含有某些成分时，对建筑材料中的混凝土、金属等有侵蚀性和腐蚀性。地下水对混凝土的破坏是通过分解性侵蚀、结晶性侵蚀和分解结晶复合性侵蚀作用进行的。地下水的这种侵蚀性主要取决于水的化学成分，同时也与水泥类型有关。

1.6.3　地下水的分类及其特征

1. 按物理性质分类

岩土孔隙中存在各种形式的水，按其物理性质的不同，可以分为气态水、液态水和固态水。

（1）气态水

以水蒸气形式存在于未被水饱和的岩土孔隙中，它可以从水气压力大的地方向水气压力小的地方运移，当温度降低到零点时，气态水便凝结成液态水。

（2）液态水

① 结合水。土颗粒表面及岩石孔隙壁面均带有电荷，水是偶极体，在静电引力作用下，岩土颗粒或隙壁表面可吸附水分子，而形成一层极薄的水膜，这一部分水称为结合水。

② 毛细水。充满于岩土体细小孔隙和裂隙中，由于表面张力和附着力的支持而充填的水，称为毛细水。

③ 重力水。岩石的孔隙全部被水充满时，在重力作用下能自由运动的水，称为重力水。井中抽取的和泉眼流出的地下水，都是重力水，它是水文地质研究的主要对象。

(3) 固态水

当岩土中温度低于0℃时，孔隙中的液态水就结冰转化为固态水。因为水冻结时体积膨胀，所以冬季在许多地方会有冻胀现象发生。在东北北部和青藏高原等高寒地区，有一部分地下水多年保持固态，形成多年冻土区。

2. 按含水层性质和埋藏条件分类

根据含水层孔隙的性质，地下水可分为孔隙水、裂隙水和岩溶水(表1-30)。按埋藏条件，可将地下水分为包气带水、潜水、承压水(图1.47)。

表1-30 地下水分类

埋藏条件	含水介质类型		
	孔隙水	裂隙水	岩溶水
包气带水	局部黏性土隔水层上季节性存在的重力水	裂隙岩层浅部季节性存在的重力水及毛细水	裸露的岩溶化岩层上部岩溶通道中季节性存在的重力水
潜水	各类松散堆积物浅部的水	裸露于地表的各类裂隙岩层中的水	裸露于地表的岩溶化岩层中的水
承压水	山间盆地及平原松散堆积物深部的水，向斜构造的碎屑岩孔隙中的水	组成构造盆地、向斜构造或单斜断块的被掩覆的各类裂隙岩层中的水	组成构造盆地、向斜构造或单斜断块的被掩覆的岩溶化岩层中的水

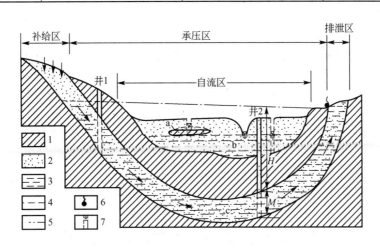

图1.47 包气带水、潜水和承压水

1—隔水层；2—透水层；3—饱水部分；4—潜水位；5—承压水侧压水位；6—上升泉；7—水井；H—承压水头；M—含水层厚度；井1—承压井；井2—自流井

3. 各类地下水的特征

(1) 包气带水

包气带水是指埋藏于包气带的地下水，其主要特征：受气候控制，季节性明显，变化大，雨季水量多，旱季水量少，甚至干涸。包气带水包括土壤水和上层滞水两种类型。

① 土壤水。土壤水是埋藏在包气带土层中的水，主要以结合水和毛管水形式存在。靠大气降水的渗入、水汽的凝结及潜水由下而上的毛细作用补给。大气降水或灌溉水向下渗入必须通过土壤层，这时渗入水的一部分保持在土壤层中，成为所谓的田间持水量，多余部分则呈重力水下渗补给潜水。土壤水主要消耗于蒸发，水分变化相当剧烈，受大气条件的制约。当土壤层透水性很差，气候潮湿多雨或地下水位接近地表时，易形成沼泽，成为沼泽水。当地下水面埋藏不深，毛细水带可达到地表时，由于土壤水分强烈蒸发，盐分不断积累于土壤表层，则导致土壤盐渍化。

② 上层滞水。上层滞水是存在于包气带中，局部隔水层之上的重力水（图1.48）。

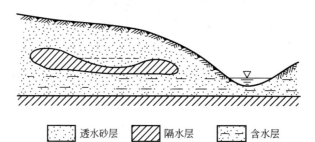

图1.48 上层滞水示意

上层滞水的特点是：分布范围有限，补给区与分布区一致；直接接受当地的大气降水或地表水补给，以蒸发或逐渐向下渗透的形式排泄；水量不大且随季节变化显著，雨季出现，旱季消失，极不稳定；水质变化也大，一般较易受污染。

上层滞水由于水量小且极不稳定，只能作临时性的水源。

在建筑工程中，上层滞水的存在是不利的因素。基坑开挖工程中经常遇到这种水，这种水可能突然涌入基坑，妨碍施工，应注意排除；但由于水量不大，因此也易于处理。

（2）潜水

潜水是埋藏在饱水带中的地表以下第一个具有自由水面的含水层中的重力水（图1.49）。一般多储存在第四纪松散沉积物中，也可形成于裂隙性或可溶性基岩中。其基本特点是与大气圈和地表水联系密切，积极参与水循环。

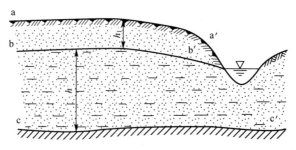

图1.49 潜水特征示意

a，a′—地表面；b，b′—潜水面；c，c′—隔水层；h_1—潜水埋藏深度；h—含水层厚度

> **特别提示**
>
> 潜水的自由表面称为潜水面。潜水面上任一点的高程称为该点的潜水位。潜水面到地表的铅直距离称为潜水埋藏深度。潜水埋藏深度随所处的时间和空间的不同而变化,主要受气候、地形及地质构造的影响。同样,人类活动(开采、回补)也会影响潜水的埋藏深度。

潜水面到隔水底板的铅直距离称为潜水含水层的厚度,它是随潜水面变化而变化的。当大面积不透水底板向下凹陷,潜水面坡度近于零,潜水几乎静止不动时,就形成了潜水湖。潜水在重力作用下从高处向低处流动时所形成的水流,称为潜水流。在潜水流的渗透途径上,任意两点的水位差与该两点之间的水平距离之比,称为潜水流在该处的水力坡度。一般潜水流的水力坡度很小,平原区常为千分之几,山区可达百分之几。

潜水含水层的分布范围称为潜水分布区。大气降水或地表水入渗补给潜水的地区称为潜水补给区。一般情况下,潜水的分布区与补给区基本一致。潜水出流的地方称为潜水排泄区。

潜水补给来源充沛,水量比较丰富,是重要的供水水源。但在居民区和厂矿附近潜水易被污染。潜水水质变化较大,当气候湿润、地形切割强烈时,易形成含盐低的淡水;当气候干旱、地形低平时,常形成含盐量高的咸水。

(3)承压水

承压水是指充满在两个隔水层之间的含水层中,具有承压性质的地下水。由于隔水顶板的存在,能明显地分出补给区、承压区和排泄区3部分。图1.50所示为承压斜地。

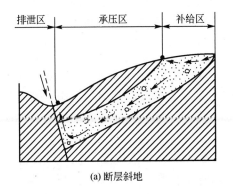 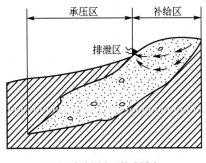

(a)断层斜地　　　　　　　　　(b)含水层尖灭构造斜地

图1.50　承压斜地

① 等水压线图(图1.51)。等水压线图是承压水面的等高线图,是根据相近时间测定的各井孔的承压水位资料绘制的。在图中同时绘出含水层顶板及底板的等高线。这样就和等水位线一样,可从图中确定承压水的流向,计算其水力坡度、承压水位的埋深和承压水含水层的埋深,明确水头的大小及含水层的厚度等。

例如,根据图1.51可确定以下数据:①地面绝对高程;②承压水位;③含水层顶板绝对高程;④含水层距地表深度(第①项减第③项);⑤稳定水位距地表深度(第①项减第②项);⑥水头(第②项减第③项)。

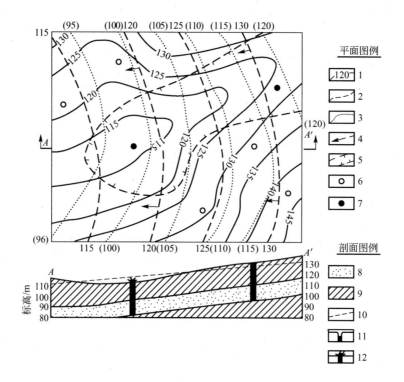

图 1.51　承压水等水压线图
1—地形等高线；2—含水层顶板等高线；3—等水压线；4—地下水流向；
5—承压水自溢区；6—钻孔；7—自喷钻孔；8—含水层；9—隔水层；
10—承压水位线；11—钻孔剖面图；12—自喷钻孔剖面图

② 承压水的补给、径流和排泄。

a. 承压水的补给方式一般有 3 种：当承压水补给区直接露于地表时，大气降水是其主要的补给来源；当补给区位于河床或湖沼地带时，地表水可以补给承压水；当补给区位于潜水含水层之下时，潜水便直接排泄到承压含水层中。此外，在适宜的地形和地质构造条件下，承压水之间还可以互相补给。

b. 承压水的径流条件决定于地形、含水层透水性、地质构造及补给区与排泄区的承压水位差。一般情况下，承压含水层分布广、埋藏浅、厚度大、孔隙率高，其水量较丰富且稳定。

c. 承压水的排泄存在如下形式：当承压含水层排泄区裸露地表时，将以泉的形式排泄并可能补给地表水；当承压水位高于潜水位时，将排泄于潜水成为潜水补给源。

(4) 孔隙水

孔隙水主要储存于松散沉积物孔隙中，由于颗粒间孔隙分布均匀密集、相互连通，因此，其基本特征是分布均匀连续，多呈层状，具有统一的水力联系。

① 冲积层中的地下水。冲积物(层)是常年性流水形成的沉积物，其分选性好，层理清晰。冲积层在河流上、中、下游或河漫滩、阶地的岩性结构和厚度各不相同，就决定了其中孔隙水的特征和差异。

② 洪积层中的地下水。洪积层广泛分布于山间盆地和山前的平原地带，常呈扇状地形，故又称洪积扇。

根据地下水埋深、径流条件及化学特征，可将洪积扇中的地下水大致分为 3 个带（图 1.52）：其一为深埋带，又称径流带，在顶部靠近山区，地形坡度较陡，此处有粗砂砾石层堆积，有良好的渗透性和径流条件，水的矿化度低（小于 1g/L），为重碳酸盐型水，故又称盐分溶滤带，埋深十几米至几十米以上；其二为溢出带，此带地形变缓，细砂、亚砂、亚黏土等交错沉积，渗透性变弱，径流受阻，形成壅水，出露成泉，矿化度增高，为重碳酸-硫酸盐型水，故又称盐分过路带；其三为下沉带，此带由黏土和粉砂夹层组成，岩层渗透性极弱、径流很缓慢，蒸发强烈，以垂直交替为主，由于河流排泄作用，地下水埋深比溢出带稍有加强，故又称潜水下沉带。

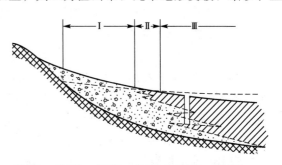

图 1.52 山前洪积扇地下水分带
Ⅰ—深埋带；Ⅱ—溢出带；Ⅲ—下沉带；
1—基岩；2—砾石；3—砂；
4—亚砂土；5—亚黏土；6—水位

(5) 裂隙水

裂隙水是指储存于基岩裂隙中的地下水。岩石中的裂隙的发育程度和力学性质影响着地下水的分布和富集。在裂隙发育地区，含水丰富；反之，含水甚少，所以在同一构造单元或同一地段内，富水性有很大变化，形成了裂隙水分布的不均一性。上述特征的存在，常使相距很近的钻孔有可能使水量一个较另一个大数十倍。

裂隙水按其埋藏分布特征，可划分为面状裂隙水、层状裂隙水和脉状裂隙水。面状裂隙水又称风化裂隙水，储存于山区或丘陵区的基岩风化带中，一般在浅部发育。层状裂隙水系储存于成层的脆性岩层（如砂岩、硅质岩及玄武岩等）中，原生裂隙和构造裂隙构成的层状裂隙中的水，一般是承压水（玄武岩台地中的层状裂隙水是潜水）。脉状裂隙水也称构造裂隙水，它储存于断裂破碎带和火成岩体的侵入接触带中。岩脉的节理之中，脉状裂隙水具有承压水的特点，含水一般均匀。

(6) 岩溶水

储存和运动于可溶性岩层孔隙中的地下水称为岩溶水。按其埋藏条件，可以是潜水，也可以是承压水。

岩溶水在空间的分布变化很大，甚至比裂隙水更不均匀。有的地方，水汇集于溶洞孔道中，形成富水区（岩溶水常常富集在质纯层厚的可溶岩分布地带、断层带或节理密集带、褶曲轴部和岩层急转弯处、可溶岩与非可溶岩的接触部位）；而在另外一些地方，水可沿溶洞孔隙流走，造成一定范围的严重缺水。

1.6.4 泉分类

泉是在一定的地形、地质和水文地质条件下有机组合的产物。泉是地下水的天然露头，泉水则是地下水的排泄方式之一。山区、丘陵区的沟谷中和山坡脚，泉的分布最为常见,在平原区则很难找到。

下面介绍几种常见的泉的分类。

(1) 根据补给泉的含水层性质分类

① 上升泉。上升泉又称自流水泉,是由承压含水层补给,地下水在静水压力作用下,由地下涌出地表形成的泉。上升泉的动态一般变化较小。

② 下降泉。下降泉又称潜水泉,是由上层滞水或潜水含水层补给,地下水在重力作用下自由流出地表形成的泉。下降泉的涌水量随季节而变化。

(2) 根据泉出露的地质条件分类

① 侵蚀泉。由于河谷和冲沟的切割,揭露潜水含水层而成的泉,称侵蚀下降泉 [图 1.53(a)];当河流和冲沟切穿了承压含水层顶板时,承压水便涌出地表,形成侵蚀上升泉 [图 1.53(b)]。

② 接触泉。地下水由含水层及其下面的隔水层接触处流出而成的泉,称为接触下降泉 [图 1.53(c)];在侵入体或岩脉与围岩接触处,常因冷凝收缩而产生裂隙,地下水沿此种接触带上升涌出地表形成的泉,称为接触上升泉。

③ 溢出泉。岩石透水性变弱或为阻水结构阻挡,使地下水受阻而涌出地表,形成溢出下降泉。此种泉出口处地下水也为上升运动,应注意与上升泉区别。

④ 断层泉。承压含水层被断层切割,当断层导水时,地下水便沿断层上升至地表形成的泉,称为断层泉 [图 1.53(d)]。这种泉常沿断层呈线状分布。

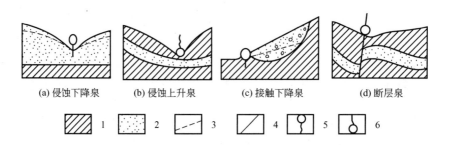

图 1.53 不同类型的泉

1—隔水层;2—透水层;3—地下水位;4—导水断层;5—下降泉;6—上升泉

(3) 根据泉水的温度分类

① 冷泉。温度大致相当或略低于当地平均气温的泉水,叫冷泉。这种泉大多由潜水补给。

② 温泉。温度高于当地平均气温的泉水,叫温泉。如陕西临潼华清池温泉水温达 50℃,云南腾冲一些温泉水温高达 100℃。温泉的起源有两种:一种是受地下岩浆热的影响,另一种是受地下深处地热的影响。一般多由深层自流水补给。

1.6.5 地下水运动

地下水在岩石孔隙中的运动称为渗透。对于地下水流,假想其充满岩石颗粒骨架的全

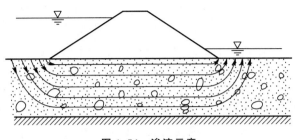

图 1.54 渗流示意

部体积。把这种假想水流称为渗透水流,简称为渗流(图 1.54),其特点是水流通道曲折多变,流速缓慢。地下水的运动要素包括水位、流速和流向。

1852—1856 年间,法国水利学家达西(Darcy)通过大量试验发现了地下水运动的线性渗透定律,故称达西定律,其试验装置如图 1.55 所示。

达西用粒径为 0.1~3mm 的砂做了大量试验后,获得如下结论:单位时间内通过筒中砂的水流量 Q 与渗透长度 L 成反比,而与圆筒的过水断面 A、上下两侧压管的水头差 Δh 成正比,即

$$Q = AK\Delta h/L \tag{1-13}$$

式中 Q——渗透流量(m^3/d);
A——过水断面(圆筒横断面面积)(m^2);
Δh——水头损失(测压管的水头差)(m);
K——渗透系数(m/d)。

令比值 $\Delta h/L = I$,I 称为水力坡度,也就是渗透路程中单位长度上的水头损失。又因为 $V = Q/A$,则式(1-13)可改写为

$$V = KI \tag{1-14}$$

式(1-14)表明,渗透流速 V 与水力坡度 I 的一次方成正比,故称之为线性渗透定律。当 $I = 1$ 时,$V = K$,说明渗透系数值等于单位水头梯度时的渗透流速。

试验表明,不是所有地下水的层流运动都服从达西定律,只有当雷诺数 $Re < 1$ 时才符合达西定律。在自然界中,由于绝大多数地下水流动都比较缓慢,其雷诺数一般都小于 1,因此,达西定律是地下水运动的基本定律。

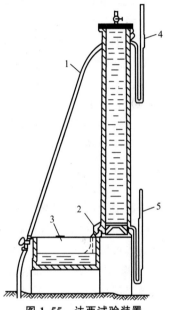

图 1.55 达西试验装置
1、2—导管;3—量杯;
4、5—侧压管

1.6.6 地下水运动对土木工程的影响

1. 概述

地下水渗透水流作用于岩土上的力,称为渗透压力或动水压力。当此力达到一定大小时,岩土中的一些颗粒甚至整体就会发生移动而被渗流携走,从而导致岩土的结构变松、强度降低,甚至整体发生破坏。这种工程动力地质作用或现象,称之为渗透变形或渗透破坏。

在自然界中,渗透变形一般发生在无黏性土和粉土中。更多的渗透现象发生在工程场地中,由于人类工程活动使渗流加强,往往导致危害严重的渗透变形发生。它不但在松散

土体中发生,在基岩的断裂破碎带、软弱夹层和风化壳中也可能发生。譬如,基坑和巷道开挖时的流砂现象、水坝坝基的管涌、黄土层及岩溶地区的潜蚀等。渗透变形现象在水坝工程建设中尤为引人关注,这是因为建坝后渗透变形会促使河谷地段地下水的渗流大大加强,经常引起坝基松散沉积物或软弱岩体发生变形破坏,以致酿成溃坝的严重后果。

另外,当建筑物基础底面位于地下水位以下时,地下水还将对基础底面产生静水压力,即浮托力,在设计时应予以考虑。在松散沉积层中进行深基础施工时,往往需要人工降低地下水位。若降水不当,会使周围地基土层产生固结沉降,轻则造成邻近建筑物或地下管线的不均匀沉降;重则使建筑物基础下的土体颗粒流失,甚至掏空,导致建筑物开裂并危及安全。

总之,地下水对土木工程建设的不良影响主要有:地下水渗透水流作用引起的流砂、管涌、潜蚀,地下水对于水位下的岩石、土层和建筑物基础产生的浮托力,人工降低地下水位产生的地基沉降,以及地下水渗流引起的水库及坝体渗漏等问题。

2. 毛细水及重力水对土木工程的影响

对土木工程有不良影响的地下水包括毛细水和重力水。

(1) 毛细水对土木工程的影响

毛细水主要存在于直径为 0.002～0.5mm 大小的孔隙中。在大于 0.5mm 的孔隙中,一般以毛细边角水形式存在;在小于 0.002mm 的孔隙中,一般被结合水充满,无毛细水存在的可能。毛细水对土木工程的影响主要有以下几个方面。

① 产生毛细压力,对于砂性土特别的细砂、粉砂,由于毛细压力作用使砂性土具有一定的黏聚力(称假黏聚力)。

② 毛细水对土中气体的分布与流通有一定影响,常常是导致产生封闭气体的原因。封闭气体可以增加土的弹性和减小土的渗透性。

③ 当地下水位埋深较浅时,由于毛细水上升,可以助长地基土的冰冻现象,致使地下室潮湿甚至危害房屋基础、破坏公路路面、促使土的沼泽化及盐渍化,从而增强地下水对混凝土等建筑材料的腐蚀性。

毛细水上升高度,即

$$h = \frac{4\tilde{\omega}\cos\theta}{d\gamma_w} \tag{1-15}$$

式中　h——毛细压力(kPa);

　　　d——毛细管直径(m);

　　　$\tilde{\omega}$——水的表面张力系数,10℃时,$\tilde{\omega}=0.073\text{N/m}$;

　　　γ_w——水的比重;

　　　θ——水浸润毛细管壁的接触角度(当 $\theta=0°$ 时,认为毛细管壁是完全浸润的;当 $\theta<90°$ 时,表示水能浸润固体的表面;当 $\theta>90°$ 时,表示水不能浸润固体的表面)。

土的毛细水最大上升高度见表 1-31。

表 1-31　土的毛细水最大上升高度

土名	粗砂	中砂	细砂	粉砂	黏性土
上升高度 h(cm)	2～5	12～35	35～70	70～150	>200～400

(2) 重力水对土木工程的影响

① 潜水位上升引起的岩土工程问题。潜水位上升可以引起很多岩土工程问题,它包括以下几个方面。

a. 潜水位上升后,由于毛细水作用可能导致土壤次生沼泽化或盐渍化,从而改变岩土的物理力学性质,增强岩土和地下水对建筑材料的腐蚀。在寒冷地区,可加剧岩土体的冻胀破坏。

b. 潜水位上升,使原来干燥的岩土被水饱和、软化,降低了岩土的抗剪强度,可能诱发斜坡和岸边岩土体产生变形、滑移、崩塌失稳等不良地质现象。

c. 崩解性岩土、湿陷性黄土、盐渍岩土等遇水后,可能产生崩解、湿陷、软化,其岩土结构破坏,强度降低,压缩性增大;而膨胀性岩土遇水后则产生膨胀破坏。

d. 潜水位上升,可能使洞室淹没,还可能使建筑物基础上浮,危及安全。

② 地下水位下降引起的岩土工程问题。地下水位下降往往会引起地表塌陷、地面沉降、海水入侵、地裂缝的产生和复活,以及地下水源枯竭与水质恶化等一系列不良现象。

a. 地表塌陷。岩溶发育地区,由于地下水位下降时改变了水的动力条件,在断裂带、褶皱轴部、溶蚀洼地、河床两侧及一些土层较薄而土颗粒较粗的地段可能产生塌陷。

b. 地面沉降。地下水位的下降减少了土中的孔隙水压力,从而增加了土颗粒间的有效应力,有效应力的增加使土体被压缩。许多大城市过量抽取地下水,致使区域地下水位下降从而引起地面沉降,就是这个原因。

在许多土木工程中进行深基础施工时,往往需要人工降低地下水位。若降水周期长、水位降深大、土层有足够的固结时间,则会导致降水影响范围内的土层产生固结沉降,轻则造成邻近的建筑物、道路、底下管线的不均匀沉降,重则导致建筑物开裂、道路破坏、管线错乱等危害的产生。

c. 海水入侵。近海地区的潜水或承压含水层往往与海水相连,在天然状态下,陆地的地下淡水向海洋排泄,含水层保持较高的水头,淡水与海水保持某种动态平衡,因而陆地淡水含水层能阻止海水入侵。如果大量开发陆地地下淡水,引起大面积地下水位下降,则可能导致海水向地下含水层入侵,使淡水水质变坏。

d. 地裂缝的产生与复活。近年来,在我国很多地区发现地裂缝,西安是地裂缝发育最严重的城市。据分析这是由于地下水位大面积大幅度下降诱发的。

e. 地下水源枯竭与水质恶化。盲目开采地下水,当开采量大于补给量时,地下水资源会逐渐减少,以至枯竭,造成泉水断流、井水枯干、地下水中有害离子量增多、矿化度增高。

③ 地下水的渗透破坏。地下水的渗透破坏主要有潜蚀、流砂和管涌3个方面。

a. 潜蚀。渗透水流在一定水力坡度条件下会产生较大的动水压力冲刷、挟走细小颗粒或溶蚀岩土体,使岩土体中孔隙不断增大,甚至形成洞穴,导致岩土体结构松动或破坏,以致产生地表裂隙、塌陷,影响工程稳定。在黄土和岩溶地区的岩土层中最容易发生潜蚀作用。

防止岩土中发生潜蚀破坏的有效措施,原则上可以分为两类:一类是改变地下水渗透的水力条件,使地下水水力坡度小于临界水力坡度;另一类是改善岩土性质,增强其抗渗能力,如对岩土层进行爆炸、压密、化学加固等,以增加岩土层的密实度,降低岩土层的渗透性。

b. 流砂。流砂是指松散细小颗粒土被地下水饱和后,在动水压力即水头差的作用下,产生的悬浮流动现象。流砂多发生在颗粒级配均匀的粉细砂中,有时在粉土中也会产生流砂。其表现形式是所有颗粒同时从一近似于管状通道被渗透水流冲走。流砂发展的结果是使基础发生滑移或不均匀沉降、基坑坍塌、基础悬浮等。

防治流砂的方法:人工降低地下水位,使地下水位降至可产生流砂的地层之下,然后再进行开挖;打板桩,其目的一方面是加固坑壁,另一方面是改善地下水的径流条件,即增长渗透路径,减小地下水水力坡度及流速;水下开挖,在基坑开挖期间,使基坑中始终保持足够水头,尽量避免产生流砂的水头差,增加基坑侧壁的稳定性;可以用冻结法、化学加固法、爆炸法等处理岩土层,提高其密实度,降低其渗透性。

c. 管涌。地基土在具有某种渗透速度的渗透水流作用下,其细小颗粒被冲走,岩土的孔隙逐渐增大,慢慢形成一种能穿越地基的细管状渗流通路,从而掏空地基或坝体,使地基或斜坡变形、失稳,此现象称为管涌。管涌通常是由工程活动引起的。但是,在有地下水出露的斜坡、岸边或有地下水溢出的地表面也会发生。

防止管涌的方法:控制渗流、降低水力坡度、设置保护层、打板桩等。

④ 地下水的浮托作用。当建筑物基础底面位于地下水位时,地下水对基础底面会产生静水压力,即产生浮托力。地下水不仅对建筑物基础产生浮托力,同样对其水位以下的岩体、土体也产生浮托力。

⑤ 承压水对基坑的作用。当深基坑下部有承压含水层存在时,开挖基坑会减小含水层上覆隔水层的厚度,当隔水层厚度减小到一定程度时,承压水的水头压力能顶裂或冲毁基坑底板,造成突涌现象。基坑突涌将会破坏地基强度,并给施工带来很大困难。所以,在进行基坑施工时,必须分析承压水头是否会冲毁基坑底部的黏性土层。在工程实践中,通常用压力平衡概念进行验算,即

$$\gamma M = \gamma_w H \tag{1-16}$$

式中 γ、γ_w——分别为黏性土的重度和地下水的重度;
H——相对于含水层顶板的承压水头值;
M——基坑开挖后基坑底部黏土层的厚度。

所以,基坑底部黏土层的厚度必须满足式(1-17),如图1.56所示。

$$M \geq \frac{\gamma_w}{\gamma} H \tag{1-17}$$

如果 $M < \frac{\gamma_w}{\gamma} H$,则必须采用人工方法抽汲承压含水层中的地下水,局部降低承压水头,使其下降直至满足式(1-17),方可避免产生基坑突涌现象。图1.57所示为防止基坑突涌的排水降压。

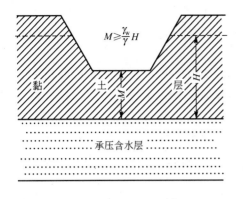 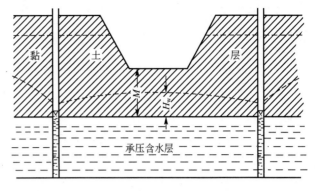

图 1.56 基坑底部黏土层的厚度　　图 1.57 防止基坑突涌的排水降压

小　结

任务 1.1　地质作用认知

地球为一圆球体，取其平均半径值为 6371km。

根据地震波在地球内部的传播速度和传播特征，一般把地球划分为地壳、地幔、地核 3 个圈层。地壳是固体地球的表层部分，以莫霍面为其下界面，平均厚度为 33km。地幔是指莫霍面以下至古登堡面以上的圈层（33～2900km）。地核是指古登堡面以下的地球核心部分（2900～6371km）。

全球可划分出 6 个大的板块（太平洋板块、非洲板块、美洲板块、印度洋板块、南极洲板块、欧亚板块）和 6 个小型板块（菲律宾板块、富克板块、可可板块、澳大利亚-印度板块、加勒比海板块、纳兹卡板块），共 12 个板块。

地球的外部圈层，主要是大气圈、水圈和生物圈。

地质作用按其动力来源可分为内力地质作用和外力地质作用。内力地质作用是由地球内部的能量所引起的，包括地壳运动、岩浆作用、变质作用、地震作用。外力地质作用是由地球外部的能量引起的，主要来自太阳的辐射热能。各种地质营力在运动过程中不断地改造着地表。外力作用的方式，一般按风化→剥蚀→搬运→沉积→硬结成岩的程序进行。内力地质作用决定地表的基本形态和内部构造，外力地质作用破坏和重塑地表形态。

任务 1.2　矿物鉴定

矿物和岩石是组成地壳的基本物质，矿物的形状、颜色、光泽、透明度、硬度、解理与断口是野外鉴别矿物的主要依据。主要运用矿物的形态和物理性质来进行肉眼鉴别。

任务 1.3　岩石鉴定

（1）岩浆岩是岩浆作用的产物。岩浆岩的主要矿物成分有石英、正长石、斜长石、角闪石、辉石、橄榄石、黑云母等。深成岩呈全晶质等粒结构，块状构造。浅成岩多为斑状结构，块状构造。喷出岩呈隐晶质、斑状结构，流纹状、气孔状、杏仁状及块状构造。

（2）沉积岩的物质组成为碎屑物质、黏土矿物、化学沉积矿物、有机质及生物残骸等。沉积岩的结构包括碎屑结构、黏土结构、化学结晶结构及生物结构。特有的构造包括层理构造、层面构造和层间构造。

（3）变质岩特有的矿物有滑石、蛇纹石、绿泥石、石榴子石等。变质岩的结构包括变余结构、变晶结构、碎裂结构。变质岩特有的构造包括板状构造、千枚状构造、片状构造和片麻状构造。

（4）岩石的工程地质性质包括物理性质、水理性质和力学性质，其各种指标是定量评价岩石工程性质的可靠依据。

（5）根据三大岩类的主要区别，确定所鉴定岩石所属的类别，然后按照每类岩石的构造和结构特点来进一步鉴定。

任务 1.4　地质构造认知

地质构造是岩层或岩体在地壳运动中，由于构造应力长期作用使之发生永久性变形或变位的现象，如水平构造、单斜构造、褶皱构造和断裂构造等。

（1）地质年代包括绝对地质年代和相对地质年代。绝对地质年代通过放射性元素来确定；相对地质年代通过地层层序律、生物演化律及地质体的相互接触关系来确定。地质年代单位有宙、代、纪、世，对应的地层单位分别是宇、界、系、统。

（2）沉积岩之间的接触关系有整合接触、平行不整合接触、角度不整合接触；沉积岩与岩浆岩的接触关系有侵入接触和沉积接触。

（3）岩层产状三要素包括走向、倾向和倾角。

（4）褶皱构造的基本形态有背斜和向斜。褶皱的几何要素包括核、翼、枢纽、轴面等。在野外可通过追索法和穿越法识别褶皱构造。一般来说，褶皱构造的核部裂隙较发育，不适宜布置工程建筑。

（5）节理包括构造节理及非构造节理。构造节理主要有张节理和剪节理。节理的统计表示方法是玫瑰图法。断层的基本类型有正断层、逆断层和平移断层。野外可通过构造线的不连续、地层的重复和缺失、断层带上的构造特征及地貌水文等方面的特征识别断层。工程建筑物应尽量避开断层带。

任务 1.5　地貌与第四纪地质认知

本任务阐述了地貌（山岭地貌、流水地貌、平原地貌）的分类和工程地质特征；第四纪地质概况、第四纪沉积物成因类型及其工程地质特征。本任务主要内容如下。

1. 山岭地貌

山岭地貌有以下三种类型：构造变动形成的山岭可分为平顶山、单面山、褶皱山、断块山、褶皱断块山；火山作用形成的山岭可分为锥状火山和盾状火山；剥蚀作用形成的山岭。

2. 垭口与山坡

垭口类型有构造型垭口、剥蚀型垭口、剥蚀-堆积型垭口；山坡类型按山坡的纵向轮廓分为直线形、凸形、凹形和阶梯形。

3. 流水地貌

地表流水可分为暂时性流水和常年性流水。

地表暂时性流水是指大气降水和冰雪融化后在坡面上和沟谷中运动着的水。地表暂时性流水地质作用包括坡面流水地质作用、山洪急流的地质作用，它所形成地貌包括纹沟、冲沟。

河流是指具有明显河槽的常年性的水流，它是自然界水循环的主要形式。河流的地质作用包括侵蚀、搬运和沉积作用。河流作用所形成的谷地称为河谷。河谷地貌的形态要素包括河床、河漫滩、谷底、谷坡、阶地。

4. 平原地貌

平原地貌是地壳在升降运动微弱或长期稳定的条件下，经外力作用的充分夷平或补平而形成的。按高程，平原可以分为高平原和低平原；按成因，平原可以分为构造平原、剥蚀平原和堆积平原。平原的特点是地势开阔，地形平坦，地面起伏不大。一般来说，平原地貌有利于公路选线，在选择有利地质条件的前提下，可以设计成比较理想的公路线形。

5. 第四纪地质

第四纪是指地球发展历史最近的一个时期，第四纪的下限一般定为258万年。第四纪分为更新世和全新世，更新世又分为早、中、晚三个世。把第四纪以来发生的地壳运动统称为新构造运动。一个地区新构造运动的特征，对于工程区域稳定性问题的评价是一个基本要素。

第四纪沉积物是这一时期古环境信息的主要载体，是研究第四纪古环境的物质基础。第四纪常见沉积物类型有残积物、坡积物、洪积物、冲积物、湖积物、冰积物、风积物。

任务1.6 地下水分析

本任务介绍了自然界水的分布及循环，地下水的物理性质及化学成分，地下水的分类、特征，以及地下水运动的基本规律和地下水运动对土木工程的影响。本任务主要内容如下。

1. 地下水的基本概念

埋藏在地表下面土中的孔隙、岩石的孔隙和裂隙及空洞中的水，称为地下水。自然界存在于岩土孔隙中的地下水有气态、液态和固态3种，其中以液态为主。

2. 地下水的物理性质和化学成分

地下水的物理性质包括温度、颜色、透明度、气味、味道、导电性和放射性等。

地下水的化学成分可呈离子、分子、化合物和气体状态，而以离子状态者为最多。常见的离子有Cl^-、SO_4^{2-}、HCO_3^-、K^+、Na^+、Ca^{2+}、Mg^{2+} 7种。化合物有Fe_2O_3、Al_2O_3、H_2SiO_3等。气体有O_2、N_2、CO_2、H_2S等。

3. 地下水类型

按地下水的存在形式，可分为气态水、液态水（结合水、毛细水和重力水）和固态水。按埋藏条件和含水层孔隙性质，可分为土壤水、上层滞水、潜水（具有自由表面、分布区与补给区一致、埋藏深度随所处的时间和空间的不同而变化，潜水补给来源充沛但易被污染）、承压水（具有静水压力，补给区和承压区不一致，水位、水量、水质及水温等受气象水文因素的影响较小，厚度稳定不变，水质不易受污染）。

4. 泉

泉是在一定的地形、地质和水文地质条件下有机组合的产物。根据补给泉的含水层性质，泉可分为上升泉和下降泉；根据出露的地质条件，泉可分为侵蚀泉、接触泉、溢出泉、断层泉；根据泉水的温度，泉可分为冷泉和温泉。

5. 地下水的运动

地下水运动的速度比较慢，多属于层流形式，且大多数情况下服从线性渗透定律，即达西定律。

6. 地下水运动对土木工程的影响

工程建设中，地下水常常带来不良影响，主要有：地下水渗透水流作用引起的流砂、管涌、潜蚀，地下水对位于水位下的岩石、土层和建筑物基础产生的浮托力，人工降低地下水位产生的地基沉降，以及地下水渗流引起的水库及坝体渗漏等问题。因此，在进行工程建设前必须要查明建筑地区的水文地质条件。

复习思考题

一、名词解释

莫霍面、地质作用、矿物、造岩矿物、地壳、解理、断口、硬度、光泽、岩石、岩浆岩、晶体、岩浆作用、喷出作用、侵入作用、风化作用、沉积作用、侵入岩、喷出岩、沉积岩、变质岩、片麻状构造、千枚状构造、矿物硬度

二、简答题

1. 地球的内圈分为哪3个圈？外圈分为哪3个圈？
2. 简要说明岩浆的侵入与喷出的区别。
3. 地球构造运动中，垂直运动与水平运动引起的结果有哪些表现形式？
4. 简述岩浆的所藏位置与特征。
5. 解释解理与断口的区别。
6. 简述矿物的弹性、挠性、延展性。
7. 岩浆岩有哪些产状？

8. 解释岩浆岩的成因、结构、构造特征。
9. 按 SiO_2 的含量不同，岩浆岩可划分为哪 4 种类型？
10. 解释沉积岩的成因、结构、构造特征。
11. 解释变质岩的成因、结构、构造特征。
12. 岩石按坚硬程度、施工程度、风化程度分类为哪几种？
13. 地质年代单位有哪些？
14. 简述古生代的含义。
15. 解释岩石与岩层的区别。
16. 什么叫岩层的产状？产状三要素是什么？岩层产状是如何测定和表示的？
17. 褶皱要素有哪些？其基本形态是什么？
18. 断层由哪几部分组成？在野外识别断层的两个标志是什么？
19. 简述地貌的概念。
20. 简述地形与地貌的区别。
21. 根据海拔高度，山地和平原可划分为哪几种形态。
22. 第四纪地质指什么地质年代？
23. 第四纪沉积物有哪几种？
24. 根据地下水的埋藏条件，地下水可分为哪几种？
25. 根据地下水的含水层性质，地下水可分为哪几种？
26. 地下水中包括哪些化学成分？
27. 叙述地下水的物理性质和化学性质。
28. 写出达西定律的关系式和各符号的意义，并简要说明达西定律的适用范围。

能力训练

1. 解释珠穆朗玛峰在近 100 万年来升高了约 3000m。
2. 根据内力和外力地质作用，整理以下的力哪些为内力？哪些为外力？

地球转动力、风力、流水的搬运力、重力、万有引力、固结力、地球离心力、赤道的挤压力、水流的冲刷力、地球惯性力、海水的冲浪、岩石胀力。

3. 以石英和方解石为例，简述矿物的鉴定步骤。
4. 分析汶川大地震的地质作用。
5. 以流纹岩、玄武岩、花岗斑岩和辉绿岩为例，简述岩浆岩的鉴定步骤。
6. 以火山角砾岩、泥岩、石灰岩为例，简述沉积岩的鉴定步骤。
7. 以板岩、石英岩为例，简述变质岩的鉴定步骤。
8. 简述地质罗盘仪的操作步骤。
9. 画图说明褶皱的要素。
10. 绘制正断层、逆断层、平移断层的示意图。
11. 完成野外调查数据的走向节理玫瑰图，其数据见表 1-32。

表1-32 走向节理玫瑰图数据

走向(°)	条 数	走向(°)	条 数	走向(°)	条 数
10	5	80	0	310	0
20	8	90	0	320	2
30	22	—	—	330	23
40	26	270	0	340	18
50	28	280	5	350	16
60	6	290	7	360	0
70	8	300	4	—	—

12. 绘图说明垭口的地形特征。
13. 绘图说明山岭地貌的形态要素。
14. 绘图说明承压水的埋藏条件。
15. 举例说明自然界的水有哪几种形态？
16. 简述地下水对土木工程的影响。

【学习情境1题库】

学习情境 2 岩体结构与边坡稳定性分析

学习目标

1. 能描述岩体结构面、结构体、岩体结构的概念。
2. 能描述结构面、岩体结构的主要类型及主要特征。
3. 能进行岩体分类。
4. 能叙述岩土体强度理论。
5. 会分析与计算边坡稳定性。
6. 会选用不稳定边坡的防治措施。

教学要求

	知识要点	重要程度
岩体结构	结构面、结构体、岩体的工程分类	A
	岩体结构类型	B
边坡稳定性分析	岩土体强度理论	A
	边坡的稳定性、不稳定边坡的防治措施	B

章节导读

本学习情境包括岩体结构和边坡稳定性分析等内容。其中岩体结构主要介绍了岩体的结构面与结构体、岩体结构的类型、岩体的工程分类。边坡稳定性分析描述了边坡稳定性评价分析方法、不稳定边坡的防治措施。

知识点滴

岩石由各种矿物组成，是自然地质作用的产物，也是组成地壳的基本物质。岩体是指在地质历史中形成的，由一种或多种岩石组成的，具有一定结构并赋存于一定的地质环境（地应力、地下水、地温）中的地质体。岩体在其形成与存在过程中，长期经受着内外力地质作用和人类工程活动的影响，形成了各种不同类型和规模的地质界面，如断层、节理、层理、片理、裂隙、接触面、软弱夹层等。

岩体稳定性分析与评价是工程建设中十分重要的问题。边坡岩土体具有复杂的结构，并且其潜在的破坏边界往往具有不确定性。因此，在边坡稳定性分析时，既要开展定量的计算分析，也要开展定性的地质评价，以保证工程建筑结构的稳定与安全。

在地质历史过程中形成的具有一定的延伸方向和长度，且厚度较小的地质界面，称为结构面。岩体被结构面切割后形成的岩石块体，称为结构体。

所谓岩体结构，就是指岩体中结构面和结构体两个要素的组合特征。它既表达了岩体中结构面的发育程度及组合，又反映了结构体的大小、几何形式及排列。

任务 2.1 岩体结构

【岩体结构的基本类型】

2.1.1 结构面

引 例

【结构面】

岩体的多裂隙性特点决定了岩体与岩石（单一岩块）的工程地质性质有明显不同。两者最根本的区别在于岩体中的岩石被各种结构面所切割。这些结构面的强度与岩石相比要低得多。图 2.1 所示为岩石和岩体的应力-应变曲线。

结构面不仅破坏了岩体的完整性，而且是岩体中最薄弱的部位。当结构面张开充水，或已泥化变得很平滑时，结构面的抗剪特性会很差。可说明结构面抗剪特性的摩擦系数 f 如下。

① 泥化夹层：$f=0.13\sim0.27$。
② 破碎夹层：$f=0.25\sim0.57$。
③ 闭合无填充：$f=0.53\sim1.20$。

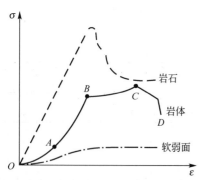

图 2.1 岩石和岩体的应力-应变曲线

1. 结构面类型

不同成因的结构面，具有不同的工程地质特性。按成因不同把岩体中的结构面分为原生结构面、构造结构面和次生结构面 3 类。

原生结构面指在成岩过程中形成的结构面,其特征与岩石的成因密切相关,包括沉积结构面、岩浆结构面和变质结构面 3 类。构造结构面是岩体形成后在构造应力作用下形成的各种破裂面。次生结构面是由外力地质作用形成的破裂面。

各类结构面的地质类型、主要特征及工程地质评价见表 2-1。

表 2-1 各类结构面的地质类型、主要特征及工程地质评价

成因类型	地质类型	主要特征			工程地质评价
		产状	分布	性质	
原生结构面	沉积结构面	(1) 层理层面 (2) 软弱夹层 (3) 不整合面 (4) 沉积间断面	一般与岩层产状一致,为层间结构面	在海相岩层中此类结构面分布稳定;在陆相岩层中呈交错状,易尖灭	层面、软弱夹层等结构面较为平整;不整合面及沉积间断面多由碎屑、泥质物构成,且不平整	国内外较大的坝基滑动及滑坡很多由此类结构面所造成
	岩浆结构面	(1) 侵入岩与围岩接触界面 (2) 岩脉、岩墙接触面 (3) 原生冷凝节理	岩脉受构造结构面控制,而原生节理受岩体接触面控制	接触面延伸较远,比较稳定,而原生节理往往短小密集	与围岩接触可具熔合及破坏两种不同的特征;原生节理一般张裂而较粗糙不平	一般不会造成大规模的岩体破坏,但有时与构造断裂配合,也可形成岩体滑移,如有的坝肩局部滑移
	变质结构面	(1) 片理 (2) 片岩软弱夹层	产状与岩层或构造线方向一致	片理短小,分布极密,片岩软弱夹层延展较远、较固定	结构面光滑平直,呈鳞片状。片理在岩层深部往往闭合成隐蔽结构面;片岩软弱夹层含片状矿物	在变质较浅的沉积变质岩(如千枚岩)的堑坡常见塌方,片岩中的软弱夹层对稳定性影响大
构造结构面		(1) 节理 (2) 断层 (3) 层间错动面 (4) 破碎带	产状与构造线呈一定关系,层间错动与岩层一致	张性断裂较短小,剪切断裂延展较远;压性断裂(如断层)规模巨大,但有时被横断层切割成不连续状	张性断裂不平直,呈锯齿状,常具次生充填;剪切断裂较平直,具羽状裂隙;压性断裂具多种构造岩,呈带状分布,往往含断层泥、糜棱岩	对岩体稳定性影响很大,在许多岩体破坏过程中大都有构造结构面的配合作用
次生结构面		(1) 卸荷裂隙 (2) 风化裂隙 (3) 风化夹层 (4) 泥化夹层 (5) 次生泥层	受地形及原结构面控制	分布上往往呈不连续状透镜体,延展性差,且主要在地表风化带内发育	一般为泥质物充填,水理性很差	常在山坡及堑坡上造成崩塌、滑坡等病害

2. 结构面的工程特征

结构面的工程特征包括结构面的产状、规模、形态、延展性（连续性）、密集程度（线密度）、张开度和充填情况等，它们对结构面的力学性质有很大的影响。

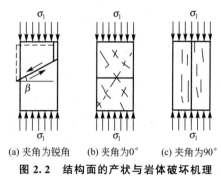

(a) 夹角为锐角　(b) 夹角为0°　(c) 夹角为90°

图 2.2　结构面的产状与岩体破坏机理

（1）产状

结构面的产状与最大主应力的关系控制着岩体的破坏机理与强度。图2.2所示为结构面的产状与岩体破坏机理。当结构面与最大主平面（水平面）的夹角为锐角时，岩体将沿结构面滑移破坏；当夹角为0°时，岩体表现为横切结构面产生剪断破坏；当夹角为90°时，岩体则表现为平行结构面的劈裂拉张破坏。随着破坏方式的不同，岩体的强度也发生变化。

（2）规模

根据结构面的延伸长度、破碎带宽度和力学效应，可以将结构面按规模大小分为如下5个等级，见表2-2。

表 2-2　按规模大小分类的结构面

分级	分级依据			地质构造特征
	延伸长度（km）	破碎带宽度（m）	力学效应	
Ⅰ级	2以上	10以上	（1）形成岩体力学作用边界 （2）岩体变形和破坏的控制条件 （3）构成独立的力学介质单元	（1）属于软弱结构面 （2）有较大的断层 （3）延展规模很大
Ⅱ级	0.2～2	0.2～10	（1）形成块裂岩体边界 （2）控制岩体变形和破坏方式 （3）构成次级地应力场边界	（1）属于软弱结构面 （2）有小断层、层间错动带 （3）延展规模较大
Ⅲ级	0.02～0.2	0.01～1	（1）参与块裂岩体切割 （2）构成次级地应力场边界	（1）属于较坚硬结构面 （2）有节理或小断层、开裂层面 （3）延展短，不夹泥，有泥膜
Ⅳ级	0～0.02	0～0.01	（1）是岩体力学性质、结构效应的基础 （2）有的为次级地应力场边界	（1）坚硬的结构面 （2）节理、劈理、层面、次生裂 （3）延展短，不夹泥
Ⅴ级	—	—	（1）岩体内形成应力集中 （2）岩块力学性质结构效应基础	（1）属于坚硬结构面 （2）不连续的小节理、隐节理层面、片理面 （3）结构面小，连续性差

> **特别提示**
>
> 结构面的规模直接影响岩体的稳定性。

（3）形态

结构面的平整、光滑和粗糙程度对结构面的抗剪性能有很大的影响。自然界中的结构面几何形状非常复杂，大体可分为平直状、波状、锯齿状、台阶状和不规则状 5 种类型，见表 2-3。

表 2-3 结构面的形态分类

形态种类	结构面的形态	构造面特征
a	平直状	包括大多数层面、片理和剪切破裂面等
b	波状	如具有波痕的层面、轻度挠曲的片理、呈舒缓波状的压扭性结构面等
c	锯齿状	如多数张性和张扭性结构面等
d	台阶状	结构面如台阶形状
e	不规则状	结构面曲折不平，如沉积间断面、交叉层理及沿原有裂隙发育的结构面等

> **特别提示**
>
> 结构面的形态对结构面的抗剪强度有很大的影响，一般平直光滑的结构面有较低的摩擦角，粗糙起伏的结构面则有较高的抗剪强度。

（4）延展性（连续性）

结构面的延展性也称连续性，它反映结构面的贯通程度，可用线连续性系数表示。线连续性系数 K_l 是指沿结构面延伸方向上，结构面各段长度之和 $\sum a_i$ 与测线长 B 的比值（图 2.3）。

$$K_l = \frac{\sum a_i}{B} \quad (2-1)$$

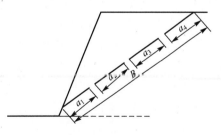

图 2.3 结构面线连续性系数示意

K_l 在 0~1 之间变化，其数值越大，说明结构面的连续性越好，岩体越不稳定。当 $K_l=1$ 时，说明结构面完全贯穿。

（5）密集程度（线密度）

结构面的密集程度也称线密度，它反映了岩体的完整性。通常用线密度 K_d 和结构面间距 d 来表示结构面的密集程度。一般线密度是取一组结构面法线方向上，平均每米长度上的结构面数目。线密度的数值越大，说明结构面越密集。不同量测方向的 K_d 值往往不等，因此，两垂直方向的 K_d 值之比，可以反映岩体的各向异性程度。

$$K_d = \frac{1}{d} \quad (2-2)$$

(6) 张开度和充填情况

结构面两壁面一般不是紧密接触的，而是呈点接触或局部接触，接触点大部分位于起伏或锯齿状的凸起点，这种情况下，由于结构面实际接触面积减小，必然导致其黏聚力降低，进而影响结构面的强度及渗透性。

结构面的张开度(e)是指结构面两壁面间的平均垂直距离(mm)。一般认为$e<0.2$mm为密合的，$e=0.2\sim1$mm为微张的，$e=1\sim5$mm为中等张开的，$e>5$mm为张开的。

密合的结构面，其力学性质取决于结构面两壁的岩石性质和结构面的粗糙程度。微张的结构面，因其两壁岩石之间常常多处保持点接触，其抗剪强度比张开的结构面大。中等张开的结构面，往往被外来物质所充填，其力学性质取决于充填成分、充填厚度、含水性及壁岩的性质等。张开的结构面，抗剪强度则主要取决于充填物的成分和厚度，一般充填物为黏土者，强度要比充填物为砂质者低，而充填物为砂质者，强度又比充填物为砾质者低。

3. 软弱夹层及其对工程的影响

（1）软弱夹层

软弱夹层是具有一定厚度的特殊的岩体软弱结构面，是在坚硬岩层中夹有的力学强度低、泥质或炭质含量高、遇水易软化、延伸较长、厚度较薄的软弱岩层。它与周围岩体相比，具有显著低的强度和显著高的压缩性，或具有一些特有的软弱特性。它是岩体中最薄弱的部位，常构成工程中的隐患，往往控制着岩体的变形破坏机理和稳定性，应予以特别注意。

按成因分类，软弱夹层可分为原生软弱夹层、构造软弱夹层和次生软弱夹层。原生软弱夹层是与周围岩体同期形成的，但性质是软弱的夹层。构造软弱夹层主要是沿原有的软弱面或软弱夹层经构造错动而形成的，也有的是沿断裂面错动或多次错动而形成的，如断裂破碎带。次生软弱夹层是沿薄层状岩石、岩体间接触面、原有软弱面或较软弱夹层，由次生作用(主要是风化作用和地下水作用)参与形成的。

（2）软弱夹层对工程的影响

软弱夹层受力时很容易滑动破坏而引起工程事故，它可以使斜坡产生滑动灾害，使危岩体崩塌，使地下洞室围岩断裂破坏，使岩石地基与路基失稳等。这些灾害均与软弱夹层关系密切，所以在进行岩体工程设计及施工过程中务必加强软弱夹层的勘探与研究，努力查明软弱夹层的力学性质及其变形特征，采取合理的工程措施，以避免灾害及工程事故的发生。

2.1.2 结构体

在岩体中被结构面切割的岩块称为结构体，它也体现了岩石的内部构造和外形特征。由于各种成因结构面的组合，在岩体中可形成大小、形状不同的结构体。

受结构面组数、密度、产状、长度等的影响，岩体中结构体的形状和大小是多种多样的，但根据其外形特征可大致归纳为方柱(块)体、菱形柱体、三棱柱体、楔形体、锥形体、板状体、多角柱体和菱形块体等(图2.4)。结构体的形状、大小、产状和所处位置不同，其工程稳定性也不相同。

(a) 方柱(块)体　(b) 菱形柱体　(c) 三棱柱体　(d) 楔形体　(e) 锥形体　(f) 板状体　(g) 多角柱体　(h) 菱形块体

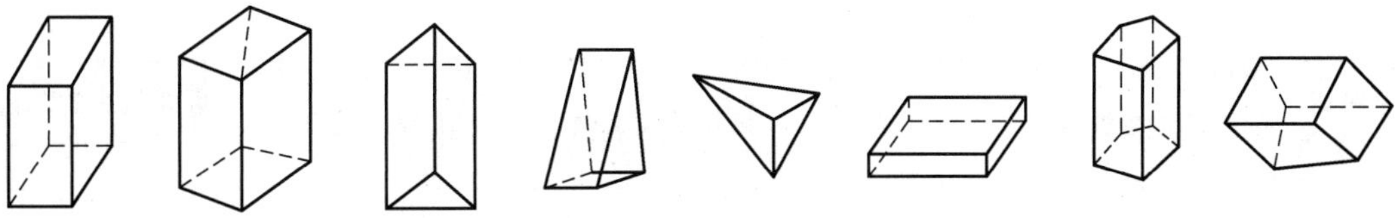

图 2.4　结构体的外形分类

2.1.3　岩体结构的基本类型

岩体结构是指岩体中结构面与结构体的组合方式。多种多样的岩体结构类型具有不同的工程地质特性(承载能力、变形、抗风化能力、渗透性等)。

岩体结构的基本类型可分为整体结构、块状结构、层状结构、碎裂结构和散状结构(图 2.5)。不同结构类型的岩体，其岩石类型、结构体和结构面的特征不同，岩体的工程性质与变形破坏机理也不同。但其根本的区别还在于结构面的性质及发育程度，如整体结构岩体中的结构面往往呈断续分布，规模小且稀疏；块状结构的结构面组数比整体结构多，岩体基本稳定；层状结构岩体中发育的结构面主要是层面、层间错动等；碎裂结构岩体中结构面常为贯通的且发育密集，组数多；而散状结构岩体中发育有大量随机分布的裂隙，结构体呈碎块状或碎屑状。

【岩体结构】

(a) 整体结构　　　(b) 块状结构　　　(c) 层状结构　　　(d) 碎裂结构　　　(e) 散状结构

图 2.5　岩体结构的基本类型

参照《岩土工程勘察规范(2009 年版)》(GB 50021—2001)，岩体结构体的基本特征见表 2-4。

表 2-4　岩体结构体的基本特征

结构体类型	岩体地质类型	形状	结构面发育情况	工程地质特征	可能发生的工程地质问题
整体结构	巨块状岩浆岩和变质岩，巨厚层沉积岩	巨块状	以层面和原生、构造节理为主，多呈闭合型，间距大于 1.5m，一般为 1～2 组，无危险结构	岩体稳定，可视为均质弹性各向同性体	局部滑动或坍塌，深埋洞室的岩爆
块状结构	厚层状沉积岩，块状岩浆岩和变质岩	块状、柱状	有少量贯穿性节理裂隙，间距 0.7～1.5m，一般为 2～3 组，有少量分离体	结构面互相牵制，岩体基本稳定，接近弹性各向同性体	

续表

结构体类型	岩体地质类型	形状	结构面发育情况	工程地质特征	可能发生的工程地质问题
层状结构	多韵律的薄层、中厚层状沉积岩、副变质岩	层状、板状	有层理、片理、节理，常有层间错动	变形和强度受层面控制，可视为各向异性弹塑性体，稳定性较差	可沿结构面滑塌，软岩可产生塑性变形
碎裂结构	构造影响严重的破碎岩层	碎块状	断层、节理、片理、层理发育，结构面间距 0.25～0.5m，一般在 3 组以上，有许多分离体	整体强度很低，并受软弱结构面控制，呈弹塑性介质，稳定性很差	易引起规模较大的岩体失稳，地下水加剧失稳
散状结构	断层破碎带，强风化及全风化带	碎屑状	构造和风化裂隙密集，结构面及组合错综复杂，多充填黏性土，形成无序小块和碎屑	完整性遭受极大破坏，稳定性极差，接近松散体介质	易发生规模较大的岩体失稳，地下水加剧失稳

2.1.4 岩体的工程分类

根据《岩土工程勘察技术规范》（YS 5202—2004），在进行岩土工程勘察时，将工程地质条件和岩体力学性质联合起来进行岩体分类。其目的是通过分类，概括地反映各类工程岩体的质量好坏，预测可能出现的岩体力学问题，为工程设计、支护衬砌、建筑选型和施工方法选择等提供参数和依据。

目前常用的岩体工程分类有岩体完整程度、岩石质量指标（RQD）和岩体基本质量指标（BQ）。

1. 按岩体完整程度分类

岩体的完整程度反映了其裂隙性，破碎岩石的强度和稳定性较完整岩石大大削弱，尤其在边坡和基坑工程中更为突出。岩体的完整程度是根据完整性指数来划分的，见表 2-5。

表 2-5 岩体完整程度分类

完整程度	极破碎	破碎	较破碎	较完整	完整
完整性指数	<0.15	0.15～0.35	0.35～0.55	0.55～0.75	>0.75

岩体的完整性指数为

$$K_v = \left(\frac{V_{Pm}}{V_{Pr}}\right)^2 \tag{2-3}$$

式中 K_v——岩体的完整性指数；

V_{Pm}——岩体的纵波速度（km/s）；

V_{Pr}——岩块的纵波速度（km/s）。

岩体完整程度还可以按表2-6定性划分。

表2-6 岩体完整程度的定性划分

完整程度	结构面发育程度		主要结构面的结合程度	主要结构面类型	相应结构类型
	组数	平均间距(m)			
极破碎	无序	—	结合很差	—	散状结构
破碎	≥3	0.2~0.4	结合差	各种类型结构面	碎裂或块状结构
		≤0.2	结合一般或结合差		碎裂结构
较破碎	≥3	0.2~0.4	结合一般	裂隙、层面	中、薄层状结构
			结合好		镶嵌碎裂结构
	2~3	0.4~1.0	结合差		裂隙块状或中厚层状结构
较完整	1~2	>1.0	结合差	裂隙、层面	块状或厚层状结构
	2~3	0.4~1.0	结合好或结合一般		块状结构
完整	1~2	>1.0	结合好或结合一般	裂隙、层面	整体或巨厚层状结构

2. 按岩石质量指标(RQD)分类

RQD(Rock Quality Designation,岩石质量指标)是国际上通用的鉴别岩石工程性质好坏的方法,由美国的迪尔(Deere,1964)提出和发展起来。该法是利用RQD值来评价岩体质量的优劣。

RQD值的定义是大于10cm的岩芯段长度与钻孔进尺总长度之比的百分率,如式(2-4)所示。根据RQD值可将岩体分为5类,见表2-7。

表2-7 RQD分类

RQD值	0~25	25~50	50~75	75~90	90~100
岩体质量评价	很差	差	一般	好	很好

$$\mathrm{RQD} = \frac{\sum L_i}{L} \times 100\% \quad (2-4)$$

式中 RQD——岩石质量指标(%);
L_i——大于10cm的岩芯段长度;
L——钻孔进尺总长度。

RQD分类由于没有考虑岩体中结构面发育特征的影响,也没有考虑岩块性质的影响及这些因素的综合效应,因此,仅运用这一分类,往往不能全面反映岩体的质量。

3. 按岩体基本质量指标(BQ)分类

岩体基本质量指标分级法简称BQ(Basic Quality)分级法,是我国采用的首个岩体分级的国家标准。该标准由水利部主编,会同有关部门共同制定,于1995年7月1日开始施行。该分级标准强调定性与定量相结合,并分两步走,先确定岩体基本质量,再结合具体工程特点确定岩体分级。岩体基本质量指标（BQ）按式（2-5）计算。

$$BQ = 90 + 3\sigma_c + 250K_V \quad (2-5)$$

式中　σ_c——岩石单轴饱和抗压强度，是岩石坚硬程度的指标（当 $\sigma_c > 90K_V + 30$ 时，应以 $\sigma_c = 90K_V + 30$ 代入计算 BQ 值）；

　　　K_V——岩体完整性系数（当 $K_V > 0.04\sigma_c + 0.4$ 时，应以 $K_V = 0.04\sigma_c + 0.4$ 代入计算 BQ 值）。

得到 BQ 值后，以 BQ 值为依据对工程岩体进行初步定级分类，见表 2-8。

表 2-8　BQ 分类

基本质量级别	岩体基本质量的定性特征	BQ 值
Ⅰ	坚硬岩，岩体完整	>550
Ⅱ	坚硬岩，岩体较完整	451～550
	较坚硬岩，岩体完整	
Ⅲ	较坚硬岩，岩体较破碎	351～450
	较坚硬岩或软硬岩互层，岩体较完整	
	较软岩，岩体完整	
Ⅳ	坚硬岩，岩体破碎	251～350
	较坚硬岩，岩体较破碎至破碎	
	较软岩或软硬岩互层，以软岩为主，岩体较完整至较破碎	
	软岩，岩体完整至较完整	
Ⅴ	较软岩，岩体破碎	≤250
	软岩，岩体较破碎至破碎	
	全部极软岩及全部极破碎岩	

任务 2.2　边坡稳定性分析

【边坡稳定性分析】

　引　例

不稳定的山坡经常发生滑坡，滑坡体上的树木东倒西歪地倾斜，形成"醉林"［图 2.6(a)］。滑坡后"醉林"又重新垂直向上生长，但其下部不能伸直，因而树干呈弯曲状，故称之为"马刀树"［图 2.6(b)］。

图 2.6 醉林与马刀树

2.2.1 岩土体强度理论

在进行边坡和地下洞室开挖或对地基加载等工程活动时，岩土体的应力状态将发生变化，当应力-应变增长到一定程度时，岩土体就会发生破坏，从而导致建设工程的失效。研究岩土体的破坏机理、正确应用岩土体的破坏判据是地质工程设计的基础。

用以表征岩土体破坏条件的函数(应力或应变函数)，称为破坏判据或强度准则。强度准则的建立，应能够反映岩土体的破坏机理。对于岩石来说，所有这些研究岩石破坏的原因、过程及条件的理论称为强度理论；对于土体，则通常称为土体破坏条件。

目前的强度理论多数是从应力的观点来考察材料的破坏，代表性的强度理论有最大主应力理论、最大主应变理论、最大剪切应力强度理论及应变能理论。在岩石力学中应用较多的有最大正应变理论、莫尔库仑强度理论和有效应力理论。下面主要介绍最大正应变理论，莫尔库仑强度理论和有效应力理论将在学习情境 8 中介绍。

最大正应变理论可表述为：物体发生张性破裂的原因是最大延伸应变达到了一定的极限应变 ε_0。其强度条件为

$$\varepsilon = \varepsilon_0 \quad (2-6)$$

由张应变控制下的张破裂力学模型可知，岩石张破裂是侧向应变 ε_3 超过极限值所致。根据广义胡克定理 $\varepsilon_3 = \dfrac{1}{E}[\sigma_3 - \mu(\sigma_1 + \sigma_2)]$，如果 $\sigma_3 < \mu(\sigma_1 + \sigma_2)$，则 ε_3 为负值，即为张应变。其强度条件可写成

$$\sigma_3 - \mu(\sigma_1 + \sigma_2) = -E\varepsilon_0 \quad (2-7)$$

极限张应变值是单向拉伸破坏瞬间的极限应变，即

$$\varepsilon_0 = \frac{\sigma_t}{E} \quad (2-8)$$

式中 σ_t——岩石抗拉强度。

将式(2-8)代入式(2-7)，得

$$\sigma_3 - \mu(\sigma_1 + \sigma_2) = -\sigma_t \quad (2-9)$$

极限张应变值也可为单轴压缩条件下的极限应变，即

$$\varepsilon_0 = \mu\varepsilon_{1极} = \mu\frac{\sigma_p}{E} \quad (2-10)$$

将式(2-10)代入式(2-7)，得

$$\sigma_3 = \mu(\sigma_1 + \sigma_2 - \sigma_p) \tag{2-11}$$

当 $\sigma_2 = \sigma_3$ 时，有

$$\sigma_1 = \frac{1-\mu}{\mu}\sigma_3 + \sigma_p \tag{2-12}$$

将式(2-11)和式(2-12)写成判断形式，有

$$|\sigma_3 - \mu(\sigma_1 + \sigma_2)| \geq \sigma_t \quad \text{和} \quad \sigma_1 \geq \frac{1-\mu}{\mu}\sigma_3 + \sigma_p$$

即当岩石应力条件满足以上判据时，岩石发生张破裂。

式中 σ_p——岩石单轴抗压强度；

μ——发生破坏时侧应变与轴向应变之比。

上述理论，适用于无围压和低围压及脆性岩石条件。

2.2.2 边坡破坏类型

边坡岩土类型与特征的不同直接影响边坡的稳定性。坚硬完整的岩石如花岗岩、石灰岩等，能够形成很陡的高边坡而保持良好的稳定性，而软弱岩石或土则只能形成低缓的边坡，且往往还不稳定。

沉积岩所具有的层理特点会直接影响边坡稳定性。沉积岩中常夹有软弱岩层，如厚层灰岩中夹薄层泥灰岩，砂、砾岩中夹薄层泥岩和页岩等，容易导致边坡形成滑动面而失稳坍塌。

一般由岩浆岩组成的边坡稳定性较好，但如果岩体中原生节理发育，则仍然容易发生崩塌。岩浆岩容易风化，使风化带内的岩石强度降低。在南方风化作用强烈地区，常见由于风化导致的小型崩塌和浅层滑坡。在火山岩系中，喷发间断面和原生节理常常组合成为滑动面，从而产生滑坡和崩塌。

变质岩的边坡稳定性一般比沉积岩的好，尤其是深变质岩，如片麻岩、石英岩等，其性质与岩浆岩相近。片岩类依其矿物成分不同，工程地质性质有极大差异：石英片岩、角闪片岩的强度很高，能维持较高的陡坡；而滑石片岩、绢云母片岩、绿泥石片岩等强度较低；千枚岩、泥质板岩因其易泥化，性质软弱，最易发生表层挠曲或弯折倾倒等变形。

根据滑坡分布与岩性的内在分析，在边坡稳定性研究中，查明是否有易滑地层分布是十分重要的。

进行岩体边坡破坏分类的目的，是对滑坡作用的各种环境、现象特征及产生滑坡的各种要素进行概括，以反映各类滑坡的特征及其发生、发展演化的规律，并进行有效的防治。迄今为止，国内外滑坡分类的方法很多，下面介绍几种常用的分类。

1. 按滑坡面与岩层层面关系分类

按滑坡面与岩层层面关系分类，滑坡可分为均质滑坡、顺层滑坡和切层滑坡3类，如图2.7所示。

① 均质滑坡。均质滑坡是发生在均质、无明显层理的岩土体中的滑坡。均质滑坡的

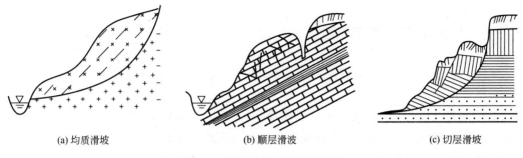

(a) 均质滑坡　　　　　　　(b) 顺层滑坡　　　　　　　(c) 切层滑坡

图 2.7　滑坡面与岩层层面关系

滑动面不受层面控制，一般呈圆弧状。均质滑坡在黏土岩、黏性土和黄土中较常见。

② 顺层滑坡。顺层滑坡是沿岩层面发生滑动的滑坡。这类滑坡多发生在岩层倾向与边坡倾向一致、但倾角小于坡角的情况下，特别是有原生的或次生的软弱夹层存在时，该夹层易成为滑动面（带）。顺着残积物或坡积物与其下部基岩面下滑的滑坡，也属顺层滑坡。顺层滑坡的滑动面形态视岩层面的情况而定，可以是平直的，也可以是圆弧状或折线状的。顺层滑坡在自然界分布较广，而且规模也较大。

③ 切层滑坡。切层滑坡是滑动面切过岩层面的滑坡。切层滑坡多发生在岩层面近乎水平的平迭坡条件下，滑动面一般呈圆弧状或对数螺旋曲线。

2. 按边坡破坏的滑动面形状分类

按边坡破坏的滑动面形状分类，岩质边坡的破坏类型见表 2-9。

表 2-9　岩质边坡的破坏类型

破坏类型	示意图	特　　征	
平面破坏	◿	主要结构面的走向、倾向与坡面的基本一致，结构面的倾角小于坡角且大于其摩擦角	一个滑动平面和一个滑动块体
	◿		一个滑动平面和一条张裂隙
	◿		若干滑动平面的横节理
	◿		一个主要滑动平面的主动和被动滑动块体
楔形破坏	◿	两组结构的交线倾向坡面，交线的倾角小于坡角且大于其摩擦角	
圆弧破坏	◿	节理很发育的破碎岩体发生旋转破坏	
倾倒破坏	◿	岩体被陡倾结构面分割成一系列岩柱。当为软岩时，岩柱产生向坡面的弯曲；当为硬岩时，岩柱可再被正交节理切割成岩块，向坡面翻倒	

【岩质边坡破坏类型】

2.2.3 影响边坡稳定的因素

影响边坡稳定的因素有岩石性质、岩体结构、水的作用、风化作用、地形地貌、地震力、地应力及人为因素等。

① 岩石性质。岩石的成因类型、矿物成分、结构和强度等是决定边坡稳定性的重要因素。由坚硬(密实)、矿物稳定、抗风化能力强、强度较高的岩石构成的边坡,其稳定性一般较好;反之,稳定性就较差。

② 岩体结构。岩体的结构类型、结构面性状及其与坡面的关系是岩质边坡稳定的控制因素。

③ 水的作用。水的作用主要表现为对岩土的软化作用、泥化作用、冲刷作用、静水压力和动水压力作用等。水的渗入会使岩土体质量增大,岩土体因被水软化而使抗剪强度降低,并使孔(裂)隙水压力升高;地下水的渗流将对岩土体产生动水压力,水位的升高将产生浮托力;地表水对岸坡的侵蚀将使其失去侧向或底部支撑等。这些都对边坡的稳定不利。

④ 风化作用。风化作用会使岩体的裂隙增多、扩大,透水性增强,抗剪强度降低。

⑤ 地形地貌。临空面的存在及边坡的高度、坡度等都是直接与边坡稳定有关的因素,平面上呈凹形的边坡较呈凸形的边坡稳定。

⑥ 地震力。地震力会使边坡岩体的剪应力增大,抗剪强度降低。

⑦ 地应力。开挖边坡会使边坡岩体的初始应力状态改变,坡角出现剪应力集中带,坡顶与坡面的一些部位可能出现张拉应力区。在新构造运动强烈地区,开挖边坡能使岩体中的残余构造应力释放,可直接引起边坡的变形破坏。

⑧ 人为因素。边坡不合理的设计、开挖和加载,大量施工用水的渗入及爆破等都能造成边坡失稳。

拓展讨论:

二十大报告提出了,要推进美丽中国建设。尊重自然、顺应自然、保护自然,是全面建设社会主义现代化国家的内在要求。请思考过度的边坡开挖是否会引起自然环境破坏?

2.2.4 边坡稳定性分析方法

边坡稳定性分析方法主要有对比分析法、定量分析法、折线形滑动面稳定计算法。

(1) 对比分析法

该法是将已有的天然边坡或人工边坡的研究经验(包括稳定的或破坏的),用于新研究边坡的稳定性分析,如坡角或计算参数的取值、边坡的处理措施等。对比分析法具有经验性和地区性的特点,应用时必须全面分析已有边坡与新研究边坡两者之间的地貌、地层岩性、结构、水文地质、自然环境、变形主导因素及发育阶段等方面的相似性和差异性,同时还应考虑工程的规模、类型及其对边坡的特殊要求等。

根据经验,存在下列情况时对边坡的稳定性不利。

① 边坡及其邻近地段已有滑坡、崩塌、陷穴等不良地质现象存在。

② 岩质边坡中有页岩、泥岩、片岩等易风化、软化岩层或软硬交互的不利岩层组合。

③ 软弱结构面与坡面倾向一致或交角小于 45°，且结构面倾角小于坡角，或基岩面倾向坡外且倾角较大。

④ 地层渗透性差异大，地下水在弱透水层或基岩面上积聚流动，断层及裂隙中有承压水出露。

⑤ 坡上有水体漏水，水流冲刷坡脚或因河流水位急剧升降引起岸坡内动力水的强烈作用。

⑥ 边坡处于强震区或邻近地段采用大爆破施工。

采用对比分析法选取的经验值(如坡角、计算参数等)仅能用于地质条件简单的中小型边坡。岩质边坡坡度允许值见表 2-10。

表 2-10 岩质边坡坡度允许值

边坡岩体类型	岩体风化程度	坡度容许值(高宽比)		
		坡高在 8m 以内	坡高在 8～15m	坡高在 15～25m
Ⅰ	未(微)风化	1∶0.00～1∶0.10	1∶0.10～1∶0.15	1∶0.15～1∶0.25
	中等风化	1∶0.10～1∶0.15	1∶0.15～1∶0.25	1∶0.25～1∶0.35
Ⅱ	未(微)风化	1∶0.10～1∶0.15	1∶0.15～1∶0.25	1∶0.25～1∶0.35
	中等风化	1∶0.15～1∶0.25	1∶0.25～1∶0.35	1∶0.35～1∶0.50
Ⅲ	未(微)风化	1∶0.25～1∶0.35	1∶0.35～1∶0.50	—
	中等风化	1∶0.35～1∶0.50	1∶0.50～1∶0.75	—
Ⅳ	中等风化	1∶0.50～1∶0.75	1∶0.75～1∶1.00	—
	强风化	1∶0.75～1∶1.00	—	—

注：1. 使用本表时，应考虑地区性的水文、气象等条件，结合具体情况予以校正。
2. 本表不适用于岩层层面或主要节理面有顺坡向滑动可能的边坡。

(2) 定量分析法

边坡稳定性定量分析法需按构造区段及不同坡向分别进行。根据每一区段的岩土技术剖面，确定其可能的破坏模式，并考虑所受的各种荷载(如重力、水作用力、地震力或爆破振动力等)，选定适当的参数进行计算。定量分析法主要有极限平衡法、有限单元法和破坏概率法 3 种，其中极限平衡法属于经典的方法。

极限平衡法是将滑体视为刚性体，不考虑其本身的变形；除楔形破坏外，其余的破坏多简化为平面问题，可选取有代表性的剖面进行计算；边坡岩土的破坏遵从库仑强度破坏理论；认为当边坡的稳定系数 $K=1$ 时，滑体处于临界状态。

① 滑动面为一平面时的稳定性计算。滑动面为一平面时，如图 2.8 所示，坡顶无张裂隙简单平面破坏是最简单的情况，在由软弱面控制的顺层滑坡中常见到。

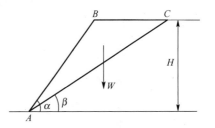

图 2.8 坡顶无张裂隙简单平面破坏

a. 单宽滑体自重为

$$G=\frac{\gamma H^2 \sin(\alpha-\beta)}{2\sin\alpha\sin\beta} \tag{2-13}$$

b. 稳定性系数为

$$K = \frac{2c\sin\alpha}{\gamma H \sin(\alpha-\beta)} + \frac{\tan\varphi}{\tan\beta} \quad (2-14)$$

式中 γ——岩石的天然重度(kN/m^3);

φ——结构面的内摩擦角(°);

c——结构面的黏聚力(kPa)。

根据各种影响因素规定允许的稳定性系数,大小是根据各种影响因素确定的,取值范围为 1.05～1.5,一般设计安全系数取 1.15。

稳定性系数的影响因素包括:岩体工程地质特征研究的详细程度;各种计算参数误差的大小;计算稳定性系数时,是否考虑了全部作用力;计算过程中各种中间结果的误差大小;工程的设计年限、重要性及边坡破坏的后果。

c. 当滑坡体的安全系数 $F_s=1$ 时,临界滑坡体高度为

$$H_{cr} = \frac{4c\sin\alpha\cos\beta}{\gamma[1-\cos(\alpha-\beta)]} \quad (2-15)$$

② 楔形体破坏。图 2.9 所示为斜交滑面构成的楔形滑动体,ABD、BCD 二斜交滑动面构成的 $ABCD$ 空间滑动体是较常见的情况。由于结构面 ABD、BCD 的产状是任意的,故切割出的滑动体是各种形状的三角锥。平顶边坡三角锥的高为 h,二结构面的交线为 BD,其倾角为 α,三角锥的重力以 W 表示,如图 2.10(a)所示。滑动体沿 ABD、BCD 二结构面滑动,二滑动面上的摩阻力为 $N_1\tan\varphi_1$ 及 $N_2\tan\varphi_2$,边坡的稳定性系数 K 为

$$K = \frac{N_1\tan\varphi_1 + N_2\tan\varphi_2 + \tau_1 S_{ABD} - \tau_2 S_{BCD}}{W\sin\alpha} \quad (2-16)$$

$$\left.\begin{array}{l} N_1 = N\cos\alpha_1 \\ N_2 = N\cos\alpha_2 \end{array}\right\} \quad (2-17)$$

式中 τ_1、τ_2、φ_1、φ_2——分别为滑动面 ABD 及 BCD 的抗剪强度指标;

S_{ABD}、S_{BCD}——分别为二滑动面的面积;

N_1、N_2——分别为作用在二滑动面上的法向力,如图 2.10(b)所示;

α_1、α_2——分别为滑动体的重力 W 对于 BD 交线的垂直分量方向与二滑动面法线的夹角,如图 2.10(b)所示。

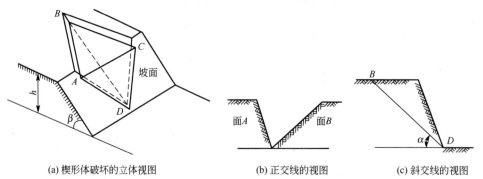

(a) 楔形体破坏的立体视图　　(b) 正交线的视图　　(c) 斜交线的视图

图 2.9　斜交滑动面构成的楔形滑动体

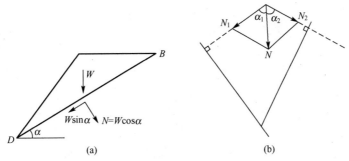

图 2.10 楔形滑动体的受力分解

(3) 折线形滑动面稳定计算法

当潜在滑动面为如图 2.11 所示的折线形时,假定 i 块段作用于 $i+1$ 块段的剩余下滑推力平行于 i 块段的底滑动面,根据要求取定滑坡稳定安全系数,则第 i 块段的剩余下滑推力 E_i 按式(2-18)计算,由此即可计算滑坡不同部位的剩余下滑推力的大小。

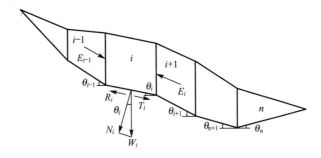

图 2.11 折线形滑动面的计算简图

$$\left.\begin{aligned}E_i &= E_{i-1}\Psi_{i-1} + KW_i\sin\theta_i - W_i\cos\theta_i\tan\varphi_i - c_iL_i \\ \Psi_{i-1} &= \cos(\theta_i - \theta_{i-1}) - \sin(\theta_{i-1} - \theta_i)\tan\varphi_i\end{aligned}\right\} \quad (2-18)$$

式中 E_{i-1}——第 $i-1$ 块段的剩余下滑推力(kN/m);

Ψ_{i-1}——第 $i-1$ 块段的剩余下滑推力传递至第 i 块段时的传递系数;

K——滑坡推力计算安全系数;

W_i——第 i 块段滑体的重力(kN/m);

θ_i——第 i 块段的倾角(°);

φ_i——第 i 块段滑动面的摩擦角(°);

c_i——第 i 块段滑动面的黏聚力(kPa);

L_i——第 i 块段滑动面的长度(m)。

通过调整滑坡推力安全系数 K 的大小,最终使滑坡剪出口处的剩余下滑推力为 0,此时的 K 即为边坡的稳定性系数。

特 别 提 示

计算第 i 块段的剩余下滑推力 E_i 时,若 $E_{i-1}>0$,应考虑影响;若 $E_{i-1}<0$,则令其为零。

2.2.5 常见的不稳定边坡防治

不稳定边坡防治的目的是针对不稳定的公路边坡,采取必要的防治措施,从而确保公路的正常运行和交通安全。边坡灾害的防治原则,应以查清工程地质条件和了解影响边坡稳定性的因素为基础,提出合理的防治对策。整治前必须搞清边坡变形破坏的规模和边界条件,掌握变形破坏面的位置、形状及变形破坏方式,以便按工程的重要性采取不同的防治措施。边坡灾害的主要防治措施有提高抗滑力和减小下滑力两大类。提高抗滑力的工程措施主要有设置挡土墙、支撑工程、抗滑桩、锚杆等;减小下滑力的主要措施有排水工程、减载与反压等。

1. 抗滑工程

抗滑工程是提高边坡抗滑力最常用的措施,主要有设置挡土墙、支撑工程、抗滑桩和锚杆等。

① 挡土墙。挡土墙是防治滑坡常用的有效措施之一,并可与排水等措施联合使用。它是借助于自身的重力来支挡滑坡体的下滑力。按建筑材料和结构形式的不同,挡土墙可分为浆砌石抗滑挡土墙、混凝土或钢筋混凝土抗滑挡土墙、抗滑片石垛及抗滑片石竹笼等。单独使用挡土墙只适合于中小型滑坡加固。常用的抗滑挡土墙断面形式如图 2.12 所示。挡土墙的优点是结构比较简单,可以就地取材,而且能够较快地起到稳定滑坡的作用。

挡土墙的基础一定要砌置于最低滑动面之下,以避免其本身滑动而失去抗滑作用。通常情况下,其基础在完整基岩中应不小于 0.5m,在稳定土层中不小于 2m。因此,必须查清最低滑动面的形状和位置,据此确定挡土墙基础的砌置深度。抗滑挡土墙的墙体下部应设置泄水孔,并在墙后做好渗滤层,这样一方面可削弱作用于挡土墙上的静水压力,另一方面可防止墙后积水浸泡基础而造成挡土墙滑移。

② 支撑工程。对悬于上方、可能拉断坠落的悬臂状或拱桥状危岩,可采用墩柱墙或它们的组合形式支撑加固危岩,制止其崩落。图 2.13 所示为支撑工程示意。

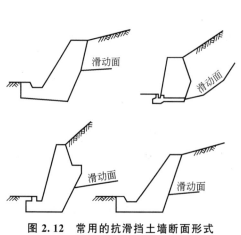

图 2.12 常用的抗滑挡土墙断面形式

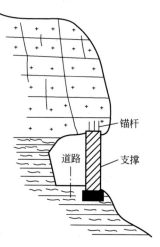

图 2.13 支撑工程示意

③ 抗滑桩。抗滑桩是深入稳定土层或岩层的柱形构件，用以支挡滑体的下滑力。抗滑桩一般集中设置在滑坡的前缘附近（图 2.14）。桩柱的材料有混凝土、钢筋混凝土和钢等。这种支挡工程对正在活动的浅层和中层滑坡效果较好。为使抗滑桩更有效地发挥支挡作用，应将桩身全长的 1/4～1/3 埋置于滑坡面以下的完整基岩或稳定土层中，并灌浆使桩和周围岩土体构成整体，而且应将桩设置于滑坡体前缘部位为好。抗滑桩能承受相当大的土压力，所以成排的抗滑桩可用来支挡巨型的滑坡体。

④ 锚杆。锚杆是加固岩质边坡的有效措施，可以用于防治滑坡和崩塌。利用锚杆所施加的预应力，可以提高滑动面上的正应力，进而提高滑动面的抗滑力，以改善剪应力的分布状况。锚杆的方向和设置深度应视边坡的结构特征而定。图 2.15 所示为锚杆示意。

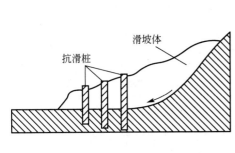

图 2.14 抗滑桩的布置

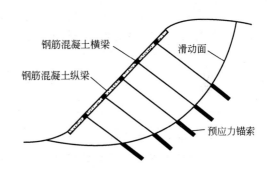

图 2.15 锚杆示意

2. 排水工程

排水包括排除地表水和地下水。首先要拦截流入边坡变形破坏区的地表水流，包括泉和雨水，可以在变形破坏区外设置环形截水沟和排水渠，将水流引走。在变形破坏区内也可充分利用地形和自然沟谷，布置树枝状排水系统。

排除地表水可减小滑动力，也可使附近岩土体的含水量或孔隙水压力降低，以增强抗滑力，提高边坡的稳定性。排除地下水的措施较多，根据地下水的埋深可分为浅层地下水排水工程和深层地下水排水工程两种。

浅层地下水排水工程有截水沟、盲沟和水平钻孔等。深层地下水排水工程有截水盲沟、集水井、平孔排水和排水廊道等。排水措施要根据边坡地质结构和水文地质条件加以选择，并与其他防治措施配合使用。

3. 减载与反压

这一方法在滑坡防治中应用广泛。减载的目的在于降低坡体的下滑力，其主要方法是将滑坡体后缘的岩土削去一部分。但是单纯的减载有时还不能起到阻滑的作用，最好与反压措施结合起来，即将减载削下的土石堆于边坡或滑坡前缘阻滑部位，使之起到既降低下滑力又增加抗滑力的良好效果（图 2.16）。这种措施对底滑面上陡下缓的滑坡效果很好。

4. 其他措施

其他措施主要还有护坡、改善岩土性质和避让等。为防止边坡被河水冲刷或海水、湖

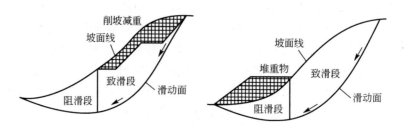

图 2.16 减载与反压

水、水库水的波浪冲蚀，一般修筑导流堤、水下防波堤、丁坝，以及采取砌石、抛石、草皮护坡等措施；为了防止易风化的岩石组成的边坡表层因风化而产生剥落，可采用挂网喷浆或砌石护墙措施；此外，还可以改善岩土性质，其目的是为了提高岩土体的抗剪强度，这也是防止边坡发生变形破坏的一种有效措施，主要有注浆加固等。

小 结

岩体是在漫长的地质历史过程中形成的，具有一定的结构特征的天然地质体，岩体的特征与工程结构物的安全稳定和正常使用紧密相关。岩体变形、稳定性及破坏主要取决于岩体内各种结构面的性质及其对岩体的切割程度等。

（1）岩体中的结构面按地质成因不同分为原生结构面、构造结构面、次生结构面。结构面不仅是岩体力学分析的边界，控制着岩体的破坏方式，而且由于其空间的分布和组合，在一定的条件下将形成可滑移或倾倒的块体。

（2）在岩体中被结构面切割的岩块称为结构体，常见的结构体有块状、板状、柱状、楔形、菱形和锥形等。

（3）结构面和结构体的组合称为岩体结构，它决定着岩体的物理力学性质和稳定性。一般将岩体结构划分为整体结构、块状结构、层状构造、碎裂结构和散状结构等。

（4）岩体分类。按完整程度分类，可分为极破碎、破碎、较破碎、较完整、完整。按岩石质量指标（RDQ）分类，可分为很差、差、一般、好、很好。按岩体基本质量指标（BQ）分类，可分为Ⅰ、Ⅱ、Ⅲ、Ⅳ、Ⅴ。

（5）边坡破坏类型有平面破坏、楔形破坏、圆弧破坏、倾倒破坏。

（6）在进行岩体稳定分析时，一般多采用对比分析法、定量分析法、折线形滑动面稳定计算法。

（7）边坡灾害的主要防治措施有提高抗滑力和减小下滑力两大类。提高抗滑力的工程措施主要有设置挡土墙、抗滑桩、支撑工程、锚杆等；减小下滑力的主要措施有排水工程、减载与反压等。

复习思考题

一、名词解释

岩体、结构面、结构体、岩体结构、岩体完整性指数、软弱夹层、线密度、减载与反压、RQD 分类、抗滑桩

二、简答题

1. 岩体结构有哪两个要素？
2. 简单描述结构面的工程特征。
3. 根据滑动面与层面的关系，边坡的破坏类型有哪些？
4. 岩体稳定性分析的方法主要有哪些？
5. 简述软弱夹层的工程性质。

能力训练

1. 绘制抗滑桩的抗滑工程示意图。
2. 绘制锚杆的抗滑工程示意图。
3. 当 $\sigma_c=50\text{MPa}$、$K_V=0.3$ 时，试判断该岩体的完整程度及岩体基本质量级别。

【学习情境2题库】

学习情境 3 地质图认知

学习目标

1. 能进行地质图分类。
2. 会阅读工程地质图。
3. 会阅读地质柱状图。
4. 会阅读地质剖面图。

教学要求

	知识要点	重要程度
地质图概述	地质图的类型与规格	C
	地质条件在地质图上的表示	B
地质图阅读与分析	阅读地质图的步骤及注意事项	B
	地质图分析	A

章 节 导 读

本学习情境包括地质图概述、地质图阅读与分析。地质图概述介绍了地质图的类型、规格和常用地质图例。地质图阅读与分析描述了阅读地质图的步骤及注意事项,根据地质图的规定图例,阅读和分析各种地质条件(地层、岩性、地质构造、不良地质现象、矿产等)。

知 识 点 滴

地质图是按一定的比例尺和图式,将地区内各种地质体(地层、岩体、矿物)及地质构造的分布及其相互关系垂直投影到同一水平面上,用规定的图例符号、颜色、花纹和线条来表示,用以反映某地区地壳表层地质特征的图件。大多数地质图是在地形图上绘制的,中、大比例尺的地质图附有地质剖面图和综合地层柱状图。

任务 3.1 地质图概述

【地质图概述】

地质图是反映各种地质现象和地质条件的图件，是工程实践中需要搜集和研究的重要地质资料。工程建设的规划、设计都需要以地质图作为基础参考资料，因此学会阅读和分析地质图是非常重要的一项知识和技能。

3.1.1 地质图的类型与规格

1. 地质图的类型

地质图种类很多，由于建设目的不同，绘制的地质图也不同，常见的地质图有以下几种。

（1）普通地质图

普通地质图是表示某地区地形、地层岩性和地质构造条件的基本图件，它是把出露在地表不同地质时代的地层分界线和主要构造线的分布测绘在地形图上编制而成的，并附有典型地质剖面图和地层柱状图。

（2）第四纪地质与地貌图

第四纪地质与地貌图是根据一个地区的第四纪地层的成因类型、岩性及其形成时代、地貌的类型、形态特征而编制的综合图件。

（3）水文地质图

水文地质图是反映地区水文地质资料的图件，它反映一个地区地下水的形成、分布规律、赋存条件、循环特征和有关参数，有综合性水文地质图或为某项工程建设需要而编制的专门性水文地质图，具体可分为岩层含水性图、地下水化学成分图、潜水等水位线图、综合水文地质图等类型。

（4）工程地质图

工程地质图是针对工程目的而编制的，一般是在普通地质图的基础上，综合通过各种工程地质勘察方法（测绘、勘探、试验等）所取得的成果，并经过分析和综合编制而成。它既反映制图地区的工程地质条件，又对建筑的自然条件给予综合性评价，如房屋建筑工程地质图、水库坝址工程地质图、矿山工程地质图、铁路工程地质图、公路工程地质图、港口工程地质图、机场工程地质图等。

（5）地质剖面图

地质剖面图是反映平面图上的某一个断面不同深度处地层地质情况与地质构造关系或几个勘探孔地层的连接情况与地质构造连贯性的剖面图。它的优点是比地质图更为直观，一目了然。读图时应注意剖面的比例尺、方向和位置，并与地质图或水平断面图进行对照分析，从三维空间的角度分析各种地质现象。地质剖面图可通过野外观测及勘探资料等来绘制。

(6) 钻孔柱状图

钻孔柱状图主要反映一个地区各时代地层的发育情况，包括岩性、化石、地层厚度及接触关系等。如果该区有岩浆侵入，也应在图上相应部位加以表示。钻孔柱状图的比例尺一般要比地质图大，以便较详细地反映地层发育情况。如果有的地层岩性单一，厚度不大，其地层柱的高度可以不按比例画出，部分加以省略。相反，一些具有重要经济价值的矿体或特殊性质的岩层，即使其厚度很小，也必须采用适当放大的方法表示出来，并加以说明。

钻孔柱状图是关于某一特定钻孔中不同深度处地层情况的描述，而综合柱状图是关于某一区域内钻孔的整体情况的描述。比如对于同一地层的厚度而言，钻孔柱状图描绘的是特定钻孔勘探所见的实际厚度，而综合柱状图描绘的是众多钻孔中该地层厚度的平均值。

钻孔柱状图描述了地下不同厚度地层的岩性和工程地质特性，如图 3.1 所示。

斜深 (m)	垂深 (m)	层厚 (m)	柱状 (m)	RQD值 (%)	岩性描述
7.5	2.57	2.57		20	泥岩，灰黑色，细密含砂质，沿节理发生破裂
8.0	2.74	0.17		46	18煤，黑色，块状
12.0	4.10	1.36		11	泥岩，灰黑色，含粉砂，断面呈贝壳状，含结核。在底部11~12m为白色黏土岩，较软，有黏性，呈碎块状胶结
12.7	4.37	0.24		27	中砂岩，白色，中细粒结构，断面不规则，断面含黑色物质
14.0	4.79	0.45		62 / 28	泥质砂岩，灰黑至灰白色，碎块状胶结，有结核，含植物化石，含砂质。在13.5~14m为白色黏土质砂岩，有较多砂质。沿层面破裂
16.8	5.75	0.96		3 / 24	细砂岩，黑色，不规则断面，较硬，似沿层理破裂
43.5	14.88	9.13			泥岩，灰黑色，断口呈贝壳状，含粉砂，较细密，沿层理面发生破裂
44.0	15.05	0.17		23	19煤，黑色，块状
49.5	16.91	1.86			泥岩，灰黑色，含粉砂质，下部渐变为细砂岩，沿层面破裂
71.0	24.28	7.37		4	灰岩，浅色(肉红色)，含石英，质硬，有裂隙填充方解石，岩体沿裂隙破裂，有水，水量4~5m³/h
85.5 (终孔)	29.24	4.96		0	杂色泥岩，灰色、白色等混杂，较破碎，有的呈散砂状，终孔水压1.5MPa，水量6m³/h

图 3.1 某地层钻孔柱状图

2. 地质图的规格

地质图应有图名、图例和比例尺等。

比例尺是地质图上任一线段的长度与它所代表的相应地面实际水平距离之比。比例尺的大小反映了图的精度，比例尺越大，图的精度越高，对地质条件的反映也越详细、越准确。一般地质图比例尺的大小是由工程的类型、规模、设计阶段和地质条件的复杂程度决定的。目前地质图上常用大、中、小三种比例尺。

① 大比例尺。大于 1∶50000(图中 1cm 代表实地距离 500m)的地质图为大比例尺地质图。

② 中比例尺。1∶100000(图中 1cm 代表实地距离 1000m)～1∶250000(图中 1cm 代表

实地距离 2500m)的地质图为中比例尺地质图。

③ 小比例尺。小于 1∶500000(图中 1cm 代表实地距离 5000m)的地质图为小比例尺地质图。

图例即地质图中所用各种符号的说明,最常用的地质图例是岩石、构造、地层产状及界线、地形等高线符号。图例要求自上而下或自左而右,从新地层到老地层排列,且先地层、岩浆岩,后地质构造等,其所用的岩性符号、地质构造符号、地层代号及颜色都有统一的规定。图 3.2 所示为常用地质图例。

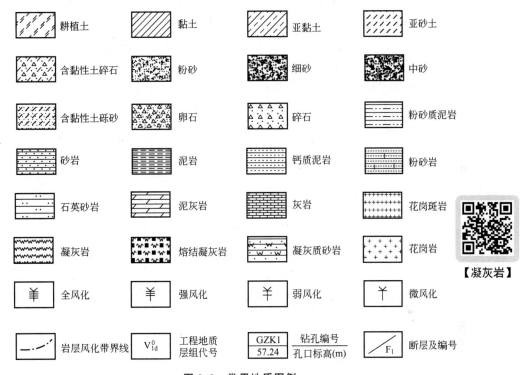

图 3.2 常用地质图例

3.1.2 地质条件在地质图上的表示

当岩层产状、褶皱、断层等地质条件按规定图例符号绘入图中时,按图例符号即可阅读。有些地质现象是没有图例符号的,如接触关系,这时需要根据各种界线之间或地形等高线的关系来分析判断。掌握这些现象在图中的表现规律,对阅读和分析地质图是很重要的。

1. 岩层产状

在地质图中,岩层产状常用符号来表示。例如,300∠52 表示倾向 300°,倾角 52°。

2. 褶皱

在地质野外调查时,褶皱两翼的地层呈对称分布,中间老、两边新者是背斜,中间新、两边老者是向斜。在地质图上也主要是用这种方法并结合图上标注的岩层产状符号来判识背斜、向斜褶皱的存在。但须注意,由于地形切割原因,实际上未发生褶皱的地层,在地质图上也可能表现为不同时代地层呈对称分布。读图时应认真分析,排除假象。

褶皱形成时期的确定,通常以地质图上卷入褶皱的最新地层为褶皱形成时间的下限,而以不整合于褶皱地层之上的最老地层为上限。

3. 断层

在地质图上,一般也是根据图例符号来识别断层。断层的出露线(断层线)在地质图上用粗线条表示,不同性质的断层表示方法也不相同。读图时,须认真分析断层所造成的各种构造现象,如地层分界线及其他地质界线被断层错移;局部地段地层发生缺失或非对称性重复;地层产状在靠近断层附近出现突然变化等。这样,可以加深对于断层特征的认识。

断层形成时期确定的基本原则是:切割者形成在后,被切割者形成在前。若没有图例符号,则需根据岩层分布的重复、缺失、中断,以及岩层的宽窄变化或错动等现象来进行识别。

4. 接触关系

(1) 整合接触关系

上下地层在沉积层序上没有间断,岩性和所含化石基本一致或基本递变,它们的产状基本平行,是连续沉积的产物,这种接触关系称为整合接触关系。鉴别特征:地层连续,没有尖端,岩性和生物演化递变,产状基本一致。

(2) 不整合接触关系

不整合接触关系与整合接触关系的特征相反,按特征可分为平行不整合接触关系与角度不整合接触关系。

① 平行不整合接触关系。上下两套地层近于平行,但之间存在地层缺失,代表地壳运动以上升和下降为主。

② 角度不整合接触关系。地层上下岩层不平行,之间存在地层缺失,反映了地层的形成机理和地质构造的形成过程。

相邻地层以整合关系接触时,在地质图上表现为两者时代连续、产状一致,地层界线彼此平行。若地层之间呈角度不整合接触关系,则在地质图上表现为相邻地层之间时代不连续,中间缺失部分时代地层,且两者产状不一致,地质界线不平行,如图3.3所示。在不同地段,角度不整合面之上新地层与下伏不同时代较老地层相接触,一般在角度不整合面之上新地层一侧标注一系列小圆点。平行不整合接触关系在地质图上的表现与整合接触关系相似,不同之处仅在于前者有地层缺失、时代不连续。

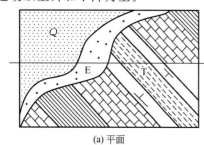

图 3.3 不整合接触关系

E, Q—平行不整合接触关系;
T, E—角度不整合接触关系

特别提示

接触关系具有一定的识别标志。

1. 平行不整合接触关系

① 上下地层间缺失某些地层及化石带。

② 地层厚度,特别是接触面相邻层的厚度在一定范围内有明显的横向变化,反映接触面起伏不平。

③ 接触面有风化壳的痕迹,残存有底砾岩、古址等。

2. 角度不整合接触关系

① 上下地层产状有明显差异，若走向相近则倾角不同。
② 上下地层的褶皱、断裂、劈裂等构造的类型、方位、期次、强度不同。
③ 上下地层经受的变质作用及岩浆活动的期次、强度、类型及特征不同。

任务 3.2　地质图阅读与分析

【地质图阅读】

3.2.1　阅读地质图的步骤及注意事项

① 读地质图时，先看图名和比例尺，了解图的位置及精度。

② 阅读图例。图例自上而下，按从新到老的年代顺序，列出图中出露的所有地层符号和地质构造符号，通过图例，可以概括了解图中出现的地质情况。在看图例时，要注意地层之间的地质年代是否连续，中间是否存在地层缺失现象。

③ 分析地形。通过地形等高线或河流水系的分布特点，了解地区的山川形势和地形高低起伏情况。这样，在具体分析地质图所反映的地质条件之前，对地质图所反映的地区，有一个比较完整概括的了解。

④ 阅读岩层的分布、新老关系、产状及其与地形的关系，分析地质构造。地质构造有两种不同的分析方法：一种是根据图例和各种地质构造所表现的形式，先了解地区总体构造的基本特点，明确局部构造相互间的关系，然后对单个构造进行具体分析；另一种是先研究单个构造，然后结合单个构造之间的相互关系，最后得出整个地区地质构造的结论。

图上如有几种不同类型的构造时，可以先分析各年代地层的接触关系，再分析褶皱，然后分析断层。

分析不整合接触关系时，要注意上下两套岩层的产状是否大体一致，分析是平行不整合接触关系还是角度不整合接触关系，然后根据不整合面上部的最老岩层和下伏的最新岩层，确定不整合接触关系形成的年代。

分析褶皱时，首先可以根据褶皱核部及两翼岩层的分布特征及其新老关系，分析是背斜还是向斜；接着看两翼岩层是大体平行延伸，还是向一端闭合，分析是水平褶皱还是倾伏褶皱；然后根据褶皱两翼岩层产状，推测轴面产状，根据两翼岩层及轴面产状，可将直立、倾斜、倒转和平卧等不同形态类型的褶皱加以区别；最后可以根据未受褶皱影响的最老岩层和受到褶皱影响的最新岩层判断褶皱形成的年代。

在水平构造、单斜构造、褶皱和岩浆侵入体中都会发生断层，不同的构造条件及断层与岩层产状的不同关系，都会使断层露头在地质平面图上的表现形式具有不同的特点。因此，在分析断层时，首先应了解发生断层前的构造类型，以及断层后断层产状和岩层产状的关系；接着根据断层的倾向，分析断层线两侧哪一盘是上盘，哪一盘是下盘；然后根据两盘岩石的新老关系、岩层界线的错动方向和岩层露头宽窄的变化情况，分析哪一盘是上升盘，哪一盘是下降盘，确定断层的性质；最后判断断层形成的年代。断层发生的年代，早于覆盖于断层之上的最老岩层，晚于被错断的最新岩层。

长期风化剥蚀能够破坏出露地面的构造形态，会使基岩在地面出露的情况变得更为复杂，在图上不是马上能看清楚构造的本来面目。所以，读图时要注意与地质剖面图相配合，这样能更好地加深对地质图内容的理解。

通过上述分析，不但能对一个地区的地质条件有一个清晰的认识，而且综合各方面的情况，也可说明地区地质历史发展的概况。这样，就可以根据自然地质条件的客观情况，结合工程的具体要求，进行合理的工程布局和正确的工程设计。

3.2.2 地质图分析

现根据太阳山地区地质图(图3.4)及太阳山地区地层柱状图(图3.5)，对该地区地质条件分析如下。

太阳山地区地质图的比例尺为1:100000，即图上1cm代表实地距离1000m。区内最高点为太阳山，高程超过1100m，山脊呈南北向。区内有3条河谷，最大的河谷在西南部，高程约300m，河谷两岸有第四纪冲积物分布。区内地势以太阳山脉(南北向)最高，其两侧(东西部)逐渐变低。

区内出露的地层有石炭系(C)、二叠系(P)、中上三叠系($T_2 \sim T_3$)、中上侏罗系($J_2 \sim J_3$)、下白垩系(K_1)及第四系。图中石炭系与二叠系地层间、下白垩系与侏罗系地层间没有缺失地层，其岩层产状一致，为整合接触关系；二叠系与三叠系地层之间岩层产状一致，但缺失下三叠系地层，两者为平行不整合接触关系；图中的侏罗系与石炭系、二叠系、三叠系中上统三个地质年代较老的地层（其岩层产状斜交），以及第四系与老地层之间均为角度不整合接触关系。辉绿岩是沿3条近南北向的张性断裂侵入到石炭系、二叠系及中上三叠系地层中，因此区内出露的3条辉绿岩岩墙或岩脉与石炭系、二叠系及中上三叠系地层为侵入接触关系，而与中上侏罗系及下白垩系之间为沉积接触关系。

太阳山地区基底褶皱构造由3个褶曲组成，轴向均为NE—SW向。其中，西北部的短轴背斜和东南角的短轴背斜(图幅内仅出露了该背斜的西北翼)，其核部均由下石炭系(C_1)地层的灰白色石英砂岩组成，两翼对称分布的是C_2、C_3、P_1、P_2、T_2、T_3地层。两个短轴背斜之间开阔地带则以上三叠系灰白色白云质灰岩为核部的向斜，两翼对称分布的是T_2、P_2、P_1、C_3、C_2、C_1地层，两翼岩层倾角平缓，为20°左右。

区内有两组断裂，一组为NE—SW走向的F_1断裂，和区内基底褶皱轴向一致，其倾角近于直立，断裂面两侧岩层无明显位移；另一组为3条南北走向张性断裂，均被辉绿岩岩浆侵入而形成辉绿岩岩墙或岩脉，只有中间一条F_2断裂尚保留了一段没有被辉绿岩侵入。

从该区的地层分布及接触关系分析，辉绿岩的形成地质时代应为三叠纪之后、中侏罗纪之前；区内缺失下侏罗系(J_1)地层，且上三叠系(T_3)与中侏罗系(J_2)地层间呈角度不整合接触。从图3.4中可以看出，辉绿岩岩墙被F_1断裂所切割，F_1断裂形成时间晚于F_2断裂。F_1、F_2两组断裂切割了上三叠系(T_3)地层，而没有切割中侏罗系(J_2)地层。因此，F_1、F_2断裂都形成于下侏罗系(J_1)，但F_2断裂早于F_1断裂。所以在下侏罗系(J_1)时期，本地区发生过一次规模较大的构造运动，即印支运动，形成了本区的基底褶皱构造形态和南北向张性断裂，本次构造运动后期伴有岩浆活动，并沿张性断裂侵入形成辉绿岩岩墙或岩脉。

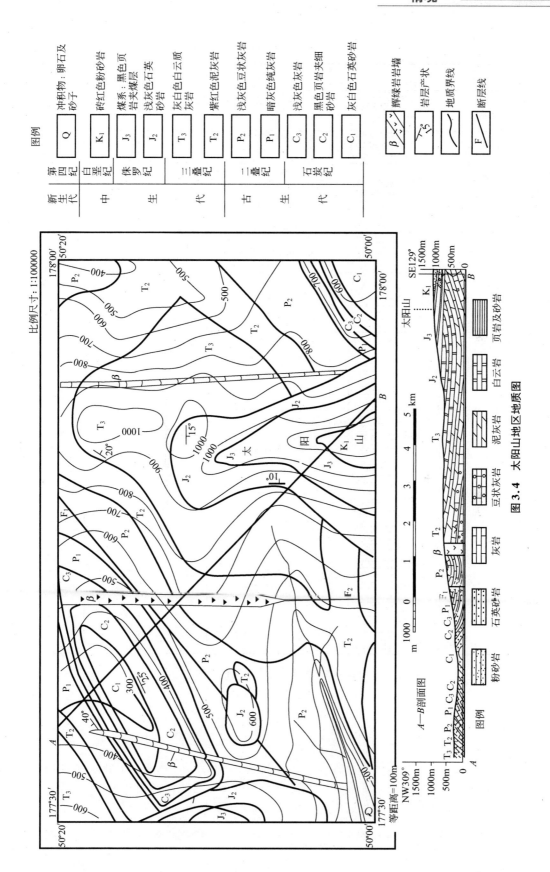

图 3.4 太阳山地区地质图

地层 界	地层 系	地层 统	阶	地层代号	厚度(m)	岩性符号	层序	岩性简述	化石	地貌	水文
新生界	第四系			Q	0~20		11	河流淤积：卵石及砂子		有时构成阶地	
中生界	白垩系			K_1	155		10	砖红色粉砂岩，胶结物为钙质，有交错层	鱼化石		裂隙水
	侏罗系	上统		J_3	135 30 75		9	煤系：黑色页岩为主，夹有灰白色细粒砂岩，中下部有可采煤系一层(厚50m)			
		中统		J_2	233		8	浅灰色中粒石英砂岩，间或夹有薄层绿色页岩，砂岩具有洪流之交错层		常成陡崖	
						角度不整合					
	三叠系	上统		T_3	180		7	灰白色白云质灰岩，夹有紫色泥岩一层(厚5m)，灰岩中有缝合线构造	Halobia Spirifer		
		中统		T_2	265		6	紫红色泥灰岩中夹鲕状石灰岩互层 辉绿岩岩墙		风化后成平缓山坡 呈凹地	在顶部岩层面有水渗出
						平行不整合					
古生界	二叠系	上统		P_2	356		5	浅灰色豆状灰岩夹有页岩	LyHonia Ohlhamina Iaral eletcs Gallowa inella	在顶部顺层有溶洞出现	
		下统		P_1	110		4	暗灰色纯灰岩	Miselina Cryptospirifer		
	石炭系	上统		C_3	176		3	浅灰色灰岩，有燧石结核排列成层			
		中统		C_2	210		2	黑色页岩夹细砂岩			
		下统		C_1	600		1	灰白色石英砂岩，中夹页岩及煤线			

1:15000

图 3.5　太阳山地区地层柱状图

　　地质图是按一定的比例尺和图式，将地区内各种地质体（地层、岩体、矿体）和地质构造的分布及其相互关系垂直投影到同一水平面上，用规定的图例符号、颜色、花纹和线条来表示，用以反映某地区地壳表层地质特征的图件。

（1）通常地质图由地质平面图、剖面图和柱状图组成。

（2）阅读地质图要按照一定的步骤和顺序进行，一般是先看图名、图例和比例尺，然后看地形地貌，再看出露的岩层，分析其接触关系和区域地质构造，最后加以总结。

复习思考题

1. 什么是地质图？
2. 地质图有哪些分类？
3. 钻孔柱状图和综合柱状图有何区别与联系？
4. 在地质图上，如何判断褶皱的存在及类型？要注意哪些问题？
5. 在地质图上，如何判断断层的形成时间？

能力训练

1. 简述地质图阅读步骤。
2. 根据图3.4，完成以下任务。
（1）指出图名和比例尺。
（2）寻找3组岩层产状。
（3）寻找2组断裂名称。
（4）寻找3组岩石的名称、符号、地质年代。

【学习情境3题库】

常见不良地质现象分析

学习目标

1. 能说明常见不良地质现象的类型。
2. 能描述常见不良地质现象的成因。
3. 会分析常见不良地质现象对工程的影响。
4. 会根据具体情况选择不良地质现象的防治措施。

教学要求

知识要点		重要程度
崩塌分析	崩塌的成因、类型	A
	崩塌的防治	B
滑坡分析	滑坡的成因、类型	A
	滑坡的防治	B
泥石流分析	泥石流的成因、类型	A
	泥石流的防治	B
岩溶分析	岩溶的成因、类型	A
	岩溶的防治	B
地震分析	地震的成因、类型	A
	地震震级和烈度	B

学习情境 4　常见不良地质现象分析

章节导读

本学习情境包括崩塌分析、滑坡分析、泥石流分析、岩溶分析和地震分析，主要介绍了崩塌、滑坡、泥石流、岩溶的成因、类型及其防治措施，以及地震的成因、类型、震级和烈度等。

知识点滴

不良地质现象是指对工程建设有影响的地质作用和现象。不良地质现象的产生受自然地质作用过程和人类工程活动过程的影响。

地壳表层在内外力地质作用的强烈影响下，处于不断的变化过程中，会产生不良地质现象。一次大的地震会使无数建筑物遭到破坏，酿成大的灾害；一个大的滑坡能使房屋、道路甚至整个村庄被摧毁或掩埋；泥石流、冲沟、岩溶、崩塌、海岸冲刷等现象，都会给建筑带来很大的危害。

不良地质现象也可能是由于人类工程活动而产生的。如由于过量开采地下水、石油等造成的地面沉降、采空区地表塌陷，深基坑开挖引起的基坑失稳和基底隆起问题，以及水库诱发的地震等。

许多建筑物的破坏往往不是因为建筑物本身不够坚固或结构设计不合理，而是由于对与之相关的不良地质现象认识不够，缺乏调查研究和预测造成的。因此，为了减少不良地质现象对工程的危害，需要对不良地质现象进行全面系统、深入细致的研究。

调查不良地质现象要以地貌、地层岩性、地质构造和水文地质条件的研究为基础，着重查明各种地质现象的分布规律和发育特征，鉴别其形成时期，分析其产生原因，追溯其发育历史和发展、演化的趋势，判明其稳定性现状及其对工程的影响程度和方式，从而揭示不良地质现象发生和发展的规律，以便对它们做出准确的评价，制定合理的防治措施。

任务 4.1　崩塌分析

【崩塌】

引　例

在陡峻斜坡或悬崖上的岩石、土体，由于裂隙发育或其他因素的影响，在重力作用下突然而急剧地向下崩落、翻滚、坍塌，在坡脚形成倒石堆或岩堆的地质现象，称为崩塌。崩塌的发生是突然的，是不平衡因素长期积累的结果。

崩塌是山区公路常见的一种突发性的地质现象，小的崩塌对行车安全及路基养护工作影响较大；大的崩塌不仅会破坏公路、桥梁，击毁行车，有时崩积物还会堵塞河道，形成堰塞湖，危害极大。

1980 年 6 月 3 日凌晨湖北省远安县盐池河磷矿发生崩塌（图 4.1）。崩石堆积物达 20m 厚，将盐池河全部堵塞，并将矿区办公楼和职工宿舍全部摧毁，淹没在堆石中，造成特大人员伤亡事故。

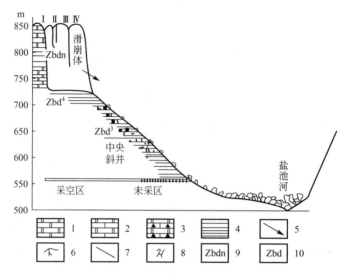

图 4.1 崩塌案例

1—厚层白云岩；2—厚层至中厚层白云岩；3—含硅白云岩；4—砂页岩；
5—滑崩方向；6—裂缝及编号；7—滑动面；8—滑崩块石；
9—震旦系上统灯影组；10—震旦系上统陡山沱组

4.1.1 崩塌的类型及形成的内在条件

1. 崩塌的类型

崩塌不仅可能发生在山区陡峻的斜坡上，也可能发生在河流、湖泊及海边的高陡岸坡上，还可能发生在公路路堑的高陡边坡上。崩塌的规模巨大，涉及山体者，称为山崩。在陡崖上，个别较大岩块崩落、翻滚而下的现象，称为落石。在斜坡上，岩体在强烈的物理风化作用下，较细小的碎块、岩屑沿坡面坠落或滚动的现象，称为撒落。在河岸、湖岸、海岸受水流波浪的冲刷、掏蚀而使岸坡发生水毁崩塌的现象，称为塌岸或塌方。如果崩塌是由于地下溶洞、潜蚀穴或采空区所引起的，则称为坍陷或塌陷。

2. 崩塌形成的内在条件

崩塌虽然发生得比较突然，但是它却具有一定的形成条件和发展过程。崩塌形成的内在条件，归纳起来，主要有以下几个方面。

（1）地形地貌条件

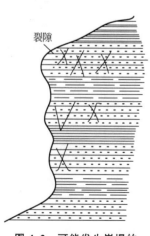

图 4.2 可能发生崩塌的地形地貌条件

斜坡高、陡是形成崩塌的必要条件。调查表明，规模较大的崩塌，一般多产生在高度大于 30m，坡度大于 45°（大多数介于 55°~75°）的陡峻斜坡上。另外，斜坡的外部形状对崩塌的形成也有一定的影响。山坡表面凹凸不平，则沿突出部分可能发生崩塌。此外，上缓下陡的凸坡也易发生崩塌。图 4.2 所示为可能发生崩塌的地形地貌条件。

（2）岩性条件

岩、土是产生崩塌的物质条件。坚硬的岩石（如厚层石灰岩、花岗岩、砂岩、石英岩、玄武岩等)具有较大的抗剪强度和抗风化能力,能形成高峻的斜坡。在外来因素的影响下,一旦斜坡的稳定性遭到破坏,即产生崩塌现象。所以,崩塌常发生在坚硬、性脆的岩石构成的斜坡上。

此外,在软硬岩互层的悬崖上,因风化差异使硬质岩层常形成突出的悬崖,软质岩层易风化形成凹崖坡,使其上部硬质岩失去支撑而引起崩塌(图4.3)。如厚层石灰岩、花岗岩、砂岩及玄武岩等构成的河谷地段,当其被坡面流水切割,山体遭受强烈风化,自然稳定度遭到破坏时,就可能发生崩塌。

(3) 构造条件

如果斜坡岩层或岩体完整性好,就不易发生崩塌。实际上,自然界的斜坡常常为各种构造面所切割,从而削弱了岩体内部的联结,为崩塌的产生创造了条件。一般来说,岩层的层面、裂隙面、断层面、软弱夹层或其他的软弱岩性带都是抗剪强度较低的"软弱面"。如果这些软弱面倾向临空且倾角较陡,当斜坡受力情况突然变化时,被切割的不稳定岩块就可能沿着这些软弱面发生崩塌(图4.4)。

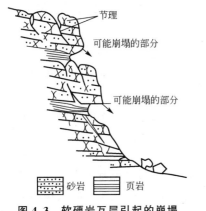

图4.3 软硬岩互层引起的崩塌

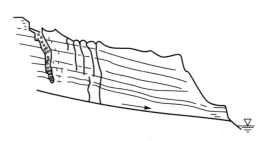

图4.4 软弱面引起的崩塌

4.1.2 崩塌形成的外界诱发因素

1. 降雨和地下水对崩塌的影响

大规模的崩塌多发生在暴雨和久雨之后。这是因为斜坡上的地下水多数能直接得到大气降水的补给,使其流量大大增加,在这种情况下,地下水和雨水联合作用,不断浸泡、冲刷斜坡上的潜在崩塌体,使之更易于失稳,发生崩塌。

2. 地震对崩塌的影响

由于地震时地壳的强烈振动,使斜坡岩体突然承受巨大的惯性荷载,一方面使斜坡岩体中各种结构面的强度降低,同时,因为水平地震力的作用,斜坡岩体的稳定性也大大降低,从而导致崩塌的发生,因此大规模的崩塌往往发生在强震之后。2008年5月12日,我国四川汶川大地震(8.0级)导致大规模的山体崩塌,造成了极其严重的破坏。

3. 风化作用对崩塌的影响

斜坡上的岩体在各种风化应力(如剥离、冰胀、植物根压等)的长期作用下,其强度和稳定性不断降低,最终导致崩塌的发生。

4. 人为因素对崩塌的影响

不合理的人类工程活动，如边坡设计过高过陡、公路路堑开挖过深等往往也会促使崩塌的发生。此外，坡顶弃方荷载过大或不适宜地采用爆破施工也常会引起斜坡发生崩塌。

4.1.3 崩塌的防治

1. 防治原则

由于崩塌发生得突然而猛烈，治理比较困难而且复杂，所以对于大型崩塌，一般采取绕避的方案；只有小型崩塌，在经过技术经济比较后，才选择具体的治理措施。

① 在选线时，应注意根据斜坡的具体条件，认真分析崩塌的可能性及其规模。对有可能发生大中型崩塌的地段，有条件绕避时，宜优先采用绕避方案。当绕避有困难时，可调整路线位置，离开崩塌影响范围一定距离，尽量减少防治工程，或考虑其他穿越方案（如隧道、明洞等），确保行车安全。对可能发生小型崩塌或落石的地段，应视地形条件，进行经济比较，确定是采取绕避方案还是设置防护工程。

② 在设计和施工中，避免使用不合理的高陡边坡，避免大挖大切，以维持山体的平衡。在岩体松散或构造破碎地段，不宜使用大爆破施工，以防岩体振裂而引起崩塌。

2. 防治措施

在采取防治措施之前，必须首先查清崩塌形成的条件和直接诱发的原因，有针对性地采取整治措施。常用的防治措施有以下几种。

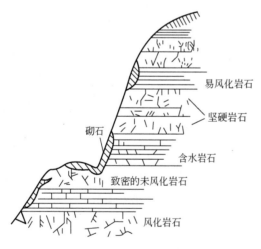

图 4.5 砌石护面防止风化

（1）刷坡清除

若山坡上部可能崩塌的岩土体积不大，且母岩破坏不严重，则可清除坡面上有可能崩落的危石和孤石，并放缓边坡，防患于未然。

（2）加固坡面

可采用坡面喷浆、抹面、砌石护面（图 4.5）等措施以防止软弱岩层进一步风化；采用灌浆、勾缝、镶嵌、锚栓以恢复和增强岩体的完整性和稳定性。

（3）危岩支顶

对边坡上局部悬空的危石，可采用浆砌石或用混凝土作支撑（图 4.6）、护壁、支柱、支墩、支墙，以增加斜坡的稳定性。

（4）拦截防御

岩体破碎严重，经常发生落石、崩塌的地段，可修筑落石平台、拦石网、落石槽、拦石堤、拦石墙等拦截建筑物，也可修筑明硐与御坍棚（图 4.7）等遮挡建筑物，拦挡崩落石块，不致使其落到道路和建筑物上，以保护工程安全。

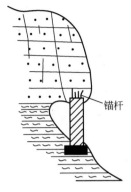
图 4.6 混凝土支撑危岩

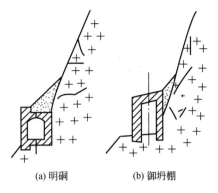
图 4.7 明硐与御坍棚

（5）调整水流

地表水和地下水通常是崩塌、落石产生的诱因，可修筑截水沟，堵塞裂隙，封底加固附近的灌溉引水、排水沟渠，防止水流大量渗入岩体而恶化斜坡的稳定性。

任务 4.2　滑坡分析

　引　例

滑坡又称走山，是指斜坡上大量不稳定的岩体或土体在重力作用下，沿一定的滑动面（或滑动带）整体向下滑动的地质现象。规模大的滑坡一般是缓慢地、长期地往下滑动，其滑动速度多在突变阶段才显著增大，滑动过程可以延续数十年时间。也有些滑坡的滑动速度很快，如 1983 年 3 月发生的甘肃东乡洒勒山滑坡最大滑速达 30～40m/s。

滑坡是边坡变形破坏的一种主要类型，是山区公路经常遇到的一种地质灾害。由于山坡或路基边坡发生滑坡，常使交通中断，影响公路的正常运输。大规模的滑坡能堵塞河道、摧毁公路、破坏厂矿、掩埋村庄，对山区建设和交通设施危害很大。西南地区（云、贵、川、藏）是我国滑坡分布的主要地区，不仅规模大、类型多，而且分布广泛，发生频繁，危害严重。在东南、中南的山岭和丘陵地区滑坡也较多。西北黄土高原和青藏高原及兴安岭的多年冻土地区，也有不同类型的滑坡分布。

【滑坡】

4.2.1　滑坡的形态

通常，一个发育完全的、比较典型的滑坡，在地表会显示出一系列滑坡形态特征，这些形态特征成为正确识别和判断滑坡的主要标志（图 4.8）。

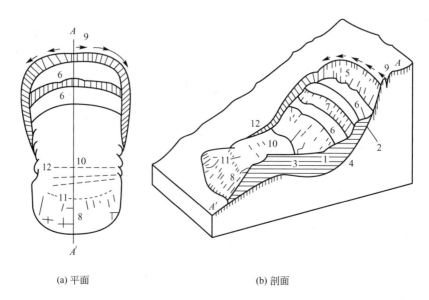

(a) 平面　　　　　　　　　　　　(b) 剖面

图 4.8　滑坡形态示意

1—滑坡体；2—滑动面；3—滑动带；4—滑坡床；5—滑坡后壁；6—滑坡台地；
7—滑坡台坎；8—滑坡舌；9—拉张裂缝；10—滑坡鼓丘；
11—扇形裂缝；12—剪切裂缝

1. 滑坡体

沿滑动面向下滑动的那部分土体或岩体称为滑坡体。其内部一般仍保持着未滑动前的层位和结构，但会产生许多新的裂缝，个别部位还可能遭受较强烈的扰动。滑坡体的体积大小不一，大者可达几十万立方米。

2. 滑动面

滑坡体沿着某一软弱结构面移动，这一软弱结构面称为滑动面。有的滑坡有一个或几个明显的滑动面，而有的则由一定厚度的软弱岩土体构成滑动带。大多数滑动面由软弱岩土层层理面或节理面等软弱结构面贯通而成。滑动面的形状因地质条件而定。在均质黏性土和软质岩体中发育的滑坡，滑动面常呈弧形；而沿岩层层面或构造裂隙发育的滑坡，滑动面多呈直线形或折线形。

3. 滑坡床

滑动面以下稳定不动的岩土体称为滑坡床。

4. 滑坡后壁

滑坡发生后，滑坡体的后缘和斜坡未动部分脱开的陡壁称为滑坡后壁。有时可见擦痕，以此识别滑动方向。滑坡后壁在平面上多呈圈椅状，其高度自几厘米到几十米不等，陡度一般为 60°～80°。

5. 滑坡周界

滑坡体与周围未滑动的稳定斜坡在平面上的分界线称为滑坡周界。滑坡周界圈定了滑坡的范围。

6. 滑坡台地

由于滑坡体各段滑动速度的差异，在其上所形成的阶梯状错台称为滑坡台地。

7. 滑坡台坎

滑坡台地前缘比较陡的破裂壁称为滑坡台坎。

8. 滑坡舌

滑坡体前部形如舌状伸出的部分称为滑坡舌。

9. 滑坡鼓丘

滑坡体向前滑动时，因前部受阻而形成的隆起小丘称为滑坡鼓丘。

10. 滑坡裂缝

滑坡体在滑动时，由于各部分移动的速度不等，在其内部及表面所形成的裂缝，称为滑坡裂缝。根据受力状态可将滑坡裂缝分为4种：拉张裂缝；剪切裂缝；鼓张裂缝；扇形裂缝。

11. 滑坡轴

滑坡轴即图4.8中的$A—A'$轴线，又称主滑线，为滑坡体滑动速度最快的纵向线。它代表整个滑坡体滑动的方向，一般位于推力最大、滑坡床凹槽最深（也即滑坡体最厚）的纵断面上；它在平面上可以是直线或曲线。

较老的滑坡由于风化作用、水流冲刷、坡积物覆盖等原因，往往使原来的构造、形态特征遭到破坏，不易被观察。但在一般情况下，必须尽可能地将其形态特征识别出来，以助于确定滑坡的性质和发展状况，为整治滑坡提供可靠的资料。

4.2.2　滑坡的形成条件和影响因素

1. 滑坡的形成条件

滑坡的发生是斜坡岩土体平衡条件遭到破坏的结果。由于斜坡岩土体的特性不同，滑动面的形状也有多种，但基本上可归纳为平面形和圆柱状两种。二者表现虽有不同，但平衡关系的基本原理还是一致的。

斜坡岩土体沿平面滑动时的平衡示意如图4.9所示。

其平衡条件为由岩土体重力G所产生的侧向滑动分力T等于或小于滑动面的抗滑阻力F。通常以稳定系数K表示这两个力之比，即

$$K = \frac{总抗滑力}{总下滑力} = \frac{F}{T}$$

很显然，若$K<1$，斜坡平衡条件将遭到破坏而形成滑坡；若$K \geqslant 1$，则斜坡处于稳定或极限平衡状态。

斜坡岩土体沿圆柱面滑动时的平衡示意如图4.10所示。图中$\overparen{AB}$为假定的滑动圆弧面，其相应的滑动中心为O点，R为滑弧半径。过滑动圆心O作一铅直线$\overline{OO'}$，将滑坡体分成两部分，在$\overline{OO'}$线右侧部分为"滑动部分"，其重心为O_1，重力为G_1，它使斜坡岩土体具有向下滑动的趋势，对O点的滑动力矩为G_1d_1；在$\overline{OO_1}$线左侧部分为"随动部分"，起着阻止斜坡滑动的作用，具有与滑动力矩方向相反的抗滑力矩G_2d_2。因此，其平衡条件为滑动部分对O点的滑动力矩G_1d_1等于或小于随动部分对O点的抗滑力矩G_2d_2与滑动面上的抗滑力矩$\tau\overparen{AB}R$之和，即

$$G_1d_1 \leqslant G_2d_2 + \tau\overparen{AB}R$$

式中　τ——滑动面上的抗剪强度。

其稳定系数 K 为

$$K=\frac{总抗滑力矩}{总滑动力矩}=\frac{G_2d_2+\tau\widehat{AB}R}{G_1d_1}$$

同理，若 $K<1$，斜坡平衡条件将遭到破坏而形成滑坡；若 $K \geqslant 1$，则斜坡处于稳定或极限平衡状态。

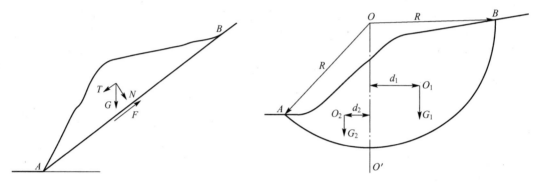

图 4.9　沿平面滑动时的平衡示意　　　图 4.10　沿圆柱面滑动时的平衡示意

2. 滑坡的影响因素

(1) 岩性

滑坡常发生在易于亲水软化的土层和一些软质岩层中；当坚硬岩层或岩体内存在有利于滑动的软弱结构面时，在适当的条件下也可能形成滑坡。

一些软质岩层的基岩滑坡，主要与软弱岩层有关，如千枚岩、页岩、泥灰岩、云母片岩、滑石片岩等。由于其遇水容易软化使抗剪强度降低，因此易产生滑坡。

(2) 构造

滑坡和构造的关系主要有两个方面：①不论是土层还是岩层，滑动面常发生在顺坡的层面、大节理面、不整合面、断层面(带)等软弱构造面上，因其抗剪强度一般都较低，当斜坡受力情况突然改变时，都可能成为滑动面；②上部为透水层、下部为不透水层(隔水层)的单斜构造地段，当地下水沿隔水层顶板活动时，在其两个层面间产生润滑作用，改变了两者间的内摩阻力，就有可能失去平衡而发生滑坡。

(3) 水

水是滑坡产生的重要条件。绝大多数滑坡都是沿饱含地下水的岩体软弱面产生的。当水渗入岩土层的孔隙、裂隙中，或形成含水层时，它能降低岩土体的黏聚力值，甚至发生软化、膨胀、崩解，削弱其抗剪强度，使其抗滑阻力减小；同时水充填于岩土孔隙中，使之容重增大，从而加大岩土体的下滑力；此外，在含水层中，潜水面的变化产生动水压力和静水压力，改变了斜坡的稳定性，大大降低了摩阻系数，也加大了岩土体的下滑力。这些都能导致滑坡的发生。

大气降水是地下水的主要来源，阵发性地大量增加地下水量会引起滑坡。据统计，90%以上的滑坡与降雨有关，故有"大雨大滑、小雨小滑、无雨不滑"之说。

(4) 地震

强震(7级以上)是导致滑坡发生的诱发性因素，尤其在山区最为普遍。地震能直接破坏斜坡岩土体的结构，甚至可使某些地层因振动而发生液化，降低抗剪强度；还可能因地震波附加给岩土体的巨大惯性力破坏稳定性，促使滑坡的产生。如1973年四川炉霍地震造成了223个滑坡，其中有139个就是直接由这次地震引起的；2008年5月的汶川大地震，也引发多处滑坡，造成交通严重瘫痪。

(5) 人为因素

人类活动违反自然规律、破坏斜坡稳定条件也会诱发滑坡。例如人类不合理开挖高陡边坡，破坏了自然斜坡的稳定状态；在斜坡上方或坡顶任意堆填土石方加大坡顶荷载；斜坡上方植被遭到破坏，引起地表水下渗及排水不畅，使坡体内水量增大；不适当地大爆破施工，振松了山体结构；水库蓄水后坡脚被掏空，使斜坡土体失去支撑；等等。这些都是诱发滑坡产生的人为因素。

滑坡常发生在雨季或春季冰雪融化时。产生滑坡的地方主要是山谷坡地，海洋、湖泊、水库、渠道和河流的岸坡及露天采矿场所。多数滑坡，特别是大规模的滑坡会掩埋村镇，摧毁厂矿，破坏铁路和公路交通，堵塞江河，损坏农田和森林，给人类生命和经济建设带来巨大危害。

4.2.3 滑坡的分类及野外识别

1. 滑坡的分类

对滑坡进行分类有助于反映各种滑坡的特征和发生、发展演化的规律，更好地研究和治理滑坡。迄今为止，国内外滑坡分类的方法很多，其原因是分类依据各异，常见的有以下几种分类方法。

(1) 按滑坡体的主要物质组成分类

① 岩层滑坡。发生在各种成因的层状或非层状岩体中的滑坡，在地质构造复杂的褶皱带与断裂带中均有分布。滑坡体多沿岩体中的原生结构面（如岩层层面、片理面、同生夹层等）、构造结构面（如构造裂隙面、层间错动面、断层面等）和次生结构面（如卸荷裂隙面、次生夹层等）滑动，在岩性松软或破碎严重的岩体中，也有沿剪切面滑动的。这种滑坡的滑动带薄，滑动面明显、富水，常与层面、夹层及裂隙中填充物的泥化有关，滑面形状与结构面的产状及其组合关系有关，常呈直线形或折线形。

② 黏性土滑坡。发生在均质或非均质黏土层中的滑坡，称为黏性土滑坡。黏性土滑坡常见于风化剥蚀残丘和低缓丘陵的堆积斜坡中，多成群出现。黏性土滑坡的滑坡体常沿下伏基岩顶面或土体中的软弱夹层滑动，也有沿剪切面滑动的。滑动面（带）土一般呈软塑状，与水作用有关。滑动面坡度平缓，当沿剪切面滑动时，滑动面一般呈圆弧形。

③ 碎（砾）石土滑坡。发生在第四纪砾石土、碎石土、碎块石土等各种成因的堆积物中的滑坡，称为碎（砾）石土滑坡。此滑坡广泛分布于山区斜坡的低洼处，滑坡规模较大，滑动速度较慢。此滑坡的滑坡体多沿下伏基岩顶面或堆积物内部不同时期的堆积面滑动，也有沿下伏基岩不同风化程度的风化面滑动的。

④ 黄土滑坡。发生在各时期和各种成因黄土中的滑坡，称为黄土滑坡。此滑坡一般发育在阶地前缘的斜坡上，常成群出现。此滑坡的滑坡体多沿透水性质不同的土层的接触面、裂隙面或土体中的剪切面滑动，也有沿下伏古剥蚀面滑动的。这种滑坡变形急剧，滑

动迅速，常具有崩塌性质。当滑坡体沿不同性质的地质分界面滑动时，滑动面与地质界面的产状大体一致，有明显的含水层，受水作用显著；当沿裂隙或剪切面滑动时，滑动面常呈上陡下缓的近似圆弧形。

(2) 按滑坡始滑部位分类

① 推动式滑坡。推动式滑坡始滑部位位于滑坡的后缘。这种滑坡主要是由于斜坡上部拉张裂缝发育或因堆积重物和在坡上部修建建筑等引起上部失稳所致。

② 牵引式滑坡。牵引式滑坡始滑部位位于滑坡的下部，然后逐渐向上扩展，引起由下而上的滑动。这种滑坡主要是由于斜坡底部受河流冲刷或人工开挖造成的。

③ 平移式滑坡。平移式滑坡始滑部位分布于滑动面的许多部位，同时局部滑移，然后贯通为整体滑移。

④ 混合式滑坡。混合式滑坡始滑部位上下结合，共同作用。这种情况比较多。

(3) 按滑坡体的体积分类

① 小型滑坡。滑坡体体积小于 $3 \times 10^4 m^3$。

② 中型滑坡。滑坡体体积为 $(3 \sim 50) \times 10^4 m^3$。

③ 大型滑坡。滑坡体体积为 $(50 \sim 300) \times 10^4 m^3$。

④ 巨型滑坡。滑坡体体积大于 $300 \times 10^4 m^3$。

(4) 按滑坡体的厚度分类

① 浅层滑坡。滑坡体厚度小于 $6m$。

② 中层滑坡。滑坡体厚度为 $6 \sim 20m$。

③ 深层滑坡。滑坡体厚度大于 $20m$。

(5) 按滑动面与层面的关系分类

① 顺层滑坡 [图 4.11(a)]。顺层滑坡是指滑坡体沿着岩层的层面发生滑动，岩层走向与斜坡走向一致的滑坡。

② 切层滑坡 [图 4.11(b)]。切层滑坡是指滑坡面切过岩层面而发生的滑坡。此类滑坡多发生在逆向滑坡中，滑坡面很不规则。

③ 匀质滑坡 [图 4.11(c)]。匀质滑坡是指发生在匀质土体或极破碎的、强烈风化的岩体中的滑坡。此类滑坡的滑动面不受岩体中结构面控制，多为近似圆弧形滑面。

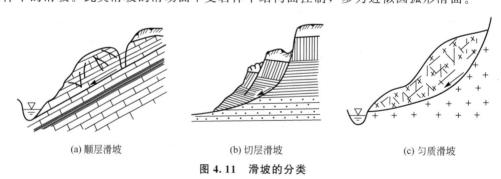

(a) 顺层滑坡　　　　　　(b) 切层滑坡　　　　　　(c) 匀质滑坡

图 4.11　滑坡的分类

2. 滑坡的野外识别

一般斜坡在滑动之前，常有一些先兆现象。如地下水发生显著变化，干涸的泉水重新出水并且混浊，坡脚附近湿地增多且范围扩大；斜坡上部不断下陷，外围出现弧形拉张裂缝，坡面树木逐渐倾斜，建筑物开裂变形；斜坡前缘土石零星掉落，坡脚附近的土石被挤紧，并出现大量鼓张裂缝；等等。

斜坡滑动之后，会出现一系列的变异现象，提供了在野外识别滑坡的标志，其中主要有以下几种。

(1) 地形地貌及地物标志

滑坡的存在，常使斜坡不顺直、不圆滑而形成圈椅状地形和槽谷地形，其上部有陡壁及弧形拉张裂缝；中部坑洼起伏，有一级或多级台阶，其高程和特征与外围河流阶地不同，两侧可见羽毛状剪切裂缝；下部有鼓丘，呈舌状向外突出，有时甚至侵占部分河床，表面多鼓张裂缝及扇形裂缝；两侧常形成沟谷，出现双沟同源现象；有时内部多积水洼地，喜水植物茂盛，出现"醉林"及"马刀树"现象。

(2) 水文地质标志

滑坡在滑动时常会破坏滑坡地段含水层的原始状况，使滑坡体成为单独含水体，水文地质条件变得特别复杂，无一定规律可循。如潜水位不规则、无一定流向，斜坡下部有成排泉水溢出等，这些现象都可识别为滑坡的标志。

(3) 地层构造标志

滑坡范围内的地层整体性常因滑动而遭到破坏，有扰乱松动的现象；层位也不连续，出现缺失某一地层、岩层层序重叠或层位标高有升降等特殊变化；岩层产状发生明显变化；构造不连续；等等。这些都是滑坡存在的标志。

上述三类变异现象均是滑坡运动的产物，它们之间有统一的、密不可分的内在联系。因此，在进行野外识别时，必须综合考虑几个方面的标志，互相验证，才能做到准确无误。

4.2.4 滑坡稳定程度的判别

在野外，滑坡的稳定程度主要是通过现场调查，在充分掌握工程地质资料的基础上，从地貌形态、地质条件和影响因素等方面进行对比分析来判断的。

滑坡在不同发育阶段有不同的外貌形态，通过观察滑坡体，可以总结归纳相对稳定和不稳定滑坡的地貌特征，作为判断滑坡稳定性的参考。可以根据一些外表迹象和特征，粗略地判断它的稳定性。

1. 相对稳定的滑坡迹象

① 后壁较高，长满了树木，找不到擦痕，且十分稳定。
② 滑坡平台宽大，且已夷平，土体密实，无沉陷现象。
③ 滑坡前缘的斜坡较缓，土体密实，长满树木，无松散、坍塌现象。前缘迎河部分有被河水冲刷过的迹象。
④ 目前的河水已远离滑坡体舌部，甚至在舌部外已有漫滩、阶地分布。
⑤ 滑坡体两侧的自然冲刷沟切割很深，甚至已达基岩。
⑥ 滑坡体舌部的坡脚有清晰的泉水流出等。

2. 相对不稳定的滑坡迹象

① 滑坡体表面总体坡度较陡。

② 有滑坡平台，面积不大，且不向下缓倾，没有夷平现象。
③ 滑坡表面有泉水、湿地，且有新生冲沟。
④ 滑坡体表面有不均匀沉陷的局部平台，参差不齐。
⑤ 滑坡前缘土石松散，小型坍塌时有发生，并面临被河水冲刷的危险。
⑥ 滑坡体上无巨大直立树木。

3. 地质条件对比

将需要判断稳定性的滑坡的地层岩性、地质构造及水文地质等条件与附近相似条件下的稳定斜坡、不稳定斜坡及不同滑动阶段的滑坡进行对比，分析异同，再结合今后地质条件可能发生的变化，即可判断滑坡整体的和各个部分的稳定程度。

4. 影响因素变化的分析

斜坡发生滑动后，如果形成滑坡的不稳定因素并未消除，则在转入相对稳定的同时，在新的条件下，又会开始不稳定因素的积累，并导致新的滑坡的发生。只有当不稳定因素消除后，滑坡才有可能由于稳定因素的逐渐积累而趋于长期稳定。

4.2.5 滑坡的防治

1. 防治原则

滑坡的防治原则总体是：早发现，以防为主、整治为辅；查明影响因素，综合整治；一次根治，不留后患。在对滑坡进行防治前，必须查清滑坡的地形、地质和水文地质条件，认真研究和确定滑坡的性质及其所处的发展阶段，了解产生滑坡的主、次要原因及其相互间的联系，结合公路的重要程度、施工条件及其他情况综合考虑。

① 对于大型滑坡，由于工作量大，技术复杂，时间较长，首先应考虑路线绕避方案。对于已建成的路线上发生的大型滑坡，如改线绕避会废弃很多工程，应综合各方面的情况，做出绕避、整治两个方案的比选。对于大型复杂的滑坡，常采用多项工程综合治理，并做好整治规划，工程安排有主次缓急，并观察效果和变化，随时修正整治措施。

② 对于中型或小型滑坡，一般情况下路线可不绕避，但应注意调整路线平面位置，以求得工程量小、施工方便、经济合理的路线方案。

③ 路线通过滑坡地段要慎重对待，对发展中的滑坡要进行整治，对古滑坡要防止复活，对可能发生滑坡的地段要防止其发生和发展。对变形严重、移动速度快、危害性大的滑坡或崩塌性滑坡，宜采取立即见效的措施，防止其进一步恶化。

④ 整治滑坡一般应先做好临时排水工程，然后再针对滑坡形成的主要因素采取相应措施。

2. 防治措施

防治滑坡的工程措施，大致可分为排水、力学平衡和改善滑动面或滑动带土石性质三类。目前常用的主要工程措施有排除地表水、排除地下水、支挡工程、减载和反压等。选择防治措施必须针对滑坡的成因、性质及其发展变化而定。

（1）排水

① 排除地表水。排除地表水是整治滑坡中不可缺少的辅助措施，而且应是首先采取并长期运用的措施。其目的在于拦截、旁引滑坡外的地表水，避免地表水流入滑坡区；或

将滑坡范围内的雨水及泉水尽快排除,防止雨水及泉水进入滑坡体内。其主要工程措施有:在滑坡体周围修截水沟;在滑坡体上设置树枝状的排水系统汇集、旁引坡面径流于滑坡体外排除;整平地表,填塞裂缝,夯实松动地面,筑隔渗层,减少地表水下渗并使其尽快汇入排水沟内,防止沟渠渗漏和溢流于沟外。图 4.12 所示为排水明沟。

图 4.12 排水明沟

② 排除地下水。对于地下水,可疏而不可堵。排除地下水的主要工程措施有:修筑截水盲沟用于拦截和旁引滑坡外围的地下水;修筑支撑盲沟兼具排水和支承作用;斜仰孔群用近于水平的钻孔把地下水引出。此外,还有盲洞、渗管、渗井、垂直钻孔等排除滑坡体内地下水的工程措施。图 4.13 所示为支撑盲沟与挡土墙联合结构。

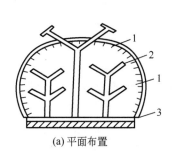 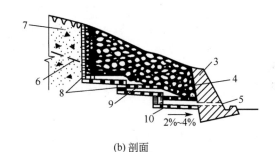

(a) 平面布置　　　　　　　　(b) 剖面

图 4.13 支撑盲沟与挡土墙联合结构

1—截水盲沟;2—支撑盲沟;3—挡土墙;4—干砌块石、片石;5—泄水孔;
6—滑动面位置;7—粗砂、砾石反滤层;8—有孔混凝土盖板;
9—浆砌片石;10—纵向盲沟

③ 防止河水、库水对滑坡体坡脚的冲刷。其主要工程措施有:设置护坡、护岸、护堤;在滑坡前缘抛石、铺设石笼等防护工程或导流构造物,以使坡脚的土体免受河水冲刷。

(2) 力学平衡

此方法是在滑坡体下部修筑抗滑石垛、抗滑挡土墙、抗滑桩、锚索抗滑桩和抗滑桩板墙等支挡建筑物,以增加滑坡下部的抗滑力。另外,还可采取刷方减载的措施以减小滑坡的滑动力等。

① 支挡工程。修建支挡工程以增加抗滑力,改善滑坡体的力学平衡条件,使滑坡不再滑动。常用的支挡工程有抗滑挡土墙、抗滑桩、锚杆和锚固桩等。图 4.14 所示为边坡

人工加固示意。

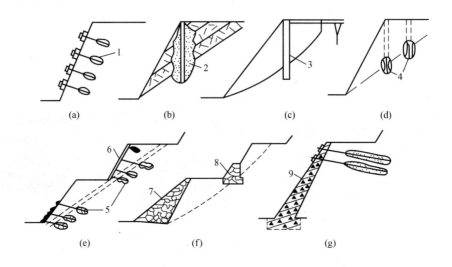

图 4.14 边坡人工加固示意

1—灌浆锚杆；2—钢筋混凝土抗滑桩及水泥胶结；3—大直径抗滑管桩；
4—钢筋混凝土桩；5—灌浆锚索；6—悬挂式钢筋混凝土墙；7—扶壁；
8—挡土墙；9—钢筋混凝土护墙

② 减载和反压。这种措施施工方便、技术简单，在滑坡防治中广泛采用。其主要做法是将滑坡体上部岩土体清除，减小荷载，降低下滑力；在滑坡的抗滑段和滑坡体外前缘堆筑岩土体加重，如做成堤、坝等，增大抗滑力，起反压抗滑的作用。

(3) 改善滑动面或滑动带的岩土性质

改善滑动面或滑动带的岩土性质的目的是增加滑动面的抗剪强度，以达到整治滑坡要求。一般采用焙烧法（＞800℃）、压浆法及化学加固法等物理和化学方法对滑坡进行整治。

由于滑坡成因复杂、影响因素多，因此常常需要上述几种方法同时使用、综合治理，方能达到目的。

任务 4.3 泥石流分析

【泥石流】

引 例

泥石流是山区特有的一种不良地质现象，是山洪水流携带大量泥沙、石块等固体物质一起流动的特殊洪流。它具有突然性、流速快、流量大、物质容量大和破坏力强的特点，侵蚀、搬运和沉积过程异常迅速，比一般洪水具有更大的能量，能在很短的时间内冲出数万至数百万立方米的固体物质，将数十至数百吨的巨石冲出山外。在泥石流发育区，经常发生泥石流冲毁公路、铁路、桥梁等交通设施的现象，大型泥石流甚至可以冲毁工厂、城镇和农田水利工程，给人民生命财产和国家建设造成巨大损失。

我国是一个多山国家，山区面积达70%左右，是世界上泥石流最发育的国家之一。我国泥石流主要分布在西南、西北和华北山区，华东中南部分山地及东北辽西、长白山区也有分布。

典型的泥石流流域，一般可以分为形成区（Ⅰ）、流通区（Ⅱ）和堆积区（Ⅲ）三个动态区（图4.15）。

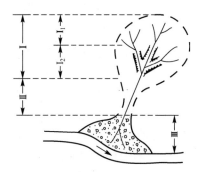

图 4.15　泥石流流域分区示意
Ⅰ—形成区；I_1—汇水动力区；
I_2—固体物质供给区；Ⅱ—流通区；
Ⅲ—堆积区

1. 形成区

形成区一般位于泥石流沟的上、中游。它又可分为汇水动力区和固体物质供给区。汇水动力区是汇聚和提供水源的地方；固体物质供给区山体裸露、风化严重、不良地质作用广泛分布，是为泥石流储备与提供大量泥沙、石块的地方。

2. 流通区

流通区位于泥石流沟的中、下游，多为一段深陡峡谷，谷底纵坡大，便于泥石流的迅速通过。

3. 堆积区

堆积区位于泥石流沟的下游，一般多为山口外地形较开阔地段，泥石流至此流速变缓，大量固体物质呈扇形沉积。

4.3.1　泥石流的形成条件及其发育特点

1. 泥石流的形成条件

泥石流的形成和发展，与流域的地形、地质和水文气象条件有密切的关系，同时也受人类工程活动的影响。

（1）地形条件

泥石流流域的地形特征是山高谷深，地形陡峻，沟床纵坡大，流域上游汇水区多为三面环山的瓢状或漏斗状地形。这样的地形既有利于储积来自周围山坡的固体物质，也有利于汇集坡面径流。区内山坡较陡，坡度一般为30°～60°，坡面岩土裸露，植被稀少。沟的下游多位于沟口外大河河谷的两侧，其地形开阔、平坦，是泥石流的沉积处所。

（2）地质条件

凡是泥石流发育地区，都是地质构造复杂，岩性较弱，断裂、褶皱发育，新构造运动强烈，地震频繁的地区。由于这些原因，常导致岩层破碎，崩塌、滑坡等不良地质现象普遍发育，为泥石流的形成提供了丰富的固体物质。

（3）水文气象条件

水既是泥石流的组成部分，又是搬运泥石流物质的基本动力。松散固体物质大量充水达到饱和或过饱和状态后，结构破坏，摩阻力降低，滑动力增大，从而产生流动。泥石流的发生与短时间内突然性的大量流水密切相关，突然性的大量流水主要来源有：①强度较大的暴雨；②冰川、积雪的短期强烈消融；③冰川湖、高山湖、水库等的突然溃决。

(4) 人类工程活动

人类工程活动不当可促使泥石流发生、发展或加剧其危害。乱砍滥伐森林、开垦陡坡，破坏了植被，使山体裸露；开矿、采石、筑路中任意堆放弃渣，都直接或间接地为泥石流提供了物质条件和地表水流迅速汇聚的条件，导致泥石流逐渐形成。

综上所述，形成泥石流有3个基本条件：有陡峻便于集水、集物的适当地形；上游堆积有丰富的松散固体物质；短期内有突然的大量流水。此3个基本条件缺一不可。

2. 泥石流的发育特点

(1) 泥石流分布的区域性

由于水文、气象、地形、地质条件的分布有区域性的规律，因此，泥石流的发育分布也具有区域性的特点。我国的泥石流多分布在大断裂发育、地震活动频繁和有高山积雪、冰川分布的山区。

(2) 泥石流活动的周期性

由于水文气象具有周期性变化的特点，同时泥石流流域内大量松散的固体物质的再积累不是在短时间内能完成的，因此，泥石流的发育也具有一定的周期性。

4.3.2 泥石流的分类

1. 按泥石流固体物质组成分类

① 泥流。固体物质以黏性土为主，含少量砂粒、石块，其黏度大，呈稠泥状。

② 水石流。固体物质主要由大小不等的砂粒、石块组成。

③ 泥石流。固体物质由大量黏性土和粒径不等的砂粒、石块组成。

2. 按泥石流流体性质分类

① 稀性泥石流。这类泥石流中水是主要成分，固体物质只占10%～40%，且细粒物质少，因此在运动过程中，泥浆的运动速度远远大于石块的运动速度，石块以滚动或跃移方式前进。它具有极强的冲刷力，常能在短时间内将原先填满堆积物的沟床下切成几米至十几米的深槽。

② 黏性泥石流。这类泥石流含有大量细粒黏土物质，固体物质含量占40%～60%，最高可达80%，水和泥沙、石块凝集成一个黏稠的整体。它在流途上经过弯道时，有明显的爬高和截弯取直的作用，并不一定循沟床运动。

4.3.3 我国泥石流的分布特点

泥石流的分布除了受到大的地貌、地质和气候控制而有一定的区域分布规律外，也受到其他外力因子的作用，出现局部的区域性特点。

1. 沿深切割地貌屏障迎风坡密集分布

横断山系为地貌陡坎和东南、西南季风的天然屏障，泥石流在这一地区集中分布；秦岭和燕山山区泥石流分布也较集中。

2. 沿强烈地震带成群分布

遭受强烈地震后，地表会受到严重破坏，坡地失稳，大量松散碎屑物质坠入沟床内聚积,导致泄流不畅,这是形成泥石流发生的有利环境。例如,1950年8月15日,西藏察隅境内发生8.5级大地震,触发了藏东南一带的泥石流活动进入一个新的高潮。

3. 沿深大断裂带集中分布

深大断裂带是现代地震的多发区。深大断裂带不仅提供了数量巨大的松散碎屑物质,而且还为小流域沟谷发育赋予了有利环境,促使这些地段成为数量众多、分布密集的泥石流活动带。例如,西藏波堆藏布断裂带、云南小江断裂带、四川安宁河谷断裂带、甘肃白龙江断裂带等,都是著名的泥石流活动带。

4. 沿生态环境严重破坏地带分布

因修路、筑路、采矿、伐木、开荒等人为活动不当,引起地表植被、土壤抗蚀层破坏,矿渣、废土乱弃,斜坡失稳,沟谷阻塞,排水不畅,地下水位上升等,促使泥石流复活或引发新的泥石流发生,如海南铁矿排土场泥石流、四川冕宁盐井沟矿山泥石流、云南个旧火谷都尾矿坝溃决泥石流。

4.3.4 泥石流地区的选线

在泥石流地区,线路如何通过,应根据泥石流的类型、规模和强度而定。

① 对于正在发展的典型泥石流,线路位置应避免直穿洪积扇,宜在沟口处设桥通过(桥的净空跨度应能保证泥石流畅通)。如线路高程较低,不能修桥,则可在沟口之内采用隧道或明洞通过,或在洪积扇以外的安全地带通过。

② 对于停止发展或泥石流现象较轻的地区,线路在洪积扇上通过时,不宜改沟、并沟,而宜分散设桥,并做好防护导流建筑物,以确保泥石流的畅通。

③ 线路通过泥石流地区时应做好各种通过方案的比选。

线路在泥石流沟的沟口通过时,与泥石流的遭遇范围最小,且有较固定的河床,冲淤变化缓慢,桥渡工程小,对线路威胁较小,是线路通过的最好方案。但要注意沟口两侧路堑边坡崩塌、滑坡的影响。

线路在洪积扇中部或下部通过时存在以下问题:洪积扇逐年向下延伸,淤埋路基,河床摆动,路基有遭受水毁的威胁。但是,当河谷比较开阔,泥石流沟距大河较远时,可以考虑这种方案。这种方案线形一般比较舒顺,纵坡也比较平缓。

4.3.5 泥石流的防治措施

防治泥石流应全面考虑水土保持、跨越、排导及拦截等措施,根据因地制宜和就地取材的原则,注意总体规划,采取综合防治措施。

(1) 水土保持

水土保持包括封山育林、植树造林、平整山坡、修筑梯田、修筑排水系统及支挡工程等措施。水土保持虽是根治泥石流的一种方法,但需要一定的自然条件,收效时间也较长,一般应与其他措施配合进行。

(2) 跨越

根据具体情况,可以采用桥梁、过水路面、明洞、隧道及渡槽等方式跨越泥石流。采用桥梁跨越泥石流时，既要考虑淤积问题，也要考虑冲刷问题。确定桥梁孔径时，除考虑设计流量外，还应考虑泥石流的阵流特性，应有足够的净空和跨径，保证泥石流能顺利通过。

(3) 排导

采用排导沟、急流槽、导流堤等措施可以使泥石流顺利排走，防止泥石流掩埋道路，堵塞桥涵。排导沟应尽可能按直线布设，纵坡宜一坡到底，出口处最好能与地面有一定的高差，同时必须有足够的堆淤场地，或与大河直接衔接。

(4) 滞流与拦截

滞流措施是在泥石流沟中修筑一系列低矮的拦挡坝，其作用是：拦蓄部分泥沙、石块，减弱泥石流的规模；固定泥石流沟床，防止沟床下切和谷坡坍塌；减缓沟床纵坡，降低流速。拦截措施是修建拦渣坝或停淤场，将泥石流中的固体物质全部拦截，只许余水过坝。

任务 4.4 岩溶分析

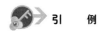 引 例

岩溶又称喀斯特，是可溶性岩层如碳酸盐类岩层（石灰岩、白灰岩、白云质灰岩）或硫酸盐类岩层（石膏）、卤素盐类岩层（岩盐）等，受水的化学溶解作用（为主）并伴随机械作用而形成的沟槽、裂隙和洞穴，以及由于洞穴顶板塌落导致地表产生陷穴等一系列现象和作用的总称。我国是一个岩溶发育的国家，岩溶现象在我国西南、中南地区分布比较普遍。如广西的桂林山水、云南的路南石林，早已闻名天下。

【岩溶】

岩溶与工程建设关系密切。在修建水工建筑物时，岩溶造成的库水渗漏，轻则造成水资源或水能损失，重则使水库完全不能蓄水而失效。在岩溶地区开挖隧道，常遇到溶洞充填物坍塌，暗河和溶洞封存水突然涌入，溶洞充填物不均匀沉降导致衬砌开裂等问题。当遇到大型溶洞时，洞中高填方或桥跨施工困难，造价昂贵，不仅延误工期，有时甚至需改变线路方案。如天生桥隧道开挖到山体内部时，遇到一个高100m（路基下高度大于50m）、宽120m、长90m的大洞穴，建筑物悬空，技术上很难处理，被迫加设弯道绕避。此外，岩溶地面塌陷、风化表土不均匀沉降或岩溶漏斗覆盖土潜移，也会对工程建筑造成危害。

因此，充分认识岩溶作用及岩溶现象，在岩溶地区修建工程，应深刻了解岩溶发育的程度和岩溶形态的空间分布规律，以便充分利用某些可以利用的岩溶形态，避让或防治岩溶病害，保证工程安全。

4.4.1 岩溶形态

岩溶地貌的形态类型很多，有漏斗、落水洞与竖井、溶蚀洼地、坡立谷、溶蚀平原、溶洞、暗河、天生桥、石芽、溶沟、峰林、峰丛、孤峰等。图 4.16 所示为部分岩溶形态示意。

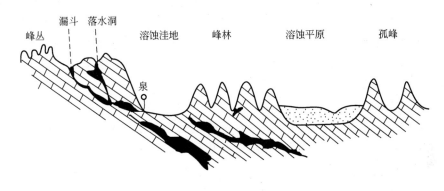

图 4.16 部分岩溶形态示意

下面主要介绍漏斗、落水井与竖井、溶蚀洼地与坡立谷、溶洞、暗河与天生桥几种常见的岩溶形态。

1. 漏斗

漏斗有溶蚀漏斗和塌陷漏斗两种，是由地表水的溶蚀和侵蚀作用并伴随塌陷作用而在地表形成的漏斗状形态。其直径和深度一般由数米到数十米不等，是最常见的地表岩溶地貌之一。

2. 落水洞与竖井

落水洞是地表水流入地下、溶洞的通道，常沿裂隙发育，可以是垂直、倾斜或弯曲的。洞壁直立的井状管道称为竖井。落水洞与竖井均是由于岩溶水长期溶蚀和塌陷作用而形成的，常出现在漏斗、槽谷、溶蚀洼地和坡立谷的底部，或河床的边缘，呈串珠状分布。

3. 溶蚀洼地与坡立谷

溶蚀洼地是一种盆状洼地，周围被石灰岩山丘包围，底部常附生漏斗。坡立谷又称溶蚀盆地，是指宽广而平坦的岩溶谷地，大都沿断裂或构造带溶蚀发育而成。坡立谷可进一步发展为宽广开阔的溶蚀平原。

4. 溶洞

溶洞是地下水沿可溶性岩体的各种构造面（层面、裂隙面等）进行长期化学溶蚀和流水冲蚀作用的结果。溶洞是早期岩溶水活动的通道。溶洞规模形态变化很大。

5. 暗河与天生桥

暗河是岩溶地区地下水汇集、排泄的主要通道。近地表的溶洞或暗河顶板塌陷，有时残留一段未塌陷段的洞顶，形成横跨水流呈桥状的形态，称为天生桥。

4.4.2 岩溶形成的基本条件和发育的影响因素

1. 岩溶形成的基本条件

岩石的可溶性与透水性、水的溶蚀性与流动性是岩溶形成和发展的 4 个基本条件。

(1) 岩石的可溶性

可溶性岩石的存在是岩溶形成的物质基础。因为岩溶主要是通过水对岩石的溶解形成的，没有可溶性的岩石，水就不可能对岩石进行溶蚀，岩溶就无从产生，因此，岩溶是可溶性岩层分布地区独特的现象。可溶性的岩石基本上分为 3 类：碳酸盐类岩石、硫酸盐类岩石、卤素盐类岩石。相对而言，碳酸盐类分布很广，所以发育在碳酸盐类岩石中的岩溶相当普遍。

(2) 岩石的透水性

岩石必须具有透水性，才能使水与岩石接触产生溶解和冲蚀作用，使岩溶得以发育。岩石的透水性取决于岩石的裂隙度、孔隙度及孔洞的连通情况。对可溶岩的透水性来说，孔隙水与裂隙水比较，裂隙水占主要地位。

(3) 水的溶蚀性

水的溶蚀性主要取决于水溶液的成分。含有碳酸的水，对碳酸盐类的溶蚀能力比纯水大得多。水中二氧化碳的含量受空气中二氧化碳含量的影响，水中二氧化碳的含量越多，水的溶蚀力越大。其化学方程式如下。

$$CaCO_3 + H_2O + CO_2 \longleftrightarrow Ca^{2+} + 2HCO_3^-$$

另外，水中二氧化碳的含量与大气中的二氧化碳含量及局部气压成正比，而与温度成反比。这样地壳上层的水的溶蚀能力比地表水及地下深处的水的溶蚀能力更强，尤其是地壳上层经强烈的生物化学作用生成的侵蚀性碳酸，加强了地壳上部水的溶蚀能力。但是，地球化学作用的影响也促进了深部岩溶的发育。

(4) 水的流动性

水的溶蚀能力与水的流动性关系密切。在水流停滞的条件下，随着二氧化碳不断消耗，水溶液达到平衡状态，成为饱和溶液而完全丧失溶蚀能力，溶蚀作用便告终止。只有当地下水不断流动，与岩石广泛接触，富含二氧化碳的渗入水不断补充更新，水才能经常保持溶蚀性，溶蚀作用才能持续进行。

2. 岩溶发育的影响因素

除了以上 4 个基本条件，岩石的岩性与构造、水文地质、新构造运动、气候、植被等因素也会影响岩溶的发育。

地下水的主要补给来源是大气降水，故降雨量大的地区，由于水源补给充沛，岩溶就容易发育。岩体中裂隙的形态、规模、数量及连通情况，是决定地下水渗流条件的主要方面，它控制着地下水流的比降、流速、流量、流向等一系列水文地质因素。地形坡度、覆盖层的性质和厚度等对水的渗透情况有一定影响，在覆盖层分布较厚的地带，岩溶发育程度相对减弱。

4.4.3 岩溶发育的一般规律

1. 岩溶形态的垂直分带性

岩溶地区岩溶水的水动力特征具有垂直分带性,决定了所形成的岩溶形态也有垂直分带的特征,岩溶形态在垂直剖面上可分为4个带。

(1)岩溶垂直发育带

位于最高潜水面以上的包气带中,地下水呈间歇性流动。大气降水沿各种张开结构面渗入岩体中,产生垂直发育的岩溶形态,如溶蚀漏斗、落水洞和竖井等。

(2)岩溶水平和垂直交替发育带(又称季节变动带)

地下水垂直和水平运动随季节周期性交替,岩溶发育较强烈。岩溶形态既有垂直的落水洞,又有近水平发育的溶洞。

(3)岩溶水平发育带

位于地下水最低水位以下受河流排泄作用范围以内的饱水带,包括河谷两侧地下水水平流动亚带和河谷底部地下水向上流动的减压带(倒虹吸管带)。本带岩溶以水平发育形态为主,有大量水平或近水平的溶洞、暗河和地下湖泊。在河流底部发育有放射状的溶洞、溶孔和溶隙。

(4)深部溶孔、溶隙发育带

位于岩溶水平发育带以上,很少受当地岩溶基准面的影响,地下水的流向取决于较大的地貌及地质构造条件,水流循环缓慢。通常岩溶发育微弱,以溶隙、溶孔为主,只有在一定的构造条件下经过较长时期才能发育有较大的深部溶洞。

一般来说,垂直分带比较明显的地区是在构造稳定、有河流深切的厚层质纯碳酸盐岩高原地区。而在新构造运动强烈上升地区或可溶岩层分布复杂地区,岩溶垂直分带特征则不明显。

2. 岩溶发育的不均一性

岩溶发育的不均一性是指岩溶发育的速度、程度及其空间分布的不一致性。岩溶发育受到岩性、地质构造和岩溶水的循环交替条件的控制,而这些因素在空间上的分布是不均一的,这就造成岩溶在空间上发育部位、发育程度、发育深度的差异性。在自然界中可以在岩溶发育程度较浅的地方见到局部岩溶发育强烈的现象,而这都与地层组合和构造有关。

3. 岩溶发育的阶段性与多代性

岩溶和其他自然现象一样有其发生、发展和消亡的过程,要经历幼年期、早壮年期、晚壮年期和老年期,完成一个岩溶旋回。在幼年期,岩溶形态以地表形态为主,石芽、溶沟发育,漏斗和落水洞少量出现;在早壮年期,岩溶主要向地下发展,漏斗、落水洞、干谷、盲谷、溶蚀洼地广泛发育,大部分地表水转为地下水;晚壮年期,地下岩溶规模进一步扩大,溶洞和暗河顶部坍塌,地下水又变为地表水,形成坡立谷、峰林等;最后进入晚年期,地表水流又广泛发育,形成溶蚀平原、孤峰、残丘,岩溶现象逐渐走向消亡。实际上,岩溶发育大多是多旋回的,即具有多代性,这往往造成不同时期岩溶形态的叠加。

4. 岩溶发育的成层性

岩溶往往发育有多层溶洞，这种溶洞成层的原因一般认为是地壳构造运动上升、稳定、再上升，这种交替变化导致岩溶垂直、水平、垂直交替发育的结果。由于溶洞的成层性与地壳的升降运动有关，故有人将不同高程的溶洞与当地河谷阶地进行对比分析，来推测构造运动情况。

5. 岩溶发育的地带性

岩溶发育受气候条件影响也很大，在不同的气候带内其岩溶发育的特征也有一定差异。我国岩溶类型主要有热带岩溶、亚热带岩溶、温带岩溶三大类。此外，还有高寒气候带岩溶、干旱区岩溶和海岸岩溶等。

4.4.4 岩溶地区的工程地质问题

（1）被溶蚀的岩石强度大为降低

由于岩溶水在可溶岩层中的溶蚀，使得岩层产生孔洞。最常见的是岩层中有溶孔或小洞。所谓溶孔，是指在可溶岩层内部溶蚀有孔径不超过 20~30cm 的，一般小于 1~3cm 的微溶蚀的孔隙。遭受溶蚀后，岩石产生孔洞，结构松散，从而降低了岩石强度。

（2）造成基岩面不均匀起伏

因石芽、溶沟、溶槽的存在，使地表基岩参差不齐、起伏不均匀。如利用石芽或溶沟发育的场地作为地基，则必须进行处理。

（3）降低地基承载力

建筑物地基中若有岩溶洞穴，将大大降低地基岩体的承载力，容易引起洞穴顶板塌陷，使建筑物遭到破坏。

（4）造成施工困难

在基坑开挖和隧道施工中，岩溶水可能突然大量涌出，给施工带来困难等。

4.4.5 岩溶地区的选线

由于岩溶形态复杂多变，给所在地区的公路测设定位带来相当大的困难。对于现有的公路，也会因地下岩溶水的活动，或因地表水的消水洞穴被阻塞，导致路基水毁；或因溶洞的坍顶，引起地面路基坍陷、下沉或开裂。因此，在岩溶地区修建公路，应全面了解岩溶发育的程度和岩溶地貌的分布规律，以便充分利用某些可以利用的岩溶形态，尽量避免岩溶病害对路线布局和路基稳定造成的不良影响。

在岩溶地区选线，要想完全绕避是不大可能的，尤其是在我国中南和西南岩溶分布十分普遍的地区。因此，宜按照详细勘测、综合分析、全面比较、避重就轻、兴利防害的原则，根据岩溶发育和分布规律进行线路走向的选择。

选线时要注意以下几点。

① 在可溶性岩石分布区，路线应选择在难溶岩石分布区通过。

② 路线方向不宜与岩层构造线方向平行，而应与之斜交或垂直通过，因暗河多平行于岩层构造线发育。

③ 路线应尽量避开河流附近或较大断层破碎带，不能避开时，也宜垂直或斜交通过，以免由于岩溶发育或岩溶水丰富而威胁路基的稳定。

④ 路线应尽可能避开可溶岩与非可溶岩或金属矿床的接触带，因这些地带往往岩溶发育强烈，甚至岩溶泉成群出露。

⑤ 岩溶发育地区选线，应尽量在土层覆盖较厚的地段通过，因一般覆盖层能起到防止岩溶继续发展，增加溶洞顶板厚度和使上部荷载扩散的作用。但应注意覆盖土层内有无土洞的存在。

⑥ 桥位宜选在难溶岩层分布区或无深、大、密的溶洞地段。

⑦ 隧道位置应避开漏斗、落水洞和大溶洞，并避免与暗河平行。

4.4.6 岩溶的工程处理

对岩溶和岩溶水的处理措施可以归纳为堵塞、疏导、跨越、加固等几个方面。

(1) 堵塞

对基本停止发展的干涸溶洞，一般以堵塞为宜。例如用片石堵塞路堑边坡上的溶洞，表面以浆砌片石封闭。对路基或桥基下埋藏较深的溶洞，一般可通过钻孔向洞内灌浆注水泥砂浆、混凝土、沥青等加以堵塞，提高其强度。

(2) 疏导

对经常有水或季节性有水的空洞，一般宜疏不宜堵，应采取因地制宜、因势利导的方法。路基上方的岩溶泉和冒水洞，宜采用排水沟将水截流至路基外。对于路基基底的岩溶泉和冒水洞，宜设置集水明沟或渗沟，将水排出路基。

(3) 跨越

对位于路基基底的开口干溶洞，当洞的体积较大或深度较深时，可采用构造物跨越。对于有顶板但顶板强度不足的干溶洞，可炸除顶板后进行回填，或设构造物跨越。

(4) 加固

为防止基底溶洞的坍塌及岩溶水的渗漏，经常采用加固方法。

① 当洞径人、洞内施工条件好时，可采用浆砌片石支墙、支柱等加固。如需保持洞内水流畅通，可在支撑工程间设置涵管排水。

② 当深而小的溶洞不能使用洞内加固办法时，可采用石盖板或钢筋混凝土盖板跨越可能的破坏区。

③ 对洞径小、顶板薄或岩层破碎的溶洞，可采用爆破顶板用片石回填的办法处理。对较深的溶洞或须保持排水者，可采用拱跨或板跨的办法处理。

④ 对于有充填物的溶洞，宜优先采用注浆法、旋喷法进行加固，当不能满足设计要求时宜采用构造物跨越。

⑤ 如需保持洞内流水畅通，应设置排水通道。

隧道工程中的岩溶处理较为复杂。隧道内常有岩溶水的活动，若水量很小，可在衬砌后压浆以阻塞渗透；对成股水流，宜设置管道引入隧道侧沟排除；若水量大，可另开横洞（泄水洞）；长隧道可利用平行导坑（在进水一侧），以截除涌水。

在建筑物使用期间，应经常观测岩溶发展的方向，以防岩溶作用继续发生。

任务 4.5 地震分析

引 例

地震是一种地质现象。地下深处的岩层，由于某种原因突然破裂、塌陷及火山爆发等而产生振动，并以弹性波的形式传递到地表，这种现象称为地震。地震就是地球表层的快速振动，在古代又称为地动。它就像刮风、下雨、闪电一样，是地球上经常发生的一种自然现象，是地壳构造运动的一种表现。大地震动是地震最直观、最普遍的表现。在海底或滨海地区发生的强烈地震，能引起巨大的波浪，称为海啸。地震的发生是极其频繁的，全球每年发生地震约 500 万次，绝大多数地震因震级小，人感觉不到。

【地震】

当某地发生一个较大的地震时，在一段时间内，往往会发生一系列的地震，其中最大的一个地震叫作主震，主震之前发生的地震叫作前震，主震之后发生的地震叫作余震。地震一般发生在地壳之中，由于地壳内部在不停地变化，由此而产生力的作用，使地壳岩层变形、断裂、错动，于是便发生地震。

一次强烈地震，会造成种种灾害，一般将其分为直接灾害和次生灾害。直接灾害是指地震发生时直接造成的灾害损失。强烈地震产生的巨大震波会造成房屋、桥梁、水坝等各种建筑物崩塌，人畜伤亡，财产损失，生产中断。此外，大震时还会引起地面隆起或塌陷、山崩、地裂、滑坡等。2008 年 5 月 12 日发生在我国四川省汶川县的 8.0 级巨大地震，使大批房屋化为废墟，并且诱发了破坏性比较大的崩塌、滚石及滑坡等地质灾害，造成了巨大的人员伤亡和经济损失，其破坏性强于 1976 年唐山的 7.8 级大地震，是中华人民共和国成立以来破坏性最强、波及范围最广的一次地震。

4.5.1 地震的成因类型

现代地质学普遍认为：地球板块边界的运动形态使得板块边界地区的地壳发生弹性变形而产生应力，由于变形的持续增加，应力继续累积，一旦超过抵抗它的摩擦阻力时，地壳即会错动反弹至没有应变的位置，同时发生固体的振动而产生地震。

地震分为天然地震和人工诱发地震两大类。此外，某些特殊情况下也会产生地震，如大陨石冲击地面(陨石冲击地震)等。引起地球表层振动的原因很多，根据地震的成因，可以把地震分为以下几种。

1. 构造地震

由于地质构造作用所产生的地震称为构造地震。这种地震与构造运动的强弱直接有关，它分布于新生代以来地质构造运动最为剧烈的地区。构造地震是地震的最主要类型，约占地震总数的90%。

构造地震中最为普遍的是由于地壳断裂活动而引起的地震。这种地震绝大部分都是浅源地震，由于它距地表很近，对地面的影响最显著，一些巨大的破坏性地震都属于这种类型。一般认为这种地震的形成是由于岩层在大地构造应力的作用下产生应变，积累了大量的弹性应变能，当应变一旦超过极限值时，岩层就会突然破裂并产生位移而形成大的断裂，同时释放出大量的能量，并以弹性波的形式引起地壳的振动，从而产生地震。此外，在已有的大断裂上，当断裂的两盘发生相对运动时，如在断裂面上有坚固的大块岩层伸出，能够阻挡滑动作用，两盘的相对运动在那里就会受阻，局部的应力就会越来越集中，一旦超过极限，阻挡的岩块就会被粉碎，地震就会发生。

2. 火山地震

由于火山喷发和火山下面岩浆活动而产生的地面振动，称为火山地震。在世界上一些大火山带都能观测到与火山活动有关的地震。火山活动有时相当猛烈，但地震波及的地区多局限于火山附近数十里的范围。火山地震在我国很少见，主要分布在日本、印度尼西亚及南美等地。火山地震约占地震总数的7%。

3. 陷落地震

由于洞穴崩塌、地层陷落等原因发生的地震，称为陷落地震。这种地震能量小，震级小，发生次数也很少，仅占地震总数的3%。在岩溶发育地区，由于溶洞陷落而引起的地震危害小，影响范围不大，为数也很少。在一些矿区，当岩层比较坚固完整时，采空区并不会立即塌落，而是待悬空面积相当大以后方才塌落，因而造成矿山陷落地震。由于它总是发生在人烟稠密的工矿区，对地面上的破坏不容忽视，对安全生产有很大的威胁，所以也是地震研究的一个课题。

4. 诱发地震

在构造应力原来处于相对平衡的地区，由于外界力量的作用，破坏了相对稳定的状态，发生构造运动并引起的地震，称为诱发地震。属于这种类型的地震有水库地震、深井注水地震和爆破引起的地震，它们为数甚少。

由于建筑水库引起地震的问题，近年来很受关注，因为它能达到较高的震级而造成地面的破坏，并进而危及水坝本身的安全。我国著名的水库地震发生于广东新丰江水库，该水库蓄水后地震即加强，震级越来越高，曾发生6.1级地震。

与深井注水有关的地震，最典型的是美国科罗拉多州丹佛地区的一个例子，该地一口排灌废水的深井（3614m深），开始使用后不久，就发生了地震。地震出现于深井附近，当注水量加大时地震随之增加，当注水量减少时地震随之减弱，其原因可能是注水后岩石抗剪强度降低，导致破裂面重新滑动。

地下核爆炸、大爆破等均可能诱发小型地震。

4.5.2 地震波

地震时从震源处释放出来的能量以弹性波的形式向四周传播并产生振动现象，此弹性波称为地震波。地震波在地下岩土介质中传播时称为体波；体波到达地表面后，引起沿地表面传播的波称为面波。

1. 体波

体波包括纵波和横波。纵波常记为 P 波，以质点的扩张和压缩的方式传播，质点的运动方向与振动传播方向一致，能引起地面上下跳动。纵波在所有振动波中是最快的，一般在岩石中其平均波速为 8~10km/s，但对建筑物摧毁力较小。横波常记为 S 波，其传播方式与水波相似，质点振动方向与波的传播方向相互垂直，能引起地面左右晃动。横波传播时，物体体积不变，但形状要以切变方式产生变形，故又称为剪切波。横波传播速度较小，平均波速为 4~5km/s，但对建筑物摧毁力较强。

2. 面波

面波只限于沿地表面传播，一般可以说它是体波经地层界面多次反射形成的次生波。它包括沿地面滚动传播的瑞利波和沿地面蛇形传播的勒夫波两种。

面波在传播过程中所反映的特点是：①地面质点在平行于波传播方向的垂直面内做振动，既有水平方向的位移，也有垂直方向的位移；②面波传播的速度最慢，平均速度为 3~4km/s，其振幅大，对地面的破坏性最大。

地震对地表面及建筑物的破坏是通过地震波实现的。纵波引起地面上下颠簸，横波使地面水平摇摆，面波则引起地面波状起伏。纵波先到，横波和面波随后到达，由于横波、面波振动更剧烈，造成的破坏也更大。

4.5.3 地震的震级和烈度

地震震级和地震烈度是用来衡量地震强度大小和地表破坏轻重程度的两个不同的概念。

1. 地震震级

地震震级是指地震释放能量的大小，是表征地震强弱的量度，是以地震仪测定的每次地震活动释放的能量多少来确定的。震源释放的能量越大，震级就越大。因为一次地震所释放的能量是固定的，所以无论在任何地方测定只有一个震级。按李希特-古登堡的最初定义，震级(M)是距震中 100km 的标准地震仪(周期 0.8s，阻尼比 0.8，放大倍率 2800 倍)所记录的以 μm 表示的最大振幅 A 的对数值，即

$$M = \lg A$$

古登堡等根据观测数据，求得震级 M 与能量 $E(J)$ 之间有如下关系。

$$\lg E = 4.8 + 1.5M$$

通常把小于 3 级的地震称为小地震，3~5 级的地震称为有感地震，大于 5 级的地震称为破坏性地震，大于 7 级的地震称为大地震，大于 8 级的地震称为巨大地震。震级每相差 1 级，能量相差大约 30 倍；每相差 2 级，能量相差约 900 倍。

2. 地震烈度

同一次地震，在不同的地方造成的破坏是不一样的。为了衡量地震的破坏程度，科学家又"制作"了另一把"尺子"——地震烈度。地震烈度是指某一地区的地面和各种建筑物遭受地震影响破坏的强烈程度。影响烈度的因素有震级、震源深度、距震源的远近、地面状况和地层构造等。同一次地震，震级只有一个，地震烈度却可以随着地区而变化。

地震烈度表是划分地震烈度的标准。它主要是根据地震时地面建筑物受破坏的程度、地震现象、人的感觉等来划分制定的。

我国地震烈度鉴定标准见表 4-1。

表 4-1 我国地震烈度鉴定标准

烈度	名称	加速度 $a(\text{cm/s}^2)$	地震系数 K_c	地震情况
Ⅰ	无感震	<0.25	$<\dfrac{1}{4000}$	人不能感觉，只有仪器可能记录到
Ⅱ	微震	0.26~0.50	$\dfrac{1}{4000} \sim \dfrac{1}{2000}$	少数在休息中极宁静的人能感觉到，住在楼上者更容易
Ⅲ	轻震	0.6~1.0	$\dfrac{1}{2000} \sim \dfrac{1}{1000}$	少数人感觉地动（像有轻车从旁经过），不能即刻断定是地震。振动来自方向或持续时间有时约略可定
Ⅳ	弱震	1.1~2.5	$\dfrac{1}{1000} \sim \dfrac{1}{400}$	少数在室外的人和绝大多数在室内的人都有感觉。家具等有些摇动，盘、碗和窗户玻璃振动有声。屋梁、天花板等咯咯作响，缸里的水或敞开皿中的液体有些荡漾，个别情形能惊醒睡觉的人
Ⅴ	次强震	2.6~5.0	$\dfrac{1}{400} \sim \dfrac{1}{200}$	差不多人人有感觉，树木摇晃，如有风吹动。房屋及室内物件全部振动，并咯咯作响。悬吊物如帘子、灯笼、电灯等来回摆动，挂钟停摆或乱打，盛满器皿中的水溅出。窗户玻璃出现裂纹。睡觉的人惊逃户外
Ⅵ	强震	5.1~10.0	$\dfrac{1}{200} \sim \dfrac{1}{100}$	人人有感觉，大部分惊骇跑到户外，缸里的水剧烈荡漾，墙上挂图、架上书籍掉落，碗碟器皿打碎，家具移动位置或翻倒，墙上灰泥发生裂缝，坚固的庙堂房屋亦不免有些地方掉落一些泥灰，不好的房屋受到相当的损伤，但较轻
Ⅶ	损害震	10.1~25.0	$\dfrac{1}{100} \sim \dfrac{1}{40}$	室内陈设物品及家具损伤甚大。庙里的风铃叮当作响，池塘里腾起波浪并翻起浊泥，河岸砂碛处有崩塌，井泉水位有改变，房屋有裂缝，灰泥及雕塑装饰大量脱落，烟囱破裂，骨架建筑的隔墙亦有损伤，不好的房屋严重损伤
Ⅷ	破坏震	25.1~50.1	$\dfrac{1}{40} \sim \dfrac{1}{20}$	树木发生摇摆，有时断折。重的家具物件移动很远或抛翻，纪念碑从座下扭转或倒下，建筑较坚固的房屋如庙宇也被损害，墙壁裂缝或部分裂坏，骨架建筑隔墙倾脱，塔或工厂烟囱倒塌，建筑物特别好的烟囱顶部亦遭损坏。陡坡或潮湿的地方发生小裂缝，有些地方涌出泥水

续表

烈度	名称	加速度 $a(\text{cm/s}^2)$	地震系数 K_c	地震情况
Ⅸ	毁坏震	50.1~100.0	$\frac{1}{20} \sim \frac{1}{10}$	坚固建筑物如庙宇等损坏颇重，一般砖砌房屋严重破坏，有相当数量的倒塌，不能再住人。骨架建筑根基移动，骨架歪斜，地上裂缝颇多
Ⅹ	大毁坏震	100.1~250.0	$\frac{1}{10} \sim \frac{1}{4}$	大的庙宇、大的砖墙及骨架建筑连基础遭受破坏，坚固砖墙发生危险的裂缝，河堤、坝、桥梁、城垣均严重损伤，个别的被破坏，钢轨亦挠曲，地下输送管道破坏，马路及柏油街道产生裂缝与皱纹，松散软湿之地开裂有相当宽而深的长沟，且有局部崩滑。崖顶岩石有部分剥落，水边惊涛拍岸

为了把地震烈度用于工程实际中，地震烈度又可分为基本烈度、场地烈度和设计烈度。

(1) 基本烈度

基本烈度是指一个地区今后一定时期内，在一般场地条件下可能普遍遭遇的最大地震烈度，也叫区域烈度。它是根据对一个地区的实地地震调查、地震历史记载、仪器记录并结合地质构造综合分析得出的。基本烈度提供的是地区内普遍遭遇的烈度。它所指的是一个较大范围的地区，而不是一个具体的工程建筑场地。

(2) 场地烈度

场地烈度是指根据场地条件如岩石性质、地形地貌、地质构造和水文地质调整后的烈度。

在同一个基本烈度地区，由于建筑物场地的地质条件不同，往往在同一次地震作用下，地震烈度也不相同，因此，在进行工程抗震设计时，应该考虑场地条件对烈度的影响，对基本烈度做适当的提高或降低，使设计所采用的烈度更切合实际情况。如岩石地基一般较安全，烈度可比一般工程地基降低半度到一度；淤泥类土或饱水粉细砂土较基岩烈度应提高2~3度等。

(3) 设计烈度

在场地烈度的基础上，根据建筑物的重要性，针对不同建筑物，将基本烈度予以调整，作为抗震设防的根据，这种烈度称为设计烈度，也叫设防烈度。永久性重要建筑物需提高基本烈度作为设计烈度，并尽可能避免设在高烈度区，以确保工程安全。临时性和次要建筑物可比永久性建筑或重要建筑物低1~2度。

4.5.4 地震烈度与震源、震中、震级的关系

地下发生地震的地方叫震源。震源正对着的地面叫作震中。震源到震中的垂直距离叫震源深度。地面上受震动破坏程度相同各点所连成的曲线称为等震线。地面上的一点，到

震源的距离叫震源距。图 4.17 所示为震源、震中和等震线。由于地震烈度受多方面因素的影响,常常导致震级相同,烈度不同。

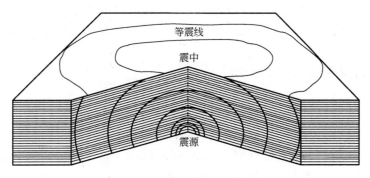

图 4.17 震源、震中和等震线

1. 地震烈度与震级的关系

一般情况下,在震源深度相同的情况下,地震震级越高,对同一地区的地面及建筑物的破坏程度也越大。

2. 地震烈度与震源、震中的关系

通常根据震源的深浅,把地震分为浅源地震(震源深度小于 70km)、中源地震(震源深度为 70~300km)和深源地震(震源深度大于 300km)。同一震级的地震,震源越浅,破坏力越大。不同地区由于离震源(震中)的距离不同,受地震的破坏程度不同,所以地震烈度也不同,一般情况下,离震源(震中)的距离越远的地区地震烈度越小。

当然,影响地震烈度的因素还有很多,比如地面状况、该地区的地层构造、建筑物的结构等。

4.5.5 地震分布

地震的发生是受地质构造条件控制的。因此,地震多发生在那些活动构造体系内的活动构造带上,而且主要分布在有活断层的地方。

1. 世界地震主要分布

① 环太平洋地震带。该地震带包括南北美洲的太平洋沿岸和从阿留申群岛、堪察加半岛,经千岛群岛、日本列岛南下至我国台湾地区,再经菲律宾群岛转向东南,直到新西兰。

② 喜马拉雅—地中海地震带。该地震带从印度、尼泊尔,经缅甸至我国横断山脉、喜马拉雅山区,越帕米尔高原,经中亚细亚到地中海及其附近。

2. 我国地震分布

我国位于世界两大地震带之间,受太平洋板块、印度板块和菲律宾板块的挤压,地震断裂带十分发育,主要集中在以下 5 个地震带上。

① 东南沿海及台湾地震带。以台湾的地震最为频繁,属于环太平洋地震带。

② 西藏—滇西地震带。属于地中海—喜马拉雅地震带。

③ 华北地震带。北起燕山,南经山西到渭河平原,构成 S 形的地带。

④ 郯城—庐江地震带。自安徽庐江往北至山东郯城一线，并越渤海，经营口再往北，与吉林舒兰、黑龙江依兰断裂连接，是我国东部的强地震带。

⑤ 横贯中国的南北向地震带。北起贺兰山、六盘山，横越秦岭，通过甘肃文县，沿岷江向南，经四川盆地西缘，直达滇东地区，为一规模巨大的强烈地震带。

4.5.6 地震对建筑物的影响

地震造成的破坏称为震害，也称地震效应。震害可分为直接震害和间接震害。直接震害指地震直接引起的人身伤亡与财产损失。财产损失中包括各种人工建筑（如房屋、桥梁、隧道、地下厂房、道路、水利工程等）和自然环境（如农田、河流、湖泊、地下水等）的破坏所造成的损失。间接震害指与地震相关的灾害和损失，如火灾、水灾（海啸、大湖波浪等）、山地灾害（滑坡、崩塌、泥石流、液化、地面塌陷、不均匀沉降、地表断裂等）、流行疾病，以及由于劳动力丧失、交通中断等引起的一系列经济损失。与建筑物有关的地震破坏，又可分为震动破坏和地面破坏两个方面。

1. 震动破坏对建筑物的影响

震动破坏是指地震力和振动周期产生的破坏。地震力是指地震波传播时施加于建筑物的惯性力。随着惯性力性质不同，使建筑物出现水平振动破坏、竖直振动破坏、扭转破坏、剪切破坏等。建筑物所受地震惯性力的大小，取决于地震加速度和建筑物的质量大小。地震时质点运动在水平方向的最大加速度（$a_{\max}$）可按下式求取。

$$a_{\max} = \pm A(2\pi/T)^2$$

式中　A——振幅；
　　　T——振动周期。

假设建筑物的重力为 G，g 为重力加速度，则建筑物所受最大水平惯性力 F 为

$$F = Ga_{\max}/g = GK_H$$

式中　K_H——水平地震系数。

水平最大地震加速度和水平地震系数 K_H 是两个重要参数。水平地震系数大于 1/100 时，相当于Ⅶ度地震烈度，建筑物开始破坏。

由于垂直地震加速度仅为水平地震加速度的 1/3～1/2，并且建筑物竖向安全储备较大，所以，设计时一般只考虑水平地震力。因此，水平地震系数也称为地震系数。

此外，地震对建筑物的破坏还与振动周期有关，如果建筑物的自振周期与地震振动周期相等或接近时，将发生共振，使建筑物振幅加大而破坏。地震振动时间越长，建筑物破坏越严重。

2. 地面破坏对建筑物的影响

与建筑物有关的地面破坏主要有地面断裂、斜坡破坏和地基失效。

（1）地面断裂

地面断裂指地震造成的地面断开与沿断裂面的错动，常引起断裂附近及跨越断裂的建筑物发生位移、变形、开裂、倒塌等破坏。地裂缝多产生在河、湖、水库的岸边和高陡悬崖的上边，多以数条或十多条大致平行于岸边或崖边排列。在平原地区松散沉积层中也多见。

（2）斜坡破坏

斜坡破坏指地震使自然山坡或人工边坡失去稳定而产生的破坏现象，如崩塌、滑坡等。大规模的崩塌、滑坡不仅可以掩埋村镇、中断交通、破坏水利工程，还可以堵河断流，甚至造成新的地震。崩塌、滑坡物质还可以与冰水、库水、暴雨等组成泥石流，对建筑物造成新的破坏。

（3）地基失效

地基失效指地基、土体在地震作用下产生的振动压密、震陷、振动液化、喷水冒砂、不均匀沉降、塑性流变、地基承载力下降或丧失等造成的地基破坏和失效，从而导致建筑物破坏。

此外，地震时，海啸对港口、码头等沿海建筑也可造成巨大破坏。

小　结

本学习情境主要介绍常见 5 种不良地质现象（崩塌、滑坡、泥石流、岩溶及地震）的概念及其产生的条件、类型及防治措施等。

（1）崩塌和滑坡是边坡岩土体在自身重力作用和其他因素影响下发生变形破坏的现象。它们常具有突发性强和危害大的特征，因此应分析边坡失稳的原因及其危害程度，预测其发展趋势，并提出防治措施。

（2）泥石流是山洪水流挟带大量泥沙、石块等固体物质，突然以巨大的速度从沟谷上游奔腾直泻而下，来势凶猛，历时短暂，具有强大破坏力的一种特殊洪流。泥石流的形成条件包括：陡峻的便于集水、集物的地形地貌；丰富的松散物质；短时间内有大量的水源。

（3）岩溶形成的基本条件是岩石的可溶性、岩体的透水性和水的溶蚀性及流动性。在岩溶地区修建工程应注意岩溶现象及岩溶地貌。

（4）地震按其成因可划分为构造地震、火山地震、陷落地震和诱发地震。震级和烈度是衡量地震本身大小与某地区地震强烈程度的两个尺度。

复习思考题

一、名词解释

崩塌、滑坡、泥石流、岩溶、地震

二、简答题

1. 山崩与落石有什么区别？
2. 滑坡和崩塌有什么区别？
3. 按组成物质，滑坡可分为哪几类？简述其特征。

4. 滑坡的防治措施主要有哪些?

5. 泥石流的主要类型有哪些?

6. 地震的主要类型有哪些?

能力训练

1. 简述落石的形成条件。
2. 简述滑坡的形成条件。
3. 简述泥石流的形成条件。
4. 简述汶川大地震的发生机理。

【学习情境4题库】

学习情境 5　工程地质勘察

学习目标

1. 能完成工程地质测试。
2. 能在野外绘制节理玫瑰花图。
3. 能在野外勘查滑坡、岩溶、危岩和崩塌、泥石流及活动断裂。

教学要求

知识要点		重要程度
工程地质勘察概论	静力荷载试验	B
	静力触探试验	B
	标准贯入试验	B
	十字板剪切试验	B
	工程地质长期观测	C
节理玫瑰花图绘制及野外地质勘察	节理玫瑰花图绘制	A
	野外地质勘察	A

章节导读

本学习情境包括工程地质勘察概论、节理玫瑰花图绘制及野外地质勘察两部分。工程地质勘察概论介绍了如何采用工程地质勘察方法，查明建筑地区的工程地质条件。节理玫瑰花图绘制及野外地质勘察介绍了如何利用节理产状的统计资料编制节理玫瑰花图；针对滑坡、岩溶、危岩和崩塌、泥石流、活动断裂等不良地质现象，开展野外地质勘察。

知识点滴

工程地质勘察是土木工程建设的基础工作。针对滑坡、岩溶、危岩和崩塌、泥石流、活动断裂等不良地质现象，公路工程、建筑地基工程、水利水电工程、港口工程等不同工程类型其勘察方法和要求也各不相同。

任务 5.1 工程地质勘察概论

【公路工程地质勘察】

工程地质条件是各种对工程建筑有影响的地质因素的总称,如地形、地貌、地层岩性、地质构造、岩体天然应力状态、水文地质条件、各种自然地质现象、岩土物理力学性质、天然建筑材料的情况等。工程地质条件直接影响各种土木工程的选址、建设和使用。查明工程地质条件是工程地质勘察的重要任务,但不同类型的土木工程对工程地质条件的要求也会有不同的侧重。

5.1.1 工程地质条件

1. 公路工程地质条件

公路是一种线型工程构造物,由路基工程、桥隧工程和防护工程等组成。公路线路往往要穿越地形、地质条件复杂的不同地区或构造单元。工程地质论证或工程地质条件分析在公路建设中非常重要。

公路的规划设计工作,首先是路线选择问题。路线的选择,要根据地形地貌、工程地质条件及施工条件等综合考虑,其中工程地质条件是决定性因素。在公路的选线工作中通常要考虑地形地貌、岩土类型、地质构造和不良地质现象等。选线时应尽量避开崩塌、滑坡、泥石流、岩溶(尤其是落水洞、溶洞)等地质灾害发育地段。当无法避开时,应进行详细的地质测绘和勘探工作,采取必要的治理措施,以保证公路长期安全使用。在实际工作中,应对道路多条备选路线的工程地质条件进行全面调查和综合分析比较,从中选出工程地质条件好、工程造价较低的路线方案。路线选择地质条件分析实例如图5.1所示。

由图5.1可见,A、B两点间共有3个基本选线方案,方案Ⅰ需修两座桥梁和一条长隧道,路线虽短,但隧道施工困难,不经济;方案Ⅱ需修一条短隧道,但西段边坡陡峻,容易发生崩塌、滑坡等地质灾害,治理困难,维修费用大,也不经济;方案Ⅲ为跨河走对岸路线,需修两座桥梁,比修一条隧道容易,但也不经济。综合上述3个方案的优缺点,对工程地质条件进行分析比较,提出较优的方案Ⅳ,即把河弯过于弯曲地段取直,改移河道;取消西段两座桥梁而改用路堤通过,使路线既平直又能避开地质灾害发育地段,而东段则连接方案Ⅱ的沿河路线。此方案的路线虽稍长,但工程地质条件较好,维修费用少,施工方便,从长远来看还是经济的,故为最优方案。

路基是公路工程的主体部分,它主要承受车辆的动力荷载及其上部建筑的重力。坚固、稳定的路基是公路安全运行的保障。路基形式包括路堑、路堤和半路堤、半路堑等。在丘陵地区尤其是地形起伏较大的山区修建公路时,需要翻山越岭,路基工程量一般较大,往往通过高填或深挖等方式才能满足路线最大纵向坡度的要求。因此必须对路基基

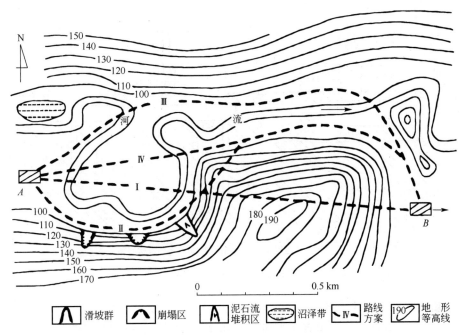

图 5.1 路线选择地质条件分析实例

底、路基边坡、越岭垭口等的工程地质条件进行分析研究。

桥梁、涵洞是公路工程的重要组成部分。公路路线经常跨越各种河川、沟谷等，需要修建各种类型的桥梁、涵洞等构造物。地质灾害直接威胁桥梁、涵洞结构物的安全和正常运营。因而，对桥梁、涵洞的所处位置及周边范围的工程地质情况进行调查和分析，是解决桥址选择、桥墩台地基稳定性和冲刷及桥基承载力等问题的重要先决条件。

隧道是公路工程中的重要组成部分。隧道结构的稳定性和安全性与其所处位置的地质与水文条件密切相关。隧道位于地表以下，处于各种不同的地质构造部位，四周被各种不同类型的围岩包围，可能遇到复杂的地质条件。不良的地质环境不仅会给隧道修建带来一系列工程问题，而且会大大增加工程造价和施工工期。因此，在进行公路规划、勘测设计及施工中，需要认真考虑地形、岩性、地质构造、地下水等地质条件。

2. 建筑地基工程地质条件

万丈高楼平地起，直接支承建(构)筑物自重的那部分地层或岩土体称为地基，建(构)筑物在地下直接与地基相接触的部分称为基础。图 5.2 所示为地基与基础示意。基础的作用在于把建(构)筑物的自重传布到地基中去，有时候基础也可作为地下室等使用。凡是直接砌置在未经加固的天然地层上的地基，称为天然地基。若天然地基承载力很弱，需要进行人工加固，这种地基则称为人工地基。按基础的埋置深度，可将天然地基分为浅地基(埋深<5m)和深地基(埋深≥5m)。当上部结构荷载很大，而适合作为持力层的土层又埋藏较深时，经常用桩基来代替深基础。桩基由许多根桩组成，桩打入土中后，在桩顶部砌筑承台，然后再在承台上建筑上部结构。

要保证建(构)筑物的安全与正常使用，必须要有牢固的地基。而要保证地基的稳固可靠，就必须对建筑场地的工程地质条件进行分析。建筑场地的工程地质条件主要包括地形地貌条件和土层结构条件。

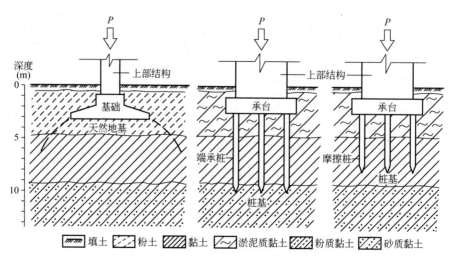

图 5.2　地基与基础示意

3. 水利水电工程地质条件

水利水电工程中的地质问题复杂而多样。由于强大的静水压力和动水压力对大坝的作用，设计时不仅需设置足够大的坝体，而且要求坝基有足够的强度、刚度和整体稳定性，所以，地基岩土的类型及工程性质是必须考虑的重要工程地质条件。

修建水利水电枢纽工程所遇到的水文地质问题，有坝基和绕坝渗漏与抗滑稳定问题，溢洪道和溢流坝下游冲刷及施工过程涌水问题，电站厂房地基的强度和变形问题，船闸高陡边坡的稳定问题，渠道渗漏和湿陷稳定问题，以及渡槽墩基不均匀沉陷问题等。水库区的工程地质问题也较多，如水库渗漏、库岸失稳、水库淤积、库周浸没、水库诱发地震等。这些问题均需要通过工程地质勘察，查明各种工程地质条件，做出预测和分析评价。

就水利水电工程而言，需要着重考虑的工程地质条件主要有以下一些方面。

① 规划河流或河段的区域地质和地震概况。
② 水库区的水文地质和工程地质条件。
③ 库区基岩的岩土工程性质。
④ 区域不良地质现象的分布及特点。
⑤ 区域内的天然建筑材料条件。

4. 港口工程地质条件

港口工程是兴建港口所需的各项工程设施的工程技术，包括港址选择、工程规划设计及各项设施（如各种建筑物、装卸设备、系船浮筒、航标等）的修建。在港址选择过程中，需要充分考虑拟建区域的地质、地貌条件；港口水工建筑物的设计，首先要满足强度、刚度、稳定性（包括抗震稳定性）和沉陷方面的要求，因此也需充分查明有关的工程地质条件。

港口工程的建设主要考虑以下工程地质问题。

① 由于地质构造对海岸发育的控制作用和海岸地壳运动及海岸的升降变化所引起的区域稳定问题。
② 码头和防波堤的地基稳定问题。
③ 港池和航道的回淤问题。

为解决上述问题，必须在港口工程的勘察中查明以下工程地质条件。
① 地貌类型及其分布、港湾或河段类型、岸坡形态与冲淤变化、岸坡的整体稳定性。
② 地层成因、时代、岩土性质与分布。
③ 对场地稳定性有影响的地质构造和地震情况。
④ 不良地质现象和地下水情况。

5.1.2 工程地质勘察的目的与任务

1. 工程地质勘察的目的

工程地质勘察工作就是综合运用各种勘察手段和技术方法，有效查明建筑场地的工程地质条件，分析评价建筑场地可能出现的岩土工程问题，对场地地基的稳定性和适宜性做出评价，为工程建设规划、设计、施工和正常使用提供可靠的地质依据。其目的是充分利用有利的自然地质条件，避开或改造不利的地质因素，保证工程建筑物的安全稳定、经济合理和正常使用。

2. 工程地质勘察的任务

工程地质勘察的任务是按照建筑物或构筑物不同勘察阶段的要求，为工程的设计、施工，以及岩土体治理加固、开挖支护和降水等工程提供地质资料和必要的技术参数，对有关的岩土工程问题做出论证和评价。其具体任务包括以下几个方面。

① 查明建筑场地的工程地质条件，指出场地内不良地质现象的发育情况及其对工程建设的影响，对场地的稳定性和适宜性做出评价。
② 查明工程范围内岩土体的分布和性状及地下水的活动情况，提供设计、施工和整治所需的地质资料和岩土技术参数。
③ 分析研究与工程建筑有关的岩土工程问题，并做出评价结论。
④ 对场地内建筑总平面布置、各类岩土工程设计、岩土体加固处理、不良地质现象整治等具体方案提出论证和建议。
⑤ 预测工程施工和运行过程中对地质环境和周围建筑物的影响，并提出保护措施和建议。

5.1.3 工程地质勘察阶段的划分

为体现工程地质勘察为设计服务的宗旨，勘察阶段划分应与设计阶段相适应。由于岩土工程设计划分为由低级到高级的不同阶段，因此，工程地质勘察也应划分为由低级到高级的不同阶段，以适应相应设计阶段对工程地质条件研究深度的不同要求。

按《岩土工程勘察规范（2009年版）》（GB 50021—2001）的规定，房屋建筑物和构筑物工程地质勘察可划分为可行性研究勘察、初步勘察、详细勘察3个阶段，施工勘察不作为一个固定阶段。

1. 可行性研究勘察阶段

可行性研究勘察也称为选址勘察，主要是针对大型水利水电工程、特大型桥梁工程、地下铁道工程、军事国防工程等进行选址勘察。场址选择工作一般可分为两个阶段：第一个阶段是选择工程项目的建设地区；第二个阶段是在此基础上选择具体的建设地点和位置。

可行性研究勘察阶段的主要任务是通过搜集、分析已有资料，进行现场踏勘、工程地质测绘和少量勘探工作，对拟选场址的稳定性和适宜性做出岩土工程评价，进行技术经济论证和方案比较，以满足确定场地方案的要求。这一阶段一般有若干个可供选择的场址方案，对各方案场地都要进行勘察，并对主要的岩土工程问题做初步分析和评价，以此比较各方案的优劣，选取最优的建筑场址。

2. 初步勘察阶段

初步勘察的目的是根据工程初步设计的要求，提出岩土工程方案的设计和论证。其主要任务是在可行性研究勘察的基础上，对场地内建筑地段的稳定性做出岩土工程评价，并对确定建筑总平面布置、主要建筑物的岩土工程方案和不良地质作用的防治工程方案等进行论证，以满足初步设计或扩大初步设计的要求。初步勘察阶段是设计的重要阶段，既要对场地稳定性做出确切的评价结论，又要确定建筑物的具体位置、结构形式、规模和各相关建筑物的布置方式，并提出主要建筑物的地基基础、边坡工程等方案。如果场地内存在不良地质现象，可能影响场地和建筑物的稳定性，还要提出防治工程方案。

本阶段的勘察方法，是在分析已有资料的基础上，根据需要进行工程地质测绘，并以勘探、物探和原位测试为主。本阶段应根据具体的地形地貌、地层岩性和地质构造条件，布置勘探点、线、网，其密度和孔(坑)深度按不同的工程类型和工程地质勘察等级确定。原则上每一个岩土层都应取样或进行原位测试，取样和原位测试坑的数量应占相当大的比重。

工作前要掌握选址报告书内容，还要了解建设项目的类型、规模、建筑面积、建筑物名称、建筑物最大高度和最大荷重，基础的一般埋深与最大埋深、主要仪器设备情况，要取得比例尺为 1：10000～1：2000 并带有坐标的地形图，图上应标明建筑物预计分布范围和初步勘察边界线。

3. 详细勘察阶段

详细勘察的目的是对岩土工程设计、岩土体处理与加固、不良地质作用的防治工程进行计算与评价，以满足施工图设计的要求。详细勘察阶段应按不同建筑物或建筑群提出详细的岩土工程资料和设计所需的岩土技术参数。显然，该阶段勘察范围仅局限于建筑物所在的地段内，所要求的成果资料精细可靠，而且许多是计算参数。例如，工业与民用建筑需评价和计算地基稳定性和承载力；提供地基变形计算参数，预测建筑物的沉降、差异沉降或整体倾斜；判定高烈度地震区场地饱和砂土(或粉土)的地震液化，计算液化指数；深基坑开挖的稳定计算和支护设计所需参数，基坑降水设计所需参数，以及基坑开挖、降水对邻近工程的影响；桩基设计所需参数，如单桩承载力等。

本阶段勘察方法以勘探和原位测试为主。勘探点一般应按建筑物轮廓线布置，其间距根据工程地质勘察等级确定，较之初步勘察阶段密度更大。勘探孔(坑)深度一般应以工程基础底面为准算起。采取岩土试样和进行原位测试的孔(坑)数量，也较初步勘察阶段要多。为了与后续的施工监理衔接，此阶段应适当布置监测工作。

4. 施工勘察阶段

对于工程地质条件复杂或有特殊施工要求的重大工程地基，需要进行施工勘察。施工勘察包括施工阶段和竣工运营过程中一些必要的勘察工作(如检验地基加固效果等),主要是检验与监测工作、施工地质编录和施工超前地质预报。施工勘察可以起到核对已取得的地质资料和所做评价结论准确性的作用,以此可修改、补充原来的勘察成果。

5.1.4 工程地质勘察方法

工程地质勘察的方法主要有工程地质测绘、工程地质勘探、工程地质测试和工程地质长期观测等。

1. 工程地质测绘

工程地质测绘是工程地质勘察中最基本的方法,也是最先进行的综合性基础工作。它运用地质学原理,通过野外地质调查,对有可能选择的拟建场地区域内的地形地貌、地层岩性、地质构造、地质灾害等进行观察和描述,将所观察到的地质信息要素按要求的比例尺填绘在地形图和有关图表上,并对拟建场地区域内的地质条件做出初步评价,为后续布置勘探、试验和长期观测打下基础。工程地质测绘贯穿于整个勘察工作的始终,只是随着勘察阶段的不同,要求测绘的范围、内容、精度不同而已。

(1) 工程地质测绘的范围

工程地质测绘的范围应根据工程建设类型、规模,并考虑工程地质条件的复杂程度等综合确定。一般,工程跨越地段越多、规模越大、工程地质条件越复杂,测绘范围相对就越广。例如,在丘陵和山区修筑高速公路,因其线路穿山越岭、跨江过河,工程地质测绘范围就比水库、大坝选址的工程地质测绘范围要广阔。

(2) 工程地质测绘的内容

① 地层岩性。查明测区范围内地表地层(岩层)的性质、厚度、分布变化规律,并确定其地质年代、成因类型、风化程度及工程地质特性等。

② 地质构造。研究测区范围内各种构造形迹的产状、分布、形态、规模及其结构面的物理力学性质,明确各类构造岩的工程地质特性,并分析其对地貌形态、水文地质条件、岩石风化等方面的影响,以及构造活动,尤其是地震活动的情况。

③ 地貌条件。调查地表形态的外部特征,如高低起伏、坡度陡缓和空间分布等;进而从地质学和地理学的观点分析地表形态形成的地质原因和年代,及其在地质历史中不断演变的过程和将来发展的趋势;研究地貌条件对工程建设总体布局的影响。

④ 水文地质。调查地下水资源的类型、埋藏条件、渗透性;分析水的物理性质、化学成分、动态变化;研究水文条件对工程建设和使用期间的影响。

⑤ 地质灾害。调查测区内边坡稳定状况,查明滑坡、崩塌、泥石流、岩溶等地质灾害分布的具体位置、规模及其发育规律,并分析其对工程结构的影响。

⑥ 建筑材料。在建筑场地或线路附近寻找可以利用的石料、砂料、土料等天然建筑材料,查明其分布位置、大致数量和质量、开采运输条件等。

(3) 工程地质测绘的方法

工程地质测绘的方法有相片成图法、实地测绘法和遥感技术法等。

① 相片成图法。它是利用地面摄影或航空(卫星)摄影的相片,先在室内根据判释标志,结合所掌握的区域地质资料,确定地层岩性、地质构造、地貌、水系和地质灾害等,

并描绘在单张相片上，然后在相片上选择需要调查的若干布点和路线，进一步实地调查、校核并及时修正和补充，最后将结果转绘成工程地质图。

② 实地测绘法。它是在野外对工程地质现象进行实地测绘（地质填图）的方法。实地测绘法通常有路线穿越法、布线测点法和界线追索法3种。

a. 路线穿越法。它是沿着在测区内选择的一些路线，穿越整个测绘场地，将沿途遇到的地层、构造、地质灾害、水文地质、地形、地貌界线和特征点等信息填绘在工作底图上的方法。观测路线可以是直线也可以是折线。观测路线应选择在露头较好或覆盖层较薄的地方，起点位置应有明显的地物（如村庄、桥梁等）。观测路线延伸的方向应大致与岩层走向、构造线方向及地貌单元相垂直。

b. 布线测点法。它是根据地质条件复杂程度和不同测绘比例尺的要求，先在地形底图上布置一定数量的观测路线，并在这些路线上设置若干观测点，然后直接到所设置的点进行观测的方法。此方法不需要穿越整个测绘场地。

c. 界线追索法。它是为了查明某些局部复杂构造，沿地层走向或某一地质构造方向或某些地质灾害界线进行布点追索的方法。此方法常是上述两种方法的补充工作。

③ 遥感技术法。它是以电磁波为媒介的探测技术，即在遥远的地方，不与目标物直接接触，而通过信息系统去获得有关该目标物的信息。其方法是把仪器（电磁辐射测量仪或传感器、照相机等）装在轨道卫星、飞机、航天飞机等运载工具上，对地球上物体发射或反射的电磁波辐射特征进行探测和记录，然后把数据传到地面，经过接收处理得到数据磁带和图像，再进行人工解译，以判别遥感图像上所反映的地质现象。

2. 工程地质勘探

工程地质勘探是在工程地质测绘的基础上，为了详细查明地表以下的工程地质问题，取得地下深部岩土层的工程地质资料而进行的勘察工作。常用的工程地质勘探手段有开挖勘探、钻孔勘探和地球物理勘探。

（1）开挖勘探

开挖勘探就是对地表及其以下浅部的局部岩土层直接开挖，以便直接观察岩土层的天然状态及各地层之间的接触关系，并取出原状结构岩土样品进行测试，研究其工程地质特性的勘探方法。根据开挖体空间形状的不同，开挖勘探分为坑探、槽探、井探和洞探。

① 坑探。它是指用锹镐或机械挖掘在空间上3个方向的尺寸相近的坑洞的一种明挖勘探方法。坑探的深度一般为1～2m，适用于不含水或含水量较少的较稳固的地表浅层，主要用来查明地表覆盖层的性质和采取原状土样。

② 槽探。它是指在地表挖掘呈长条形的沟槽，进行地质观察和描述的一种明挖勘探方法。探槽常呈上口宽下口窄、两壁倾斜的形状，其宽度一般为0.6～1m，深度一般小于3m，长度则视情况确定。槽探主要用于追索地质构造线、断层、断裂破碎带宽度、地层分界线、岩脉宽度及其延伸方向，探查残积层、坡积层的厚度和岩石性质及采取试样等。

③ 井探。它是指勘探挖掘空间的平面长度方向和宽度方向的尺寸相近，而其深度方向大于长度和宽度的一种挖探方法。井探主要用于了解覆盖层厚度及性质、构造线、岩石

破碎情况、岩溶、滑坡等。探井的深度一般都为 3~20m，其断面形状有方形(边长 1m 或 1.5m)、矩形(长 2m、宽 1m)和圆形(直径一般为 0.6~1.25m)。

④ 洞探。它是指在指定标高的指定方向开挖地下洞室的一种勘探方法。洞探多用于了解地下一定深度处的地质情况和取样，如查明坝址两岸和坝底的地质结构等。

(2) 钻孔勘探

钻孔勘探，简称钻探，是利用钻探机械从地面向地下钻进直径小而深度大的圆形钻孔，通过采集孔内岩芯进行观察、研究和测量钻入岩层的物理性质，来探明深部地层的工程地质特征，补充和验证地面测绘资料的一种勘探方法。

钻探设备一般包括钻机、泥浆(水)泵、动力机和钻塔，以及钻头、各种钻具和附属设备等，如图 5.3 所示。

钻孔的施工过程称为钻进工程，其作业工序是通过钻孔底部的钻头破碎岩石而逐渐加深孔身。通常根据不同的岩石条件和不同的钻进目的，采用不同的方法和技术措施破碎孔底岩石，即采用不同的钻进方法。常用的钻进方法有冲击钻进、回转钻进及冲击回转钻进等。

① 冲击钻进。它是利用钻头冲击力破碎岩石的一种钻进方法，即用钻具底部的圆环状钻头向下冲击，破碎钻孔底部的岩土层。钻进时将钻具提升到一定高度，利用钻具自重迅猛放落，并利用钻具在下落时产生的冲击力，冲击钻孔底部的岩土层，使岩土破碎而进一步加深钻孔。冲击钻进只适用于垂直孔(井)，钻进深度一般不超过 200m。冲击钻进可分为人工冲击钻进和机械冲击钻进。人工冲击钻进适用于黄土、黏性土和砂土等疏松覆盖层的钻进；机械冲击钻进适用于砾石、卵石层和基岩等硬岩的钻进。冲击钻进一般难以取得完整岩芯。

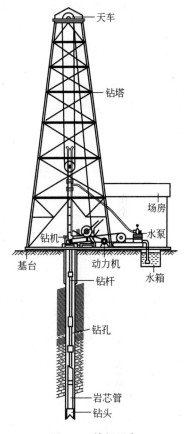

图 5.3 钻探设备

② 回转钻进。它是利用钻头回转破碎孔底岩石的一种钻进方法。回转钻进的回转力是由地面的钻机带动钻杆旋转传给钻头的。钻进时，钻头受轴向压力同时接受回转力矩而压入、压碎、切削、研磨岩石，使岩石破碎。破碎下来的岩粉、岩屑由循环洗井介质(清水、泥浆等)携带到地表。回转钻进所使用的钻头有硬质合金钻头、钻粒钻头、金刚石钻头、刮刀钻头、牙轮钻头和螺旋钻头(杆)等。硬质合金钻头、钻粒钻头、金刚石钻头统称为取芯钻头，呈环形，适用于岩芯钻探(环形钻探)，钻头对孔底的岩土层做环形切削研磨，由循环冲洗液带出岩粉，环形中心保留柱状岩芯，适时提取岩芯。刮刀钻头、牙轮钻头为不取芯钻头，钻头对孔底的岩层做全面切削研磨，用循环冲洗液排出岩粉，连续钻进不提钻。螺旋钻头(杆)形如麻花，适用于在黏性土等软土层中钻进，下钻时将螺旋钻头旋入土层，提钻时带出扰动土样。通常固体矿产钻探多采用取芯钻头，油气钻井多采用不取芯钻头，工程勘察常采用螺旋钻头(杆)。

③ 冲击回转钻进。它是一种在回转钻进的同时加入冲击作用的钻进方法。

(3) 地球物理勘探

地球物理勘探，简称物探，是利用专门仪器来探测地壳表层各种地质体的物理场（电场、磁场、重力场、辐射场、弹性波的应力场等），通过测得的物理场特性和差异来判明地下的各种地质现象，获得某些物理性质参数的一种勘探方法。由于地下物质（岩石或矿体等）的物理性质（密度、磁性、电性、弹性、放射性等）存在差异，从而引起相应的地球物理场发生局部变化，所以通过测量这些物理场的分布和变化特性，结合已知的地质资料进行分析研究，就可以推断和解释地下岩石性质、地质构造和矿产分布情况。

物探的方法主要有重力勘探、磁法勘探、电法勘探、地震勘探、地质雷达勘探等，其中最普遍使用的是电法勘探、地震勘探、地质雷达勘探。在初期的工程地质勘察中，常用电法勘探与地震勘探方法来查明勘察区地下地质的初步情况，以及地下管线、洞穴等的具体位置。

① 电法勘探。它是根据岩土体电学性质（如导电性、极化性、导磁性和介电性）的差异，勘查地下工程地质情况的一种物探方法。按照使用电场的性质，电法勘探分为人工电场法和自然电场法两类，其中人工电场法又分为直流电场法和交流电场法。

勘探内容：探明地层、岩性、地质构造、覆盖层厚度、含水层分布和深度、古河道、主导充水裂隙方向等工程地质相关资料。

工作原理：工程地质物探多使用人工电场法，即人工对地质体施加电场（用直流电源通过导线经供电电极向地下供电建立电场），通过电测仪测定地下各种地质体的电阻率大小及其变化，再经过专门解释。

收集成果：利用程控电极转换开关和电测仪便可实现数据的快速和自动采集；当测量结果传送至计算机后，对数据进行处理并给出关于地电断面分布的各种物理解释的结果。

② 地震勘探。它是利用人工激发的地震波在弹性不同的地层内传播的规律来探测地下地质现象的一种物探方法。

勘探内容：用于了解地下深部地质结构，如基岩面、覆盖层厚度、风化壳、断层带等地质情况。

工作原理：在地面某处利用爆炸或敲击激发的地震波向地下传播时，遇到不同弹性的地层分界面就会产生反射波或折射波返回地面，用专门仪器可以记录这些波。根据记录得到的波的传播时间、传播速度、距离、振动形状等进行专门计算或仪器处理，能够较准确地测定地层分界面的深度和形态，从而判断地层、岩性、地质构造及其他工程地质问题（如岩土体的动弹性模量、动剪切模量和泊松比等动力参数）。

勘探方法：包括发射法、折射法、地震测井。发射法是利用反射波的波形记录的一种地震勘探方法。地震波在其传播过程中遇到介质性质不同的岩层界面时，一部分能量会被反射，一部分能量会透过界面继续传播。折射法是利用折射波（又称明特罗普波或首波）的一种地震勘探方法。地层的地震波速度如大于上面覆盖层的波速，则两者的界面可形成折射面。地震测井是直接测定地震波速度的一种地震勘探方法。震源位于井口附近，检波器沉放于钻孔内，据此测量井深及时间差，从而计算出地层平均速度及某一深度区间的层速度。

收集成果：检波器将地面接收到的机械振动转化为时间函数的电信号，通过专用电缆送到仪器车，由仪器记录在磁带上，从而得到地震原始记录。

③ 地质雷达勘探。它是利用超高频电磁波探测地下介质分布的一种物探方法。

勘探内容：用于考古，基础深度确定，地下水污染、隧道岩层、矿产勘探，溶洞、地下管缆探测，公路地基和铺层、钢筋结构、水泥结构无损探伤检测。

工作原理：发射机通过发射天线发射中心频率为 12.5M～2500MHz 的脉冲电磁波信号。当这一信号在岩层中遇到探测目标时，会产生一个反射信号。直达信号和反射信号通过接收天线输入接收机，放大后由示波器显示出来。根据示波器有无反射信号，可以判断有无被测目标；根据反射信号到达的滞后时间及目标物体的平均反射波速，可以大致计算出探测目标的距离。

3. 工程地质测试

工程地质测试，也称岩土测试，是在工程地质勘探的基础上，为了进一步研究勘探区内岩土的工程地质性质而进行的试验和测定。工程地质测试有原位测试和室内测试之分。原位测试是在现场岩土体中对不脱离母体的"试件"进行的试验和测定；而室内测试则是将从野外或钻孔采取的试样送到实验室进行的试验和测定。原位测试是在现场条件下直接测定岩土的性质，避免了岩土样在取样、运输及室内试验准备过程中被扰动，因而所得的指标参数更接近于岩土体的天然状态，一般在重大工程中采用；室内测试的方法比较成熟，所取试样体积小，与自然条件有一定的差异，因而成果不够准确，但能满足一般工程的要求。

原位测试主要有三大任务：一是岩土体（地基土）的力学性质和承载力强度试验；二是水文地质试验；三是地基及基础工程试验。岩土体（地基土）的力学性质和承载力强度试验主要有静力荷载试验、静力触探试验、标准贯入试验、十字板剪切试验等；水文地质试验主要有渗水试验、压水试验和抽水试验等；地基及基础工程试验主要有不良地基灌浆补强试验和桩基础承载力试验等。室内测试主要测定岩土体（地基土）的物理性质指标（密度、界限含水量、含水率、饱和度、孔隙度、孔隙比等）和力学性质指标（压缩变形参数、抗剪强度、抗压强度）等，限于篇幅，此处只介绍静力荷载试验、静力触探试验、标准贯入试验、十字板剪切试验等常用原位测试方法。

(1) 静力荷载试验

静力荷载试验是研究在静力荷载下岩土体变形性质的一种原位试验方法，主要用于确定地基土的允许承载力和变形模量，研究地基变形范围和应力分布规律等。

勘探内容：研究在静力荷载下岩土体的变形性质。

工作原理：在现场试坑或钻孔内放一荷载板，在其上依次分级加压(p)，测得各级压力下土体的最终沉降值(s)，直到承压板周围的土体有明显的侧向挤出或发生裂纹，即土体已达到极限状态为止。图 5.4 所示为现场静力荷载试验示意。

试验方法：根据试验过程中每一级压力(p)和相应沉降值(s)绘出的 $p-s$ 曲线，通常可分为 3 段，反映了土体的 3 种应力状态或地基变形性状（图 5.5）。

第Ⅰ段，直线段，$p-s$ 呈线性关系，反映随着荷载（压力）加大，土体稳定压密的应力状态。一般把该直线段的终点所对应的压力 p_0 称为临塑压力（比例界限压力）。

第Ⅱ段，曲线段，$p-s$ 呈非线性关系，曲线斜率 ds/dp 随着压力增加而增大，反映土体在压密过程中附加有剪切移动或塑性变形的应力状态。

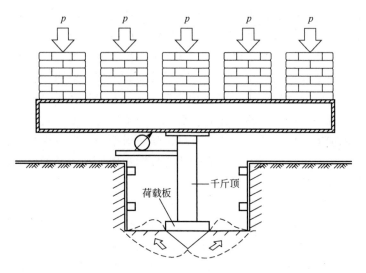

图 5.4 现场静力荷载试验示意

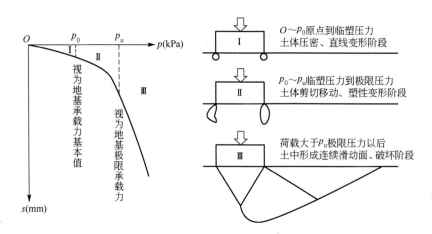

图 5.5 根据 p-s 曲线确定地基承载力示意

第Ⅲ段，陡降段，荷载 p 增加很小，但沉降量 s 却急剧增大，反映土体应力已达到极限状态，土体已剪切破坏。一般把该陡降段的起点所对应的压力 p_u 称为极限压力。

显然，当建筑物基底附加压力小于或等于 p_0 时，地基土的强度是完全有保证的，且沉降也较小；而当建筑物基底附加压力大于 p_0 而小于 p_u 时，地基土体不会发生整体破坏，但建筑物的沉降量很大；当建筑物基底附加压力大于或等于 p_u 时，地基土体就会发生剪切破坏。

收集成果：在一定压力下的时间沉降曲线（s-t 曲线）和荷载沉降曲线（p-s 曲线）。根据 p-s 曲线所反映的地基变形性状，可以确定地基承载力基本值。对于黏性土、粉土地基，当 p-s 曲线上有明显的直线段时，可直接取临塑压力 p_0 作为地基承载力基本值 f_0，取极限压力 p_u 作为地基极限承载力 f_u。

（2）静力触探试验

静力触探试验是工程地质勘察特别是在软土勘察中较为常用的一种原位测试试验方法。静力触探的仪器设备包括探杆、带有电测传感器的探头、贯入主机、数据采集记录仪等,常将全部仪器设备组装在汽车上,制造成静力触探车。

勘探内容:用来划分土层,评定地基土的强度和变形参数,评定地基土的承载力等。静力触探试验适用于软土、黏性土、粉土、砂土和含少量碎石的土。

工作原理:按传感器的功能,静力触探分为常规的静力触探(单桥探头、双桥探头)和孔压静力触探。单桥探头测定的是比贯入阻力(p_s),p_s=总贯入阻力(p)/探头锥尖底面积(A);双桥探头测定的是锥尖阻力(q_c)和侧壁摩阻力(f_s);孔压静力触探探头是在单桥探头或双桥探头上增加可量测贯入土中时的孔隙水压力(u,简称孔压)的传感器。

试验方法:静力触探试验是用压入装置,以 20mm/s 的匀速静力,将探头压入被试验的土层,用电阻应变仪测量出不同深度土层的贯入阻力等,以确定地基土的物理力学性质及划分土类。

收集成果:比贯入阻力-深度(p_s-h)关系曲线,锥尖阻力与深度(q_c-h)和侧壁摩阻力与深度(f_s-h)关系曲线,摩阻比与深度(R_f-h)关系曲线。摩阻比 $R_f=(f_s/q_c)\times100\%$。图 5.6 所示为静力触探试验及成果曲线示意。

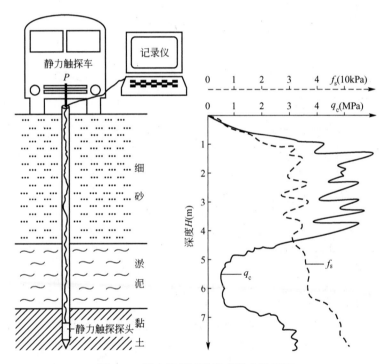

图 5.6 静力触探试验及成果曲线示意

(3)标准贯入试验

勘探内容:用来判断土的密实度和稠度、估算土的强度与变形指标、判别砂土液化、确定地基承载力、划分土层等。

工作原理:标准贯入试验是用 63.5kg 的穿心重锤,以 76cm 的落距反复提起和自动脱钩落下,锤击一定尺寸的圆筒形贯入器,将其贯(打)入土中,测定每贯入 30cm 厚土层所需的锤击数($N_{63.5}$值),以此确定该深度土层的性质和承载力的一种动力触探方法。

试验方法:标准贯入试验常在钻孔中进行,既可在钻孔全深度范围内等间距进行,也可仅在砂土、粉土等土层范围内等间距进行。先用钻具钻至试验土层标高以上15cm处，清除残土，将贯入器竖直贯(打)入土中15cm后，开始记录每打入10cm的击数。累计贯入土中30cm的锤击数，即为标准贯入锤击数N或$N_{63.5}$值。如遇到硬土层，累计击数已达50击，而贯入深度未达30cm时，应终止试验，记录50击的实际贯入深度Δs与累计锤击数n。按公式($N=30n/\Delta s$，即$N=30\times50/\Delta s$)换算成贯入30cm的锤击数N。然后旋转钻杆提起贯入器，取出贯入器中的土样进行鉴定、描述、记录，并测量其长度。

收集成果：标准贯入锤击数N与深度H的关系曲线和标准贯入孔工程地质柱状图。图5.7所示为标准贯入试验及锤击数与岩性和深度关系曲线示意。

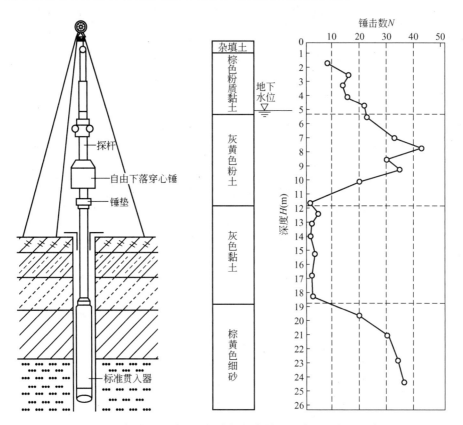

图5.7 标准贯入试验及锤击数与岩性和深度关系曲线示意

例如，根据标准贯入锤击数N可将砂土划分为密实($N>30$)、中密($15<N\leq30$)、稍密($10<N\leq15$)和松散($N\leq10$)4类。可将黏性土划分为坚硬($N>30$)、很硬($15<N\leq30$)、硬($8<N\leq15$)、中等($4<N\leq8$)、软($2<N\leq4$)、极软($N\leq2$)6类。

砂土液化是指饱和疏松砂土受到振动时因孔隙水压力骤增而发生液化的现象。对于饱和砂土和粉土，当初判为可能液化或需要考虑液化影响时，可采用标准贯入锤击数(N)进一步确定其地震液化的可能性及液化等级。当饱和砂土或粉土实测标准贯入锤击数N值小于式(5-1)确定的临界值N_{cr}时，应判定为液化土。

$$N_{cr}=N_0\left[0.9+0.1(d_s-d_w)\right]\sqrt{3/\rho_c} \tag{5-1}$$

式中 N_{cr}——饱和土液化临界标准贯入锤击数；

N_0——饱和土液化判别的基准贯入锤击数，可按表5-1采用；

d_s——饱和土标准贯入点深度(m)；

d_w——地下水位深度(m)；

ρ_c——饱和土的黏粒含量(%)（当$\rho_c<3\%$时，取$\rho_c=3\%$）。

表5-1 液化判别的基准贯入锤击数 N_0 值

烈度	7度	8度	9度
近震	6	10	16
远震	8	12	14

对存在液化土层的地基，应探明各液化土层的深度和厚度，按式(5-2)计算每个钻孔的液化指数，并按表5-2综合划分地基的液化等级。

$$I_{lE} = \sum_{i=1}^{n}\left(1-\frac{N_i}{N_{cri}}\right)d_i\omega_i \tag{5-2}$$

式中 I_{lE}——液化指数；

n——在判别深度范围内每一个钻孔标准贯入试验点的总数；

N_i、N_{cri}——i点标准贯入锤击数的实测值和临界值，当实测值大于临界值时应取临界值的数值；

d_i——i点所代表的土层厚度(m)；

ω_i——i土层考虑单位土层厚度的层位影响权函数值(m^{-1})。

表5-2 液化等级

液化等级	轻微	中等	严重
判别深度为15m时的液化指数	$0<I_{lE}\leqslant 5$	$5<I_{lE}\leqslant 15$	$I_{lE}>15$
判别深度为20m时的液化指数	$0<I_{lE}\leqslant 6$	$6<I_{lE}\leqslant 18$	$I_{lE}>18$

根据《建筑地基基础设计规范》(GB 50007—2011)，将标准贯入锤击数 $N_{63.5}$ 用式(5-3)进行修正，然后依据修正后的标准贯入锤击数 N_x 来确定黏性土和砂土的地基承载力标准值 f_k（表5-3和表5-4）。

$$N_x = \mu - 1.65\sigma \tag{5-3}$$

式中 N_x——按数理统计方法修正后的标准贯入锤击数；

μ——现场标准贯入锤击数的平均值，$\mu=\frac{1}{n}\sum_{i=1}^{n}N_{63.5i}$；

σ——现场标准贯入锤击数的标准差，$\sigma=\sqrt{\left(\sum_{i=1}^{n}N_{63.5i}^{2}-n\mu^{2}\right)/(n-1)}$；

n——现场标准贯入试验次数，即参加统计的 $N_{63.5}$ 的样本数。

表5-3 用 N_x 确定黏性土的地基承载力标准值

N_x	3	5	7	9	11	13	15	17	19	21	23
f_k(kPa)	105	145	190	235	280	325	370	430	515	600	680

表 5-4　用 N_x 确定砂土的地基承载力标准值　　　　　　　　单位：kPa

土　类	N_x			
	10	15	30	50
中、粗砂	180	250	340	500
粉、细砂	140	180	250	340

（4）十字板剪切试验

十字板剪切试验是采用十字板剪切仪，在现场测定饱和软黏土的抗剪强度的一种原位测试方法。

勘探内容：在现场测定饱和软黏土的抗剪强度。

工作原理：施加一定的扭转力矩，将土体剪切破坏，测定土体对抵抗扭剪的最大力矩，并假定土体的内摩擦角等于零（$\varphi=0$），通过换算、计算得到土体的抗剪强度值。机械式十字板剪切仪主要由十字板头、加荷传力装置（轴杆、转盘、导轮等）和测力装置（钢环、百分表等）3部分组成。其中十字板头是由厚度为 3mm 的长方形钢板以呈十字形横截面焊接在轴杆上构成的。

试验方法：试验时将十字板头压入被测试的土层中，或将十字板头装在钻杆前端压入打好的钻孔底以下 0.75m 左右的被测试土层中，然后缓慢匀速地摇动手柄（大约以每转或每度 10s 的速度转动），每转 1 度记录钢环变形的百分表读数一次，直到读数不再增加或开始减小（即土体已经被剪切破坏）为止。试验一般要求在 3～10min 内把土体剪切破坏，以免在剪切过程中产生的孔隙压力消散。图 5.8 所示为十字板剪切试验示意。

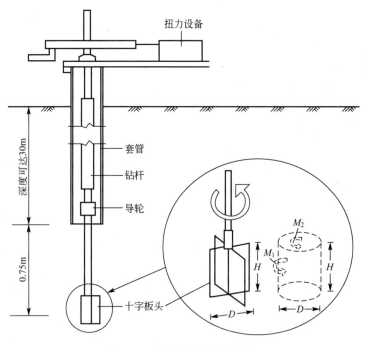

图 5.8　十字板剪切试验示意

收集成果：圆柱体的圆柱面所产生的抵抗力矩，圆柱体的上下两个端面所产生的抵抗力矩。

设十字板的高度为 $H(m)$、宽度为 $D(m)$，则当转动插入土层中的十字板头时，在土层中产生的破坏状态接近一个高度为 $H(m)$、转动直径为 $D(m)$ 的圆柱体。假定该圆柱体四周上下两个端面上的各点强度相等，则土体破坏时所产生的抵抗力矩 M 为

$$M = M_1 + M_2 \tag{5-4}$$

$$M_1 = c_u \pi D H \times \frac{1}{2} D \tag{5-5}$$

$$M_2 = 2c_u \times \frac{1}{4}\pi D^2 \times \frac{2}{3} \times \frac{1}{2} D \tag{5-6}$$

式中 M——土体破坏时的抵抗力矩（kN·m）；

M_1——圆柱体的圆柱面所产生的抵抗力矩（kN·m）；

M_2——圆柱体的上下两个端面所产生的抵抗力矩（kN·m）；

c_u——饱和黏土的不排水抗剪强度（kPa）；

D——圆柱体的直径，对于软黏土，其相当于十字板的宽度（m）；

H——圆柱体的高度，对于软黏土，其相当于十字板的高度（m）。

因此，抗剪强度计算公式为

$$c_u = \frac{2M}{\pi D^2 H(1 + D/3H)} \tag{5-7}$$

4. 工程地质长期观测

工程地质长期观测是指在工程规划、勘察、施工阶段以至完工以后，对某些工程地质条件和某些工程地质问题进行长期观测，以了解其随时间变化的规律及发展趋势，从而验证、预测、评价其对工程建筑和地质环境的影响。工程地质长期观测的内容有地下水动态（水位、水量、水质），各种物理地质现象，如滑坡动态、斜坡岩土体变形、水库塌岸、地基沉降速度与各部分沉降差异及建筑物变形等。观测时间为定期或不定期，其间隔长短视观测内容需要和变化特点而定。

5.1.5 各类土木工程地质勘察要点

1. 工业与民用建筑工程地质勘察要点

（1）可行性研究勘察阶段

本阶段对拟建场地的稳定性及拟建建（构）筑物是否适合做出评价，具体应进行下列工作。

① 收集区域地质、地形地貌、地震、矿产、当地工程地质、岩土工程和建筑经验等资料。

② 在收集和分析已有技术资料的基础上，通过踏勘，了解场地的地层、构造、岩石和土的性质、不良地质现象及地下水等工程地质条件。

③ 当拟建场地工程地质条件复杂，已有资料不能满足时，应根据具体情况进行工程地质测绘和必要的勘探工作。

④ 当具有两个或两个以上拟选场地时，应进行对比分析。

（2）初步勘察阶段

本阶段应对拟建建筑地段的稳定性做出评价，并应进行下列主要工作。

① 收集拟建工程的有关文件、工程地质和岩土工程资料及工程场地范围的地形图。

② 初步查明地质构造、地层结构、岩土工程特性、地下水埋藏条件。

③ 查明场地不良地质作用的成因、分布、规模、发展趋势，并应对场地的稳定性做出评价。

④ 对于抗震设防烈度大于或等于6度的场地，应对场地与地基的地震效应做出初步评价。

⑤ 在季节性冻土地区，应调查场地土的标准冻结深度。

⑥ 初步判定水和土对建筑材料的腐蚀性。

⑦ 在高层建筑初步勘察时，应对可能采取的地基基础类型、基坑开挖与支护方案、工程降水方案进行初步分析评价。

初步勘察应在收集已有资料的基础上，根据需要进行工程地质测绘、调查、勘探、测试和物探工作。其中初步勘察的勘探工作应符合如下要求。

① 勘探线应垂直于地貌单元、地质构造、地层界线布置。

② 每个地貌单元均应布置勘探点，在地貌单元交接部位和地层变化较大的地段，勘探点应当加密。

③ 在地形平坦地区，可按网格布置勘探点。

④ 对岩质地基，勘探线和勘探点布置及勘探孔的深度，应根据地质构造、岩体特性、风化情况，按当地标准或当地经验确定。

⑤ 对土质地基，应符合后续⑥～⑨条的规定。

⑥ 初步勘察勘探线、勘探点的间距可按表5-5确定。

表5-5 初步勘察勘探线、勘探点的间距　　　　　　　　　　　　　单位：m

地基复杂程度等级	勘探间距	勘探点间距
一级（复杂）	50～100	30～50
二级（中等复杂）	75～150	40～100
三级（简单）	150～300	75～200

注：1. 表中间距不适用于地球物理勘探。
　　2. 控制性勘探点宜占勘探点总数的1/5～1/3，且每个地貌单元均应有控制性勘探点。

⑦ 初步勘察的勘探孔深度可按表5-6确定。需要说明的是，表5-6中确定的深度不是一成不变的，在具体的工程勘察当中，可以根据情况进行调整。

表5-6 初步勘察的勘探孔深度　　　　　　　　　　　　　　　　　单位：m

工程质量性等级	一般勘探孔深度	控制性勘探孔深度
一级（重要工程）	≥15	≥30
二级（一般工程）	10～15	15～30
三级（次要工程）	6～10	10～20

注：1. 勘探孔包括钻孔、探井和原位测试孔等。
　　2. 特殊用途的钻孔除外。

⑧ 初步勘察采取土试样和进行原位测试应符合下列要求。

a. 采取土试样和进行原位测试的勘探点应结合地貌单元、土层结构和土的工程性质布置，其数量可占勘探点总数的 1/4～1/2。

b. 采取土试样的数量和孔内原位测试的竖向间距，应按地层特点和土的均匀程度确定；每层土均应采取土试样或进行原位测试，其数量不宜少于 6 个。

⑨ 初步勘察应进行下列水文地质工作。

a. 调查含水层的埋藏条件、地下水类型、补给排泄条件、各层地下水水位，调查其变化幅度，必要时应设置长期观测孔，监测水位变化。

b. 当需绘制地下水等水位线图时，应根据地下水的埋藏条件和层位，统一量测地下水位。

c. 当地下水可能浸湿基础时，应采取水试样进行腐蚀性评价。

(3) 详细勘察阶段

本阶段应按单体建筑物或建筑群提出详细的岩土工程资料及设计与施工所需的岩土参数；对建筑地基做出岩土工程评价，并对地基类型、基础形式、地基处理、基坑支护、工程降水和不良地质作用的防治等提出建议，主要应进行下列工作。

① 搜集附有坐标和地形的建筑总平面图，场区的地面整平标高，建筑物的性质、规模、荷载、结构特点，基础形式、埋置深度，地基允许变形等资料。

② 查明不良地质作用的类型、成因、分布范围、发展趋势和危害程度，提出整治方案的建议。

③ 查明建筑范围内岩土层的类型、深度、分布、工程特性，分析和评价地基的稳定性、均匀性和承载能力。

④ 对需进行沉降计算的建筑物，提供地基变形计算参数，预测建筑物的变形特征。

⑤ 查明埋藏的河道、沟渠、墓穴、防空洞、孤石等对工程不利的埋藏物。

⑥ 查明地下水的埋藏条件，提供地下水位及其变化幅度资料。

⑦ 在季节性冻土地区，提供场地土的标准冻结深度资料。

⑧ 判定水和土对建筑材料的腐蚀性。

对抗震设防烈度大于或等于 6 度的场地，勘察工作应进行场地和地基地震效应的岩土工程勘察，并应符合相关规范的要求；当建筑物采用桩基础时，应符合桩基础工程勘察的有关内容要求；当需要进行基坑开挖、支护和降水设计时，也应符合基坑工程勘察的有关内容要求。

当工程需要时，详细勘察应论证地基土和地下水在建筑施工和使用期间可能产生的变化及其对工程和环境的影响，并提出防治方案及防水设计水位和抗浮设计水位的建议。

详细勘察的勘探点布置和勘探孔深度，应根据建筑物特性和岩土工程条件确定。对岩质地基，应根据地质构造、岩体特性、风化程度等，结合建筑物对地基的要求，按地方标准或当地经验确定。详细勘察勘探点的间距可按表 5-7 确定。

表 5-7 详细勘察勘探点的间距

地基复杂程度等级	勘探点间距(m)
一级(复杂)	10～15
二级(中等复杂)	15～30
三级(简单)	30～50

2. 道路工程地质勘察要点

道路是陆地交通运输的干线,由公路和铁路共同组成运输网络。在我国铁路运输量占首位,铁路是国民经济的动脉,在我国的政治、经济、国防上发挥着巨大作用。中华人民共和国成立前,我国仅有铁路1万多千米,公路数万千米。中华人民共和国成立以来,我国铁路和公路除修复和改造外,又新增修了一系列的铁路线,如包兰线、兰新线、宝成线、鹰厦线、成渝线、成昆线等;公路更多,如青藏公路、新藏公路和川藏公路等。特别是近年来我国高速公路飞速发展,高等级公路网络已初具规模,至2017年年底,我国公路通车总里程达 477.35×10^4 km。

桥梁是在道路跨越河流、山谷或不良地质现象发育地段修建的构筑物,是道路的重要组成部分,随着道路地质复杂程度的增加,桥梁的数量与规模在道路中的比重越来越大,它是道路选线时的重要因素之一。作为既是线型建筑物,又是表层建筑物的道路与桥梁,往往要穿过许多地质条件复杂的地区和不同的地貌单元,使道路的结构复杂化。

(1) 道路选线的工程地质问题

公路与铁路在结构上虽各有其特点,但两者却有许多相似之处。

① 它们都是线型工程,往往要穿过许多地质条件复杂的地区和不同的地貌单元,使道路的结构复杂化。

② 在山区线路中,崩塌、滑坡、泥石流等不良地质现象都是道路的主要威胁,而地形条件又是制约线路的纵向坡度和曲率半径的重要因素。

③ 两种线路的结构都是由三类建筑物所组成:第一类为路基工程,它是线路的主体建筑物(包括路堤和路堑);第二类为桥隧工程(如桥梁、隧道、涵洞等),它们是为了使线路跨越河流、深谷、不良的地质和水文地质条件地段,穿越高山峻岭或使线路从河、湖、海底以下通过等;第三类为防护建筑物(如明硐、挡土墙、护坡、排水盲沟等)。

公路与铁路的工程地质问题大体相似,但铁路比公路对地质和地形的要求更高。高等级公路比一般公路对地质条件的要求高。

路线选择是由多种因素决定的,地质条件是其中的一个重要因素,也是控制性的因素。路线方案有大方案与小方案之分:大方案是指影响全局的路线方案,如越甲岭还是越乙岭,沿A河还是沿B河,一般是属于选择路线基本走向的问题;小方案是指局部性的路线方案,如走垭口左边还是右边,沿河右岸还是左岸,一般是属于线位方案。工程地质因素不仅影响小方案的选择,有时也影响大方案的选择。下面分山岭区与平原区两种情况进行研究。

① 山岭区路线选择工程地质论证。

a. 沿河线。由于沿河路线的纵坡受限制不大,便于为居民点服务,有丰富的筑路材料和水源可供施工、养护使用,在路线标准、使用质量、工程造价等方面往往优于其他线型,因此它是山区选线优先考虑的方案。但在深切的峡谷区,如两岸张裂隙发育,高陡的山坡处于极限平衡状态时,采用沿河线则应慎重考虑。沿河线路线布局的主要问题是:路线选择走河流的哪一岸;路线放在什么高度;在什么地点跨河。

b. 越岭线。横越山岭的路线,通常是最困难的,一上一下需要克服很大的落差,常有较多的展线。越岭线布局的主要问题是:垭口选择;过岭标高选择;展线山坡选择。这三者是相互联系、相互影响的，不能孤立地考虑，而应当综合考虑。越岭方案可分路堑与隧道两种。选择哪种越岭方案，应结合山岭的地形、地质和气候条件考虑。

c. 垭口选择。垭口是越岭线的控制点，在符合路线基本走向的前提下，要全面考虑垭口的标高、地形地质条件和展线条件来选择。通常应选择标高较低的垭口，特别是在积雪、结冰地区，更应注意选择低垭口，以减少冰、雪灾害。对宽厚的垭口，只宜采用浅挖低填方案，过岭标高基本上就是垭口标高。对瘠薄的垭口，常常采用深挖方式，以降低过岭标高，缩短展线长度，这时就要特别注意垭口的地质条件。断层破碎带型垭口，对深挖特别不利。由单斜岩层构成的垭口，如为页岩、砂页岩互层、片岩、千枚岩等易风化和易滑动的岩层组成时，对深挖也常常是很不利的。

d. 山坡线。山坡线是越岭线的主要组成部分，在选择垭口的同时，必须注意两侧山坡展线条件的好坏。评价山坡的展线条件，主要看山坡的坡度、断面形式和地质构造，山坡的切割情况，以及有无不良地质现象等。坡度平缓而又少切割的山坡有利于展线。陡峻的山坡和被深沟峡谷切割的山坡不利于展线。

② 平原区路线选择工程地质论证。

a. 地面水特征是首先应考虑的因素。为避免水淹、水浸，应尽可能选择地势较高处布线，并注意保证必要的路基高度。在排水不畅的众河汇集的平原区、大河河口地区，尤其应特别注意。

b. 地下水特征也是应该仔细考虑的重要因素。在凹陷平原、沿海平原、河网湖区等地区，地势低平，地下水位高，为保证路基稳定，应尽可能选择在地势较高、地下水位较深处布线。

c. 应该注意地下水位变化的幅度和规律。不同地区，地下水位可能有不同的变化规律。如灌区主要受灌溉水的影响，水位变化频繁，升降幅度大；又如多雨的平原区，主要受降水的影响，大量的降水不仅会使地下水位升高，而且会形成广泛的上层滞水。

d. 在北方冰冻地区，为防治冻胀与翻浆，更应注意选择地面水排泄条件较好、地下水位较深、土质条件较好的地带通过，并保证规范规定的路基最小高度。

e. 在有风沙流、风吹雪的地区，要注意路线走向与风向的关系，确定适宜的路基高度，选择适宜的路基横断面，以避免或减轻道路的沙埋、雪阻灾害。

f. 在大河河口、河网湖区、沿海平原、凹陷平原等地区，常常会遇到淤泥、泥炭等软弱地基的问题，勘测时应予以注意。

g. 在广阔的大平原内，砂、石等筑路材料往往是很缺乏的，应借助地形图、地质图认真寻找。

（2）道路设计的工程地质问题

① 路基边坡稳定性问题。路基边坡包括天然边坡、傍山路线的半填半挖路基边坡及深路堑的人工边坡等。具有一定坡度和高度的边坡在重力作用下，其内部应力状态也不断变化。当剪应力大于岩土体的强度时，边坡即发生不同形式的变化和破坏。其破坏形式主要表现为滑坡、崩塌和错落。土质边坡的变形主要决定于土的矿物成分，特别是亲水性强的黏土矿物及其含量。除受地质（成分结构和成因类型）、水文地质和自然因素影响外，施工方法是否正确也有很大关系。岩质边坡的变形主要决定于岩体中各种软弱结构面的性状及其组合关系。它们对边坡的变形起着控制作用。只有同时具备临空面、滑动面和切割面

3个基本条件,岩质边坡的变形才有发生的可能。

由于开挖路堑形成的人工边坡,其加大了边坡的陡度和高度,使边坡的边界条件发生变化,破坏了自然边坡的原有应力状态,会进一步影响边坡岩土体的稳定性。另外,路堑边坡不仅可能产生工程滑坡,而且在一定条件下,还可能引起古滑坡复活。由于古滑坡发生时间长,在各种外营力的长期作用下,其外表形迹早已被改造成平缓的边坡地形,很难被发现。若不注意观测,当施工开挖形成滑动的临空面时,就可能造成边坡失稳。

② 路基基底变形和稳定性问题。路基基底变形的稳定性问题多发生于填方路堤地段,其主要表现形式为滑移、挤出和塌陷。一般路堤和高填路堤对路基基底的要求是要有足够的承载力,它不仅承受车辆在运营中产生的动荷载,而且还承受很大的填土压力,因此,基底土的变形性质和变形量的大小主要决定于基底土的力学性质、基底面的倾斜程度、软层或软弱结构面的性质与产状等。此外,水文地质条件也是促使基底不稳定的因素,它往往使基底产生巨大的塑性变形而造成路基的破坏。如路基底下有软弱的泥质夹层,当其倾向与坡向一致时,若在其下方开挖取土或在上方填土加重,都会引起路堤整体滑移;当高填路堤通过河漫滩或阶地时,若基底下分布有饱水厚层淤泥,在高填路堤的压力下,往往会使基底产生挤出变形;还有当基底下有岩溶洞穴时,可能产生塌陷而引起路堤严重变形破坏。

③ 道路冻害问题。道路冻害包括冬季路基土体因冻结作用而引起的路面冻胀和春季因融化作用而造成的路基翻浆。结果都会使路基产生变形破坏,甚至形成显著的不均匀冻胀和路基土强度发生极大改变,危害道路的安全和正常使用。

根据地下水的补给情况,公路冻胀的类型可分为表面冻胀和深源冻胀。表面冻胀主要在地下水埋深较大地区,其冻胀量一般为30~40mm,最大达60mm。其主要原因是路基结构不合理或养护不周、排水不良。深源冻胀多发生在冻结深度大于地下水埋深或毛细管水带接近地表水的地区,此类地区地下水补给丰富,水分迁移强烈,其冻胀量较大,一般为200~400mm,最大达600mm。公路的冻害具有季节性,冬季在负温长期作用下,使土中水分重新分布,形成平行于冻结界面的数层冻层,局部尚有冻透镜体,因而使土体体积增大(约9%)而产生路基隆起现象;春季地表面冰层融化较早,而下层尚未解冻,融化层的水分难以下渗,致使上层土的含水量增大而软化,在外荷载作用下,路基出现翻浆现象。

④ 建筑材料问题。路基工程需要的天然建筑材料不仅种类较多,而且数量较大,同时要求各种材料产地最好沿线两侧零散分布。这些材料品质的好坏和运输距离的远近,会直接影响工程的质量和造价,有时还会影响路线的布局。

(3) 道路工程各阶段的地质勘察要点

道路工程地质勘察阶段与其工程设计阶段是相配合的,相应地可分为可行性研究勘察阶段、初步设计勘察阶段和详细勘察阶段。

① 可行性研究勘察阶段。本阶段的勘察要点主要是研究建设项目所在地的地理、地形、地貌、地质、地震、水文气象等自然特征。应在充分搜集已有地质资料的基础上,以调查为主,并进行必要的工程地质勘察工作,勘察的深度应根据公路等级、工程地质条件的复杂程度,按不同的要求进行。配合规划设计,解决大的线路方案的选择问题,重点研

究跨越大分水岭、长隧道、大河和大规模不良地质现象等关键性地段的工程地质条件，并提供有关地震、天然建筑材料和供水水源等地质资料。最终以工程地质观点选出几个较好的线路比较方案，为选线提供地质资料。

② 初步设计勘察阶段。它可分为路线初勘与路基初勘。

a. 路线初勘应重点查明与选择路线方案和确定路线走向有关的工程地质条件，包括沿线的地形、地貌和地质构造，不良地质现象和特殊性岩土的类型、性质及分布，路基填筑材料的来源，并预测可能产生工程地质灾害的地段及对工程方案的影响。当区域稳定条件差，有不良地质现象和特殊性岩土存在，山体或基底有可能失稳时，应评价地质条件对工程稳定、施工条件和安全及营运养护的长期影响，合理选定路线方案。

b. 路基初勘时，对于一般路基，应查明与地基稳定和边坡稳定及设计有关的地质条件，包括岩石性质、产状、风化破碎程度与厚度，土的类别、密实程度、含水状态，地下水与地表水的活动状况等；对于高路堤，应重点调查地层层位、层厚、土质类别，查明地下水埋深、分布，确定土的承载能力、抗剪指标和压缩指标，判定在路堤附加荷载作用下，地基沉降和滑移的可能性；对于填筑在等于或大于1∶2的斜坡上及存在可能沿斜坡滑动的陡坡路堤，应查明其沿斜坡或下卧基岩面滑动的可能性，调查斜坡上覆盖土层的层位、层厚、土类，斜坡下卧基岩岩石的倾斜度、岩性、产状、风化程度，斜坡地表水和地下水的情况，确定土层和岩土界面的抗滑、抗剪强度指标。

③ 详细勘察阶段。查明工程地质问题发生的原因、发展趋势，以及对工程建筑的危害程度，提出处理意见；搜集因施工困难或其他特殊原因而改变设计方案或增加建筑物所需要的工程地质资料，并根据施工实际开挖情况，修改补充原有设计图件的工程地质内容；对存在疑难问题的施工点做好工程地质预测，或布置长期观测等。

3. 桥梁工程地质勘查要点

（1）桥梁工程主要工程地质问题

桥梁是道路建筑工程中的重要组成部分，由正桥、引桥和导流建筑物等组成。正桥是主体，位于河岸桥台之间，桥墩均位于河中。引桥是连接正桥与路线的建筑物，常位于河漫滩或阶地之上，它可以是高路堤或桥梁、导流建筑物包括护岸、护坡、导流堤和丁坝等，是保护桥梁等各种建筑物稳定、不受河流冲刷破坏的附属工程。桥梁结构可分为梁桥、拱桥和钢架桥等，不同类型的桥梁，对地基有不同的要求，所以工程地质条件是选择桥梁结构的主要依据。桥梁工程包括以下3方面的主要工程地质问题。

【道路桥梁工程地质问题与勘察】

① 桥墩台地基的稳定性问题。桥墩台地基的稳定性主要取决于墩台地基中岩土体承载力的大小。它对选择桥梁的基础和确定桥梁的结构形式起着决定作用。当桥梁为静定结构时，由于各桥孔是独立的，相互之间没有联系，对工程地质条件的适应范围较广，但对超静定结构的桥梁，其对各桥墩台之间的不均匀沉降则特别敏感；拱桥受力时，在拱脚处会产生垂直和向外的水平力，因此对拱脚处地基的地质条件要求较高，地基承载力的确定取决于岩土体的力学性质及水文地质条件，应通过室内试验和原位测试综合判定。

② 桥台的偏心受压问题。桥台除了承受垂直压力外，还受到岸坡的侧向主动土压力，在有滑坡的情况下，还受到滑坡的水平推力，使桥台基底总是处在偏心荷载状态下；桥墩的偏心荷载，主要是由于列车在桥梁上行驶突然中断而产生的，对桥墩台的稳定性影响很

大，必须慎重考虑。

③ 桥墩台的冲刷问题。桥墩和桥台的修建，使原来的河槽过水断面减小，局部河水流速增大，改变了流态，对桥基产生强烈冲刷，威胁桥墩台的安全。因此，桥墩台基础的位置，除决定于持力层的部位外还应满足以下几方面的要求。

a. 桥位应尽可能选在河道顺直、水流集中、河床稳定的地段，以保护桥梁在使用期间不受河流强烈冲刷而破坏或由于河流改道而失去作用。

b. 桥位应选择在岸坡稳定、地基条件良好、无严重不良地质现象的地段，以保证桥梁和引道的稳定，并降低工程造价。

c. 桥位应尽可能避开顺河方向及平行桥梁轴线方向的大断裂带，尤其不可在未胶结的断裂破碎带和具有活动可能的断裂带上建桥。

(2) 桥梁工程各阶段的地质勘察要点

① 可行性研究勘察阶段。本阶段着重于对控制路线方案的大桥桥址进行勘察，查明其地形、地物、地层、岩性、构造、岸坡的稳定性，河段与河床稳定程度等情况，提出桥址选择的建议。

② 初步勘察阶段。本阶段着重于桥位选择的勘察，应对各桥位方案进行工程地质勘察，并对建桥适宜性和稳定性有关的工程地质条件做出结论性评价。桥位应尽量选在两岸有山嘴或高地等河岸稳固的河段，平原区河流的顺直河段，两岸便于接线的较开阔的河段，且应选在基岩和坚硬土层外露或埋藏较浅、地质条件简单的稳定地基处；桥位应避免选在其上下游有山嘴、石梁、沙洲等干扰水流畅通的地段，避免选在地面、地下已有重要设施而需要拆迁的地段；桥位不宜选在有活动断层、滑坡、泥石流、岩溶及其他不良地质发育的地段。此外，桥位选择还应考虑施工场地布置和材料运输等方面的要求。

钻孔一般布设在桥梁中心线上，为了避免钻穿具有承压水的岩层而引起基础施工困难，也可布设在墩台以外。为了解沿河床方向基岩面的倾斜情况，在桥梁的上下游可加设辅助钻孔。

钻孔深度取决于河床地质条件、基础类型与基底埋深。河床地质条件包括河床地层结构、基岩埋深、地基承载力、可能的冲刷深度等。基础类型要区分明挖、深井与桩基等。如遇基岩，要求钻入基岩风化层 $1\sim 3m$。

③ 详细勘察阶段。本阶段桥梁工程的勘察重点是查明桥位区地层岩性、地质构造、不良地质现象的分布及工程地质特性；探明桥梁墩台地基的覆盖层及基岩风化层的厚度、岩体的风化与构造破碎程度、软弱夹层情况和地下水状态；测试岩土的物理力学性质，提供地基的基本承载力、桩侧摩阻力、钻孔桩极限摩阻力；对边坡及地基的稳定性、不良地质的危害程度和地下水对地基的影响程度做出评价；同时，结合设计要求，对沿线筑路材料场进行复查，为评价山体稳定性和基础稳定性提供翔实的资料。

钻孔一般应在基础轮廓线的周边或中心布置，当有不良地质或特殊土与基础密切相关，且又延伸至基础外围，需探明方可决定基础类型及尺寸时，可在轮廓线外围布孔。钻孔数量视工程地质条件和基础类型确定，孔深应根据不同地基和基础的深浅确定。

室内测试和原位测试工作可参照有关规范进行，需要降水时，河床表层需做渗透和涌砂试验。

4. 地下工程地质勘察要点

地下工程是指建筑在地面以下及山体内部的各类建（构）筑物，如地下交通运输用的铁道和公路隧道、地下铁道等；地下工业用房的地下工厂、电站和变电所，以及地下矿井巷道、地下输水隧洞等；地下储存库房用的地下车库、油库、水库和物资仓库等；地下生活用房的地下商店、影院、医院、住宅；军事工程用的地下指挥所、掩蔽部和各类军事装备库等。这些地下建（构）筑物又称为地下洞室。

地下工程的特点是它们埋藏在地下岩土体内，它的安全、经济和正常使用都与其所处的工程地质环境密切相关。由于地下开挖破坏了岩土体的初始应力平衡条件，洞室周围的岩体内会产生应力重新分布。除少数地质条件特别好的岩体外，一般围岩将受这种重新分布应力的影响而产生各种形式的变形、破坏，如洞顶坍塌、底鼓、边墙片帮、开裂等。特别严重者还将影响到地表及其建筑物的稳定。由此可见，为确保地下工程的安全和正常使用，必须研究由上述一系列因素所导致的工程地质问题。

（1）地下工程的主要工程地质问题

由于地下工程深埋于地下，在各阶段尤其在设计施工阶段遇到的工程地质问题很多。地下工程围岩有岩体和土体之分，最常遇到的工程地质问题主要包括：山岩压力及洞室围岩的变形与破坏问题；地下水及洞室的涌水问题；有害气体与岩爆；洞室进出口的稳定问题。前两类问题属于洞身中出现的问题。实践经验表明，上述问题的出现多与岩体稳定有关。因此，解决这些问题的关键首先在于解决岩体的稳定问题。

① 岩体地下工程的主要工程地质问题。

a. 山岩压力及洞室围岩的变形与破坏问题。岩体在自重和构造应力作用下，处于一定的应力状态。在没有开挖地下工程前，岩体的原应力状态是稳定的，不随时间而变化。洞室开挖后，地下形成了自由空间，打破了初始的应力平衡状态，原来处于挤压状态的围岩，由于解除束缚而向洞室空间松胀变形，这种变形若超过了围岩本身所能承受的变形能力，便会发生破坏，使围岩从母岩中分离、脱落，从而形成坍塌、滑移、底鼓和岩爆等。

山岩压力通常指围岩发生变形或破坏而作用在洞室衬砌上的力。山岩压力和洞室围岩变形破坏是由围岩应力重分布和应力集中引起的。因此，研究山岩压力，应首先研究洞室周围应力重分布和应力集中的特点，以及研究测定围岩的初始应力大小及方向；并通过分析洞室结构的受力状态，合理地选型和设计洞室支护，选取合理的开挖方法。影响山岩压力和围岩稳定的因素主要是岩体结构与岩石强度，强度低的软弱岩石比强度高的坚硬岩石的山岩压力大。对坚硬岩石来说，起主要作用的是软弱结构面的存在及其组合关系。

b. 地下水及洞室的涌水问题。当洞室或隧道穿过含水层时，将会有地下水涌进洞室，给施工带来困难。地下水也是造成塌方和围岩失稳的重要原因。地下水对不同围岩的影响程度不同，其主要表现为：以静水压力的形式作用于隧道衬砌；使岩质软化，强度降低；促使围岩中的软弱夹层泥化，减少层间阻力，易于造成岩体滑动；石膏、岩盐及某些以蒙脱石为主的黏土岩类，在地下水的作用下会发生剧烈的溶解和膨胀而产生附加的山岩压力；当地下水的化学成分中含有有害化合物（硫酸、二氧化碳、硫化氢、亚硫酸）时，对衬砌将产生侵蚀作用；最为不利的影响是发生突然的大量涌水，常造成停工和人身伤亡事故。

在洞室工程地质勘测中，应将是否会出现涌水问题列为重点工程地质问题进行研究，对可能出现涌水的地点提出准确的预测。

c. 有害气体与岩爆问题。在洞室掘进中，常会遇到各种对人体有害的易于燃烧、爆炸的地下气体，特别是当洞室通过煤系、含油、含炭或沥青的地层时，遇到地下气体的机会更多。这些有害气体是沼气、二氧化碳及硫化氢等，在地下工程的工程地质勘察过程中，应细心测定洞室通过岩层的各种有害气体，提出通风措施及其他安全防护措施的建议，以确保工程的顺利进行。

在坚硬岩体深部开挖时，岩石突然飞出和剧烈破坏的现象，称为岩爆。目前，对岩爆现象的解释不一。多数人认为岩爆是一种应力释放现象，它只存在于某些个别岩层中，并非普遍现象。其发生的条件大体是：岩层经受过较强的地应力作用；岩石具有较高的弹性强度；埋藏位置具有较严谨的围限条件。

应力产生集中，变形受到限制，造成巨大能量积蓄在岩体内，一旦围限解除，便有可能发生岩爆。岩爆大多发生于区域性、压扭性大断裂带附近或埋藏较深的硅质硬脆性岩层中。

d. 洞室进出口的稳定问题。洞室进出口是隧道工程的咽喉部位，洞室进出口地段的主要工程地质问题是边坡、仰坡的变形问题。其变形常引起洞门开裂、下沉或坍塌等灾害。

② 土体地下工程的工程地质问题。在土体中开挖洞室时，遇到的主要工程地质问题包括上部土体的压力和涌水问题。在土体中，地下洞室围岩上部压力最大，如对饱水细砂及淤泥质土层，几乎从洞顶以上一直到地表的土层自重都是以山岩压力的形式作用在衬砌上的。地下水是土体洞室施工中遇到的另一类主要工程地质问题，如洞室穿过含水层时，由于大量地下水的涌出，在动水压力作用下，将出现流砂及渗透变形，常会造成灾难性的事故。

（2）地下工程各阶段的勘察要点

① 规划阶段。一般不单独进行地下洞室的工程地质勘察，可根据拟建地下工程的埋深，推测围岩的结构条件、岩性和水文地质状况，依此论证在技术上是否可行。

② 可行性研究阶段。对拟定比较方案进行方案选择，并重点查明如下3个方面的地质情况。

a. 拟定洞室的围岩厚度、地层结构和地质构造特点，地下水的埋藏、运动条件及与地表水之间的水力联系。

b. 对洞室的稳定与施工安全有影响的不利地质因素，如活动断裂破碎带、易溶岩与膨胀岩、地热异常和有害气体，以及可能造成洞室内大量涌水与坍塌的水文地质条件等。

c. 洞口处边坡的坡度、形状、覆盖层厚度，基岩风化深度，岩体结构特征等。该阶段的勘察工作以工程地质测绘为主，比例尺一般为1：10000～1：5000，测绘范围根据各个地段的具体情况和方案比较的要求而定。

③ 初步设计阶段。配合选定地下洞室的位置对洞室进行概略分段和围岩分类，提出各地段的山岩压力、岩体抗力和外水压力等建议数据。重点研究规模较大的断层破碎带和有可能产生大量涌水、坍塌等地段的安全与稳定问题；预测洞口边坡及洞室边墙的变化趋

势，并对施工方法提出具体建议。这一阶段勘察工作的内容和要求是对洞口段、浅埋段及工程地质条件复杂地段，补充进行 1∶5000～1∶1000 的专门工程地质测绘。对于覆盖层或风化层较厚地段，或工程地质条件较复杂地段需要布置适当数量的钻孔和平洞予以查明，并在接近洞线高程的部位做钻孔压水试验。在平洞中，有时要进行岩体弹性模量和抗剪强度等试验，有条件的话还要进行山岩压力观测、松动圈范围测定和岩体应力测量等工作。

④ 施工图设计阶段。针对各选定洞室进行详细的工程地质分段和围岩分类；对各个洞段的山岩压力、外水压力和围岩弹性抗力提出具体的数量指标；对大规模的塌方涌水段上的软弱结构面要做专门研究；对高墙洞室边墙上的软弱结构面组合情况及产生坍塌的边界条件要有定量指标作为依据。这一阶段工程地质勘察工作的内容和要求是根据需要查明的具体任务、场地条件和在初设阶段对某些问题研究的深度加以确定的。为了某项问题的研究，有时要求增加钻孔、平洞或超前导洞。对于大型地下洞室，为配合新奥法施工，有条件时需布置专门断面对洞室围岩在施工过程中的变形进行观测。

⑤ 施工阶段。主要任务是详细查明已选定线路的工程地质条件，为最终确定轴线位置，设计支护及衬砌结构，确定施工方法和施工条件提供所需资料。其具体任务如下。

a. 通过对施工开挖所揭露的各种地质现象和问题，进行详细的观察、编录和测绘工作。有时需做复核性的钻探和试验工作对前期地质结论的正确性和可靠性加以检验。如果发现结论有较大的出入，或新发现有不利的地质因素存在，或因施工方法不当将导致岩土体的稳定性受破坏，均应及时提出或上报，向施工单位反映，以便修改设计或采取有效措施消除隐患，保证工程建筑在施工和运行期间的安全。

b. 对影响施工和运行期间安全的各种水文地质和工程地质现象开展预测和预报工作。

c. 检查洞室开挖和对不良地质因素的处理是否符合设计要求。

对初步设计阶段未完全查明的工程地质条件，进行补充的地质测绘工作。用钻探进一步确定隧道设计高程的岩石性质及地质结构。在滑坡、断裂破碎带、岩溶及厚覆盖层等地质条件比较复杂地带，还应布置垂直轴线的横向勘探线，编制横向地质剖面图。在隧道进出口可布置勘探导洞（可与施工导洞结合起来），以进一步明确进出口的工程地质条件。用钻孔取样和在导洞中测定岩体的 E、c、φ 等指标，可测定松弛圈及地应力。

任务 5.2　节理玫瑰花图绘制及野外地质勘察

5.2.1　节理玫瑰花图绘制

1. 实习目的

对节理调查资料进行整理和统计分析，以便评价它们对工程的影响，要求学生学会利用节理产状的统计资料编制节理玫瑰花图。

2. 实习内容

① 节理走向玫瑰花图。

② 节理倾向和倾角玫瑰花图。

3. 绘图方法

(1) 节理走向玫瑰花图

① 将野外测得的节理走向，换算成北东和北西方向，按其走向方位角的一定间隔分组，分组间隔大小依作图要求及地质情况而定，一般采用 5°或 10°为一间隔。然后统计每组的节理数目，计算每组节理的平均走向，把统计整理好的数值填入表中。

② 确定作图比例尺，根据作图的大小和各组节理数目，选取一定长度的线段代表一条节理，然后以等于或稍大于按比例尺表示的、数目最多的那一组节理的线段的长度为半径，作半圆，过圆心作南北线及东西线，在圆周上标明方位角。

③ 找点连线，从 0°~9°一组开始，按各组平均走向方位角在半圆周上做一记号，再从圆心向圆周上该点的半径方向，按该组节理数目和所定比例尺定出一点，此点即代表该组节理平均走向和节理数目。各组的点子确定后，顺次将相邻组的点连线。如其中某组节理为零，则连线回到圆心，然后再从圆心引出与下一组相连。

④ 写上图名和比例尺。

(2) 节理倾向玫瑰花图

按节理倾向方位角分组，求出各组节理的平均倾向和节理数目，用圆周方位代表节理的平均倾向，用半径长度代表节理条数，作图方法与节理走向玫瑰花图相同，只不过用的是整圆。

(3) 节理倾角玫瑰花图

按上述节理倾向方位角的组，求出每一组的平均倾角，然后用节理的平均倾向和平均倾角作图，圆半径长度代表倾角，由圆心至圆周从 0°~90°，找点和连线方法与倾向玫瑰花图相同。

5.2.2 野外地质勘察

拓展讨论：

二十大报告提出了，广大青年要坚定不移听党话、跟党走，怀抱梦想又脚踏实地，敢想敢为又善作善成，立志做有理想、敢担当、能吃苦、肯奋斗的新时代好青年。请思考野外地质勘察时需要具备哪些素质能力？

1. 实习目的

通过实训使学生了解各种地质构造在地质平面图上的表现，在阅读与分析地质图的基础上，通过文献资料收集和野外地形勘察，完成一份简单的地质勘察报告。

2. 滑坡实习内容

(1) 滑坡勘察的测绘和调查

拟建工程场地或其附近存在对工程安全有影响的滑坡或有滑坡可能时，应进行专门的滑坡勘察。滑坡勘察应进行工程地质测绘和调查，调查范围应包括滑坡及其邻近地段，比例尺可选用 1:1000~1:200。用于整治设计时，比例尺应选用 1:500~1:200。

滑坡区的工程地质测绘和调查主要包括下列内容。

① 搜集地质、水文、气象、地震和人类活动等相关资料。
② 滑坡的形态要素和演化过程，圈定滑坡周界。
③ 地表水、地下水、泉和湿地等的分布。
④ 树木的异态、工程设施的变形等。
⑤ 当地治理滑坡的经验。
⑥ 对滑坡的重点部位应摄影或录像。

(2) 滑坡勘察的勘探

① 勘探线和勘探点的布置应根据工程地质条件、地下水情况和滑坡形态确定。除沿主滑方向应布置勘探线外，在其两侧滑坡体外也应布置一定数量的勘探线。勘探点间距不宜大于40m，在滑坡体转折处和预计采取工程措施的地段，也应布置勘探点。勘探方法除钻探和触探外，应有一定数量的探井。

② 勘探孔的深度应穿过最下一层滑面，进入稳定地层，控制性勘探孔应深入稳定地层一定深度，以满足滑坡治理需要。

③ 查明各层滑坡面(带)的位置。

④ 查明各层地下水的位置、流向和性质。

⑤ 在滑坡体、滑坡面(带)和稳定地层中采取土试样进行试验。

(3) 滑坡的稳定性评价

① 滑坡勘察时，其强度试验宜符合下列要求。

a. 采用室内、野外滑面重合剪，滑动带宜做重塑土或原状土多次剪试验，并求出多次剪和残余剪的抗剪强度。

b. 采用与滑动受力条件相似的方法。

c. 采用反分析方法检验滑动面的抗剪强度指标。

② 滑坡的稳定性计算应符合下列要求。

a. 正确选择有代表性的分析断面，正确划分牵引段、主滑段和抗滑段。

b. 正确选用强度指标，宜根据测试成果和当地经验综合确定。

c. 有地下水时，应计入浮托力和水压力。

d. 根据滑坡面(带)条件，按平面、圆弧或折线，选用正确的计算模型。

e. 当有局部滑动可能时，除验算整体稳定外，尚应验算局部稳定。

f. 当有地震、冲刷、人类活动等影响因素时，应计及这些因素对稳定的影响。滑坡稳定性的综合评价，应根据滑坡的规模、主导因素、滑坡前兆、滑坡的工程地质和水文地质条件，以及稳定性验算结果进行，并应分析发展趋势和危害程度，提出治理方案的建议。

3. 岩溶实习内容

岩溶是影响工程建设的一种常见的不良地质作用。岩溶的工程建设（尤其是大型的、重要的工程项目）中，岩溶会带来许多特殊的不良建筑条件和工程稳定性等方面的问题。

(1) 岩溶勘察的要求

《岩土工程勘察规范（2009年版）》(GB 50021—2001)规定：拟建工程场地或其附近存在对工程安全有影响的岩溶时，应进行岩溶勘察。岩溶勘察宜采用工程地质测绘和调查、物探、钻探等多种手段结合的方法进行，并应符合下列要求。

① 可行性研究勘察应查明岩溶洞隙、土洞的发育条件，并对其危害程度和发展趋势做出判断，对场地的稳定性和工程建设的适宜性做出初步评价。

② 初步勘察应查明岩溶洞隙、伴生土洞、塌陷的分布、发育程度和发育规律，并按场地的稳定性和适宜性进行分区。

③ 详细勘察应查明拟建工程范围及有影响地段的各种岩溶洞隙和上洞的位置、规模、埋深、岩溶堆填物性状和地下水特征，对地基基础的设计和岩溶的治理提出建议。

④ 施工勘察应针对某一地段或尚待查明的专门问题进行补充勘察。当采用大直径嵌岩桩时，尚应进行专门的桩基勘察。

(2) 岩溶工程地质测绘的内容

根据《岩土工程勘察规范（2009 年版）》（GB 50021—2001），岩溶场地的工程地质测绘和调查，尚应调查下列内容。

① 岩溶洞隙的分布、形态和发育规律。

② 岩面的起伏、形态和覆盖层厚度。

③ 地下水赋存条件、水位变化和运动规律。

④ 岩溶发育与地貌、构造、岩性、地下水的关系。

⑤ 土洞和塌陷的分布、形态和发育规律。

⑥ 土洞和塌陷的成因及其发展趋势。

⑦ 当地治理岩溶、土洞和塌陷的经验。

(3) 岩溶勘察的内容与方法

可行性研究和初步勘察宜以工程地质测绘和综合物探为主，岩溶发育地段应予加密。测绘和物探发现的异常地段，应选择有代表性的部位布置验证性钻孔。控制性勘探孔的深度应穿过表层岩溶发育带。

详细勘察的勘探工作应符合下列规定。

① 勘探线应沿建筑物轴线布置，条件复杂时每个独立基础均应布置勘探点。

② 当预定深度内有洞体存在，且可能影响地基稳定时，应钻入洞底基岩面下不小于 2m，必要时应圈定洞体范围。

③ 对一柱一桩的基础，宜逐桩布置勘探孔。

④ 在土洞和塌陷发育地段，可采用静力触探、轻型动力触探、小口径钻探等手段，详细查明其分布。

⑤ 当需查明断层、岩组分界、洞隙和土洞形态、塌陷等情况时，应布置适当的探槽或探井。

⑥ 物探应根据物性条件采用有效方法，对异常点应采用钻探验证，当发现或可能存在危害工程的洞体时，应加密勘探点。

⑦ 凡人员可以进入的洞体，均应入洞勘查，人员不能进入的洞体，宜用井下电视等手段探测。

施工勘察工作量应根据岩溶地基设计和施工要求布置。在土洞和塌陷地段，可在已开挖的基槽内布置触探或钎探。对重要或荷载较大的工程，可在槽底采用小口径钻探进行检测。对大直径嵌岩桩，勘探点应逐桩布置，勘探深度应不小于底面以下桩径的 3 倍并不小于 5m，当相邻桩底的基岩面起伏较大时应适当加深。

(4) 岩溶发育地区土洞的勘察

岩溶发育地区的下列部位宜查明土洞和土洞群的位置。

① 土层较薄、土中裂隙及其下岩体洞隙发育部位。

② 岩面张开裂隙发育，石芽或外露的岩体与土体交接部位。

③ 两组构造裂隙交汇处和宽大裂隙带。

④ 隐伏溶沟、溶槽、漏斗等，其上有软弱土分布的负岩面地段。

⑤ 地下水强烈活动于岩土交界面的地段和大幅度人工降水地段。

⑥ 低洼地段和地表水体近旁。

岩溶勘察的测试和观测，当追索隐伏洞隙的联系时，可进行连通试验；评价洞隙稳定性时，可采取洞体顶板岩样和充填物土样做物理力学性质试验，必要时可进行现场顶板岩体的载荷试验；当需查明土的性状与土洞形成的关系时，可进行湿化、胀缩、可溶性和剪切试验；当需查明地下水动力条件、潜蚀作用、地表水与地下水联系，预测土洞和塌陷的发生、发展时，可进行流速、流向测定和水位、水质的长期观测。

(5) 岩溶场地的稳定性评价

① 当场地存在下列情况之一时，可判定为未经处理不宜作为地基的不利地段。

【漏斗】

a. 浅层洞体或溶洞群、洞径大且不稳定的地段。

b. 埋藏的漏斗、槽谷等，并覆盖有软弱土体的地段。

c. 土洞或塌陷成群发育地段。

d. 岩溶水排泄不畅，可能暂时淹没的地段。

② 当地基属下列条件之一时，对二级和三级工程可不考虑岩溶稳定性的不利影响。

a. 基础底面以下土层厚度大于独立基础宽度的3倍或条形基础宽度的6倍，且不具备形成土洞或其他地面变形的条件。

b. 基础底面与洞体顶板间岩土厚度虽小于本条a款的规定，但符合下列条件之一时。

(a) 洞隙或岩溶漏斗被密实的沉积物填满且无被水冲蚀的可能。

(b) 洞体为基本质量等级为Ⅰ级或Ⅱ级岩体，顶板岩石厚度大于或等于洞跨。

(c) 洞体较小，基础底面大于洞的平面尺寸，并有足够的支承长度。

(d) 宽度或直径小于1.0m的竖向洞隙、落水洞近旁地段。

③ 当不符合前述①、②的条件时，应进行洞体地基稳定性分析，并符合下列规定。

a. 顶板不稳定，但洞内为密实堆积物充填且无流水活动时，可认为堆填物受力，按不均匀地基进行评价。

b. 当能取得计算参数时，可将洞体顶板视为结构自承重体系进行力学分析。

c. 有工程经验的地区，可按类比法进行稳定性评价。

d. 在基础近旁有洞隙和临空面时，应验算向临空面倾覆或沿裂隙面滑移的可能。

e. 当地基为石膏、岩盐等易溶岩时，应考虑溶蚀继续作用的不利影响。

f. 对不稳定的岩溶洞隙可建议采用地基处理或桩基础。

岩溶勘察报告应撰写下列内容：岩溶发育的地质背景和形成条件；洞隙、土洞、塌陷的形态、平面位置和顶底标高；岩溶稳定性分析；岩溶治理和监测的建议。

4. 危岩和崩塌实习内容

拟建工程场地或其附近存在对工程安全有影响的危岩或崩塌时，应进行危岩和崩塌勘察。

(1) 危岩和崩塌的勘察要求

危岩和崩塌勘察宜在可行性研究或初步勘察阶段进行，应查明产生崩塌的条件及其规模、类型、范围，并对工程建设适宜性进行评价，提出防治方案的建议。

危岩和崩塌地区工程地质测绘的比例尺宜采用1∶1000～1∶500，崩塌方向主剖面的比例尺宜采用1∶200。应查明下列内容。

① 地形地貌及崩塌类型、规模、范围，崩塌体的大小和崩落方向。

② 岩体基本质量等级、岩性特征和风化程度。

③ 地质构造，岩体结构类型，结构面的产状、组合关系、闭合程度、力学属性、延展及贯穿情况。

④ 气象（重点是大气降水）、水文、地震和地下水的活动。

⑤ 崩塌前的迹象和崩塌原因。

⑥ 当地防治崩塌的经验。

(2) 危岩和崩塌的稳定性评价

当需判定危岩的稳定性时，宜对张裂缝进行监测。对有较大危害的大型危岩，应结合监测结果，对可能发生崩塌的时间、规模、滚落方向、途径、危害范围等做出预报。各类危岩和崩塌的岩土工程评价应符合下列规定。

① 规模大、破坏后果很严重、难于治理的，不宜作为工程场地，线路应绕避。

② 规模较大、破坏后果严重的，应对可能产生崩塌的危岩进行加固处理，线路应采取防护措施。

③ 规模小、破坏后果不严重的，可作为工程场地，但应对不稳定危岩采取治理措施。

危岩和崩塌区的岩土工程勘察报告应阐明危岩和崩塌区的范围、类型，作为工程场地的适宜性，并提出防治方案的建议。

5. 泥石流实习内容

拟建工程场地或其附近有发生泥石流的条件并对工程安全有影响时，应进行专门的泥石流勘察。

(1) 泥石流的勘察要求

泥石流勘察应在可行性研究或初步勘察阶段进行，应查明泥石流的形成条件和泥石流的类型、规模、发育阶段、活动规律，并对工程场地做出适宜性评价，提出防治方案的建议。

泥石流勘察应以工程地质测绘和调查为主。测绘范围应包括沟谷至分水岭的全部地段和可能受泥石流影响的地段。测绘比例尺，对全流域宜采用1∶50000；对中下游可采用1∶10000～1∶2000。泥石流工程地质调查主要包括下列内容。

① 调查冰雪融化和暴雨强度、一次最大降雨量、平均及最大流量、地下水活动等情况。

② 调查地形地貌特征，包括沟谷的发育程度、切割情况、坡度、弯曲、粗糙程度，并划分泥石流的形成区、流通区和堆积区，圈绘整个沟谷的汇水面积。

③ 调查泥石流形成区的水源类型、水量、汇水条件、山坡坡度、岩层性质和风化程度；查明断裂、滑坡、崩塌、岩堆等不良地质作用的发育情况，以及可能形成泥石流固体物质的分布范围和储量。

④ 调查流通区的沟床纵横坡度、跌水、急湾等特征；查明沟床两侧山坡坡度、稳定程度、沟床的冲淤变化和泥石流的痕迹。

⑤ 调查堆积区的堆积扇分布范围、表面形态、纵坡、植被、沟道变迁和冲淤情况；查明堆积物的性质、层次、厚度、一般粒径和最大粒径；判定堆积区的形成历史、堆积速度、估算一次最大堆积量。

⑥ 调查泥石流沟谷的历史，历次泥石流的发生时间、频率、规模、形成过程、暴发前的降雨情况和暴发后产生的灾害情况。

⑦ 调查开矿弃渣、修路切坡、砍伐森林、陡坡开荒和过度放牧等人类活动情况。

⑧ 收集当地防治泥石流的经验。

当需要对泥石流采取防治措施时，应进行勘探测试，进一步查明泥石流堆积物的性质、结构、厚度，固体物质含量、最大粒径，流速、流量，冲出量和淤积量。

(2) 泥石流地区工程建设的适宜性评价

泥石流工程分类是要解决泥石流沟谷作为各类建筑场地的适应性问题，它综合反映了泥石流成因、物质组成、泥石流流体特征、流域特征、危害程度等，它属于综合性的分类，对泥石流的整治具有实际指导意义。泥石流的工程分类见表 5-8。

表 5-8 泥石流的工程分类

沟谷类别	泥石流特征	亚类	严重程度	流域面积 (km^2)	固体物一次冲出量 ($\times 10^4 m^3$)	流量 (m^3/s)	堆积区面积 (km^2)
高频率泥石流沟谷 I	基本上每年均有泥石流发生。固体物质主要来源于沟谷的滑坡、崩塌。暴发雨强小于 2~4mm/10min。除岩性因素外，滑坡、崩塌严重的沟谷多发生黏性泥石流，规模大；反之，多发生稀性泥石流	I_1	严重	>5	>5	—	>1
		I_2	中等	1~5	1~5	30~100	<1
		I_3	轻微	<1	<1	<30	—
低频率泥石流沟谷 II	暴发周期一般在 10 年以上。固体物质主要来源于沟床。泥石流发生时"揭床"现象明显。暴雨时沟面产生的浅层滑坡往往是激发泥石流形成的重要因素。暴发雨强一般大于 4mm/10min。规模一般较大，性质有黏有稀	II_1	严重	>10	>5	>100	>1
		II_2	中等	1~10	1~5	30~100	<1
		II_3	轻微	<1	<1	<30	—

注：表中流量对高频率泥石流沟谷指百年一遇的流量，对低频率泥石流沟谷指历史最大流量。

① 泥石流地区工程建设的适宜性评价，应符合下列要求。

a. I_1 类和 II_1 类泥石流沟谷不应作为工程场地，各类线路宜避开。

b. I_2 类和 II_2 类泥石流沟谷不宜作为工程场地，当必须利用时应采取治理措施；线路应避免直穿堆积扇，可在沟口设桥(墩)通过。

【泥石流】

c. I_3类和II_3类泥石流沟谷可利用其堆积区作为工程场地，但应避开沟口；线路可在堆积扇通过，可分段设桥和采取排洪、导流措施，不宜改沟、并沟。

d. 当上游大量弃渣或进行工程建设，改变了原有供排平衡条件时，应重新判定产生新的泥石流的可能性。

② 泥石流岩土工程勘察报告，主要包括下列内容。

a. 泥石流的地质背景和形成条件。

b. 形成区、流通区、堆积区的分布和特征，绘制专门工程地质图。

c. 划分泥石流类型，评价其对工程建设的适宜性。

d. 泥石流防治和监测的建议。

6. 活动断裂实习内容

抗震设防烈度等于或大于 7 度的重大工程场地应进行活动断裂（以下简称断裂）勘察。断裂勘察应查明断裂的位置和类型，分析其活动性和地震效应，评价断裂对工程建设可能产生的影响，并提出处理方案。对核电厂的断裂勘察，应按核安全法律和法规进行专门研究。

断裂勘察工程地质测绘，应包括下列内容的调查。

（1）地形地貌特征

山区或高原不断上升剥蚀或有长距离的平滑分界线；非岩性影响的陡坡、峭壁，深切的直线形河谷，一系列滑坡、崩塌和山前叠置的洪积扇；定向断续线形分布的残丘、洼地、沼泽、芦苇地、盐碱地、湖泊、跌水、泉、温泉等；水系定向展布或同向扭曲错动等。

（2）地质特征

近期断裂活动留下的第四系错动，地下水和植被的特征；断层带的破碎和胶结特征等；深色物质宜采用放射性碳 14（C^{14}）法，非深色物质宜采用热释光法或铀系法，测定已错断层位和未错断层位的地质年龄，并确定断裂活动的最新时限。

（3）地震特征

与地震有关的断层、地裂缝、崩塌、滑坡、地震湖、河流改道和砂土液化等。

大型工业建设场地，在可行性研究勘察时，应建议避让全新活动断裂和发震断裂。避让距离应根据断裂的等级、规模、性质、覆盖层厚度、地震烈度等因素，按有关标准综合确定。非全新活动断裂可不采取避让措施，但当浅埋且破碎带发育时，可按不均匀地基处理。

◀ 小 结 ▶

本学习情境主要介绍了工程地质条件，以及工程地质勘察的目的、任务和方法；各类岩土工程的主要工程地质问题和勘察要点等；如何完成野外地质勘察报告。

工程地质条件是各种对工程建筑有影响的地质因素的总称，如地形、地貌、地层岩性、地质构造、岩体天然应力状态、水文地质条件、不良地质现象、岩土物理力学性质、天然建筑材料的情况等。工程地质条件直接影响各种土木工程的选址、建设和使用。查明工程地质条件是工程地质勘察的重要任务。

工程地质勘察工作就是综合运用各种勘察手段和技术方法，有效查明建筑场地的工程地质条件，分析评价建筑场地可能出现的岩土工程问题，对场地地基的稳定性和适宜性做出评价，为工程建设规划、设计、施工和正常使用提供可靠地质依据。

工程地质勘察一般可划分为可行性研究勘察、初步勘察、详细勘察三个阶段。

工程地质勘察的方法主要有工程地质测绘、工程地质勘探、工程地质测试和工程地质长期观测等。

对节理调查资料进行整理和统计分析以便评价它们对工程的影响，要求学生学会利用节理产状的统计资料编制节理玫瑰花图。

通过野外地质勘察实训，使学生了解各种地质构造在地质平面图上的表现，在阅读与分析地质图的基础上，通过文献资料收集和野外地形勘察，完成一份简单的地质勘察报告。

复习思考题

1. 工程地质勘察阶段有哪些类型和主要任务。
2. 工程地质条件的内涵有哪些？
3. 工程地质勘察的目的是什么？
4. 工程地质勘察的方法有哪些？
5. 简述道路工程中的主要工程地质问题、勘察阶段的划分及勘察要点。
6. 简述桥梁工程中的主要工程地质问题、勘察阶段的划分及勘察要点。

能力训练

1. 简述工程地质测绘的内容和方法。
2. 简述工程地质勘探的内容和方法。
3. 简述工程地质原位测试的内容和方法。
4. 简述地质雷达勘探的勘探内容与工作原理。

【学习情境5题库】

学习情境 6 土质学认知

学习目标

1. 应用表格法、累计曲线法和三角坐标法，完成粒度成分的表示。
2. 能描述土的物理性质指标和物理状态指标。
3. 会利用土的三相图进行指标换算。
4. 会判别土的代号和土类名称。
5. 会准确操作含水率、密度、液限和塑限试验。

教学要求

	知识要点	重要程度
土的三相组成	土的三相体	B
	土的成分和土的结构	A
	三相图绘制	A
土的工程分类	土的代号	B
	土的分类	A
土的工程性质分析	土的物理性质指标	A
	土的物理状态指标	A
含水率、密度、液限和塑限试验	含水率试验仪器使用与操作步骤	A
	密度试验仪器使用与操作步骤	A
	液限和塑限试验仪器使用与操作步骤	A

章节导读

本学习情境由土的三相组成，土的工程分类，土的工程性质分析，含水率、密度、液限和塑限试验四部分组成。土的三相组成主要介绍了土的三相体、土的成分和土的结构，并描述了三相图的绘制方法。土的工程分类主要介绍了土的代号与土的分类。土的工程性质分析主要介绍了土的物理性质指标和土的物理状态指标，并描述了各指标的换算方法。含水率、密度、液限和塑限试验主要介绍了含水率、密度、液限和塑限试验的方法与操作步骤。

知识点滴

地壳中的岩石长期暴露于地表,经过风化、剥蚀、搬运和沉积,形成的固体矿物、水和气体的集合体称为土。所以说土是地壳母岩经强风化作用的产物,主要包括岩石碎块(如漂石)、矿物颗粒(如石英砂)和黏土矿物(如高岭石)。

风化作用有物理风化作用和化学风化作用两种主要形式,两者经常是同时进行、相互影响、相互促进的。

物理风化作用是在地表或接近地表的条件下,岩石在原地发生机械破碎而不改变其化学成分的过程。引起岩石发生物理风化作用的因素主要是岩石释重和温度的变化。此外,岩石裂隙中水的冻结与融化、盐类的结晶与潮解等,也能促使岩石发生物理风化作用。岩石在这些因素的作用下逐渐变成岩石碎块和细小的颗粒,其粒径大小差别很大,但它们的矿物成分仍与母岩相同,这些矿物称为原生矿物。所以,物理风化作用后的土可以当成只是颗粒大小上量的变化。但是这种量变的积累结果是使原来的大块岩体获得了新的性质,变成了碎散的颗粒。颗粒之间存在着大量的孔隙,可以透水和透气,这就是土的第一个主要特征——碎散性。

化学风化作用是指母岩表面和碎散的颗粒受环境因素的作用而改变其矿物的化学成分的过程,其中新形成的矿物,也称次生矿物。引起岩石发生化学风化作用的因素主要的是水和氧气。化学风化作用的结果是形成十分细微的土颗粒,最主要的是黏土颗粒(<0.002mm)及大量的可溶性盐类。微小颗粒的比表面积很大,具有吸附水分子的能力。因此,自然界的土,一般都是由固体颗粒、水和气体三种成分所构成。这是土的第二个主要特征——多相性。

在自然界中,土的物理风化作用和化学风化作用时刻都在进行,而且相互影响。由于形成过程的自然条件不同,自然界的土也就多种多样。同一场地、不同深度处土的性质也不一样,甚至同一位置的土,其性质往往还随方向而异。例如,沉积土往往在竖直方向的透水性小,在水平方向的透水性大。因此,土是自然界漫长的地质年代内所形成的性质复杂、不均匀、各向异性,且随时间在不断变化的材料。这是土的第三个主要特征——自然变异性。

由此可知,要描述和确定土的性质,就必须具体分析和研究土的三相组成、土的结构和土的物理状态,并以适当的指标进行表示。

任务 6.1 土的三相组成

土是由土颗粒、水和气体三部分组成的,如图 6.1 所示。土中固体矿物构成土的骨架,骨架之间贯穿着大量孔隙,孔隙中充满着液体和气体,相系组成之间的变化,将导致土的性质的改变。土的相系之间的质和量的变化是鉴

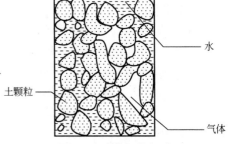

图 6.1 土的三相组成

别其工程地质性质的一个重要依据。随着环境的变化，土的三相比例也会发生相应的变化，土体三相比例不同，土的状态和工程性质也随之各异。

6.1.1　土的三相体

土的三相是指固相、液相和气相。随着三相物质的质量和体积的比例不同，土的性质也就不同。由固体和气体（液体为零）组成的土为干土。干燥状态的黏土呈干硬状态，干燥状态的砂土呈松散状态。由固体、液体和气体三相组成的土为湿土。湿黏土多为可塑状态。由固体和液体（气体为零）组成的土为饱和土。

土的固相物质包括无机矿物颗粒和有机质，是构成土的骨架最基本的物质。土的液相是指存在于土孔隙中的水。当水充满土中孔隙时，土处于饱和状态。土的气相是指存在于土孔隙中的气体。当土受到外力作用时，这些气体能从孔隙中排出，可提高土的密实性和强度。

6.1.2　土的成分

1. 土中的固体颗粒

（1）土的颗粒大小

自然界中的土是由大小不同的颗粒组成的，土粒的大小称为粒度。土颗粒大小相差悬殊，有大于几十厘米的漂石，也有小于几微米的胶粒。天然土的粒径一般是连续变化的，为便于研究，工程上把大小相近的土粒合并为组，称为粒组。粒组间的分界线是人为划定的，划分时应使粒组界限与粒组性质的变化相适应，并按一定的比例递减关系划分粒组的界限值。每个粒组的区间内，常以其粒径的上、下限给粒组命名，如砾粒、砂粒、粉粒与黏粒等。各组内还可细分为若干亚组。

（2）粒度成分及其分析方法

土的粒度成分是指土中各种不同粒组的相对含量（以干土质量的百分比表示），又称颗粒级配。例如某种土，经分析，其中含黏粒55%、粉粒35%、砂粒10%，即为该土中各粒组干质量占该土总质量的百分比含量。粒度成分可用来描述土的各种不同粒径土粒的分布特征。

为了准确地测定土的粒度成分，所采用的各种手段统称为粒度成分分析或颗粒分析。其目的在于确定土中各粒组颗粒的相对含量。

目前，我国常用的粒度成分分析方法有：对于粗粒土，即粒径大于0.075mm的土，用筛分法直接测定；对于细粒土，即粒径小于0.075mm的土，用沉降分析法测定；当土中粗细粒兼有时，可联合使用上述两种方法。

① 筛分法。筛分法是将所称取的一定质量的干土样放在筛网孔逐级减小的一套标准筛上摇振，然后分层测定各筛中土粒的质量，即为不同粒径粒组的土质量，并计算出每一粒组占土样总质量的百分数，也可计算小于某一筛孔直径土粒的累计质量及累计百分含量。

② 沉降分析法。沉降分析法是根据土粒在液体中的沉降速度与粒径的平方成正比的关系由司笃克斯（Stokes）定理确定：土粒越大，在静水中的沉降速度越快；反之，土粒越小，在静水中的沉降速度越慢。

（3）粒度成分的表示方法

常用的粒度成分的表示方法主要有表格法、累计曲线法和三角坐标法。

① 表格法。表格法是以列表形式直接表达各粒组的相对含量，它用于粒度成分的分类是十分方便的。表格法有两种不同的表示方法：一种是以累计的百分含量表示的，见表6-1；另一种是以粒组的粒度成分表示的，见表6-2。累计的百分含量是直接由试验求得的结果，粒组的粒度成分是由相邻两个粒径的累计百分含量之差求得的。

表6-1 累计的百分含量表示法

粒径 d_i(mm)	粒径小于或等于 d_i 的累计百分含量 p_i(%)		
	A 土样	B 土样	C 土样
10		100.0	
5	100.0	75.0	
2	98.9	55.0	
1	92.9	42.7	
0.5	76.5	34.7	
0.25	35.0	28.5	100.0
0.10	9.0	23.6	92.0
0.075		19.0	77.6
0.010		10.9	40.0
0.005		6.7	28.9
0.001		1.5	10.0

表6-2 粒组的粒度成分表示法

粒组范围(mm)	百分含量(%)		
	A 土样	B 土样	C 土样
10～5		25.0	
5～2	1.1	20.0	
2～1	6.0	12.3	
1～0.5	16.4	8.0	
0.5～0.25	41.5	6.2	
0.250～0.100	26.0	4.9	8.0
0.100～0.075	9.0	4.6	14.4
0.075～0.010		8.1	37.6
0.010～0.005		4.2	11.1
0.005～0.001		5.2	18.9
<0.001		1.5	10.0

② 累计曲线法。累计曲线法是一种图示的方法，通常用半对数坐标纸绘制，横坐标（按对数比例尺）表示土粒粒径 d_i，纵坐标表示小于某粒径的土粒的累计百分含量 p_i（注意：不是某粒径的百分含量）。采用半对数坐标，可以把细粒的含量更好地表达清楚，若采用普通坐标，则不可能做到这一点。

根据表 6-1 提供的资料，在半对数坐标纸上标出各粒组累计百分数及粒径对应的点，然后将各点连成一条平滑曲线，即得该土样的粒度成分累计曲线，如图 6.2 所示。

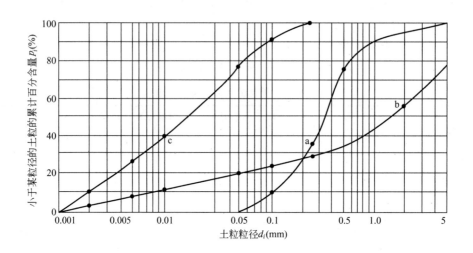

图 6.2 粒度成分累计曲线

累计曲线的用途主要有以下两个方面。

a. 由累计曲线可以直观地判断土中各粒组的分布情况。如图 6.2 所示，曲线 a 表示该土绝大部分是由比较均匀的砂粒组成的；曲线 b 表示该土是由各种粒组的土粒组成的，土粒极不均匀；曲线 c 表示该土中砂粒极少，主要是由粉粒和黏粒组成的。

b. 由累计曲线可确定土粒的级配指标。

不均匀系数 C_U：

$$C_U = \frac{d_{60}}{d_{10}} \tag{6-1}$$

曲率系数 C_C：

$$C_C = \frac{d_{30}^2}{d_{60} d_{10}} \tag{6-2}$$

不均匀系数 C_U 反映土中大小不同粒组的分布情况。C_U 越大，表示土粒大小的分布范围越大，颗粒大小越不均匀，其级配越良好。作为填方工程的土料时，则比较容易获得较大的密实度。

曲率系数 C_C 表示的是累计曲线的分布范围，反映累计曲线的整体形状，也可反映累计曲线的斜率是否连续。

在一般情况下，工程上把 $C_U < 5$ 的土称为均粒土，属级配不良；把 $C_U \geq 5$ 的土称为不均粒土。经验证明，当级配连续时，C_C 的范围约为 1~3。因此，当 $C_C < 1$ 或 $C_C > 3$ 时，均表示级配线不连续。

在工程上，一般将 $C_U \geq 5$ 且 $C_C = 1 \sim 3$ 的土，称为级配良好的土；将不能同时满足上述两个要求的土，称为级配不良的土。

③ 三角坐标法。三角坐标法也是一种图示法，可用来表达黏粒、粉粒和砂粒三种粒组的百分含量。它是利用几何上等边三角形中任意一点到三边的垂直距离之和恒等于三角

形的高的原理(即 $h_1+h_2+h_3=H$)来表达粒度成分。取三角形的高 H 为 100%，h_1 为黏土颗粒的含量，h_2 为砂土颗粒的含量，h_3 为粉土颗粒的含量。如图 6.3 所示，m 点即表示土样的粒度成分中黏粒、粉粒及砂粒的百分含量分别为 20%、50% 和 30%。

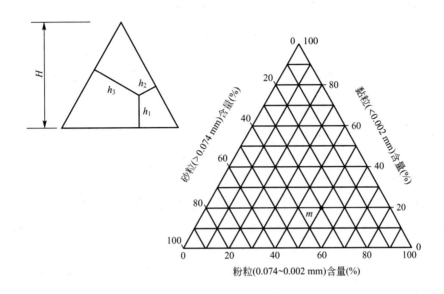

图 6.3　三角坐标表示粒度成分

上述三种方法各有其特点和适用条件：表格法能很清楚地用数量说明土样的各粒组含量，但对于大量土样之间的比较就显得过于冗长，且无直观概念，使用比较困难；累计曲线法能用一条曲线表示一种土的粒度成分，而且可以在一张图上同时表示多种土的粒度成分，能直观地比较其级配状况；三角坐标法能用一点表示一种土的粒度成分，在一张图上能同时表示许多种土的粒度成分，便于进行土料的级配设计。

2. 土中的水

土中的水以不同形式和不同状态存在着，它们对土的工程性质的形成起着不同的作用和影响。

(1) 结合水

黏土颗粒与水相互作用，在土粒表面通常是带负电荷的，在土粒周围就产生一个电场。水溶液中的阳离子一方面受土粒表面的静电引力作用，另一方面又受到布朗运动(热运动)的扩散力作用。这两个相反趋向作用的结果是使土粒周围的阳离子呈不均匀分布。在土粒表面所吸附的阳离子是水化阳离子，土粒表面除水化阳离子外，还有一些水分子也为土粒所吸附，且吸附力极强。土粒表面由强烈吸附的水化阳离子和水分子构成了吸附水层(也称为强结合水或吸着水)。在土粒表面，阳离子浓度最大，随着离土粒表面距离的增大，阳离子浓度逐渐降低，直至达到孔隙中水溶液的正常浓度为止。从土粒表面直至阳离子浓度正常为止，这个范围称为扩散层。当然，在扩散层内阴离子则为土粒表面的负电荷所排斥，随着离土粒表面距离的增大，阴离子浓度逐渐增高，最后阴离子也达到水溶液中的正常浓度。土粒表面的负电荷和扩散层合起来称为双电层，如图 6.4 所示。

土粒表面的负电荷为双电层的内层，扩散层为双电层的外层。扩散层是由水分子、水

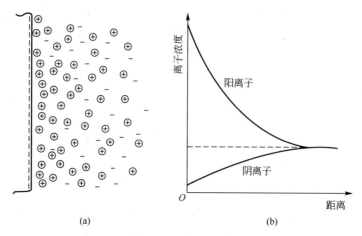

图 6.4 双电层示意

化阳离子和阴离子所组成,形成土粒表面的弱结合水(也称为薄膜水)。

强结合水紧靠土粒表面,厚度只有几个水分子厚,小于 $0.0031\mu m$($1\mu m = 0.001mm$),受到约 1000MPa 的静电引力,使水分子紧密而整齐地排列在土粒表面不能自由移动。强结合水的性质与普通水不同,其性质接近固体。它的特征是:没有溶解盐类的能力;具有很大的黏滞性、弹性和抗剪强度,不能传递静水压力;只有吸热变成水蒸气时才能移动,$-78℃$ 低温才冻结成冰。

当黏土只含强结合水时呈固体坚硬状态,将干燥的土移至天然湿度的空气中,则土的质量将增加,直到土中吸着的强结合水达到最大吸着度为止。土粒越细,土的比表面积越大,则最大吸着度就越大。

弱结合水是紧靠于强结合水的外围形成的一层结合水膜。其密度大于普通液态水,仍然不能传递静水压力,但水膜较厚的弱结合水能向临近的较薄的水膜缓慢移动。

当土中含有较多的弱结合水时,土具有一定的可塑性。砂土比表面积较小,几乎不具有可塑性,而黏土的比表面积较大,其可塑性范围较大。

(2) 自由水

自由水是存在于土粒表面电场影响范围以外的水,因为水分子离土粒较远,在土粒表面的电场作用以外,水分子自由散乱地排列,它的性质和普通水一样,能传递静水压力,冰点为 0℃,有溶解能力,主要受重力作用的控制。自由水包括下列两种。

① 毛细水。毛细水位于地下水位以上土粒细小的孔隙中,是介于结合水与重力水之间的一种过渡型水,受毛细作用而上升。粉土中孔隙小,毛细水上升高,在寒冷地区要注意由于毛细水而引起的路基冻胀问题,尤其要注意毛细作用源源不断地将地下水上升产生的严重冻胀。

毛细水水分子排列的紧密程度介于结合水和普通液态水之间,其冰点也在普通液态水之下。毛细水还具有极微弱的抗剪强度。

② 重力水。重力水是位于地下水位以下较粗颗粒的孔隙中,只受重力控制,水分子不受土粒表面吸引力影响的普通液态水。重力水受重力作用由高处向低处流动,具有浮力的作用。重力水能传递静水压力,并具有溶解土中可溶盐的能力。

③ 气态水。气态水以水汽状态存在于土孔隙中。它能从气压高的空间向气压低的空间运移，并可在土粒表面凝聚转化为其他各种类型的水。气态水的迁移和聚集可使土中水和气体的分布状态发生变化，也可使土的性质发生改变。

④ 固态水。固态水是当气温降至0℃以下时，由液态的自由水冻结而成的。由于水的密度在4℃时为最大，低于0℃的冰，不会冷缩，反而会膨胀，使基础发生冻胀，所以寒冷地区基础的埋置深度要考虑冻胀问题。

3. 土中的气体

土中的气体指土的固体矿物之间的孔隙中，没有被水充填的部分。土中的气体，除来自空气外，也可由生物化学作用和化学反应所生成。土的含气量与含水率有密切关系。土孔隙中占优势的是气体还是水，土的性质会有很大的不同。

土中的气体除含有空气中的主要成分 O_2 外，含量最多的是水汽、CO_2、N_2、CH_4、H_2S 等气体。一般土中气体含有大量的 CO_2，较多的 N_2，较少的 O_2。土中气体与大气的交换越困难，两者的差别就越大。

土中的气体可分为自由气体和封闭气泡两类。自由气体与大气相连通，通常在土层受力压缩时即逸出，对土的工程性质影响不大；封闭气泡与大气隔绝，对土的工程性质影响较大，在受外力作用时，随着压力的增大，这种气泡可被压缩或溶解于水中，压力减小时，气泡又会恢复原状或重新游离出来。当土中封闭气泡很多时，将使土的压缩性增高，渗透性降低。土质学与土力学中将这种含气体的土称为非饱和土。

6.1.3 土的结构

1. 概念

土的结构是指土颗粒之间的相互排列和联结形式的综合特征。同一种土，原状土和重塑土的力学性质有很大差别。也就是说，土的结构对土的性质有很大影响。

土粒的排列方式表现为土颗粒之间孔隙的疏密、大小、数量等状况，它影响着土的透水性、压缩性等物理力学性质。

土粒间的联结形式有以下几种。

(1) 水胶联结(又称结合水联结)

这是黏性土所特有的联结形式，这种联结形式使土具有黏性，但这种联结力常会随土的干湿状态而发生变化。它是黏性土力学强度的主导因素。

(2) 水联结(也称毛细水联结)

这是砂土和粉土常具有的一种联结形式，是由毛细力所形成的微弱的暂时性联结力(图6.5)。一般认为砂土中含水率为 $4\%\sim8\%$ 时，毛细水的联结力最强。但随着砂土的失水或饱和，这种联结力即行消失为无联结。

(3) 无联结

对于砾石等粗碎屑土，因颗粒的质量大，水胶联结和水联结力都无法使粒间形成联结关系，表现为松散无联结状态。

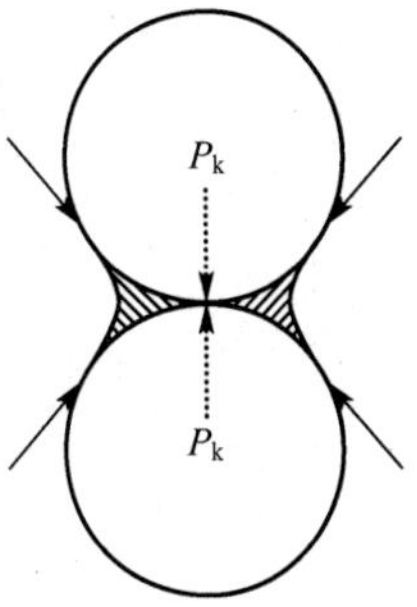

图6.5 水联结示意

(4) 胶结联结

这是含可溶盐较多的土或老土层中常见的一种联结形式，如盐渍土和黄土即属此种联结。这种联结的干土强度较大，但遇水后土中的盐类易被淋溶或流失，土的联结即行削弱，土的强度也随之降低。

(5) 冻结联结

这是冻土所特有的一种联结形式。土的强度随着冻结和融化会发生很大变化，土层极不稳定，这也使土的工程性质复杂化。工程上常利用冻结法来处理软土、流砂等特殊地质问题。

2. 土的结构种类

(1) 单粒结构

这是碎石类土和砂土的结构特征。其特点是土粒间没有联结或只有极微弱的水联结，可以略去不计。按土粒间的相互排列方式和紧密程度不同，可将单粒结构分为松散结构和紧密结构，如图 6.6 所示。

在静荷载作用下，尤其在振动荷载作用下，具有松散结构的土粒，易于变位压密，孔隙率降低，地基发生突然沉陷，导致建筑物破坏。尤其是具有松散结构的砂土，在饱水情况下受振动时，会变成流动状态，对建筑物的破坏性更大。而具有紧密结构的土层，在建筑物的静荷载作用下不会产生压缩沉陷；在振动荷载作用下，孔隙率的变化也很小，不致造成破坏。紧密结构的砂土只有在侧向松动，如开挖基坑后才会变成流砂状态。所以，紧密结构是最理想的结构。

单粒结构的紧密程度取决于矿物成分、颗粒形状、均匀程度和沉积条件等。片状矿物组成的砂土最松散；浑圆的颗粒组成的砂土比带棱角的颗粒组成的砂土紧密；土粒越不均匀，结构越紧密，急速沉积的土比缓慢沉积的土结构松散些。

(2) 蜂窝结构

这是黏性土具有的结构形式之一，如图 6.7(a)所示。当土粒粒径为 0.002～0.02mm 时，单个土粒在水中下沉，碰到已沉积的土粒，因土粒之间的分子引力大于土粒自重，则下沉的土粒会被吸引不再下沉，逐渐由单个土粒串联成小链状体，边沉积边合围成内包孔隙的似蜂窝状的结构。这种结构的孔隙一般远大于土粒本身尺寸，若沉积后土层没有受过比较大的上覆压力，则在建筑物的自重荷载作用下会产生较大的沉降。

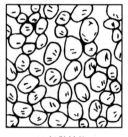
(a) 松散结构

(b) 紧密结构

图 6.6 土的单粒结构

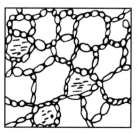
(a) 蜂窝结构

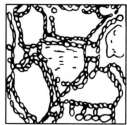
(b) 絮状结构

图 6.7 黏性土的结构示意

(3) 絮状结构（又称二级蜂窝结构）

这是颗粒最细小的黏性土所特有的结构形式，如图 6.7(b)所示。当土粒粒径小于 0.002mm 时，土粒能在水中长期悬浮。这种土粒在水中运动，相互碰撞而吸引，逐渐形成小链环状的土粒集合，并因质量增大而下沉，当一个小链环碰到另一小链环时，它们会相互吸引，不断扩大形成大链环状的结构，称为絮状结构。因小链环中已有孔隙，大链环中又有更大的孔隙，因此又形象地称这种结构为二级蜂窝结构。絮状结构比蜂窝结构具有更大的孔隙率，在荷载作用下可能产生更大的沉降。

土的结构在形成过程中及形成之后，当外界条件变化时（如荷载条件、湿度条件、温度条件或介质条件的变化），都会使土的结构发生变化。土体失水干缩时，会使土粒间的联结增强；土体在外力作用下（如压力或剪力），絮状结构会变成平行排列的定向结构，使土的强度及压缩性都随之发生变化。保持原来含水量不变，但天然结构被破坏的重塑土的强度比保持天然结构的原状土的强度低，其比值可作为结构性的指标，即为灵敏度。

灵敏度高的土，其触变性也大，软土地基受动荷载后，易产生侧向滑动、沉降或基底面向两侧挤出等现象。所以，在进行施工活动时，要十分注意避免对土体的扰动，防止发生过大的变形。特别是在边坡附近打桩、爆破等，更要避免因土的强度丧失造成的事故。

任务 6.2　土的工程分类

【土的工程分类】

引　例

土是自然历史的产物，它的成分、结构和性质千变万化，工程性质也千差万别，为了判别土的基本性质，合理选择研究方法，有必要对土进行科学分类。

在土的工程分类中最常见的是根据土的工程用途不同，提出土的工程分类体系。例如，为了解决渗流问题，一般按土的透水性进行分类；考虑粒度成分界限值时，则要注意使粒组的划分能反映透水性的变化；在道路工程中，为了考虑路基土的压实和水稳定性问题，一般按土的不同粒组的级配进行土的分类。

土的分类一般原则是：①粗粒土按粒度成分及级配特征分类；②细粒土按塑性指数和液限分类；③有机土和特殊土则分别单独各列为一类；④各个分类体系中对定出的土名给以明确含义的文字符号，既可一目了然，也可为运用电子计算机检索土质试验资料提供条件。

1. 土的基本代号表示

我国对土的成分、级配、液限和特殊土有通用的基本代号，见表 6-3。

表 6-3　土的代号

土的成分	代号	土的成分	代号	土的级配	代号	土的液限	代号	特殊土	代号
漂石	B	粉土	M	级配良好	W	高液限	H	黄土	Y
块石	Ba	黏土	C	级配不良	P	低液限	L	膨胀土	E
卵石	Cb	细粒土(C和M合称)	F					红黏土	R
小石块	Cba	(混合)土(粗细粒土合称)	Sl					盐渍土	St
砾	G	有机质土	O					冻土	n
角砾	Ga	砂	S						

土类名称可用一个基本代号表示。当由两个基本代号构成时，第一个代号表示土的主成分，第二个代号表示副成分(土的液限或土的级配)。当由三个基本代号构成时，第一个代号表示土的主成分，第二个代号表示液限的高低(或级配的好坏)，第三个代号表示土中所含次要成分。土类的名称和代号，见表 6-4。

表 6-4　土类的名称和代号

名称	代号	名称	代号	名称	代号
漂石	B	级配良好的砂	SW	含砾高液限黏土	CHG
块石	Ba	级配不良的砂	SP	含砾低液限黏土	CLG
卵石	Cb	细粒质砂	SF	含砂高液限黏土	CHS
小石块	Cba	粉土质砂	SM	含砂低液限黏土	CLS
漂石夹土	BSl	黏土质砂	SC	有机质高液限黏土	CHO
卵石夹土	CbSl	高液限粉土	MH	有机质低液限黏土	CLO
漂石质土	SlB	低液限粉土	ML	有机质高液限粉土	MHO
卵石质土	SlCb	含砾高液限粉土	MHG	有机质低液限粉土	MLO
级配良好砾	GW	含砾低液限粉土	MLG	黄土(低液限黏土)	CLY
级配不良砾	GP	含砂高液限粉土	MHS	膨胀土(高液限黏土)	CHE
细粒质砾	GF	含砂低液限粉土	MLS	红黏土	R
粉土质砾	GM	高液限黏土	CH	盐渍土	St
黏土质砾	GC	低液限黏土	CL	冻土	n

2.《公路桥涵地基与基础设计规范》中土的分类

《公路桥涵地基与基础设计规范》(JTG 3363—2019) 中将土作为建筑物的地基和建筑场地进行分类。将公路桥涵地基的岩土分为岩石(在"工程地质"中学习)、碎石土、砂土、粉土、黏性土和特殊土（在后文"《公路土工实验规程》中土的分类"中学习）。

(1) 碎石土

碎石土为粒径大于 2mm 的颗粒含量超过总质量 50％ 的土。碎石土按照表 6-5 可分为漂石、块石、卵石、碎石、圆砾与角砾 6 类。

表 6-5　碎石土的分类

土的名称	颗粒形状	颗粒级配
漂石	以圆形及亚圆形为主	粒径大于 200mm 的颗粒超过总质量的 50％
块石	以棱角形为主	
卵石	以圆形及亚圆形为主	粒径大于 20mm 的颗粒超过总质量的 50％
碎石	以棱角形为主	
圆砾	以圆形及亚圆形为主	粒径大于 2mm 的颗粒超过总质量的 50％
角砾	以棱角形为主	

特别提示

碎石土分类时应根据粒组含量从大到小，以最先符合者确定。

(2) 砂土

砂土为粒径大于 2mm 的颗粒含量不超过总质量 50％、粒径大于 0.075mm 的颗粒超过总质量 50％ 的土。砂土可分为砾砂、粗砂、中砂、细砂和粉砂 5 类，见表 6-6。

表 6-6　砂土分类

土的名称	颗粒级配
砾砂	粒径大于 2mm 的颗粒含量占总质量的 25％～50％
粗砂	粒径大于 0.5mm 的颗粒含量超过总质量的 50％
中砂	粒径大于 0.25mm 的颗粒含量超过总质量的 50％
细砂	粒径大于 0.075mm 的颗粒含量超过总质量的 85％
粉砂	粒径大于 0.075mm 的颗粒含量超过总质量的 50％

(3) 粉土

粉土为塑性指数 $I_P \leqslant 10$ 且粒径大于 0.075mm 的颗粒含量不超过总质量 50％ 的土。

(4) 黏性土

黏性土为塑性指数 $I_P > 10$ 且粒径大于 0.075mm 的颗粒含量不超过总质量 50％ 的土。根据黏性土的堆积时代，黏性土可分为以下 3 类。

① 老黏性土：第四纪晚更新世（Q_3）及其以前堆积的黏性土，一般具有较高的强度和较低的压缩性。

② 一般黏性土：第四纪全新世（Q_4）堆积的黏性土。

③ 新近黏性土：第四纪全新世（Q_4）以后新近沉积的黏性土。

根据塑性指数 I_P 的大小，黏性土可分为粉质黏土和黏土，见表 6-7。

表 6-7　黏性土的分类

土 的 名 称	塑 性 指 数	土 的 名 称	塑 性 指 数
粉质黏土	$10 < I_P \leqslant 17$	黏土	$I_P > 17$

(5) 特殊土

特殊土为具有一些特殊成分、结构和性质的区域性地基土，如软土、膨胀土、湿陷性土、红黏土、冻土、盐渍土和填土等。软土是指天然含水率高（≥35%）、天然孔隙比大（≥1.0）、抗剪强度低（直剪内摩擦角＜5°或十字板剪切强度＜35kPa）的细粒土，如淤泥、淤泥质土、泥炭、泥炭质土等。

在静水或缓慢的流水环境中沉积，并经生物化学作用形成，其天然含水率大于液限、天然孔隙比大于或等于 1.5 的黏性土应定为淤泥。当天然含水率大于液限而天然孔隙比小于 1.5 但大于或等于 1.0 的黏性土或粉土可定为淤泥质土。

土中黏粒成分主要由亲水性矿物组成，同时具有显著的吸水膨胀和失水收缩特性，其自由膨胀率大于或等于 40% 的黏性土应定为膨胀土。

浸水后产生附加沉降且湿陷系数大于或等于 0.015 的土应定为湿陷性土。

碳酸盐岩系的岩石经红土化作用形成的液限大于 50 的高塑性黏土应定为红黏土。红黏土经再搬运后仍保留其基本特征且其液限大于 45 的土应定为次生红黏土。

土中易溶盐含量大于 0.3%，并具有溶陷、盐胀、腐蚀等工程特性的土应定为盐渍土。

3. 《公路土工试验规程》中土的分类

《公路土工试验规程》(JTG 3430—2020)中根据土的分类的一般原则，结合公路工程实践中的研究成果，提出土的分类总体系，一般土可分为巨粒土、粗粒土和细粒土，如图 6.8 所示。特殊土具有一些特殊成分、结构和性质的地域性地基土，如图 6.9 所示。

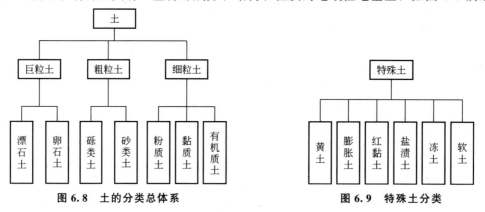

图 6.8　土的分类总体系　　　　图 6.9　特殊土分类

根据《公路土工试验规程》(JTG 3430—2020)中的粒组划分，见表 6-8。

表 6-8　粒组划分

粒　　组	粒组名称	粒组范围(mm)
巨粒组	漂石(块石)	＞200
	卵石(小块石)	200～60

续表

粒　　组	粒组名称		粒组范围(mm)
粗粒组	砾类土	粗砾	60～20
		中砾	20～5
		细砾	5～2
	砂类土	粗砂	2～0.5
		中砂	0.5～0.25
		细砂	0.25～0.075
细粒组	粉粒		0.075～0.002
	黏粒		<0.002

(1) 巨粒土分类

巨粒组质量多于总质量15%的土称为巨粒土，其分类体系如图6.10所示。

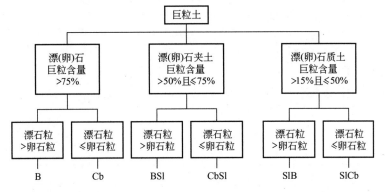

图 6.10　巨粒土分类体系

(2) 粗粒土分类

试样中巨粒组土粒质量小于或等于总质量的15%，且巨粒组土粒与粗粒组质量之和大于总土质量50%的土称为粗粒土。

粗粒土中砾粒组质量大于砂粒组质量的土称为砾类土，砾类土应根据其中细粒土含量和类别及粗粒组的级配进行分类，其分类体系如图6.11所示。

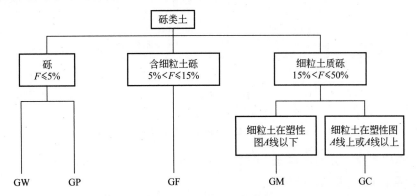

图 6.11　砾类土分类体系

注：砾类土分类体系中的砾石角砾，G 换成 Ga，即构成相应的角砾土分类体系。

粗粒土中砾粒组质量小于或等于砂粒组质量的土称为砂类土，砂类土应根据其中细粒土含量和类别及粗粒组的级配进行分类，其分类体系如图 6.12 所示，根据粒径分组由大到小，以首先符合者命名。

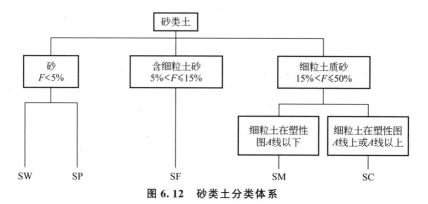

图 6.12　砂类土分类体系

注：需要时，砂可进一步细分为粗砂、中砂和细砂。粗砂——粒径大于 0.5mm 的颗粒多于总质量的 50%；中砂——粒径大于 0.25mm 的颗粒多于总质量的 50%；细砂——粒径大于 0.0075mm 的颗粒多于总质量的 50%。

(3) 细粒土分类

试样中细粒组质量大于或等于总质量 50% 的土称为细粒土，其分类体系如图 6.13 所示。

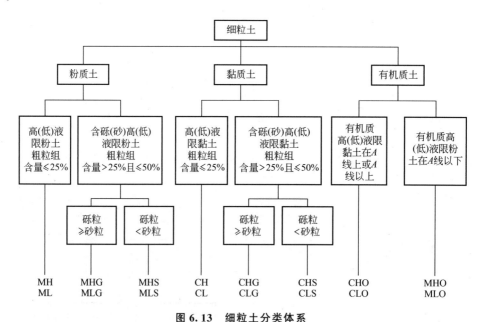

图 6.13　细粒土分类体系

细粒土应按塑性图分类，本分类的塑性图（图 6.14）采用下列液限分区。

① 低液限：$w_L < 50\%$。

② 高液限：$w_L \geq 50\%$。

有机质在塑性图上的分布，如图 6.15 所示。

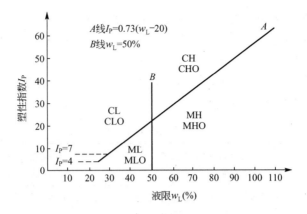

图 6.14 细粒土塑性图

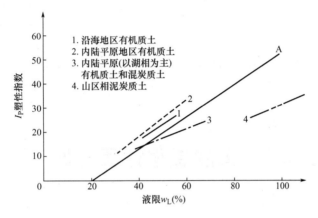

图 6.15 有机质土塑性图

（4）特殊土分类

特殊土根据其工程特性进行分类。黄土、膨胀土和红黏土按特殊土塑性图（图 6.16）定名。

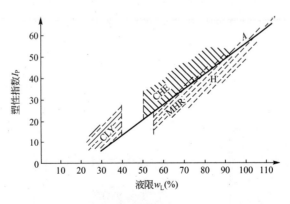

图 6.16 特殊土塑性图

① 黄土：低液限黏土（CLY），分布范围大部分在 A 线以上，$w_L<40\%$。
② 膨胀土：高液限黏土（CHE），分布范围大部分在 A 线以上，$w_L>50\%$。

③ 红黏土：高液限粉土（MHR），分布范围大部分在 A 线以下，$w_L>55\%$。

④ 盐渍土的工程分类见表 6-9。

⑤ 冻土：大气温度在 0℃ 以下，并含有冰的土。

⑥ 软土：天然含水量大于液限，天然孔隙比 $\geqslant 1.5$ 的黏性土是淤泥，天然孔隙比 <1.5，但大于或等于 1.0 的黏性为淤泥质土。

表 6-9　盐渍土按盐渍化程度分类

盐渍土类型	细粒土的平均含盐量 （以质量百分数计）		粗粒土通过 1mm 筛孔土的 平均含盐量（以质量百分数计）	
	氯盐渍土及 亚氯盐渍土	硫酸盐渍土及 亚硫酸盐渍土	氯盐渍土及 亚氯盐渍土	硫酸盐渍土及 亚硫酸盐渍土
弱盐渍土	0.3～1.0	0.3～0.5	2.0～5.0	0.5～1.5
中盐渍土	1.0～5.0	0.5～2.0	5.0～8.0	1.5～3.0
强盐渍土	5.0～8.0	2.0～5.0	8.0～10.0	3.0～6.0
过盐渍土	>8.0	>5.0	>10.0	>6.0

注：离子含量以 100g 干土内的含盐总量计。

任务 6.3　土的工程性质分析

引　例

【土的工程性质】

土是由土粒（固相）、水（液相）和空气（气相）三者所组成的，土的物理性质就是研究三相的质量与体积间的相互比例关系，以及固、液两相相互作用表现出来的性质。现在需要定量研究三相之间的比例关系，即土的物理性质指标的物理意义和数值大小。利用土的物理性质指标可间接地评定土的工程性质。

为了导得三相比例指标，我们把土体中实际上是分散的三个相抽象地分别集合在一起：固相集中于下部，液相居于中部，气相集中于上部，构成理想的三相图（图 6.17）。三相之间存在如下关系。

【土的三相合成】

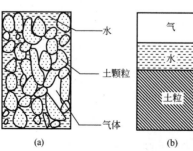

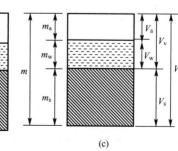

图 6.17　土的三相图

土的体积: $$V = V_s + V_w + V_a$$
土的质量: $$m = m_s + m_w + m_a$$

式中 V_s、V_w、V_a——分别表示土中土粒、水、气体的体积;

m_s、m_w、m_a——分别表示土中土粒、水、气体的质量。

可以认为 $m_a \approx 0$,所以 $m = m_s + m_w$。

6.3.1 土的物理性质指标

1. 土的三个基本物理性质指标

(1) 土的密度

土的密度 ρ 是单位体积土的质量,天然状态下土的密度称为天然密度,以式(6-3)表示。

$$\rho = \frac{m}{V} = \frac{m_s + m_w}{V_s + V_v} \quad (\text{g/cm}^3) \tag{6-3}$$

土的密度取决于土粒的密度、孔隙体积的大小和孔隙中水的质量多少,它综合反映了土的物质组成和结构特征。在测定土的天然密度时,必须用原状土样(即其结构未受扰动破坏,并且保持其天然结构状态下的天然含水率)。土的结构破坏了或水分变化了,土的密度也就改变了,就不能正确测得真实的天然密度。

土的密度一般为 $1.6 \sim 2.2 \text{g/cm}^3$,实际中可在室内试验测定及野外现场直接测定。

(2) 土粒的密度

土粒的密度是指固体颗粒的质量 m_s 与其体积 V_s 之比,即土粒单位体积的质量,即

$$\rho_s = \frac{m_s}{V_s} \quad (\text{g/cm}^3) \tag{6-4}$$

土粒的密度仅与组成土粒的矿物密度有关,而与土的孔隙大小和含水量多少无关。实际上,土粒的密度是土中各种矿物密度的加权平均值。

一般土粒的密度数值如下。

砂土:$2.65 \sim 2.69 \text{g/cm}^3$。

粉质砂土:$2.68 \sim 2.71 \text{g/cm}^3$。

粉质黏土:$2.68 \sim 2.72 \text{g/cm}^3$。

黏土:$2.7 \sim 2.75 \text{g/cm}^3$。

土粒的相对密度是指土在 $105 \sim 110 ℃$ 下烘干至恒重时的质量与同体积 $4℃$ 时蒸馏水的质量的比值,即

$$G_s = \frac{\text{固体颗粒的质量}}{\text{同体积}4℃\text{时蒸馏水的质量}} = \frac{m_s}{V_s \rho_w} \tag{6-5}$$

其中,如果取 $\rho_w = 1 \text{g/cm}^3$,那么 G_s 在数值上就等于 ρ_s。

(3) 土的含水率

土的含水率定义为土中水的质量与土粒的质量之比,以百分数表示,即

$$w = \frac{m_w}{m_s} \times 100\% = \frac{m - m_s}{m_s} \times 100\% \tag{6-6}$$

2. 土的 6 个换算物理性质指标

土的 6 个换算物理性质指标为：土的干密度、土的饱和密度、土的有效密度（浮密度）、土的孔隙比、土的孔隙率、土的饱和度。这些指标均可利用三相草图（图 6.18），由 3 个基本物理性质指标计算得到。

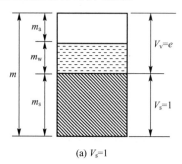 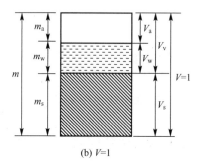

图 6.18 三相草图

（1）土的干密度

土的干密度是土的孔隙中完全没有水时，单位体积的质量，即固体颗粒的质量与土的总体积的比值，则有

$$\rho_d = \frac{m_s}{V} \quad (\text{g/cm}^3) \tag{6-7}$$

设土体体积 $V=1$，如图 6.18(b) 所示，则土粒质量 $m_s = \rho_d$，水的质量 $m_w = w\rho_d$，于是有

$$\rho = \frac{m}{V} = \frac{m_s + m_w}{V} = \rho_d(1+w)$$

$$\rho_d = \frac{\rho}{1+w}$$

土的干密度反映了土的孔隙性，干密度的大小取决于土的结构情况，因为它与含水率无关，因此，它反映了土的孔隙的多少。在工程上常把干密度作为评定土体紧密程度的标准，以控制填土工程的施工质量。土的干密度一般为 $1.4\sim1.7\text{g/cm}^3$。

（2）土的饱和密度

土的孔隙完全被水充满时，单位体积的质量，称为土的饱和密度，即

$$\rho_{sat} = \frac{m_s + V_v \rho_w}{V} \quad (\text{g/cm}^3) \tag{6-8}$$

式中 ρ_w——水的密度（工程计算中可取 1g/cm^3）

土的饱和密度的常见值为 $1.8\sim2.3\text{g/cm}^3$。

（3）土的有效密度（浮密度）

土的有效密度（浮密度）是土受水的浮力时单位体积土的质量，即

$$\rho' = \frac{m_s - V_s \rho_w}{V} = \rho_{sat} - \rho_w \quad (\text{g/cm}^3) \tag{6-9}$$

土的有效密度（浮密度）的常见值为 $0.6\sim1.2\text{g/cm}^3$。

（4）土的孔隙比

土的孔隙比为土中孔隙体积与固体颗粒的体积的比值，以小数表示，即

$$e = \frac{V_v}{V_s} \tag{6-10}$$

土的孔隙比可直接反映土的密实程度，孔隙比越大，土越疏松；孔隙比越小，土越密实。它是确定地基承载力的指标。

砂土的孔隙比一般为 0.5~1.0。当砂土的 $e<0.6$ 时，砂土呈密实状态，为良好地基。黏性土的孔隙比一般为 0.5~1.2。当黏性土的 $e>1.0$ 时，黏性土呈疏松状态，为软弱地基。

(5) 土的孔隙率

土的孔隙率是土的孔隙体积与土体积之比，或单位体积土中孔隙的体积，以百分数表示，即

$$n=\frac{V_v}{V}\times 100\% \tag{6-11}$$

土的孔隙率常见值为 30%~50%。

孔隙比和孔隙率都是用以表示孔隙体积含量的概念，两者有如下关系。

$$n=\frac{e}{1+e} \text{ 或 } e=\frac{n}{1-n} \tag{6-12}$$

土的孔隙比或孔隙率都可用来表示同一种土的松密程度。它们随土形成过程中所受的压力、粒径级配和颗粒排列的状况而变化。

(6) 土的饱和度

土中孔隙水的体积与孔隙体积之比，以百分数表示，即

$$S_r=\frac{V_w}{V_v}\times 100\% \tag{6-13}$$

饱和度越大，表明土孔隙中充水越多，它的值应为 0~100%。干燥时，$S_r=0$。孔隙全部为水充填时，$S_r=100\%$（完全饱和）。工程上 S_r 作为砂土湿度划分的标准：当 $0<S_r\leqslant 50\%$ 时，为稍湿的砂土；当 $50\%<S_r\leqslant 80\%$ 时，为很湿的砂土；当 $80\%<S_r\leqslant 100\%$ 时，为饱和的砂土。

颗粒较粗的砂土和粉土，对含水率的变化不敏感，当含水率发生某种改变时，它们的物理力学性质变化不大，所以对砂土和粉土的物理状态可用 S_r 来表示。但对黏性土而言，它对含水率的变化十分敏感，随着含水率增加，其体积膨胀，结构也会发生改变。当黏土处于饱和状态时，其力学性质可能降低为 0；同时，还因黏粒间多为结合水，而不是普通液态水，这种水的密度大于 1，则值也偏大，故对黏性土一般不用 S_r 这一指标。工程研究中，一般将 $S_r>95\%$ 的天然黏性土视为饱和；而当砂土 $S_r>80\%$ 时就认为已达到饱和了。

3. 基本物理性质指标间的相互关系

三相指标关系换算公式见表 6-10。

表 6-10 三相指标关系换算公式

指标名称	换算公式	指标名称	换算公式
干密度 ρ_d	$\rho_d=\dfrac{\rho}{1+w}$	孔隙比 e	$e=\dfrac{\rho_s(1+w)}{\rho}-1$
饱和密度 ρ_{sat}	$\rho_{sat}=\dfrac{\rho(\rho_s-1)}{\rho_s(1+w)}+1$	孔隙率 n	$n=1-\dfrac{\rho}{\rho_s(1+w)}$
有效密度 ρ'	$\rho'=\dfrac{m_s-V_s\rho_w}{V}$	饱和度 S_r	$S_r=\dfrac{\rho_s\rho_w}{\rho_s(1+w)-\rho}$

> **特 别 提 示**
>
> 土的各种密度之间的大小关系为：$\rho' < \rho_d < \rho < \rho_{sat} < \rho_s$。

【例 6-1】 某原状土样，经试验测得其天然密度 $\rho = 1.67 \text{g/cm}^3$，含水率 $w = 12.9\%$，土粒的相对密度 $G_s = 2.67$，求该土样的孔隙比 e、孔隙率 n 和饱和度 S_r。

解：绘三相草图。

(1) 设土的体积 $V = 1 \text{cm}^3$，根据密度定义得

$$m = \rho V = 1.67 \times 1 = 1.67 (\text{g})$$

(2) 根据含水率定义得

$$m_w = w m_s = 0.129 m_s$$

从三相草图可知：$m = m_a + m_w + m_s$

因为 $m_a \approx 0$，则有 $m_w + m_s = m$，即

$$0.129 m_s + m_s = 1.67$$

$$m_s = \frac{1.67}{1.129} = 1.48(\text{g})$$

$$m_w = 1.67 - 1.48 = 0.19(\text{g})$$

(3) 根据土粒的相对密度定义可得

$$G_s = \frac{m_s}{V_s \rho_w} = \frac{\rho_s}{\rho_w}$$

因为 $G_s = 2.67$，$\rho_w = 1$，故有

$$\rho_s = 2.67 \times 1 = 2.67(\text{g/cm}^3)$$

$$V_s = \frac{m_s}{\rho_s} = \frac{1.48}{2.67} = 0.554(\text{cm}^3)$$

(4) $V_w = \dfrac{m_w}{\rho_w} = \dfrac{0.19}{1.0} = 0.19(\text{cm}^3)$。

(5) 从三相可知

$$V = V_a + V_w + V_s = 1(\text{cm}^3)$$

或

$$V_a = 1 - V_w - V_s = 1 - 0.554 - 0.190 = 0.256(\text{cm}^3)$$

所以

$$V_v = V - V_s = 1 - 0.554 = 0.446(\text{cm}^3)$$

(6) 根据孔隙比定义可得

$$e = \frac{V_a + V_w}{V_s} = \frac{0.256 + 0.19}{0.554} = 0.805$$

(7) 根据孔隙率定义可得

$$n = \frac{V_a + V_w}{V} = \frac{0.256 + 0.19}{1} = 0.446 = 44.6\%$$

或

$$n = \frac{e}{1+e} = \frac{0.805}{1+0.805} = 0.446 = 44.6\%$$

(8) 根据饱和度定义可得

$$S_r = \frac{V_w}{V_a + V_w} = \frac{0.19}{0.256 + 0.19} = 0.426 = 42.6\%$$

【例 6-2】 某薄壁取样器采取的土样，测出其体积 V 为 38.4cm^3，质量为 67.21g，把土样放入烘箱烘干，并在烘箱内冷却到室温后，测得其质量为 49.35g。试求土样的 ρ（天然密度）、ρ_d（干密度）、w（含水率）、e（孔隙比）、n（孔隙率）、S_r（饱和度）。（其中 $G_s = 2.69$）

解：（1）$\rho = \dfrac{m}{V} = \dfrac{m_s + m_w}{V_s + V_v} = \dfrac{67.21}{38.40} = 1.750(\text{g/cm}^3)$。

（2）$\rho_d = \dfrac{m_s}{V} = \dfrac{49.35}{38.40} = 1.285(\text{g/cm}^3)$。

（3）$w = \dfrac{m_w}{m_s} \times 100\% = \dfrac{m - m_s}{m_s} = \dfrac{67.21 - 49.35}{49.35} \times 100\% = 36.19\%$。

（4）$e = \dfrac{G_s \rho_w}{\rho_d} - 1 = \dfrac{2.69 \times 1}{1.285} - 1 = 1.093$。

（5）$n = \dfrac{e}{1+e} = \dfrac{1.093}{1+1.093} \times 100\% = 52.22\%$。

（6）$S_r = \dfrac{w G_s}{e} = \dfrac{36.19\% \times 2.69}{1.093} = 89.07\%$。

6.3.2　土的物理状态指标

1. 黏性土的稠度

黏性土的物理状态常以稠度来表示。稠度是指土体在各种不同的湿度条件下，受外力作用后所具有的活动程度。黏性土的颗粒很细，黏粒粒径 $d < 0.002\text{mm}$，细土粒周围形成电场，电分子引力吸引水分子定向排列，形成黏结水膜。土粒与土中水相互作用很显著，关系极密切。例如，同一种黏性土，当它的含水率小时，土呈半固体坚硬状态；当含水率适当增加时，土粒间距离加大，土呈现可塑状态；当含水率再增加，土中出现较多的自由水时，黏性土变成液体流动状态。黏性土的稠度，黏性土随着含水率不断增加，土的状态变化为固态→半固态→塑态→液态（图 6.19），相应的地基土的承载力基本值 f_{a0} 由 450kPa 逐渐下降至 45kPa，也即承载力基本值相差 10 倍以上。由此可见，黏性土最主要的物理特性是土粒与土中水相互作用产生的稠度，即土的软硬程度或土对外力引起变形或破坏的抵抗能力。

可以决定黏性土的力学性质及其在建筑物作用下的性状。

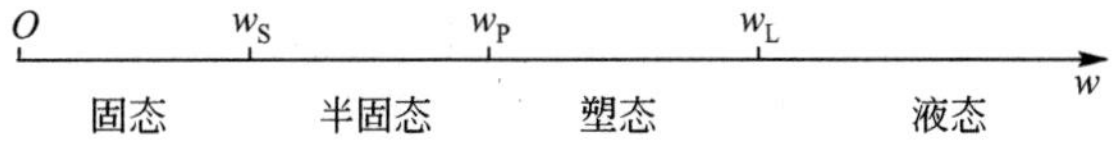

黏性土的稠度，反映土粒之间的联结强度随着含水率高低而变化的性质。相邻两稠度状态，既相互区别又是逐渐过渡的，稠度状态之间的转变界限称为稠度界限，用含水率表示，称为界限含水率。不同状态之间的界限含水率具有重要的意义。

图 6.19　黏性土的稠度

（1）液限 w_L

液限是指黏性土呈液态与塑态之间的界限含水率。测定液限有不同的试验仪器。一般用碟式液限仪测定液限。将土膏分层填在圆碟内，表面刮平，用刻槽刮刀在土膏中刮出一条底宽 2mm 的槽，然后以每秒 2 次的速度转动摇柄，使圆碟上抬 10mm 并自由落下，记录槽闭合长度为 13mm 时的下落次数，同时测定土膏的含水率。改变土膏的含水率，分别测定槽闭合长度为13mm时的不同下落次数,含水率和下落次数在对数坐标纸上呈线性关系,将内插得到下落25次时的土膏含水率定义为液限。

(2) 塑限 w_P

塑限是指黏性土呈塑态与半固态之间的界限含水率。可以用滚搓法测定土的塑限,取含水率接近塑限的试样一小块,用手掌在毛玻璃板上轻轻搓滚,直至土条直径达3mm时,产生裂缝并开始断裂为止。若土条搓成3mm时仍未产生裂缝及断裂,表示这时试样的含水率高于塑限,则将其重新捏成一团,重新搓滚,土条直径大于3mm时即行断裂,表示试样含水率小于塑限,应弃去,重新取土加适量水调匀后再搓,直至合格。

(3) 缩限 w_S

缩限是指黏性土呈半固态与固态之间的界限含水率。这是因为土样含水率减少至缩限后,土体体积发生收缩而得名。测定方法常用收缩皿法。

2. 黏性土的塑性

(1) 塑性指数 I_P

塑性的基本特征是:物体在外力作用下,可被塑成任何形态,而整体性不破坏;外力除去后,物体能保持变形后的形态,而不恢复原状。

有的物体是在一定的温度条件下具有塑性;有的物体是在一定的压力条件下具有塑性;而黏性土则是在一定的湿度条件下具有塑性。

塑性指数 I_P 是指黏性土与粉土的液限与塑限的差值,去掉百分数,记为 I_P,则

$$I_P = (w_L - w_P) \times 100 \tag{6-14}$$

应当注意,w_L 和 w_P 都是界限含水率,以百分数表示。而 I_P 只取其数值,去掉百分数。

塑性指数表示细颗粒土体处于可塑状态下,含水率变化的最大区间。一种土的 w_L 与 w_P 之间的范围大,即 I_P 大,则表明该土能吸附的结合水多,但仍处于可塑状态,也即该土黏粒含量高或矿物成分吸水能力强。

(2) 液性指数 I_L

黏性土的液性指数是天然含水率与塑限的差值和液限与塑限差值之比,即

$$I_L = \frac{w - w_P}{w_L - w_P} \tag{6-15}$$

式中 w——土的天然含水率;

w_L——液限含水率;

w_P——塑限含水率。

按《公路桥涵地基与基础设计规范》(JTG D63—2007)的规定,根据液性指数 I_L 将黏性土状态分为以下几种(图6.20)。

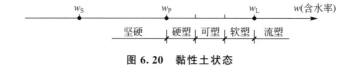

图 6.20 黏性土状态

坚硬:$I_L \leqslant 0$。

硬塑:$0 < I_L \leqslant 0.25$。

可塑：$0.25 < I_L \leq 0.75$。

软塑：$0.75 < I_L \leq 1$。

流塑：$I_L > 1$。

【例 6-3】 从某地基取原状土样，测得土的液限为 37.4%，塑限为 23.0%，天然含水率为 26.0%，问该地基土处于何种状态？

解： 已知 $w_L = 37.4\%$，$w_P = 23.0\%$，$w = 16.0\%$，则有

$$I_P = (w_L - w_P) \times 100 = (0.374 - 0.23) \times 100 = 0.144 \times 100 = 14.4$$

$$I_L = \frac{w - w_P}{w_L - w_P} = \frac{0.26 - 0.23}{0.144} = 0.21$$

因为 $0 < I_L < 0.25$，所以该地基土处于硬塑状态。

3. 黏性土的灵敏度

黏性土的灵敏度是黏性土的原状土无侧限抗压强度与原状土结构完全破坏的重塑土的无侧限抗压强度的比值，即

$$S_t = \frac{q_u}{q_u'} \tag{6-16}$$

式中 S_t——黏性土的灵敏度；

q_u——原状土的无侧限抗压强度；

q_u'——与原状土密度、含水率相同，结构完全破坏的重塑土的无侧限抗压强度。

对黏性土来说，q_u 为定值，q_u' 值的大小决定灵敏度。根据灵敏度将黏性土分下列几类：当 $S_t = 1 \sim 2$ 时，为低灵敏黏性土；当 $S_t = 2 \sim 4$ 时，为中灵敏黏性土；当 $S_t = 4 \sim 8$ 时，为高灵敏黏性土；当 $S_t \geq 8$ 时，为特别灵敏黏性土。

灵敏度反映黏性土结构性的强弱，灵敏度高的土，其结构性越高，受扰动后土的强度降低就越多，施工时应特别注意保护基槽，使结构不扰动，避免降低地基强度。

4. 粗粒土的密实度

砂、卵石等粗粒土的密实度对其工程性质具有重要的影响。例如，密实的砂土具有较高的强度和较低的压缩性，是良好的建筑物地基；但松散的砂土，尤其是饱和的松散砂土，不仅强度低，且水稳定性差，容易产生流砂、液化等工程事故。

土的孔隙比一般可以用来描述土的密实程度，但砂土的密实程度并不单独取决于孔隙比，其在很大程度上还取决于土的级配情况。粒径级配不同的砂土即使具有相同的孔隙比，但由于颗粒大小不同、颗粒排列不同，所处的密实状态也会不同，因此为了同时考虑孔隙比和级配的影响，引入相对密实度的概念。

(1) 相对密实度

当砂土处于最密实状态时，其孔隙比称为最小孔隙比 e_{min}；而砂土处于最疏松状态时，其孔隙比则称为最大孔隙比 e_{max}。试验标准规定了一定的方法测定砂土的最小孔隙比和最大孔隙比，然后可按式(6-17)计算砂土的相对密实度，即

$$D_r = \frac{e_{max} - e}{e_{max} - e_{min}} \tag{6-17}$$

式中 e_{max}——最大孔隙比；

e_{min}——最小孔隙比；

e——天然孔隙比。

从式(6-17)可以看出,当粗粒土的天然孔隙比接近于最小孔隙比时,相对密实度 D_r 接近于1,说明土接近于最密实的状态;而当天然孔隙比接近于最大孔隙比时,则表明砂土处于最松散的状态,其相对密实度接近于 0。根据相对密实度可以将粗粒土划分为三种密实度:$0<D_r\leqslant 0.33$,为疏松的;$0.33<D_r\leqslant 0.67$,为中密的;$0.67<D_r$,为密实的。

(2) 标准贯入试验

从理论上讲,用相对密实度划分砂土的密实度是比较合理的。但由于测定砂土的最大孔隙比和最小孔隙比试验方法的缺陷,试验结果常有较大的出入,同时也由于很难在地下水位以下的砂层中取得原状砂样,砂土的天然孔隙比很难准确地测定,这就使相对密实度的应用受到限制。因此,在工程实践中通常用标准贯入锤击数来划分砂土的密实度。标准贯入试验参见学习情境5的任务5.1。

《公路桥涵地基与基础设计规范》(JTG D63—2007)规定砂土的密实度应根据标准贯入锤击数按表6-11的规定分为松散、稍密、中密和密实4种状态。

表 6-11 砂土的密实度

标准贯入锤击数 N	密 实 度	标准贯入锤击数 N	密 实 度
$N<10$	松散	$15<N\leqslant 30$	中密
$10<N\leqslant 15$	稍密	$N>30$	密实

任务 6.4 含水率、密度、液限和塑限试验

6.4.1 土的含水率试验

1. 烘干法

(1) 目的与适用范围

本试验方法适用于测定黏性土、粉性土、砂类土、砂砾石、有机质土和冻土土类的含水率。

(2) 仪器设备

① 天平:称量200g,感量0.01g;称量1000g,感量0.1g。

② 烘箱:105～110℃电热烘箱。

③ 其他:干燥器、称量盒等。

(3) 试验步骤

① 用天平称取称量盒的质量。

② 取试样,细粒土15～30g,砂类土、有机质土50g,砂砾石1～2kg,放入称量盒内,称质量。减去称量盒质量,记录湿土质量。

③ 揭开盒盖，将试样和盒放入烘箱内，在温度 105～110℃ 恒温下烘干。烘干时间：对细粒土不得少于 8h；对砂类土不得少于 6h；对含有机质超过 5% 的土或含石膏的土，应将温度控制在 60～70℃ 的恒温下，干燥 12～15h 为好。

④ 将烘干后的试样和盒取出，放入干燥器内冷却（一般只需 0.5～1h 即可）。

⑤ 冷却后盖好盒盖，称质量，准确至 0.01g。

(4) 结果整理

含水率计算：

$$w = \frac{m - m_s}{m_s} \times 100$$

式中　w——含水率(%)，计算至 0.1%；

　　　m——湿土质量(g)；

　　　m_s——干土质量(g)。

本试验记录格式见表 6-12。

表 6-12　含水率试验记录(烘干法)

工程编号_____　　　　　　试验者_____
土样说明_____　　　　　　计算者_____
试验日期_____　　　　　　校核者_____

盒　号					
盒质量(g)	(1)				
盒+湿土质量(g)	(2)				
盒+干土质量(g)	(3)				
水分质量(g)	(4)=(2)-(3)				
干土质量(g)	(5)=(3)-(1)				
含水率(%)	(6)=$\frac{(4)}{(5)}$				
平均含水率(%)	(7)				

本试验必须进行两次测定，取其算术平均值，其允许平行差值应符合表 6-13 的规定。

表 6-13　含水率测定的允许平行差值

含水率(%)	允许平行差值(%)	含水率(%)	允许平行差值(%)
5 以下	0.3	40 以上	≤2
40 以下	≤1	对层状和网状构造的冻土	≤3

2. 酒精燃烧法

(1) 目的和适用范围

本试验方法适用于快速简易测定细粒土(含有机质的土除外)的含水率。

(2) 仪器设备

① 称量盒(定期调整为恒质量)。

② 天平：感量 0.01g。

③ 酒精：纯度 95%。

④ 滴管、火柴、调土刀等。

(3) 试验步骤

① 取试样黏质土 5～10g，砂类土 20～30g，放入称量盒内，称湿土质量 m，准确至 0.01g。

② 用滴管将酒精注入放有试样的称量盒中，直至盒中出现自由液面为止，为使酒精在试样中充分混合均匀，可将盒底在桌面上轻轻敲击。

③ 点燃盒中酒精，燃至火焰熄灭。

④ 将试样冷却数分钟，按本试验步骤③、④的方法再重新燃烧两次。

⑤ 待第三次火焰熄灭后，盖好盒盖，立即称土质量 m_s，准确至 0.01g。

(4) 结果整理

本试验记录格式见表 6-14。

表 6-14 含水率试验记录（酒精燃烧法）

工程编号_____　　　　　　　　　试验者_____
土样说明_____　　　　　　　　　计算者_____
试验日期_____　　　　　　　　　校核者_____

盒号					
盒质量(g)	(1)				
盒＋湿土质量(g)	(2)				
盒＋干土质量(g)	(3)				
水分质量(g)	(4)=(2)-(3)				
干土质量(g)	(5)=(3)-(1)				
含水率(%)	(6)=$\frac{(4)}{(5)}$				
平均含水率(%)	(7)				

本试验必须进行两次测定，取其算术平均值，其允许平行差值应符合表 6-13 的规定。

6.4.2　土的密度试验

1. 环刀法

(1) 目的和适用范围

本试验方法适用于细粒土。

(2) 仪器设备

① 环刀：内径 6～8cm，高 2～5.4cm，壁厚 1.5～2.2mm。

② 天平：感量 0.1g。

③ 其他：修土刀、钢丝锯、凡士林等。

(3) 试验步骤

① 按工程需要取原状土,整平两端,环刀内壁涂一薄层凡士林,刀口向下放在土样上。

② 用修土刀或钢丝锯将土样上部削成略大于环刀直径的土柱,然后将环刀垂直下压,边压边削,使土样伸出环刀上部为止。削去两端余土,使土样与环刀口面齐平。

③ 擦净环刀外壁,称环刀与土质量 m_1,准确至 0.1g。

(4) 结果整理

按下列公式计算湿密度及干密度。

$$\rho = \frac{m_1 - m_2}{V} \qquad (6-18)$$

$$\rho_d = \frac{\rho}{1 + 0.01w} \qquad (6-19)$$

式中 ρ——湿密度(g/cm³),计算至 0.01g/cm³;

m_1——环刀与土质量(g);

m_2——环刀质量(g);

V——环刀体积(cm³);

ρ_d——干密度(g/cm³),计算至 0.01g/cm³;

w——含水率(%)。

本试验记录格式见表 6-15。

表 6-15 密度试验记录(环刀法)

土样编号					
环刀号					
环刀容积(cm³)	(1)				
环刀质量(g)	(2)				
土+环刀质量(g)	(3)				
土样质量(g)	(4)=(3)-(2)				
湿密度(g/cm³)	(5)=$\frac{(4)}{(1)}$				
含水率(%)	(6)				
干密度(g/cm³)	(7)=$\frac{(5)}{1+0.01(6)}$				
平均干密度(g/cm³)	(8)				

本试验必须进行两次测定,取其算术平均值,其允许平行差值不得大于 0.03g/cm³。

2. 灌砂法

(1) 目的和适用范围

本试验法适用于现场测定细粒土、砂类土和砾类土的密度。试样的最大粒径一般不得超过 25mm,测定密度层的厚度为 150~200mm。在测定细粒土的密度时,可以采用 ϕ100mm 的小型灌砂筒。如最大粒径超过 15mm,则应相应地增大灌砂筒和标定罐的尺寸。

例如，粒径达40～60mm的粗粒土，灌砂筒和现场试洞的直径应为150～200mm。

（2）仪器设备

① 灌砂筒［图6.21(a)］。金属圆筒（可用白铁皮制作）的内径为100mm，总高360mm。灌砂筒主要分两部分：上部为储砂筒，筒深270mm（容积约2120cm³），筒底中心有一个直径10mm的圆孔；下部装一倒置的圆锥形漏斗，漏斗上端开口直径为10mm，并焊接在一块直径为100mm的铁板上，铁板中心有一直径为10mm的圆孔与漏斗上开口相接。在储砂筒筒底漏斗顶端铁板之间设有开关。开关为一薄铁板，一端与筒底及漏斗铁板铰接在一起，另一端伸出筒身外，开关铁板上也有一个直径为10mm的圆孔。将开关向左移动时，开关铁板上的圆孔恰好与筒底圆孔及漏斗上开口相对，即3个圆孔在平面上重叠在一起，砂就可通过圆孔自由落下。将开关向右移动时，开关便将筒底圆孔堵塞，砂即停止下落。

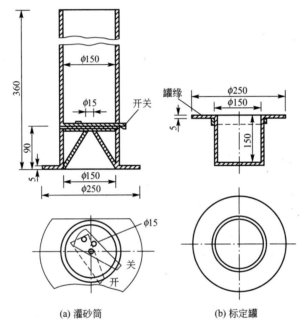

(a) 灌砂筒　　(b) 标定罐

图6.21　灌砂筒与标定罐（尺寸单位：mm）

② 标定罐［图6.21(b)］。内径100mm，高150mm和200mm的金属罐各一个，上端周围有一罐缘。如果由于某种原因，试坑不是150mm或200mm时，标定罐的深度应该与拟挖试坑深度相同。

③ 基板。一个边长350mm、深40mm的金属方盘，盘中心有一直径为100mm的圆孔。

④ 打洞及从洞中取料的合适工具，如凿子、铁锤、长把勺、长把小簸箕、毛刷等。

⑤ 玻璃板。边长约500mm的方形板。

⑥ 饭盒（存放挖出的试样）若干。

⑦ 台称。称量10～15kg，感量5g。

⑧ 其他。铝盒、天平、烘箱等。

⑨ 量砂。粒径0.25～0.5mm，清洁、干燥、均匀的砂，20～40kg。应先烘干，并放置足够时间，使其与空气的湿度达到平衡。

(3) 仪器标定

① 确定灌砂筒下部圆锥体内砂的质量。

a. 在储砂筒内装满砂，筒内砂的高度与筒顶的距离不超过 15mm，称量筒内砂的质量 m_1，准确至 1g。每次标定及以后的试验都维持该质量不变。

b. 将开关打开，让砂流出，并使流出砂的体积与工地所挖试洞的体积相当（或等于标定罐的容积）。然后关上开关，并称量筒内砂的质量 m，准确至 1g。

c. 将灌砂筒放在玻璃板上，打开开关，让砂流出，直到筒内砂不再下流时，关上开关，并小心地取走灌砂筒。

d. 收集并称量留在玻璃板上的砂或称量筒内的砂，准确至 1g。玻璃板上的砂就是填满灌砂筒下部圆锥体的砂。

e. 重复上述测量，至少 3 次；最后取其平均值 m_2，准确至 1g。

② 确定量砂的密度。

a. 用水确定标定罐的容积 V。

将空罐放在台秤上，使罐的上口处于水平位置，读记罐质量 m_7，准确至 1g。

向标定罐中灌水，注意不要将水弄到台秤上或罐的外壁；将一直尺放在罐顶，当罐中水面快要接近直尺时，用滴管往罐中加水，直到水面接触直尺；移去直尺，读记罐和水的总质量 m_8。

重复测量时，仅需用吸管从罐中取出少量水，并用滴管重新将水加满到接触直尺。

标定罐的体积 V 按式（6-20）计算。

$$V = (m_8 - m_7)/\rho_w \tag{6-20}$$

式中 V——标定罐的体积（cm^3），计算至 $0.01cm^3$；

m_7——标定罐的质量（g）；

m_8——标定罐和水的总质量（g）；

ρ_w——水的密度（g/cm^3）

b. 在储砂筒中装入质量为 m_1 的砂，并将灌砂筒放在标定罐上，打开开关，让砂流出，直到储砂筒内的砂不再下流时，关闭开关；取下储砂筒，称取筒内剩余的砂质量，准确至 1g。

c. 重复上述测量，至少 3 次，最后取其平均值 m_3，准确至 1g。

d. 按式（6-21）计算填满标定罐所需砂的质量 m_a。

$$m_a = m_1 - m_2 - m_3 \tag{6-21}$$

式中 m_a——砂的质量（g），计算至 1g；

m_1——灌砂入标定罐前，筒内砂的质量（g）；

m_2——灌砂筒下部圆锥体内砂的平均质量（g）；

m_3——灌砂入标定罐后，筒内剩余砂的质量（g）。

e. 按式（6-22）计算量砂的密度。

$$\rho_s = \frac{m_a}{V} \tag{6-22}$$

式中 ρ_s——砂的密度（g/cm^3），计算至 $1g/cm^3$；

V——标定罐的体积（cm^3）；

m_a——砂的质量（g）。

(4) 试验步骤

① 在试验地点,选一块约 40cm×40cm 的平坦表面,并将其清扫干净;将基板放在此平坦表面上;如此表面的粗糙度较大,则将盛有量砂 m_5 的灌砂筒放在基板中间的圆孔上;打开灌砂筒开关,让砂流入基板的中孔内,直到储砂筒内的砂不再下流时关闭开关;取下罐砂筒,并称筒内砂的质量 m_6,准确至 1g。

② 取走基板,将留在试验地点的量砂收回,重新将表面清扫干净;将基板放在清扫干净的表面上,沿基板中孔凿洞,洞的直径为 100mm。在凿洞过程中,应注意不要使凿出的试样丢失,并随时将凿松的材料取出,放在已知质量的塑料袋内,密封。试洞的深度应与标定罐高度接近或一致。凿洞完毕,称量此塑料袋中全部试样质量,准确至 1g。减去已知塑料袋质量后,即为试样的总质量 m_1。

③ 从挖出的全部试样中取有代表性的样品,放入铝盒中,测定其含水率 w。样品数量:对于细粒土,不少于 100g;对于粗粒土,不少于 500g。

④ 将基板安放在试洞上,将灌砂筒安放在基板中间(储砂筒内放满砂至恒量 m_1),使灌砂筒的下口对准基板的中孔及试洞。打开灌砂筒开关,让砂流入试洞内,关闭开关。小心取走灌砂筒,称量筒内剩余砂的质量 m_4,准确至 1g。

⑤ 如清扫干净的平坦的表面上,粗糙度不大,则不需放基板,而将灌砂筒直接放在已挖好的试洞上即可。打开筒的开关,让砂流入试洞内。在此期间,应注意勿碰动灌砂筒。直到储砂筒内的砂不再下流时,关闭开关。小心取走灌砂筒,并称量筒内剩余砂的质量 m_4',准确至 1g。

⑥ 取出试洞内的量砂,以备下次试验时再用,若量砂的湿度已发生变化或量砂中混有杂质,则应重新烘干,过筛,并放置一段时间,使其与空气的湿度达到平衡后再用。

⑦ 如试洞中有较大孔隙,量砂可能进入孔隙时,则应按试洞外形,松弛地放入一层柔软的纱布,然后再进行灌砂工作。

(5) 结果整理

① 按式(6-23)和式(6-24)计算填满试洞所需砂的质量。

a. 灌砂时试洞上放有基板的情况。

$$m_b = m_1 - m_4 - (m_5 - m_6) \tag{6-23}$$

b. 灌砂时试洞上不放基板的情况。

$$m_b = m_1 - m_4' - m_2 \tag{6-24}$$

式中 m_b——砂的质量(g);

m_1——灌砂入试洞前,筒内砂的质量(g);

m_2——灌砂筒下部圆锥体内砂的平均质量(g);

m_4、m_4'——灌砂入试洞后,筒内剩余砂的质量(g);

$m_5 - m_6$——灌砂筒部圆锥体内及基板和粗糙表面间砂的总质量(g)。

② 按式(6-25)计算试验地点土的湿密度。

$$\rho = \frac{m_t}{m_b} \times \rho_s \tag{6-25}$$

式中 ρ——土的湿密度(g/cm³),计算至 0.01g/cm³;

m_t——试洞中取出的全部土样的质量(g);

m_b——填满试洞所需砂的质量(g);

ρ_s——量砂的密度(g/cm³)。

③ 按式(6-26)计算土的干密度。

$$\rho_d = \frac{\rho}{1+0.01w} \tag{6-26}$$

式中 ρ——湿密度(g/cm³),计算至0.01g/cm³;

ρ_d——干密度(g/cm³),计算至0.01g/cm³;

w——含水率(%)。

本试验记录格式见表6-16。

表6-16 密度试验记录(灌砂法)

工程名称_____ 土样说明 砾类土   试验日期_____
试 验 者_____ 计 算 者_____ 校 核 者_____
砂的密度 1.28g/cm³

取样桩号	取样位置	试洞中湿土样质量 m_1 (g)	灌满试洞后剩余砂质量 m_4、m_4' (g)	试洞内砂质量 m_b (g)	湿密度 ρ (g/cm³)	含水率测定						干密度 ρ_d (g/cm³)
						盒号	盒+湿土质量(g)	盒+干土质量(g)	盒质量(g)	干土质量(g)	水质量(g)	含水率(%)	

本试验必须进行两次测定,取其算术平均值,其允许平行差值不得大于0.03g/cm³。

6.4.3 土的相对密度试验

测定土的相对密度的试验方法有比重瓶法、浮力法、浮称法、虹吸法等,这里只介绍比重瓶法测定土的相对密度。

1. 目的和适用范围

本试验法适用于粒径小于5mm的土。

2. 仪器设备

① 比重瓶:容量100mL(或50mL)。

② 天平:称量200g,感量0.001g。

③ 恒温水槽:灵敏度±1℃。

④ 砂浴。

⑤ 真空抽气设备。

⑥ 温度计:刻度为0~50℃,分度值为0.5℃。

⑦ 其他:如烘箱、蒸馏水、中性液体(如煤油)、孔径2mm及5mm筛、漏斗与滴管等。

⑧ 比重瓶校正。

a. 将比重瓶洗净、烘干,称量比重瓶质量,准确至0.001g。

b. 将煮沸后冷却的纯水注入比重瓶。对长颈比重瓶注水至刻度处,对短颈比重瓶应注满纯水,塞紧瓶塞,多余水分自瓶塞毛细管中溢出。调节恒温水槽至5℃或10℃,然后将比重瓶放入恒温水槽内,直至瓶内水温稳定。取出比重瓶,擦干外壁,称量瓶、水总质量,准确至0.001g。

c. 以5℃级差,调节恒温水槽的水温,逐级测定不同温度下的比重瓶和水的总质量,至达到本地区最高自然气温为止。每级温度均应进行两次平行测定,两次测定的差值不得大于0.002g,取两次测值的平均值。绘制温度与瓶、水总质量的关系曲线。

3. 试验步骤

① 将比重瓶烘干,将15g烘干土装入100mL比重瓶内(若用50mL比重瓶,装烘干土约12g),称量。

② 为排除土中空气,将已装有干土的比重瓶注蒸馏水至瓶的一半处,摇动比重瓶,土样浸泡20h以上,再将瓶在砂浴中煮沸,煮沸时间自悬液沸腾时算起,砂及低液限黏土应不少于300min,高液限黏土应不少于1h,使土粒分散。注意沸腾后调节砂浴温度,不使土液溢出瓶外。

③ 如系长颈比重瓶,用滴管调整液面恰至刻度处(以弯月面下缘为准),擦干瓶外及瓶内壁刻度以上部分的水,称量瓶、水、土总质量。如系短颈比重瓶,将纯水注满,使多余水分自瓶塞毛细管中溢出,将瓶外水分擦干后,称量瓶、水、土总质量,称量后立即测出瓶内水的温度,准确至0.5℃。

④ 根据测得的温度,从已绘制的温度与瓶、水总质量关系曲线中查得瓶、水总质量。如比重瓶体积事先未经温度校正,则立即倾去悬液,洗净比重瓶,注入事先煮沸过且与试验时同温度的蒸馏水至同一体积刻度处,短颈比重瓶则注水至满,按本试验步骤③调整液面后,将瓶外水分擦干,称量瓶、水总质量。

⑤ 如系砂土,煮沸时砂粒易跳出,允许用真空抽气法代替煮沸法排除土中空气,其余步骤与本试验步骤③、④相同。

⑥ 对含有某一定量的可溶盐、不亲性胶体或有机质的土,必须用中性液体(如煤油)测定,并用真空抽气法排除土中气体:真空压力表读数宜为100kPa,抽气时间1~2h(直至悬液内无气泡为止),其余步骤同本试验步骤③、④。

⑦ 本试验称量应准确至0.001g。

4. 结果整理

① 用蒸馏水测定时,按式(6-27)计算相对密度。

$$G_s = \frac{m_s}{m_1 + m_s - m_2} \times G_{wt} \qquad (6-27)$$

式中 G_s——土的相对密度(g/cm³),计算至0.001g/cm³;

m_s——干土质量(g);

m_1——瓶、水总质量(g);

m_2——瓶、水、土总质量(g);

G_{wt}——t℃时蒸馏水的相对密度(g/cm³),准确至0.001g/cm³。

② 用中性液体测定时,按式(6-28)计算相对密度。

$$G_s = \frac{m_s}{m_1' + m_s - m_2'} \times G_{kt} \qquad (6-28)$$

式中　G_s——土的相对密度(g/cm^3)，计算至$0.001g/cm^3$；
　　　m_s——干土质量(g)；
　　　m_1'——瓶、中性液体总质量(g)；
　　　m_2'——瓶、中性液体、土总质量(g)；
　　　G_{kt}——t℃时中性液体的相对密度(应实测)(g/cm^3)，准确至$0.001g/cm^3$。

本试验记录格式见表 6-17。

表 6-17　比重试验记录(比重瓶法)

工程名称_____　　试验方法_____　　试验日期_____
试 验 者_____　　计 算 者_____　　校 核 者_____

试验编号	比重瓶号	温度(℃)	液体比重	比重瓶质量(g)	瓶、干土总质量(g)	干土质量(g)	瓶、液总质量(g)	瓶、液、土总质量(g)	与干土同体积的液体质量(g)	比重	平均比重值	备注
		(1)	(2)	(3)	(4)	(5)=(4)-(3)	(6)	(7)	(8)=(5)+(6)-(7)	(9)=$\frac{(5)}{(8)}$×(2)		

本试验必须进行两次测定，取其算术平均值，精确至小数点后两位，其允许平行差值不得大于 $0.02g/cm^3$。

6.4.4　筛分法试验

1. 目的和适用范围

本试验法适用于分析粒径大于 0.075mm 的土颗粒组成。对于粒径大于 60mm 的土样，本试验方法不适用。

2. 仪器设备

① 标准筛：粗筛(圆孔)孔径为 60mm、40mm、20mm、10mm、5mm、2mm；细筛孔径为 2.0mm、1.0mm、0.5mm、0.25mm、0.075mm。

② 天平：称量 5000g，感量 5g；称量 1000g，感量 1g；称量 200g，感量 0.2g。

③ 摇筛机。

④ 其他：烘箱、筛刷、烧杯、木碾、研钵及杵等。

3. 试样

从风干、松散的土样中，用四分法按照下列规定取出具有代表性的试样。

① 小于 2mm 颗粒的土 100~300g。

② 最大粒径小于 10mm 的土 300~900g。

③ 最大粒径小于 20mm 的土 1000~2000g。

④ 最大粒径小于 40mm 的土 2000~4000g。

⑤ 最大粒径大于 40mm 的土 4000g 以上。

4. 试验步骤

① 对于无黏聚性的土。

a. 按规定称取试样，将试样分批过 2mm 筛。

b. 将大于 2mm 的试样按从大到小的次序，通过大于 2mm 的各级粗筛。将留在筛上的土分别称量。

c. 2mm 筛下的土如数量过多，可用四分法缩分至 100～800g。将试样按从大到小的次序通过小于 2mm 的各级细筛。可用摇筛机进行振摇，振摇时间一般为 10～15min。

d. 由最大孔径的筛开始，顺序将各筛取下，在白纸上用手轻叩摇晃，至每分钟筛下数量不大于该级筛余质量的 1% 为止。漏下的土粒应全部放入下一级筛内，并将留在各筛上的土样用软毛刷刷净，分别称量。

e. 筛后各级筛上和筛底土总质量与筛前试样质量之差，不应大于 1%。

f. 如 2mm 筛下的土不超过试样总质量的 10%，可省略细筛分析；如 2mm 筛上的土不超过试样总质量的 10%，可省略粗筛分析。

② 对于含有黏土粒的砂砾土。

a. 将土样放在橡皮板上，用木碾将黏结的土团充分碾散，拌匀、烘干、称量。如土样过多时，用四分法称取代表性土样。

b. 将试样置于盛有清水的瓷盆中，浸泡并搅拌，使粗细颗粒分散。

c. 将浸润后的混合液过 2mm 筛，边冲边洗过筛，直至筛上仅留大于 2mm 以上的土粒为止。然后，将筛上洗净的砂砾风干称量，按以上方法进行粗筛分析。

d. 将通过 2mm 筛下的混合液存放在盆中，待稍沉淀，将上部悬液过 0.075mm 洗筛，用带橡皮头的玻璃棒研磨盆内浆液，再加清水、搅拌、研磨、静置、过筛，反复进行，直至盆内悬液澄清。最后，将全部土粒倒在 0.075mm 筛上，用水冲洗，直到筛上仅留大于 0.075mm 的净砂为止。

e. 将大于 0.075mm 的净砂烘干称量，并进行细筛分析。

f. 将大于 2mm 颗粒及 0.075～2mm 的颗粒质量从原称量的总质量中减去，即为小于 0.075mm 颗粒的质量。

g. 如果小于 0.075mm 颗粒的质量超过总土质量的 10%，有必要时，可将这部分土烘干、取样，另做密度计或移液管分析。

5. 结果整理

① 按式(6-29)计算小于某粒径颗粒的质量百分数。

$$X = \frac{A}{B} \times 100 \quad (6-29)$$

式中 X——小于某粒径颗粒的质量百分数(%)，计算至 0.01%；

　　　A——小于某粒径的颗粒质量(g)；

　　　B——试样的总质量(g)。

② 当小于 2mm 的颗粒如用四分法缩分取样时，按式(6-30)计算试样中小于某粒径的颗粒质量占总土质量的百分数。

$$X = \frac{a}{b} \times p \times 100 \quad (6-30)$$

式中　X——小于某粒径颗粒的质量百分数(%)，计算至 0.01%；
　　　a——通过 2mm 筛的试样中小于某粒径的颗粒质量(g)；
　　　b——通过 2mm 筛的土样中所取试样的质量(g)；
　　　p——粒径小于 2mm 的颗粒质量百分数(%)。

③ 在半对数坐标纸上，以小于某粒径的颗粒质量百分数为纵坐标，以粒径(mm)为横坐标，绘制颗粒大小级配曲线，求出各粒组的颗粒质量百分数，以整数(%)表示。

④ 必要时按式(6-31)计算不均匀系数。

$$C_U = \frac{d_{60}}{d_{10}} \tag{6-31}$$

式中　C_U——不均匀系数，计算至 0.1 且含两位以上有效数字；
　　　d_{60}——限制粒径，即土中小于该粒径的颗粒质量为 60% 的粒径(mm)；
　　　d_{10}——有效粒径，即土中小于该粒径的颗粒质量为 10% 的粒径(mm)。

本试验记录格式见表 6-18。

表 6-18　颗粒分析试验记录(筛分法)

工程名称_____　　　试验者_____
土样编号_____　　　计算者_____
土样说明_____　　　试验日期_____　　　校核者_____

筛前总土质量＝3000g　　小于 2mm 取试样质量＝810g
小于 2mm 土质量＝810g
小于 2mm 土占总土质量＝27%

粗筛分析				细筛分析			
孔径 (mm)	累计留筛土质量 (g)	小于该孔径的土质量 (g)	小于该孔径土质量百分比 (%)	孔径 (mm)	累计留筛土质量 (g)	小于该孔径的土质量 (g)	小于该孔径土质量百分比 (%)	占总土质量百分比 (%)

6.4.5　界限含水率试验

界限含水率试验有液限和塑限联合测定法、液限碟式仪法、塑限滚搓法和缩限试验，这里仅介绍液限和塑限联合测定法。

1. 试验目的和适用范围

本试验的目的是联合测定土的液限和塑限，用于划分土类、计算天然稠度和塑性指数，供公路工程设计和施工使用。

本试验适用于粒径不大于0.5mm、有机质含量不大于试样总质量5%的土。

2. 仪器设备

① 圆锥仪：锥质量为100g或76g，锥角为30°，读数显示形式宜采用光电式、数码式、游标式、百分表式。

② 盛土杯：直径50mm，深度40~50mm。

③ 天平：称量200g，感量0.01g。

④ 其他：筛（孔径0.5mm）、调土刀、调土皿、称量盒、研钵（附带橡皮头的研杵或橡皮板、木棒）、干燥器、吸管、凡士林等。

3. 试验步骤

① 取有代表性的天然含水率或风干土样进行试验。如土中含大于0.5mm的土粒或杂物时，应将风干土样用带橡皮头的研杵研碎或用木棒在橡皮板上压碎，过0.5mm的筛。

取0.5mm筛下的代表性土样200g，分开放入3个盛土皿中，加不同数量的蒸馏水，土样的含水率分别控制在液限（a点）、略大于塑限（c点）和两者的中间状态（b点）。用调土刀调匀，盖上湿布，放置18h以上。测定a点的锥入深度，对于100g锥应为20mm±0.2mm，对于76g锥应为17mm。测定c点的锥入深度，对于100g锥应控制在5mm以下，对于76g锥应控制在2mm以下。对于砂类土，用100g锥测定c点的锥入深度可大于5mm，用76g锥测定c点的锥入深度可大于2mm。

② 将制备的土样充分搅拌均匀，分层装入盛土杯，用力压密，使空气逸出。对于较干的土样，应先充分搓揉，用调土刀反复压实，试杯装满后，刮成与杯边齐平。

③ 当用游标式或百分表式液限和塑限联合测定仪试验时，应调平仪器，提起锥杆（此时游标或百分表读数为零），锥头上涂少许凡士林。

④ 将装好土样的试杯放在联合测定仪的升降座上，转动升降旋钮，待锥尖与土样表面刚好接触时停止升降，扭动锥下降旋钮，同时开动秒表，经5s时，松开旋钮，锥体停止下落，此时游标读数即为锥入深度h_1。

⑤ 改变锥尖与土接触位置（锥尖两次锥入位置距离不小于1cm），重复本试验步骤③和步骤④，得锥入深度h_2。h_1、h_2允许平行误差为0.5mm，否则应重做。取h_1、h_2的平均值作为该点的锥入深度h。

⑥ 去掉锥尖入处的凡士林，取10g以上的土样两个，分别装入称量盒内，称量质量（准确至0.01g），测定其含水率（计算到0.1%）。计算含水率平均值w。

⑦ 重复本试验步骤②~⑥，对其他两个含水率土样进行试验，测其锥入深度和含水率。

⑧ 当用光电式或数码式液限和塑限联合测定仪测定时，应接通电源，调平机身，打开开关，提上锥体（此时刻度或数码显示应为零）。将装好土样的试杯放在升降座上，转动升降旋钮，试杯徐徐上升，土样表面和锥尖刚好接触，指示灯亮，停止转动旋钮，锥体立刻自行下沉，5s时，自动停止下落，读数窗上或数码管上显示锥入深度。试验完毕，按动复位按钮，锥体复位，读数显示为零。

4. 结果整理

① 在双对数坐标上，以含水率w为横坐标，锥入深度h为纵坐标，绘制a、b、c等点

含水率的 $h-w$ 关系曲线(图 6.22)。连接 a、b、c 3 点,应呈一条直线。如果 3 点不在同一直线上,要通过 a 点与 b、c 两点连成两条直线,根据液限(a 点含水率)在 $h_P - w_L$ 图上查得 h_P,以此 h_P 再在 $h-w$ 的 ab 及 ac 两直线上求出相应的两个含水率。当两个含水率的差值小于 2% 时,以该两点含水率的平均值与 a 点连成一条直线。当两个含水率的差值不小于 2% 时,应重做试验。

② 液限的确定方法。

a. 若采用 76g 锥做液限试验,则在 $h-w$ 图上查得纵坐标入土深度 $h=17$mm 所对应的横坐标的含水率 w,即为该土样的液限。

b. 若采用 100g 锥做液限试验,则在 $h-w$ 图上查得纵坐标入土深度 $h=20$mm 所对应的横坐标的含水率 w,即为该土样的液限。

③ 塑限的确定方法。根据以上求出的液限,通过 76g 锥入土深度 h 与含水率 w 的关系曲线 $h-w$ 线(图 6.21),查得锥入土深度 $h=2$mm 所对应的含水率即为该土样的塑限。

本试验记录格式见表 6-19。

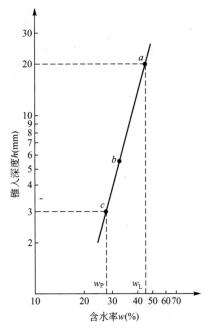

图 6.22 锥入土深度与含水率的 $h-w$ 关系曲线

表 6-19 液限和塑限联合试验记录

工程名称_____　　试 验 者_____
土样编号_____　　计 算 者_____
取土深度_____　　校 核 者_____
土样设备_____　　试验日期_____

试验项目	试验次数				
入土深度	h_1				
	h_2				
	$\frac{1}{2}(h_1+h_2)$				
含水率	盒号				
	盒质量(g)				
	盒+湿土质量(g)				
	盒+干土质量(g)				
	水分质量(g)				
	干土质量(g)				
	含水率(%)				

本试验必须进行两次测定，取其算术平均值，以整数(%)表示。其允许值为：高液限土小于或等于2%，低液限土小于或等于1%。

对于细粒土，用式(6-32)计算塑限。

$$w_P = \frac{w_L}{0.524 w_L - 7.606} \tag{6-32}$$

对于砂类土，用式(6-33)计算塑限。

$$w_P = 29.6 - 1.22 w_L + 0.017 w_L^2 - 0.0000744 w_L^3 \tag{6-33}$$

小 结

1. 土的三相组成

(1) 土是由土颗粒、水和气体三部分组成的。土的三相是指固相、液相和气相。

(2) 根据《公路土工试验规程》(JTG E40—2007)，粒组划分为巨粒、粗粒、细粒。粒度成分分析方法有筛分法和沉降分析法。常用的粒度成分的表示方法主要有表格法、累计曲线法和三角坐标法。

(3) 土中的水以不同形式和不同状态存在着，主要有结合水、自由水、气态水、固态水。

(4) 土的结构种类有单粒结构、蜂窝结构、絮状结构。

2. 土的工程分类

(1) 土类名称可用一个基本代号表示。当由两个基本代号构成时，第一个代号表示土的主成分，第二个代号表示土的副成分(土的液限或土的级配)。当由三个基本代号构成时，第一个代号表示土的主成分，第二个代号表示土的液限的高低(或级配的好坏)，第三个代号表示土中所含次要成分。

(2) 根据《公路土工试验规程》(JTG E40—2007)，土可分为巨粒土、粗粒土、细粒土和特殊土。

(3) 三角图分类法是利用"等边三角形中任意一点至三边的垂线之和恒等于三角形之高"的原理来表示三个粒组含量的百分比。

3. 土的工程性质分析

(1) 土的9个物理性质指标：土的密度、土粒的密度、土的含水率、土的干密度、土的饱和密度、土的有效密度、土的孔隙比、土的孔隙率、土的饱和度。

(2) 土的物理状态指标：液限、塑限、缩限、塑性指数、液性指数、灵敏度、相对密实度、标准贯入锤击数。

4. 土的含水率、密度、液限和塑限试验

在实验室，会熟练操作土的含水率、密度、液限和塑限试验。

复习思考题

1. 什么是土的三相体？土的粒径分哪几组？
2. 什么是粒度成分和粒度分析？简述筛分法的基本原理。
3. 什么是粒组？如何应用液性指数来评价土的工程性质？什么是硬塑、软塑状态？
4. 累计曲线法在工程上有何用途？
5. 什么是土的颗粒级配？土的粒度成分累计曲线的纵坐标表示什么？不均匀系数大于10，反映土的什么性质？
6. 什么是土的结构？土粒间的联结形式主要有哪些类型？它们对土的工程性质有什么影响和意义？
7. 黏土矿物一般分为哪几大类？它们对黏性土的工程性质有何影响？
8. 什么是孔隙比？什么是饱和度？用三相草图计算时，为什么要设总体积 $V=1$？什么情况下计算简便？
9. 黏性土最主要的物理特征是什么？何谓塑限？如何测定？何谓液限？如何测定？
10. 塑性指数的定义和物理意义是什么？土颗粒大小与土颗粒粗细有何关系？
11. 什么是液性指数相体系？土的相系组成对土的状态和性质有何影响？

能力训练

1. 绘制并说明土的三相体系。
2. 试证明以下关系式。

$$e=\frac{\rho_s(1+w)}{\rho}-1$$

$$\rho_{sat}=\frac{\rho(\rho_s-1)}{\rho_s(1+w)}+1$$

3. 土的物理性质指标有哪些？其中哪几个可以直接测定？
4. 无黏性土的主要的物理状态指标是什么？
5. 说出下列土类符号的具体名称：GW、GC、SP、SC、CH、CLS、MHG。
6. 简述土的含水率试验的主要仪器名称、试验步骤。
7. 某大型挡土墙的地基土试验中，测得土样的干密度为 $1.54g/cm^3$，含水率为 19.3%，土的相对密度为 $2.71g/cm^3$，此土样的液限和塑限分别为 28.3% 和 16.7%。试计算土的孔隙比、孔隙率、饱和度、塑性指数、液性指数，并确定该黏土的物理状态。
8. 某基础工程地质勘察中，取原状土做试验，$50cm^3$ 湿土质量为 $95.15g$，烘干后质量为 $75.05g$。土粒相对密度为 2.67。试计算此土样的天然密度、干密度、饱和密度、有效密度、含水率、孔隙比、孔隙率和饱和度。
9. 某地基土样，用体积为 $100cm^3$ 的环刀取样试验，测得环刀加湿土质量为 $241.00g$，环刀质量为 $55.00g$，烘干后土样质量为 $162.00g$，土粒相对密度为 2.70。试计算该土样的含水率、饱和度、孔隙比、孔隙率、湿土密度、浮密度、干密度与饱和密度。

【学习情境6题库】

学习情境 7 土的压缩与变形计算

学习目标

1. 能解释土中应力的分类,了解土中应力的分布规律,计算自重应力和附加应力。
2. 能描述土的压缩性定义及压缩变形特点,熟练操作压缩试验,熟悉土的压缩性指标和测定,会用分层总和法计算地基沉降,掌握饱和土的单向固结理论,熟悉地基沉降随时间变化的规律。
3. 会准确操作土的压缩试验。

教学要求

	知识要点	重要程度
土中应力的分布与计算	土的自重应力	B
	土的附加应力	B
土的压缩性及变形计算	土的压缩性	A
	地基沉降量	A
土的压缩试验	仪器使用与操作步骤	A

章节导读

本学习情境由土中应力的分布与计算、土的压缩性及变形计算和土的压缩试验三部分组成。土中应力的分布与计算主要介绍了土的自重应力、基础底面压力分布和附加应力计算。土的压缩性及变形计算主要介绍了土的压缩原理及土体压缩试验资料,以及利用分层总和法计算地基最终沉降量。土的压缩试验主要介绍了土的压缩试验的方法及仪器使用与操作步骤。

知识点滴

土中应力是指土体在自身重力和外荷载作用下产生的应力。土中应力按其产生的原因和作用效果分为自重应力和附加应力。自重应力是由于土的自身重力引起的应力。

任务 7.1 土中应力的分布与计算

【土中应力】

引 例

为了对建筑物地基基础沉降(变形)、承载力与稳定性进行分析,必须掌握建筑物修建前后土中应力的分布和变化情况。

对于长期形成的天然土层,土体在自重应力的作用下,其沉降早已稳定,不会产生新的变形,所以自重应力又被称为原存应力或长驻应力。附加应力是由于外荷载作用在土体上时,土中产生的应力增量。土中某点的总应力应为自重应力与附加应力之和。图 7.1 所示为土中应力。这里要注意的是土中应力是矢量,本任务主要讨论在实际应用中经常用到的竖向应力的计算方法。

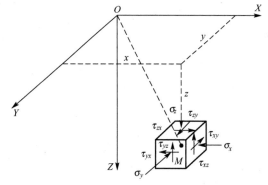

图 7.1 土中应力

7.1.1 土中应力计算方法分析

目前计算土中应力的方法,主要是采用弹性理论公式,也就是把地基土视为均匀的、各向同性的半无限弹性体。这虽然同土体的实际情况有差别,但其计算结果基本能满足实际工程的要求。其原因可以从以下几方面来分析。

① 土的碎散性影响。土是由三相组成的分散体,而不是连续的介质。土中应力是通过土颗粒间的接触来传递的。但是,由于建筑物的基础面积尺寸远远大于土颗粒尺寸,同时我们研究的也只是计算平面上的平均应力,而不是土颗粒间的接触集中应力,因此可以忽略土的碎散性的影响,近似地把土体作为连续体考虑。

② 土的非均质性和非理想弹性体的影响。土在形成过程中具有各种结构与构造,使土呈现不均匀性。同时土体也不是一种理想的弹性体,而是一种具有弹塑性或黏滞性的介质。但是,在实际工程中土中应力水平较低。土体受压时,应力-应变关系接近于线性关系,因此,当土层间的性质差异不悬殊时,采用弹性理论计算土中应力在实用上是允许的。

③ 地基土可视为半无限体。所谓半无限体就是无限空间体的一半。由于地基土在水平方向和深度方向相对于建筑物基础的尺寸而言,可以认为是无限延伸的。因此,可以认为地基土符合半无限体的假定。

7.1.2 土中自重应力计算

1. 计算假定

在计算自重应力时,假定土体为半无限体,即假定土体的表面尺寸和深度都是无限大的,土体自重应力作用下的地基为均质的线性变形的半无限体,任一竖直平面均为对称面。因此在任意竖直平面上,土的自重都不会产生剪应力,只有正应力存在。由此我们可以得知:在均匀土体中,土中某点的自重应力将只与该点的深度有关。

2. 计算方法

如图 7.2 所示,设土中某 M 点距离地面的深度为 z,土的重度为 γ,求作用于 M 点上的竖向自重应力,可在过 M 点的平面上取一截面积 ΔA,然后以 ΔA 为底,截取高为 z 的土柱。由于土体为半无限体,土柱的 4 个竖直面均是对称面,而且对称面上不存在剪应力作用,因此作用在 ΔA 上的压力就是土柱的重力 G,那么 M 点的自重应力为

$$\sigma_{cz} = \frac{\Delta A \gamma z}{\Delta A} = \gamma z \tag{7-1}$$

式中 σ_{cz}——土的自重应力(kPa);
　　　 γ——土的重度(kN/m³);
　　　 z——计算点的深度(kN/m³)。

M 点的水平方向的自重应力为

$$\sigma_{cx} = \sigma_{cy} = K_0 \sigma_{cz} \tag{7-2}$$

式中 K_0——土的侧压力系数,其值与土的类别和土的物理状态有关,可通过试验确定。

3. 几种情况下的自重应力计算

(1) 成层地基土

天然地基土往往是成层分布的,各天然土层具有不同的重度,所以需要分层来计算。如图 7.3 所示,第 n 层土中任一点处的自重应力公式可以写成

$$\sigma_{cz} = \gamma_1 h_1 + \gamma_2 h_2 + \cdots + \gamma_n h_n = \sum_{i=1}^{n} \gamma_i h_i \tag{7-3}$$

式中 γ_n——第 n 层土的重度(kN/m³);
　　　 h_n——第 n 层土(从地面算起)中所计算应力的那一点到该土层顶面的距离。

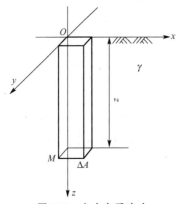

图 7.2 土中自重应力

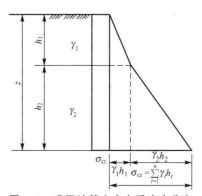

图 7.3 成层地基土中自重应力分布

（2）土层中有地下水时

计算地下水位以下土的自重应力时，应根据土的性质确定是否需考虑水的浮力作用。常认为砂性土是应该考虑浮力作用的，黏性土则视其物理状态而定。一般认为，若水下的黏性土液性指数 $I_L \geq 1$，则土处于流动状态，土颗粒间存在着大量自由水，此时可以认为土体受到水的浮力作用，自重应力应采用有效重度进行计算；如果 $I_L \leq 0$，则土处于固体状态，土中自由水受到土颗粒间结合水膜的阻碍不能传递静水压力，故认为土体不受水的浮力作用，自重应力应采用土的天然重度进行计算，并考虑上覆的水重引起的应力；若 $0 < I_L < 1$，土处于塑性状态，土颗粒是否受到水的浮力作用较难确定，一般在实践中均按不利状态来考虑。

【例7-1】 某土层的物理性质指标如图7.4所示，试计算土中的自重应力。

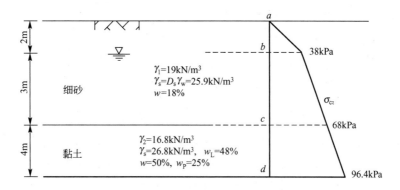

图7.4 某土层的物理性质指标（一）

解：第一层为细砂。b 点的自重应力为

$$\sigma_{cz} = 2 \times 19 = 38 \, (\text{kPa})$$

地下水位以上的细砂不受浮力作用，而地下水位以下的细砂则受到浮力作用，其浮重度为

$$\gamma' = \frac{\gamma(\gamma_s - \gamma_w)}{\gamma_s(1+w)} = 10.0 \, (\text{kN/m}^3)$$

c 点的自重应力为

$$\sigma_{cz} = 38 + 3 \times 10.0 = 68 \, (\text{kPa})$$

第二层黏土的液性指数 $I_L = \dfrac{w - w_P}{I_P} = \dfrac{w - w_P}{w_L - w_P} = 1.09 > 0$，故认为黏土层受到浮力作用，其浮重度为

$$\gamma' = \frac{\gamma(\gamma_s - \gamma_w)}{\gamma_s(1+w)} = 7.1 \, (\text{kN/m}^3)$$

则 d 点的自重应力为

$$\sigma_{cz} = 68 + 4 \times 7.1 = 96.4 \, (\text{kPa})$$

土的自重应力分布如图7.4所示。

【例7-2】 计算如图7.5所示的水下地基土中的自重应力。

解：水下的粗砂受到水的浮力作用，其浮重度为

$$\gamma' = \gamma_{sat} - \gamma_w = 19.5 - 9.81 = 9.69 (kN/m^3)$$

黏土层因为第二层黏土的液性指数 $w < w_P$，$I_L < 0$，故认为土层不受水的浮力作用。土层面上还受到上面的静水压力作用。土中各点的自重应力计算如下。

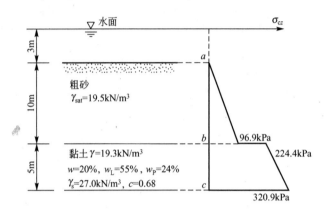

图 7.5 某土层的物理性质指标（二）

a 点：$z = 0$，$\sigma_{cz} = 0$。

b 点：$z = 10m$，该点在粗砂层中，$\sigma_{cz} = \gamma' z = 9.69 \times 10 = 96.9 (kPa)$。

b 点：$z = 10m$，该点在黏土层中，$\sigma_{cz} = \gamma' z + \gamma_w h_w = 9.69 \times 10 + 9.81 \times 13 = 224.4 (kPa)$。

c 点：$z = 15m$，该点在黏土层中，$\sigma_{cz} = 224.4 + 19.3 \times 5 = 320.9 (kPa)$。

土的自重应力分布如图 7.5 所示。

7.1.3 基础底面的压力分布与计算

前面已经指出土中的附加应力是由建筑物荷载作用所引起的应力增量，而建筑物的荷载是通过基础传到土中的，因此基础底面的压力分布形式将对土中应力产生影响。本任务在讨论附加应力计算之前，首先需要研究基础底面的压力分布问题。

基础底面的压力分布问题涉及基础与地基土两种不同物体间的接触压力问题，在弹性理论中称为接触压力问题。这是一个比较复杂的问题，影响它的因素很多，如基础的刚度、形状、埋置深度，以及土的性质、荷载大小等。在理论分析中要综合顾及这么多的因素是困难的，目前在弹性理论中主要是研究不同刚度的基础与弹性半空间体表面的接触压力分布问题。关于基础底面压力分布的理论推导过程，在本课程中将不做介绍，本节仅讨论基础底面压力分布的基本概念及简化的计算方法。

1. 基础底面压力分布的基本概念

若一个基础上作用着均布荷载，假设基础是由许多小块组成，如图 7.6(a) 所示，各小块之间光滑而无摩擦力，则这种基础相当于绝对柔性基础（即基础抗弯刚度 $EI \to 0$）。基础上荷载通过小块直接传递到土上，基础底面的压力分布图形将与基础上作用的荷载分布图形相同。这时，基础底面的沉降则各处不同，中央大而边缘小。因此，柔性基础的底面压力分布与作用的荷载分布形状相同。如由土筑成的路堤，可以近似地认为路堤本身不传递剪力，那么它就相当于一种柔性基础。路堤自重引起的基础底面压力分布就与路堤断面形状同为梯形分布,如图 7.6(b)所示。

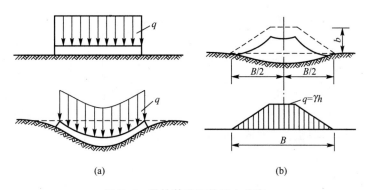

图 7.6 柔性基础下的压力分布

桥梁墩台基础有时采用大块混凝土实体结构（图 7.7），它的刚度很大，可以认为是刚性基础［刚性基础是指基础本身刚度相对地基土来说很大，但在受力后基础产生的挠曲变形很小（可以忽略不计）的基础］。桥梁中很多圬工基础即属于这一类型，如许多扩大基础和沉井基础等。对于刚性基础，当基础底面为对称形状（如矩形、圆形）时，在中心荷载的作用下，一般基础底面的压力分布图形呈马鞍形，如图 7.7(a)所示。但随着荷载的大小、土的性质和基础的埋置深度等的不同，其分布图形还可能有所变化。例如，当荷载较大、基础埋置深度较小或地基为砂土时，由于基础边缘土的挤出而使边缘压力减小，其基础底面的压力分布图形将呈抛物线形，如图 7.7(b)所示。随着

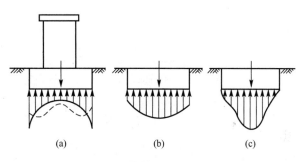

图 7.7 刚性基础下的压力分布

荷载的继续增大，基础底面的压力分布图形可发展成倒钟形，如图 7.7(c)所示。若按上述情况去计算土中的附加应力，将使计算变得非常复杂。在实际计算中常采用一种简便而又符合工程实际的方法。

2. 基础底面压力简化的计算方法

理论和试验均已证明：在荷载合力大小和作用点不变的前提下，基础底面压力分布形状对土中附加应力分布的影响，在超过一定深度后就不显著了。因此，在实际计算中，可以假定基础底面压力分布呈直线变化，这样就大大简化了土中附加应力的计算。根据这个假定，刚性基础底面压应力分布图形如图 7.8 所示。

① 中心荷载作用时。如图 7.8(a)所示，基础底面压应力的计算公式为

$$P = \frac{N}{A} \qquad (7-4)$$

式中　P——基础底面压应力(kPa)；
　　　N——作用于基础底面中心上的竖向荷载合力(kN)；
　　　A——基础底面面积(m^2)。

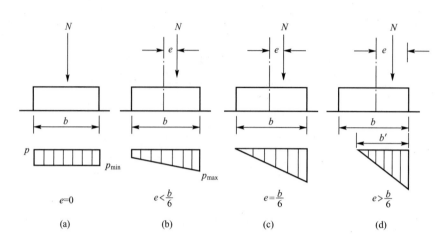

图 7.8 简化的基础底面压应力分布

② 偏心荷载作用，合力偏心距 $e \leqslant b/6$ 时 [图 7.8(b)、(c)]。作用点不超过基础底面截面核心时，基础底面压力的计算公式为

$$\left.\begin{array}{l}P_{\max}\\P_{\min}\end{array}\right\} = \frac{N}{A} \pm \frac{M}{W} = \frac{N}{A} \pm \frac{Ne}{W} \tag{7-5}$$

式中　$P_{\max}$、$P_{\min}$——基础底面边缘处最大、最小压应力(kPa)；
　　　　M——偏心荷载对基础底面形心的力矩(kN·m)；
　　　　e——荷载偏心距(m)；
　　　　W——基础底面的截面抵抗矩(m^3)。

对于长度为 L、宽度为 b 的矩形底面，$A=Lb$，$W=\dfrac{L/b^2}{6}$，则式(7-5) 也可写成

$$\left.\begin{array}{l}P_{\max}\\P_{\min}\end{array}\right\} = \frac{N}{A}\left(1 \pm \frac{6e}{b}\right) \tag{7-6}$$

③ 偏心荷载作用，合力偏心距 $e > b/6$ 时 [图 7.8(d)]。如果按材料力学偏心受压的公式计算，基础底面截面上将出现拉应力，但基础与地基之间不可能出现拉应力。此时，基础底面压力按三角形分布，并按式(7-7) 计算。

$$P_{\max} = \frac{2N}{3\left(\dfrac{b}{2}-e\right)L} \tag{7-7}$$

7.1.4　附加应力计算

土中附加应力是由建筑物荷载引起的应力增量。计算地基土中的附加应力时，一般假定地基土是各向同性的、均质的线性变形体，而且在深度和水平方向上是无限延伸的，即看成半无限体，常利用弹性力学中关于弹性半空间的理论解答。布西奈斯克(J. V. Boussinessq，1885)解得在一集中荷载力作用下，半无限空间体内任一点 M 的

应力。通过数值积分方法可以得到各种分布荷载作用时的土中附加应力计算，具体见表 7-1。

表 7-1 土中附加应力计算

序号	①集中荷载作用	②矩形面积均布荷载作用	③矩形面积三角形分布荷载作用
计算图式			
点 M 附加应力计算公式	$\sigma_z = \dfrac{3Pz^3}{2\pi R^5} = \alpha \dfrac{P}{z^2}$	$\sigma_z = \alpha_a p_0$	$\sigma_z = \alpha_t p_0$
附加应力系数	α 由 $\dfrac{R}{z}$ 查表 7-2	α_a 由 $m = \dfrac{z}{b}$、$n = \dfrac{l}{b}$ 查表 7-3	α_t 由 $m = \dfrac{z}{b}$、$n = \dfrac{l}{b}$ 查表 7-4
序号	④圆形面积均布荷载作用	⑤均布线性荷载作用	⑥均布条形荷载作用
计算图式			
点 M 附加应力计算公式	$\sigma_z = \alpha_c p_0$	$\sigma_z = \dfrac{2pz^3}{\pi(x^2+z^2)^2}$	$\sigma_z = \alpha_u p_0$
附加应力系数	α_c 由 $m = \dfrac{z}{R}$、$n = \dfrac{r}{R}$ 查表 7-5		α_u 由 $m = \dfrac{z}{b}$、$n = \dfrac{x}{b}$ 查表 7-6

表7-2 集中荷载作用下的附加应力系数 α

$\dfrac{R}{z}$	α	$\dfrac{R}{z}$	α	$\dfrac{R}{z}$	α	$\dfrac{R}{z}$	α	$\dfrac{R}{z}$	α
0.00	0.4775	0.50	0.2733	1.00	0.0344	1.50	0.0251	2.0	0.0085
0.05	0.4745	0.55	0.2466	1.05	0.0744	1.55	0.0224	2.20	0.0058
0.10	0.4657	0.60	0.2214	1.10	0.0658	1.60	0.0200	2.40	0.0040
0.15	0.4516	0.65	0.1978	1.15	0.0581	1.65	0.0179	2.60	0.0029
0.20	0.4329	0.70	0.1762	1.20	0.0513	1.70	0.0160	2.80	0.0021
0.25	0.4103	0.75	0.1565	1.25	0.0454	1.75	0.0144	3.00	0.0015
0.30	0.3849	0.80	0.1386	1.30	0.0402	1.80	0.0129	3.50	0.0007
0.35	0.3577	0.85	0.1226	1.35	0.0357	1.85	0.0116	4.00	0.0004
0.40	0.3294	0.90	0.1083	1.40	0.0317	1.90	0.0105	4.50	0.0002
0.45	0.3011	0.95	0.0956	1.45	0.0282	1.95	0.0095	5.00	0.0001

表7-3 矩形面积均布荷载作用下,角点下的竖向附加应力系数 α_a

$m=\dfrac{z}{b}$	$n=\dfrac{l}{b}$									
	1.0	1.2	1.4	1.6	1.8	2.0	3.0	4.0	5.0	≥10
0	0.250	0.250	0.250	0.250	0.250	0.250	0.250	0.250	0.250	0.250
0.2	0.249	0.249	0.249	0.249	0.249	0.249	0.249	0.249	0.249	0.249
0.4	0.240	0.242	0.243	0.243	0.244	0.244	0.244	0.244	0.244	0.244
0.6	0.223	0.228	0.230	0.232	0.232	0.233	0.234	0.234	0.234	0.234
0.8	0.200	0.208	0.212	0.215	0.217	0.218	0.220	0.220	0.220	0.220
1.0	0.175	0.185	0.191	0.196	0.198	0.200	0.203	0.204	0.204	0.205
1.2	0.152	0.163	0.171	0.176	0.179	0.182	0.187	0.188	0.189	0.189
1.4	0.131	0.142	0.151	0.157	0.161	0.164	0.171	0.173	0.174	0.174
1.6	0.112	0.124	0.133	0.140	0.145	0.148	0.157	0.159	0.160	0.160
1.8	0.097	0.108	0.117	0.124	0.129	0.133	0.143	0.146	0.147	0.148
2.0	0.084	0.095	0.103	0.110	0.116	0.120	0.131	0.135	0.136	0.137
2.5	0.060	0.069	0.077	0.083	0.089	0.093	0.106	0.111	0.114	0.115
3.0	0.045	0.052	0.058	0.064	0.069	0.073	0.087	0.093	0.096	0.099
4.0	0.027	0.032	0.036	0.040	0.044	0.048	0.060	0.067	0.071	0.076
5.0	0.018	0.021	0.024	0.027	0.030	0.033	0.044	0.050	0.055	0.061
7.0	0.010	0.011	0.013	0.015	0.016	0.018	0.025	0.031	0.035	0.043
9.0	0.006	0.007	0.008	0.009	0.010	0.011	0.016	0.020	0.024	0.032
10.0	0.005	0.006	0.007	0.007	0.008	0.009	0.013	0.017	0.020	0.028

表 7-4　矩形面积三角形分布荷载作用下，压力为零的角点下的竖向附加应力系数 α_t

$m=\dfrac{z}{b}$	$n=\dfrac{l}{b}$							
	0.2	0.6	1.0	1.4	1.8	3.0	8.0	10.0
0	0.0000	0.0000	0.0000	0.0000	0.0000	0.0000	0.0000	0.0000
0.2	0.0233	0.0296	0.0304	0.0305	0.0306	0.0306	0.0306	0.0306
0.4	0.0269	0.0487	0.0531	0.0543	0.0546	0.0548	0.0549	0.0549
0.6	0.0259	0.0560	0.0654	0.0684	0.0694	0.0701	0.0702	0.0702
0.8	0.0232	0.0553	0.0688	0.0739	0.0759	0.0773	0.0776	0.0776
1.0	0.0201	0.0508	0.0566	0.0735	0.0766	0.0790	0.0796	0.0796
1.2	0.0171	0.0450	0.0615	0.0698	0.0733	0.0774	0.0783	0.0783
1.4	0.0145	0.0392	0.0554	0.0644	0.0692	0.0739	0.0752	0.0753
1.6	0.0123	0.0339	0.0492	0.0586	0.0639	0.0697	0.0715	0.0715
1.8	0.0105	0.0294	0.0453	0.0528	0.0585	0.0652	0.0675	0.0675
2.0	0.0090	0.0255	0.0384	0.0474	0.0533	0.0607	0.0636	0.0636
2.5	0.0063	0.0183	0.0284	0.0362	0.0419	0.0514	0.0547	0.0548
3.0	0.0046	0.0135	0.0214	0.0230	0.0311	0.0419	0.0474	0.0476
5.0	0.0018	0.0054	0.0088	0.0120	0.0148	0.0214	0.0296	0.0301
7.0	0.0009	0.0028	0.0047	0.0064	0.0081	0.0124	0.0204	0.0212
10.0	0.0005	0.0014	0.0024	0.0033	0.0041	0.0066	0.0128	0.0139

表 7-5　圆形面积均布荷载作用下的竖向附加应力系数 α_c

$m=\dfrac{z}{R}$	$n=\dfrac{r}{R}$										
	0	0.2	0.4	0.6	0.8	1.0	1.2	1.4	1.6	1.8	2.0
0	1.000	1.000	1.000	1.000	1.000	0.500	0.000	0.000	0.000	0.000	0.000
0.2	0.998	0.991	0.987	0.970	0.890	0.468	0.077	0.015	0.005	0.002	0.001
0.4	0.949	0.943	0.920	0.860	0.712	0.435	0.181	0.065	0.026	0.012	0.006
0.6	0.864	0.852	0.813	0.733	0.591	0.400	0.224	0.113	0.056	0.029	0.016
0.8	0.756	0.742	0.699	0.619	0.504	0.366	0.237	0.142	0.083	0.048	0.029
1.0	0.646	0.633	0.593	0.525	0.434	0.332	0.235	0.157	0.102	0.065	0.012
1.2	0.547	0.535	0.502	0.447	0.377	0.300	0.226	0.162	0.113	0.078	0.053
1.4	0.461	0.452	0.425	0.383	0.329	0.270	0.212	0.161	0.118	0.088	0.062
1.6	0.390	0.383	0.362	0.330	0.288	0.243	0.197	0.156	0.120	0.090	0.068
1.8	0.332	0.327	0.311	0.285	0.254	0.218	0.182	0.148	0.118	0.092	0.072
2.0	0.285	0.280	0.268	0.248	0.224	0.196	0.167	0.140	0.114	0.092	0.074

续表

$m=\dfrac{z}{R}$	$n=\dfrac{r}{R}$										
	0	0.2	0.4	0.6	0.8	1.0	1.2	1.4	1.6	1.8	2.0
2.2	0.246	0.242	0.233	0.218	0.198	0.176	0.153	0.131	0.109	0.090	0.074
2.4	0.214	0.211	0.203	0.192	0.176	0.159	0.146	0.122	0.101	0.087	0.073
2.6	0.187	0.185	0.179	0.170	0.158	0.144	0.129	0.113	0.098	0.084	0.071
2.8	0.165	0.163	0.159	0.151	0.141	0.130	0.118	0.105	0.092	0.080	0.069
3.0	0.146	0.145	0.141	0.135	0.127	0.118	0.108	0.097	0.087	0.077	0.067
3.4	0.117	0.116	0.114	0.110	0.105	0.098	0.091	0.084	0.076	0.068	0.061
3.8	0.096	0.095	0.093	0.091	0.087	0.083	0.078	0.073	0.067	0.061	0.053
4.2	0.079	0.079	0.078	0.076	0.073	0.070	0.067	0.063	0.059	0.054	0.050
4.6	0.067	0.067	0.066	0.064	0.063	0.060	0.058	0.055	0.052	0.048	0.045
5.0	0.057	0.057	0.056	0.055	0.054	0.052	0.050	0.048	0.046	0.043	0.041
5.5	0.048	0.048	0.047	0.046	0.045	0.044	0.043	0.041	0.039	0.038	0.036
6.0	0.040	0.040	0.040	0.039	0.039	0.038	0.037	0.036	0.034	0.033	0.031

表 7-6 均布条形荷载作用下的竖向附加应力系数 α_u

$m=\dfrac{z}{b}$	$n=\dfrac{x}{b}$					
	0	0.25	0.50	1.0	1.50	2.00
0	1.00	1.00	0.50	0	0	0
0.25	0.96	0.90	0.50	0.02	0	0
0.50	0.82	0.74	0.48	0.08	0.02	0
0.75	0.67	0.61	0.45	0.15	0.04	0.02
1.00	0.55	0.51	0.41	0.19	0.07	0.03
1.25	0.46	0.44	0.37	0.20	0.10	0.04
1.50	0.40	0.38	0.33	0.21	0.11	0.06
1.75	0.35	0.34	0.30	0.21	0.13	0.07
2.00	0.31	0.31	0.28	0.20	0.13	0.08
3.00	0.21	0.21	0.20	0.17	0.14	0.10
4.00	0.16	0.16	0.15	0.14	0.12	0.10
5.00	0.13	0.13	0.12	0.12	0.11	0.09
6.00	0.11	0.10	0.10	0.10	0.10	—

【例 7-3】 如图 7.9 所示,在地面上有两个集中力:$P_1=4.0$MN,$P_2=6.0$MN,求土中 M 点的竖向附加应力。

解:可将此题看作是两个集中荷载叠加作用,如图 7.10 所示。

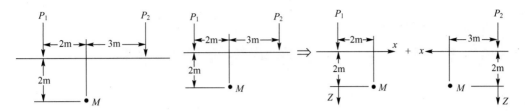

图 7.9 土层下方 M 点示意　　　　图 7.10 M 点的集中荷载叠加作用

① 在 P_1 作用时，$x=z=2\text{m}$，$y=0\text{m}$。

$$r=\sqrt{x^2+y^2}=2\text{m}, \quad R=\sqrt{x^2+y^2+z^2}=2\sqrt{2}\text{ m}$$

$$\sigma_{z1}=\frac{3Qz^3}{2\pi R^5}=\frac{3\times 4000\times 2^3}{2\pi\times(2\sqrt{2})^5}=29.8(\text{kPa})$$

② 同理，在 P_2 作用时，$x=3\text{m}$，$z=2\text{m}$，$y=0\text{m}$。

$$r=\sqrt{x^2+y^2}=3\text{m}, \quad R=\sqrt{x^2+y^2+z^2}=\sqrt{9+4}=\sqrt{13}(\text{m})$$

$$\sigma_{z2}=\frac{3Qz^3}{2\pi R^5}=\frac{3\times 6000\times 2^3}{2\pi\times(\sqrt{13})^5}=10.4(\text{kPa})$$

所以综合①、②得，点 M 的竖向附加应力 $\sigma_z=\sigma_{z1}+\sigma_{z2}=29.8+10.4=40.2(\text{kPa})$。

【例 7-4】 矩形面积 $ABCD$ 上作用的均布荷载为 100kPa，求图 7.11 中 H 点下深 2m 处的竖向附加应力 σ_z。

解：设矩形 $HIBF$、$HICG$、$HFAE$、$HGDE$ 的角点应力系数分别为 α_{a1}、α_{a2}、α_{a3}、α_{a4}。

当求 α_{a1} 时，$m=\dfrac{z}{b}=\dfrac{2}{2}=1$，$n=\dfrac{l}{b}=\dfrac{6}{2}=3$

查表 7-3，得 $\alpha_{a1}=0.203$

当求 α_{a2} 时，$m=\dfrac{z}{b}=\dfrac{2}{2}=1$，$n=\dfrac{l}{b}=\dfrac{2}{2}=1$

查表 7-3，得 $\alpha_{a2}=0.175$

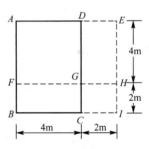

图 7.11 土层下方 H 点示意

当求 α_{a3} 时，$m=\dfrac{z}{b}=\dfrac{2}{4}=0.5$，$n=\dfrac{l}{b}=\dfrac{6}{4}=1.5$

查表 7-3，得 $\alpha_{a3}=0.237$

当求 α_{a4} 时，$m=\dfrac{z}{b}=\dfrac{2}{2}=1$，$n=\dfrac{l}{b}=\dfrac{4}{2}=2$

查表 7-3，得 $\alpha_{a4}=0.200$

于是得到 H 点下深 2m 处的竖向附加应力 σ_z 为

$$\begin{aligned}\sigma_z &=(\alpha_{a1}+\alpha_{a2}-\alpha_{a2}-\alpha_{a4})P\\&=(0.203+0.237-0.175-0.200)\times 100\\&=6.5(\text{kPa})\end{aligned}$$

任务 7.2 土的压缩性及变形计算

引 例

当建筑物通过它的基础将荷载传给地基以后，在地基土中将产生附加应力和变形，土体受力后引起的变形可分为体积变形和形状变形。对土这种材料来说，变形主要是由正应力引起的，土层在受到竖向附加应力作用后，会产生压缩变形，引起基础沉降。土体在压力作用下体积减小的特性称为土的压缩性。土体体积减小包括三部分：①土颗粒发生相对位移，土中水及气体从孔隙中被排出，从而使土孔隙体积减小；②土颗粒本身的压缩；③土中水及封闭在土中的气体被压缩。试验研究表明，在一般的压力（100~600kPa）作用下，土粒和水的压缩与土的总压缩量之比是很微小的，可以忽略不计。因此得到土压缩性的第一个特点：土的压缩主要是由于孔隙体积减小引起的。土压缩性的第二个特点：孔隙水的排出而引起的压缩对于饱和黏性土来说是需要时间的，土的压缩随时间增长的过程称为土的固结；这是由于黏性土的透水性差，土中水沿着孔隙排出速度很慢。

在建筑物荷载作用下，地基土主要由于压缩而引起的竖直方向的位移称为沉降，如果基础的沉降过大或产生过大的不均匀沉降，严重时会造成建筑物倾斜甚至倒塌。因此需要预先对建筑物基础可能产生的最大沉降量和沉降差进行估算；另外，由于土的压缩性的第二个特点，我们还应研究沉降与时间的关系。

7.2.1 土的压缩性

根据压缩过程中土样变形与土的三相指标的关系（图 7.12），可以导出试验过程孔隙比 e 与压缩量 Δh 的关系。

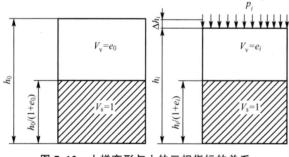

图 7.12 土样变形与土的三相指标的关系

如图 7.12 所示，设土样的初始高度为 h_0，在某级荷载 p_i 作用下土样稳定后的总压缩量为 Δh_i，土样高度变为 $h_i(=h_0-\Delta h_i)$，土的孔隙比由受压前的初始孔隙比 e_0 变为受压后的孔隙比 e_i，由于受压前后土粒体积不变，土样横截面面积不变，所以压缩前后土样中固体颗粒所占的高度不变，可以得到

$$\frac{h_0}{1+e_0}=\frac{h_0-\Delta h_i}{1+e_i} \tag{7-8}$$

由式(7-8)变换得到式(7-9)。

$$e_i = e_0 - \frac{\Delta h_i}{h_0}(1+e_0) \tag{7-9}$$

其中，$e_0 = \frac{\rho_s(1+w_0)}{\rho} - 1$，$\rho_s$、$\rho$、$w_0$ 分别为土粒密度、土样天然密度、土样初始含水量。

这样，根据式(7-9)即可得到各级荷载 p_i 下对应的孔隙比 e_i，如以孔隙比 e 为纵坐标，以 p 为横坐标，从而可绘制出土样压缩试验的 $e-p$ 曲线(图7.13)。

1. 压缩系数

土的压缩系数 a 可用割线的斜率表示(图7.13)，即

$$a = \frac{\Delta e}{\Delta p} \tag{7-10}$$

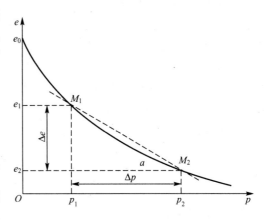

图 7.13 土样压缩试验的 $e-p$ 曲线

土的压缩系数并不是一个常数，而是随压力 p_1 和 p_2 数值的改变而改变。在评价土体的压缩性时，一般取 $p_1 = 100\text{kPa}$，$p_2 = 200\text{kPa}$，并将相应的压缩系数记作 a_{1-2}，a_{1-2} 也称为标准压缩系数。a_{1-2} 数值越大，土的压缩性越高。按 a_{1-2} 的大小可将土体的压缩性分为以下3类：当 $a_{1-2} \geqslant 0.5\text{MPa}^{-1}$ 时，为高压缩性土；当 $0.1\text{MPa}^{-1} \leqslant a_{1-2} < 0.5\text{MPa}^{-1}$ 时，为中压缩性土；当 $a_{1-2} < 0.1\text{MPa}^{-1}$ 时，为低压缩性土。

2. 压缩模量

压缩模量是土在完全侧限条件下竖向应力与竖向应变之比，即

$$E_s = \frac{\Delta p}{\Delta \varepsilon} \tag{7-11}$$

压缩模量与压缩系数的关系见式(7-12)和式(7-13)的推导。

$$\Delta \varepsilon = \frac{\Delta h}{h_1} = \frac{e_1 - e_2}{1+e_1} \tag{7-12}$$

$$E_s = \frac{\Delta p}{\Delta \varepsilon} = \frac{p_2 - p_1}{\frac{e_1 - e_2}{1+e_1}} = \frac{1+e_1}{a} \tag{7-13}$$

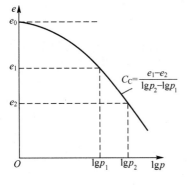

图 7.14 土的 $e-\lg p$ 曲线

3. 压缩指数

在载荷比较大的情况下，孔隙比的变化越来越小，$e-p$ 曲线的后半部分趋于直线，此时压缩系数不能很好地反映土的压缩性质。为了更好地反映在高荷载作用下土的压缩性质，可将 $e-p$ 曲线转换成 $e-\lg p$ 曲线(图7.14)。在压力较大时(1500~3200kPa)，曲线后端呈直线状，其斜率即为压缩指数 C_C。

$$C_C = \frac{e_1 - e_2}{\lg p_2 - \lg p_1} \tag{7-14}$$

7.2.2 地基沉降的计算

这里所说的地基沉降量，是指建筑物地基从开始变形到变形稳定时基础的总沉降值，即最终沉降量。目前，地基沉降计算方法有弹性理论法、分层总和法、应力面积法（也称规范法）、原位压缩曲线法。弹性理论法是基于布西奈斯克课题的位移解来计算地基沉降的，其基于假定：地基为均质、各向同性、线弹性的半无限体。分层总和法、应力面积法（也称规范法）、原位压缩曲线法均是利用室内侧限压缩试验得到的侧限压缩指标进行地基沉降计算，在工程上被广泛应用。本节主要介绍分层总和法。

1. 计算原理

分层总和法一般取基底中心点下的地基附加应力来计算各分层土的竖向压缩量，认为基础的平均沉降量 s 为各分层土竖向压缩量 Δs_i 之和。在计算出 Δs_i 时，假设地基土只在竖向发生压缩变形，没有侧向变形，故可利用室内侧限压缩试验成果进行计算。

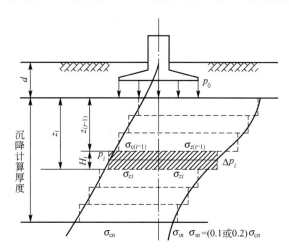

图 7.15 分层总和法计算地基最终沉降量

2. 计算步骤

分层总和法计算地基最终沉降量如图 7.15 所示。其计算步骤如下。

① 地基土分层。成层土的层面（不同土层的压缩性及重度不同）及地下水面（水面上下土的有效重度不同）是天然的分层界面，分层厚度一般不宜大于 $0.4b$（b 为基底宽度）。

② 计算各分层界面处土的自重应力。土的自重应力应从天然地面起算。

③ 计算各分层界面处基底中心下的竖向附加应力。

④ 确定地基沉降计算深度（或压缩层厚度）。一般取地基附加应力等于自重应力的 20%（即 $\sigma_z/\sigma_c=0.2$）深度处作为沉降计算深度的限值；若在该深度以下为高压缩性土，则应取地基附加应力等于自重应力的 10%（即 $\sigma_z/\sigma_c=0.1$）深度处作为沉降计算深度的限值。

⑤ 计算各分层土的压缩量 Δs_i。利用土的压缩试验成果进行计算，根据已知条件，具体可选用式(7-15a)、式(7-15b)、式(7-15c)中的一个进行计算。

$$\Delta s_i = \frac{\Delta e_i}{1+e_{1i}}H_i = \frac{e_{1i}-e_{2i}}{1+e_{1i}}H_i \qquad (7-15a)$$

$$= a_i\frac{(p_{2i}-p_{1i})}{1+e_{1i}}H_i \qquad (7-15b)$$

$$= \frac{\Delta p_i}{E_{si}}H_i \qquad (7-15c)$$

式中　H_i——第 i 分层土的厚度；

e_{1i}——对应于第 i 分层土上下界面自重应力值的平均值 $\left(p_{1i}=\dfrac{\sigma_{c(i-1)}+\sigma_{ci}}{2}\right)$ 从土的压缩曲线上得到的孔隙比；

e_{2i}——对应于第 i 分层土自重应力平均值 p_{1i} 与上下界面附加应力值的平均值 $\left(\Delta p_i=\dfrac{\sigma_{z(i-1)}+\sigma_{zi}}{2}\right)$ 之和 $(p_{2i}=p_{1i}+\Delta p_i)$ 从土的压缩曲线上得到的孔隙比。

⑥ 按式(7-16)叠加计算基础的平均沉降量。

$$s=\sum_{i=1}^{n}\Delta s_i \qquad (7-16)$$

式中 n——沉降计算深度范围内的分层数。

【例 7-5】 图 7.16 所示为某桥梁桥墩基础下的地基土分层及自重应力、附加应力分布，该基础底面为 $l\times b=4\text{m}\times 2\text{m}$ 的矩形，作用于基础底面的中心竖向荷载 $N=778\text{kN}$，已经考虑水的浮力、基础的重力，各土层计算指标及土层侧限压缩试验 $e-p$ 曲线数据分别见表 7-7 和表 7-8。试用分层总和法计算地基的最终沉降量。

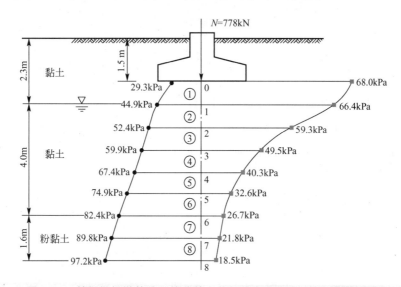

图 7.16　某桥梁桥墩基础下的地基土分层及自重应力、附加应力分布

表 7-7　各土层计算指标

土层编号	土层名称	$\gamma(\text{kN/m}^3)$	$a(\text{MPa}^{-1})$	$E(\text{MPa})$
①	黏土	19.5	0.256	6.97
②	黏土	19.2	0.512	3.52
③	粉黏土	19.0	0.311	5.93

表 7-8　土层侧限压缩试验 $e-p$ 曲线数据

土层编号	土层名称	$p(\text{kPa})$			
		0	50	100	200
①	黏土	0.820	0.780	0.760	0.740
②	黏土	0.850	0.810	0.780	0.740
③	粉黏土	0.890	0.860	0.840	0.810

解： ① 地基土分层。考虑分层厚度不超过 $0.4b(=0.8\text{m})$ 及地下水位，将基底以下厚 1.6m 的黏土层分成两层，层厚均为 0.8m，其下粉黏土层厚度均取 0.8m。

② 计算各分层界面处土的自重应力。地下水位以下取有效重度进行计算。

如图 7.16 中点 3 的自重应力为

$$\sigma_c = 2.3 \times 19.5 + 1.6 \times (19.2 - 9.81) = 59.9 \text{(kPa)}$$

计算各分层上下界面处自重应力的平均值，作为该分层受压前所受侧限竖向应力 p_{1i}，各分层点的自重应力值及各分层的平均自重应力值见图 7.16 及表 7-9。

③ 计算各分层界面处基底中心下的竖向附加应力。

基底附加应力 $p_0 = \dfrac{N}{l \times b} - \gamma d = \dfrac{778}{4 \times 2} - 19.5 \times 1.5 = 68.0 \text{(kPa)}$

从表 7-3 可以查得竖向附加应力系数 α_a，计算各分层点的竖向附加应力，如图 7.16 中点 1 的附加应力为

$$4\alpha_a p_0 = 4 \times 0.244 \times 68.0 = 66.4 \text{(kPa)}$$

计算各分层上下界面处附加应力的平均值；将各分层自重应力平均值和附加应力平均值之和作为该分层受压后所受的总应力 p_{2i}（图 7.16 及表 7-9）。

表 7-9 分层总和法计算地基最终沉降量

点号	深度 z (m)	层厚 H_i (m)	土的重度 γ (kN/m³)	自重应力 σ_c (kPa)	l/b	z/b	竖向附加应力系数 α_a	附加应力 σ_z (kPa)	p_{1i} (kPa)	Δp_i (kPa)	p_{2i} (kPa)	e_{1i}	e_{2i}	Δs_i (mm)
0	0.00	1.50	19.50	29.3	2.00	0.00	0.250	68.0						
1	0.80	0.80	19.50	44.9	2.00	0.80	0.244	66.4	37.1	67.2	104.3	0.7903	0.7591	13.9
2	1.60	0.80	9.39	52.4	2.00	1.60	0.218	59.3	48.7	62.9	111.6	0.8110	0.7777	14.7
3	2.40	0.80	9.39	59.9	2.00	2.40	0.182	49.5	56.2	54.4	110.6	0.8063	0.7779	21.4
4	3.20	0.80	9.39	67.4	2.00	3.20	0.148	40.3	63.7	44.9	108.6	0.8018	0.7783	10.4
5	4.00	0.80	9.39	74.9	2.00	4.00	0.120	32.6	71.2	36.5	107.7	0.7973	0.7785	8.4
6	4.80	0.80	9.39	82.4	2.00	4.80	0.098	26.7	78.7	29.7	108.4	0.7928	0.7783	6.5
7	5.60	0.80	9.19	89.8	2.00	5.60	0.080	21.8	86.1	24.3	110.4	0.8456	0.8369	3.8
8	6.40	0.80	9.19	97.2	2.00	6.40	0.068	18.5	93.5	20.2	113.7	0.8426	0.8359	2.9

④ 确定地基沉降计算深度（或压缩层厚度）。

一般按 $\sigma_z = 0.2\sigma_c$ 深度处作为沉降计算深度的限值。

基底下深度 $z = 5.6 \text{m}$ 处，$\sigma_z = 21.8 \text{kPa} > 0.2\sigma_c = 18.0 \text{kPa}$

基底下深度 $z = 6.4 \text{m}$ 处，$\sigma_z = 18.5 \text{kPa} < 0.2\sigma_c = 19.4 \text{kPa}$

所以，压缩层深度为基底以下 6.4m。

⑤ 计算各分层土的压缩量 Δs_i。

如第③层土的压缩量 $\Delta s_3 = \dfrac{e_{1i} - e_{2i}}{1 + e_{1i}} H_i = \dfrac{0.8063 - 0.7779}{1 + 0.8063} \times 800 = 21.4 \text{(mm)}$

各分层土的压缩量列于表 7-9 中。

⑥ 按式(7-16)叠加计算基础的平均沉降量。

$$s = \sum_{i=1}^{n} \Delta s_i = 13.9 + 14.7 + 21.4 + 10.4 + 8.4 + 6.5 + 3.8 + 2.9 = 82.0 \text{(mm)}$$

7.2.3 地基沉降与时间的关系

前面介绍的方法确定的地基沉降量，是指建筑物地基从开始变形到变形稳定时基础的总沉降值，即最终沉降量。显然，饱和土体受载后，地基从开始变形到变形稳定是与时间有关的，即沉降值是时间的函数。在工程实践中，常常需要计算建筑物完工及施工过程某一时刻的沉降量和达到某一沉降量所需要的时间，这就要求解决沉降与时间的关系问题。其主要目的是要考虑由于沉降随时间发展给工程建筑物带来的影响，以便设计中做出处理方案。而对已发生裂缝、倾斜等事故的建筑物，则更需要了解当时的沉降与今后沉降的发展趋势，以此作为解决事故的重要依据。下面简单介绍饱和土体依据渗透固结理论解决地基沉降与时间的关系的过程，并先简单介绍一下太沙基（K. Terzaghi，1925）的单向固结理论。

1. 单向固结理论

所谓单向固结是指土中的孔隙水，在孔隙水压力 u 的作用下，只沿竖直方向渗流，同时土颗粒在有效应力 σ' 的作用下，也只沿竖直方向产生位移。即土在水平方向无渗流、无位移。

（1）基本假设

太沙基的单向固结理论模型用于反映饱和黏性土的实际固结问题，其基本假设如下。

① 土层是均质的，完全饱和的。
② 在固结过程中，土粒和孔隙水是不可压缩的。
③ 土层仅在竖向产生排水固结（相当于有侧限条件）。
④ 土层的渗透系数 k 和压缩系数 a 为常数。
⑤ 土层的压缩速率取决于自由水的排出速率，水的渗出符合达西定律。
⑥ 外荷是一次瞬时施加的，且沿土层深度 z 为均匀分布。

（2）单向固结微分方程的建立

如图 7.17 所示，厚度为 H 的饱和土层上施加无限宽广的均布荷载 p，土中附加应力沿深度均匀分布（即面积为 $abce$），土层上面为排水边界，有关条件符合基本假定，考察土层顶面以下 z 深度处的微元体 $dxdydz$ 在 dt 时间内的变化。

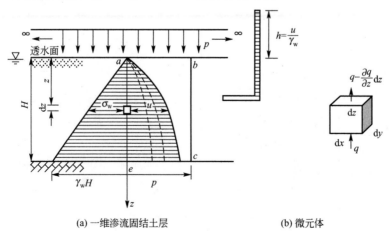

(a) 一维渗流固结土层　　　　(b) 微元体

图 7.17　饱和黏性土一维渗流固结

① 连续性条件。dt 时间内微元体内排出的水量等于微元体内的孔隙减少的体积。设在固结过程中，在 dt 时间内，从微元体顶面流出的水量为 $\left(q - \dfrac{\partial q}{\partial z}dz\right)dxdydz$，从底面流入的水量为 $qdxdydz$，由此微元体孔隙水排出水量为

$$dQ = \left[\left(q - \frac{\partial q}{\partial z}dz\right)dxdy - qdxdy\right]dt = -\left(\frac{\partial q}{\partial z}\right)dzdxdydt \tag{7-17}$$

式中　q——单位时间内流过单位水平横截面面积的水量。

在 dt 时间内，已知单元体中孔隙体积 V_v 的变化为

$$dV_v = \frac{\partial V_v}{\partial t}dt = \frac{\partial(eV_s)}{\partial t}dt = \frac{1}{1+e_1}\frac{\partial e}{\partial t}dxdydzdt \tag{7-18}$$

$$V_s = \frac{1}{1+e_1}dxdydz$$

式中　V_s——固体体积，不随时间而变；

　　　e_1——渗流固结前的初始孔隙比。

由 $dQ = dV_v$ 得

$$\frac{1}{1+e_1}\frac{\partial e}{\partial t} = -\frac{\partial q}{\partial z} \tag{7-19}$$

② 根据达西定律，有

$$q = kI = k\frac{\partial h}{\partial z} = \frac{k}{\gamma_w}\frac{\partial u}{\partial z} \tag{7-20}$$

式中　I——水力梯度；

　　　h——超静水头；

　　　u——超孔隙水压力。

③ 根据侧限条件下孔隙比的变化与竖向有效应力变化的关系，有

$$\frac{\partial e}{\partial t} = -a\frac{\partial \sigma'}{\partial t} = -a\frac{\partial(\sigma - u)}{\partial t} = a\frac{\partial u}{\partial t} \tag{7-21}$$

将式(7-20)和式(7-21)代入式(7-19)得

$$\frac{a}{1+e_1}\frac{\partial u}{\partial t} = \frac{k}{\gamma_w}\frac{\partial^2 u}{\partial z^2} \tag{7-22}$$

令 $C_v = k\dfrac{1+e_1}{\gamma_w a} = k\dfrac{E_s}{\gamma_w}$，则式(7-22)变为

$$C_v\frac{\partial^2 u}{\partial z^2} = \frac{\partial u}{\partial t} \tag{7-23}$$

式(7-23) 即为饱和土体单向渗透固结微分方程式，C_v 称为竖向渗透固结系数(单位为 m^2/年或 cm^2/年)。

(3) 固结微分方程式的求解

对于 $C_v\dfrac{\partial^2 u}{\partial z^2} = \dfrac{\partial u}{\partial t}$ 方程，可以根据不同的起始条件和边界条件求得它的特解。

① 单面排水（图 7.18）。$\alpha = \dfrac{p_1}{p_2}$。其中，$p_1$

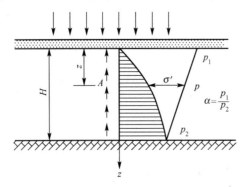

图 7.18　单面排水

为排水面的初始孔隙水压力；p_2 为不排水面的初始孔隙水压力。初始超孔隙水压力沿深度为线性分布。

初始条件和边界条件为

$$t=0, \quad 0 \leqslant z \leqslant H, \quad u = p_2\left[1+(\alpha-1)\frac{H-z}{H}\right]$$

$$0 < t < \infty, \quad z=0, \quad u=0$$

$$0 < t < \infty, \quad z=H, \quad \frac{\partial u}{\partial z}=0$$

$$t=\infty, \quad 0 \leqslant z \leqslant H, \quad u=0$$

采用分离变量法求得式(7-23)的特解为

$$u(z,t) = \frac{4p_2}{\pi^2}\sum_{m=1}^{\infty}\frac{1}{m^2}\left[m\pi\alpha + 2(-1)^{\frac{m-1}{2}}(1-\alpha)\right]e^{-\frac{m^2\pi^2}{4}T_v}\sin\frac{m\pi z}{2H} \quad (7-24)$$

式(7-24)中常取第一项 $m=1$，得到

$$u(z,t) = \frac{4p_2}{\pi^2}[\alpha(\pi-2)+2]e^{-\frac{\pi^2}{4}T_v}\sin\frac{\pi z}{2H} \quad (7-25)$$

式中　m——为奇正整数 ($m=1, 3, 5\cdots$)；

　　　e——自然对数的底；

　　　H——土层厚度；

　　　T_v——时间因数，$T_v = \dfrac{C_v t}{H^2}$。

② 双面排水（图 7.19）。$\alpha = \dfrac{p_1}{p_2}$。令土层厚度为 $2H$，初始超孔隙水压力沿深度为线性分布。

初始条件和边界条件为

$$t=0, \quad 0 \leqslant z \leqslant H, \quad u = p_2\left[1+(\alpha-1)\frac{H-z}{H}\right]$$

$$0 < t < \infty, \quad z=0, \quad u=0$$

$$0 < t < \infty, \quad z=2H, \quad u=0$$

采用分离变量法求得式(7-23)的特解为

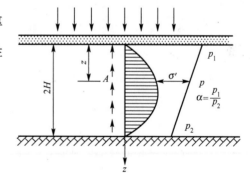

图 7.19　双面排水

$$u(z,t) = \frac{p_2}{\pi^2}\sum_{m=1}^{\infty}\frac{2}{m}[1-(-1)^m\alpha]\sin\frac{m\pi(2H-z)}{2H}e^{-\frac{m^2\pi^2}{4}T_v} \quad (7-26)$$

式(7-26)中常取第一项 $m=1$，得到

$$u(z,t) = \frac{2p_2}{\pi^2}(1+\alpha)e^{-\frac{\pi^2}{4}T_v}\sin\frac{\pi(2H-z)}{2H} \quad (7-27)$$

(4) 固结度

① 基本概念。固结度表征土的固结程度，即某一时刻 t 的沉降量与最终固结沉降量之比，用 U_t 表示。

$$U_t = 1 - \frac{\int_0^H u(z,t)\mathrm{d}z}{\int_0^H p(z)\mathrm{d}z} = \frac{\int_0^H \sigma'(z,t)\mathrm{d}z}{\int_0^H p(z)\mathrm{d}z} = \frac{\int_0^H \frac{a}{1+e_1}\sigma'(z,t)\mathrm{d}z}{\int_0^H \frac{a}{1+e_1}p(z)\mathrm{d}z} = \frac{s_t}{s_c} \quad (7-28)$$

式中 s_t——地基某时刻 t 的固结沉降；

s_c——地基最终的固结沉降。

② 初始超孔隙水压力沿深度线性分布情况下的固结度计算。将式(7-25)代入式(7-28)，得到单面排水情况下土层任一时刻 t 的固结度 U_t 的近似值。

$$U_t = 1 - \frac{\left(\frac{\pi}{2}\alpha - \alpha + 1\right)}{1+\alpha} \frac{32}{\pi^3} e^{-\frac{\pi^2}{4}T_v} \quad (7-29)$$

式(7-29)中，当 $\alpha=1$ 时，得到

$$U_0 = 1 - \frac{8}{\pi^2} e^{-\frac{\pi^2}{4}T_v} \quad (7-30)$$

为方便查用，表 7-10 给出了单面排水情况下，不同的 α 下的 $U_t - T_v$ 关系。

表 7-10 单面排水情况下，不同 α 下的 $U_t - T_v$ 关系

α	固结度 U_t											类型
	0.0	0.1	0.2	0.3	0.4	0.5	0.6	0.7	0.8	0.9	1.0	
0.0	0.0	0.049	0.100	0.154	0.217	0.029	0.380	0.500	0.660	0.950	∞	"1"型
0.2	0.0	0.027	0.073	0.126	0.186	0.26	0.35	0.46	0.63	0.92	∞	
0.4	0.0	0.016	0.056	0.106	0.164	0.24	0.33	0.44	0.60	0.90	∞	"0-1"型
0.6	0.0	0.012	0.042	0.092	0.148	0.22	0.31	0.42	0.58	0.88	∞	
0.8	0.0	0.010	0.036	0.079	0.134	0.20	0.29	0.41	0.57	0.86	∞	
1.0	0.0	0.008	0.031	0.071	0.126	0.20	0.29	0.40	0.57	0.85	∞	"0"型
1.5	0.0	0.008	0.024	0.058	0.107	0.17	0.26	0.38	0.54	0.83	∞	
2.0	0.0	0.006	0.019	0.050	0.095	0.16	0.24	0.36	0.52	0.81	∞	
3.0	0.0	0.005	0.016	0.041	0.082	0.14	0.22	0.34	0.50	0.79	∞	
4.0	0.0	0.004	0.014	0.040	0.080	0.13	0.21	0.33	0.49	0.78	∞	"0-2"型
5.0	0.0	0.004	0.013	0.034	0.069	0.12	0.20	0.32	0.48	0.77	∞	
7.0	0.0	0.003	0.012	0.030	0.065	0.12	0.19	0.31	0.47	0.76	∞	
10.0	0.0	0.003	0.011	0.028	0.060	0.11	0.18	0.30	0.46	0.75	∞	
20.0	0.0	0.003	0.010	0.026	0.060	0.11	0.17	0.29	0.45	0.74	∞	
∞	0.0	0.002	0.009	0.024	0.048	0.09	0.16	0.23	0.44	0.73	∞	"2"型

将式(7-27)代入式(7-28)，得到双面排水情况下，土层任一时刻 t 的固结度 U_t 的近似值。

$$U_t = 1 - \frac{8}{\pi^2} e^{-\frac{\pi^2}{4} T_v} \qquad (7-31)$$

从式(7-31)可以看出，双面排水的固结度 U_t 与 α 值无关，且形式上与土层单面排水时的 U_0 相同，只是式 $T_v = \dfrac{C_v t}{H^2}$ 中的 H 为固结土层厚度的一半。

如图 7.20(a)所示为初始超孔隙水压力沿深度为线性分布的几种情况，联系到工程实际问题时，应考虑如何将实际的超孔隙水压力分布简化成图 7.20(a)中的计算图式，以便进行简化计算分析。图 7.20(b)列出了 5 种实际情况下的初始超孔隙水压力分布。

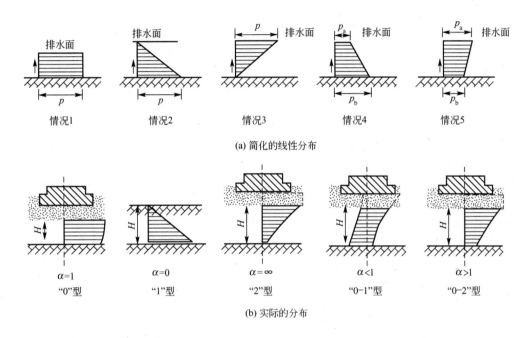

图 7.20 初始超孔隙水压力分布的几种情况

情况 1：薄压缩层地基。
情况 2：土层在自重应力作用下的固结。
情况 3：基础底面积小，传至压缩层底面的附加应力接近于零。
情况 4：在自重应力作用下尚未固结的土层上作用有基础传来的荷载。
情况 5：基础底面积小，传至压缩层底面的附加应力不接近于零。

③ 影响固结度的因素。固结度是时间因数的函数，时间因素 T_v 越大，固结度 U_t 越大。影响 T_v 大小的因素有土的固结系数、固结时间和土层厚度：固结系数越大，固结时间越长，土层厚度越小，则 T_v 越大。

2. 渗透固结沉降与时间的关系

有了上述几个公式，就可根据土层中的初始应力分布（计算 α 值）、排水条件（判定单、双面排水）选择相应公式计算或查图，来解决下列两类问题。

① 已知或计算土层的最终固结沉降量 s_c，求某时刻 t 的沉降 s_t。

由地基资料得到计算公式所需的参数：渗透系数 k、压缩模量 E_s 或压缩系数 a、初始孔

隙比 e_1、土层厚度 H、固结时间 t，按式 $C_v = k\dfrac{1+e_1}{\gamma_w a} = k\dfrac{E_s}{\gamma_w}$ 及 $T_v = \dfrac{C_v t}{H^2}$ 求得 T_v 后，然后利用式(7-25)、式(7-27)或查表 7-10 得到相应的固结度 U_t，得到某时刻 t 的沉降 $s_t = U_t s_c$。

② 已知或计算土层的最终固结沉降量 s_c，求土层到达某一沉降量 s_t 时，所需的时间 t。

【例 7-6】 如图 7.21 所示，某饱和黏性土层，厚 10m，在外荷作用下产生的附加应力沿土层深度分布简化为梯度，下为不透水层。已知初始孔隙比 $e_1 = 0.85$，压缩系数 $a = 2.5 \times 10^{-4} \text{kPa}^{-1}$，渗透系数 $k = 2.5 \text{cm/年}$。求：①加荷 1 年后的沉降量；②求土层沉降 15.0cm 所需的时间。

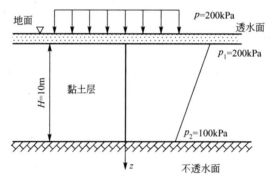

图 7.21 某饱和黏土层计算简图

解： ① 根据公式 $s_t = U_t s_c$ 求加荷 1 年后的沉降量。

该土层平均附加应力：

$$\sigma_z = \frac{1}{2}(100 + 200) = 150 (\text{kPa})$$

最终沉降量：

$$s_c = \frac{a}{1+e_1}\sigma_z H = \frac{2.5 \times 10^{-4}}{1+0.85} \times 150 \times 1000 = 20.27 (\text{cm})$$

固结系数：

$$C_v = \frac{k(1+e_1)}{a\gamma_w} = \frac{2.5 \times (1+0.85)}{2.5 \times 10^{-4} \times 10} \times 100 = 1.9 \times 10^5 (\text{cm}^2/\text{年})$$

时间因数：

$$T_v = \frac{C_v}{H^2} t = \frac{1.9 \times 10^5}{1000^2} \times 1 = 0.19$$

$$\alpha = \frac{p_1}{p_2} = \frac{200}{100} = 2.0$$

$$U_t = 1 - \frac{\left(\dfrac{\pi}{2}\alpha - \alpha + 1\right)}{1+\alpha}\frac{32}{\pi^3}e^{-\frac{\pi^2}{4}T_v} = 1 - \frac{\left(\dfrac{\pi}{2} \times 2 - 2 + 1\right)}{1+2}\frac{32}{\pi^3}e^{-\frac{\pi^2}{4} \times 0.19} = 0.538$$

$$s_t = U_t s_c = 0.538 \times 20.27 = 10.91 (\text{cm})$$

② 求土层沉降 15.0cm 所需的时间。

$$U_t = \frac{s_t}{s_c} = \frac{15}{20.27} = 0.74$$

$$T_v = -\frac{4}{\pi^2} \ln\left[\frac{\pi^3(1+\alpha)}{16(\alpha\pi - 2\alpha + 2)}(1-U_t)\right] = 0.422$$

所以 $t = \dfrac{T_v H^2}{C_v} = \dfrac{0.422 \times 1000^2}{1.9 \times 10^5} \approx 2.22$（年）

【例 7-7】 若有一黏性层，厚为 10m，上下两面均可排水。现从黏土层中心取样后切取一厚 2cm 的试样，放入固结仪做试验（上下均有透水面），在某一级固结压力作用下，测得其固结度达到 80% 时所需的时间为 10min，问该黏土层在同样固结压力作用下达到同一固结度所需的时间为多少？若黏性土改为单面排水，所需时间又为多少？

解： 已知，$H_1 = 10$m，$H_2 = 2$cm，$t_2 = 10$min，$U_t = 80\%$。

由于土的性质和固结度均相同，因而由 $C_{v1} = C_{v2}$ 及 $T_{v1} = T_{v2}$ 的条件可得

$$\frac{t_1 C_{v1}}{\left(\frac{H_1}{2}\right)^2} = \frac{t_2 C_{v2}}{\left(\frac{H_2}{2}\right)^2}, \quad t_1 = \frac{H_1^2}{H_2^2} t_2 = \frac{1000^2}{2^2} \times 10 = 4.76\text{（年）}$$

当黏土层改为单面排水时，其所需时间为 t_3，则由相同的条件可得

$$\frac{t_3}{H_1^2} = \frac{t_1}{\left(\frac{H_1}{2}\right)^2}, \quad t_3 = 4t_1 = 4 \times 4.76 \approx 19\text{（年）}$$

从上可知，在其他条件相同的条件下，单面排水所需的时间为双面排水的 4 倍。

任务 7.3 土的压缩试验

土的压缩试验也称固结试验，是测定土的压缩性指标的基本方法。

压缩试验采用的试验装置为压缩仪，图 7.22 所示为压缩仪的主要部分压缩容器简图。试验时将切有土样的环刀（环刀直径有 6.18cm 和 8cm 两种，相应的截面积为 30cm² 和 50cm²，高度为 2cm）置于刚性护环中，由于金属环刀及刚性护环的限制，使得土样在竖向压力作用下只能发生竖向变形，而无侧向变形。在土样上下放置的透水石是土样受压后排出孔隙水的两个界面。压缩过程中竖向压力通过刚性板施加给土样，土样产生的压缩量可通过百分表量测。常规压缩试验通过逐级加荷进行试验，常用的加荷等级 p 为 12.5kPa、25kPa、50kPa、100kPa、200kPa、400kPa。每一级荷载要求恒压 24h 或当在 1h 内的压缩量不超过 0.01mm 时，认为变形已经稳定，并测定稳定时的总压缩量 Δh，这种试验法称为慢速压缩试验法。在实际工程中，经常采用快速压缩试验法，每一级荷载只恒压 1~2h，最后一级荷载才恒压 24h，但试验结果需经校正后才能用于沉降计算。

7.3.1 试验步骤

在进行压缩试验时，用金属环刀切取保持天然结构的原状土样，并置于圆桶形压缩容

器的刚性护环内,土样上下各垫有一块透水石,土样受压后土中水可自由排出。由于金属环刀和刚性护环的限制,土样在压力作用下只可能发生竖向变形,而无侧向变形。在侧限条件下对土样分级施加竖向压力,测记每级压力下不同时间的土样竖向变形量(压缩量)及压缩稳定时的变形量。据此计算并绘制不同压力 p 时的 Δh-t 和 Δh-p 关系曲线或者孔隙比 e 与压力 p 的 e-p 压缩曲线(图 7.23)。

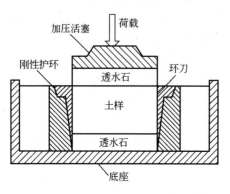

图 7.22 压缩仪的主要部分压缩容器简图

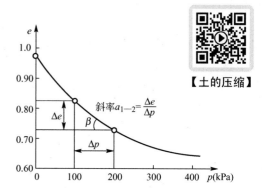

图 7.23 土的 e-p 压缩曲线

$$\Delta e = \frac{\Delta h}{h_1}(1+e_1) \qquad (7-32)$$

7.3.2 压缩系数测定

土的压缩系数 a_{1-2} 可用割线的斜率表示(图 7.23),即

$$a_{1-2} = \frac{\Delta e}{\Delta p}$$

土的压缩系数并不是一个常数,而是随压力 p_1 和 p_2 数值的改变而改变。在评价土体的压缩性时,一般取 $p_1=100\text{kPa}$, $p_2=200\text{kPa}$,并将相应的压缩系数记作 a_{1-2}。a_{1-2} 数值越大,土的压缩性越高。

某土样的压缩试验记录表如表 7-11 所示。

表 7-11 某土样的压缩试验记录表

土样编号_____ 班　　级_____
环刀面积 $F=30\text{cm}^2$　试验小组_____
土样孔隙比_____　姓　　名_____
土样说明_____　试验日期_____

加载(kPa)	12.5	50	100	200	300	400
百分表读数						
读数差值						
孔隙比						
压缩系数						

小 结

（1）明确基础沉降的产生原因及其影响因素，基础沉降及沉降与时间的关系问题对工程的安危和保证建筑物的正常使用具有重要意义。

（2）土的压缩性。土在外界压力作用下体积缩小的性能称为土的压缩性。土之所以具有压缩性主要是由于土中有孔隙。土的压缩性的高低通常以侧限压缩试验所得到的压缩曲线及其相应的压缩系数 a 来表示。压缩系数定义为单位压力增量所引起的孔隙比的减小。压缩曲线越陡，土的压缩性越高；反之，曲线越平缓，土的压缩性越低。土的压缩性高低还可以用 $e-\lg p$ 曲线上的斜率（称为压缩指数 C_C）和压缩模量 E_s 来表示。

（3）基础的沉降计算。基础的沉降计算方法较多，重点应掌握分层总和法的计算方法。

分层总和法沉降量计算公式如下。

$$s = \sum_{i=1}^{n} \Delta s_i = \sum_{i=1}^{n} \frac{e_{1i} - e_{2i}}{1 + e_{1i}} H_i = \sum_{i=1}^{n} \frac{\Delta p_i}{E_{si}} H_i$$

其中，e_1 为初始孔隙比，它与初始压力 p_1 相对应；e_2 为加压力增量 Δp 后压缩稳定的孔隙比，它与 $p_2 = p_1 + p$ 相对应。将此基本公式用于计算基础沉降时，则初始压力就是地基的自重应力，而压力增量就是地基的附加应力。

（4）基础沉降与时间的关系。基础沉降与时间有关，基础沉降过程是土的压缩或固结过程，也是在总应力不变的条件下，孔隙水应力不断消散、有效应力不断增长的过程。因此，任一时刻基础的沉降量 s_t 可以用公式 $s_t = \int_0^H \frac{a}{1+e_1} \sigma'(z, t) \mathrm{d}z$ 来计算。根据单向固结理论推导出了孔隙水压力 u 的公式，为便于计算还提出了固结度 U_t 的概念，$U_t = \frac{s_t}{s_c}$。在初始超孔隙水压力沿深度线性分布的单面排水情况下，土层任一时刻 t 的固结度 U_t 的近似值为

$$U_t = 1 - \frac{\left(\frac{\pi}{2}\alpha - \alpha + 1\right)}{1 + \alpha} \frac{32}{\pi} e^{-\frac{\pi^2}{4} T_v}$$

双面排水情况的固结度 U_t 与 α 值无关，且形式上与土层单面排水时的 U_0 相同，只是式 $T_v = \frac{C_v t}{H^2}$ 中的 H 为固结土层厚度的一半。

复习思考题

1. 什么是自重应力和附加应力？

2. 有两个宽度不同的基础，基底总压力相同，在同一深度处，哪个基础下产生的附加应力大？为什么？

3. 矩形均布荷载中点下与角点下的应力之间有什么关系?
4. 什么是基础沉降？它是怎样引起的？
5. 表征土的压缩性的参数有哪些？简述这些参数的定义及测定方法？
6. 试述 $e-p$ 曲线法沉降计算的步骤和方法。
7. 单向固结理论有哪些假定？单向固结微分方程主要是根据什么原理建立起来的？
8. 由固结度的定义及时间因素与固结系数、压缩系数、渗透系数、固结厚度等的相互关系，讨论土的固结与哪些因素有关。

能力训练

1. 如图 7.24 所示，第一、二层土为不透水性土，其天然容重分别为 $\gamma_1 = 20 \text{kN/m}^3$、$\gamma_2 = 21 \text{kN/m}^3$；第三层土为透水性土，其饱和容重为 $\gamma_{3\text{sat}} = 24 \text{kN/m}^3$，其天然容重为 $\gamma_3 = 20 \text{kN/m}^3$。求各层面的竖向自重应力，并画出其分布线。

2. 如图 7.25 所示，已知某刚性基础底面的尺寸为 $L = 6\text{m}$、$B = 1.8\text{m}$，作用于基底中心的竖荷载 $N = 2000\text{kN}$，弯矩 $M = 800\text{kN} \cdot \text{m}$，求基底压力的分布。

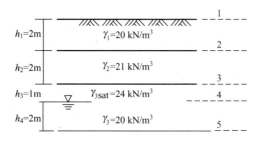

图 7.24　第 1 题图

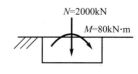

图 7.25　第 2 题图

3. 钻孔土样的压缩记录见表 7-12，试绘制压缩曲线和计算土层的 a_{1-2} 及相应的压缩模量 E_s，并评定土层的压缩特性。

表 7-12　土样的压缩试验记录

$p(\text{kPa})$	0	50	100	200	300	400
e	0.982	0.964	0.952	0.936	0.924	0.919

4. 某土层厚 1.0m，原自重压力 $p_1 = 100 \text{kPa}$。今考虑在该土层上加一荷载，增加压力 $\Delta p = 150 \text{kPa}$。土样的压缩试验结果见表 7-13。求该土层的压缩变形量。

表 7-13　土样的压缩试验结果

$p(\text{kPa})$	0	50	100	200	300	400
e	1.406	1.250	1.120	0.990	0.910	0.850

5. 地表下有一层 6m 厚的黏土层，初始孔隙比 $e_0 = 1.25$，在地面无穷均布荷载（$p = 80 \text{kPa}$）的作用下，计算最终沉降量 $s_c = 25\text{cm}$，经过两个月的预压，土的孔隙比变为 $e_t = 1.19$，试求土层的固结度。

6. 图 7.26 所示为两个性质相同的黏土层(e_0、a 相同），问：

(1) 这两个黏土层达到同一固结度时，所需时间是否相同？为什么？

(2) 达到同一固结度时，两者压缩量是否相同？为什么？

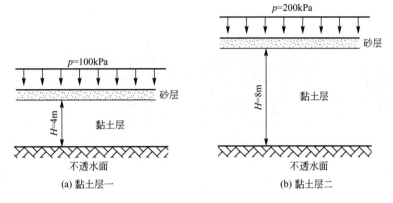

图 7.26　第 6 题图

【学习情境7题库】

学习情境 8　土压力与地基承载力分析

学习目标

1. 能描述土的抗剪强度指标。
2. 能利用静止土压力理论，分析静止土压力。
3. 能利用朗肯土压力理论，分析主动土压力和被动土压力。
4. 能利用库仑土压力理论，分析主动土压力和被动土压力。
5. 能分类地基破坏形式。
6. 能利用理论公式，计算地基承载力。

教学要求

	知识要点	重要程度
土的强度指标与测定	莫尔-库仑破坏准则	B
	土的抗剪强度指标	B
土压力计算	静止土压力理论	B
	朗肯土压力理论	B
	库仑土压力理论	A
地基承载力分析	地基的破坏形式	C
	地基承载力确定	A
土的直剪试验	仪器使用与操作步骤	B
	数据收集与结果分析	A

章 节 导 读

本学习情境由土的强度指标与测定、土压力计算、地基承载力分析和土的直剪试验四部分组成。土的强度指标与测定主要介绍了土的黏聚力、土的内摩擦角等土的强度指标，并应用库仑定律和莫尔-库仑破坏准则来确定土的黏聚力、土的内摩擦角。土压力计算主要介绍了土压力的类型，以及利用静止土压力理论、朗肯土压力理论和库仑土压力理论分析土压力。地基承载力分析描述了地基的破坏形式，按理论公式、极限荷载、荷载试验和规范4种方法来计算地基承载力。土的直剪试验主要介绍了土的直剪试验的方法与操作步骤。

知 识 点 滴

土的抗剪强度是指土体抵抗剪切破坏的极限能力，其大小就等于剪切破坏时滑动面上的剪应力。

土的抗剪强度是土的基本力学性质之一。地基承载力、挡土墙土压力、边坡的稳定等都受土的抗剪强度的控制。因此，研究土的抗剪强度及其变化规律对于工程设计、施工及管理都具有非常重要的意义。

土的抗剪强度受多种因素的影响。首先，土的抗剪强度决定于土的基本性质，即土的组成、土的状态和土的结构，这些性质又与它形成的环境和应力历史等因素有关。如土粒越粗、形状越不规则、表面越粗糙、级配越好，其内摩擦力就越大，抗剪强度也越大；砂土级配中随粗颗粒含量的增多抗剪强度也随之提高。土的原始密度越大，土粒之间接触越紧密，土粒间的孔隙越小，土粒间的表面摩擦力和咬合力就越大，剪切时需要克服这些力的剪应力也越大。随着土的含水量增多，土的抗剪强度随之降低。若土的结构受到扰动破坏，其抗剪强度也随之降低。其次，土的抗剪强度还决定于土体当前所受的应力状态。再次，土的抗剪强度主要依靠室内试验和野外现场原位测试确定，试验中仪器的种类和试验方法对确定土的抗剪强度值也有很大的影响。最后，试样的不均一、试验的误差，甚至整理资料的方法都将影响试验的结果。

土体是否达到剪切破坏状态，除了决定于土本身的性质外，还与它所受的应力组合密切相关。这种破坏时的应力组合关系就称为破坏准则。土的破坏准则是一个十分复杂的问题，目前在生产实践中广泛采用的准则是莫尔-库仑破坏准则。

测定土的抗剪强度的常用方法有室内的直接剪切试验、三轴压缩试验、无侧限抗压强度试验及原位十字板剪切试验等。

任务 8.1　土的强度指标与测定

【土的抗剪力度】

引　例

土体在荷载作用下，不仅会产生压缩变形，而且还会产生剪切变形，剪切变形的不断发展,可使土体发生剪切破坏,即丧失稳定性。剪切破坏的特征是土体中的一部分与另一部分沿着某一破裂面发生相对滑动。例如,路堤滑坡、挡土墙产生的倾覆或滑动、地基的失稳、基坑坑壁的失稳或坍塌等都是由于一部分土体相对于另一部分土体发生相对滑动而造成的(图8.1)。产生这些现象的主要原因是土的强度不够。通过大量的工程实践和室内试验表明,土体中的强度破坏大多为剪切破坏。因此,土的强度实质上就是指土的抗剪强度。

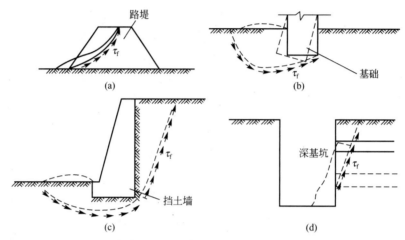

图 8.1　工程中的土体强度破坏现象(滑动面上 τ_f 为抗剪强度)

8.1.1　土的强度理论

1. 库仑定律

法国科学家库仑(C. A. Coulomb)通过对砂土的一系列试验研究,在总结土的破坏现象和影响因素后,于1776年首先提出了砂土的抗剪强度规律,其数学表达式为

$$\tau_f = \sigma \tan\varphi \tag{8-1}$$

后来为了适应不同土类和试验条件,把式(8-1)改写成更为普遍的形式,即

$$\tau_f = \sigma \tan\varphi + c \tag{8-2}$$

式中　τ_f——土的抗剪强度(kPa);

σ——剪切滑动面上的法向总应力(kPa);

c——土的黏聚力(kPa)(对于无黏性土,$c=0$);

φ——土的内摩擦角(°)。

式(8-1)和式(8-2)即为库仑定律。它表明在一般荷载范围内土的正应力 σ 和抗剪强度 τ_f 之间呈直线关系,如图8.2所示。对于无黏性土,直线通过坐标原点,其抗剪强度仅仅是土粒间的摩擦力[图8.2(a)];对于黏性土,直线在 τ_f 轴上的截距为 c,其抗剪强度由黏聚力和摩擦力两部分组成[图8.2(b)]。

库仑定律表明,影响抗剪强度的外在因素是剪切面上的正应力,而当正应力一定时,抗剪强度则取决于土的黏聚力 c 和内摩擦角 φ。因此,c、φ 是影响土的抗剪强度的内在因素,它反映了土的抗剪强度变化的规律性,称为土的抗剪强度指标。土的抗剪强度指标 c、φ 的测定,随试验方法和土样排水条件的不同而有较大差异。

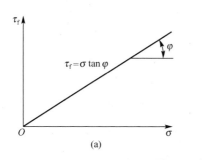
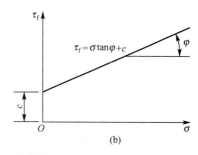

图 8.2　抗剪强度曲线

2. 莫尔-库仑强度理论

(1) 土中一点的应力状态

工程实践中，如果土中某点可能发生剪切破坏面的位置已经确定，那么只要算出作用于该平面上的正应力 σ 和剪应力 τ，再利用库仑定律 $\tau_f = \sigma\tan\varphi + c$，就可以直接判断该点是否会发生剪切破坏：若 $\tau < \tau_f$，表明该点处于弹性平衡状态；若 $\tau = \tau_f$，表明该点处于极限平衡状态；若 $\tau > \tau_f$，表明该点发生了剪切破坏。但是，土中某点由于处于复杂的应力状态，其发生剪切破坏面的位置无法预先确定，也就不能根据上述的库仑定律直接判断该点是否会发生剪切破坏。这时，需要采用其他的方法，通常以研究土体内任一微小单元体的应力状态为切入点。

土体内某微小单元体的任一平面上，一般都作用着一个合应力，它与该面法向成某一倾角，并可分解为正应力 σ 和剪应力 τ 两个分量。如果某一平面上只有正应力，没有剪应力，则该平面称为主应力面，而作用在主应力面上的正应力就称为主应力。由材料力学可知，通过一微小单元体的三个主应力面是彼此正交的，因此微小单元体上三个主应力也是彼此正交的。

对于平面问题，取某一土单元体分析，如图 8.3 所示，假设最大主应力 σ_1 和最小主应力 σ_3 的大小和方向都为已知，l_{ab}、l_{ac}、l_{bc} 分别为正应力与剪应力作用面、最大主应力作用面、最小主应力作用面，则与最大主应力面成 θ 角的任一平面上的正应力 σ 和剪应力 τ 可由力的平衡条件求得。

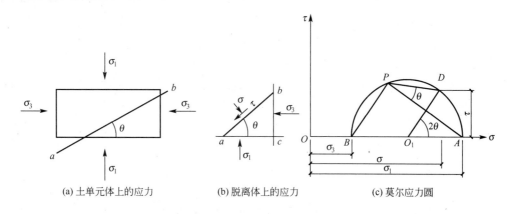

(a) 土单元体上的应力　　(b) 脱离体上的应力　　(c) 莫尔应力圆

图 8.3　土单元体的应力状态

$$\tau = \frac{\sigma_1 - \sigma_3}{2}\sin 2\theta \qquad (8-3)$$

消去 θ，可得应力圆方程。

$$\left(\sigma - \frac{\sigma_1 + \sigma_3}{2}\right)^2 + \tau^2 = \left(\frac{\sigma_1 - \sigma_3}{2}\right)^2$$

可见，在 σ-τ 坐标平面内，土单元体的应力状态的轨迹是一个圆，该圆的圆心在 σ 轴上，与坐标原点的距离为 $\frac{\sigma_1 + \sigma_3}{2}$，半径为 $\frac{\sigma_1 - \sigma_3}{2}$，该圆称为莫尔(Mohr)应力圆，如图8.3 (c)所示。若某土单元体的莫尔应力圆一经确定，则该土单元体的应力状态也就确定了。

(2) 莫尔-库仑破坏准则

莫尔在采用应力圆表示一点应力状态的基础上，提出破裂面的正应力 σ 与抗剪强度 τ_f 之间有一曲线的函数关系，即 $\tau_f = f(\sigma)$。这一函数关系式在 τ-σ 坐标面内表现为一条曲线，根据试验时所得极限状态时的大小主应力，可绘制一系列与极限状态相对应的包络线，称之为莫尔包络线，也就是所谓的强度包络线。在实际应用中，常取与试验应力圆相切的包络线[莫尔包络线，一般为曲线，图8.4(a)]反映两者的关系，在实用应力范围内，可用直线代替该曲线，该直线就是库仑公式表示的抗剪强度线[图8.4(b)]。

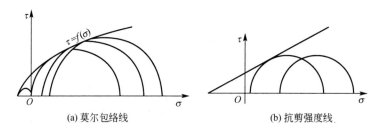

(a) 莫尔包络线 (b) 抗剪强度线

图 8.4　莫尔包络线和抗剪强度线

为了判断土体中某点的平衡状态，现将抗剪强度线与描述土体中某点应力状态的莫尔圆绘于同一坐标系中，则会出现不同的3种情况，如图8.5所示。当莫尔圆在强度线以下时，如 A 圆，表示通过该土单元体的任何平面上的剪应力都小于它的强度，故该土单元体处于稳定状态，没有剪切破坏。当莫尔圆与强度线相切时，如 B 圆，表示通过该土单元体的某一平面上的剪应力等于抗剪强度，该土单元体处于极限平衡状态，濒临剪切破坏。当莫尔圆与强度线相割时，如 C 圆，表示该土单元体已剪切破坏。实际上，这种应力状态并不存在，因为在此之前，土单元体早已沿某一个平面剪切破坏了。

如前所述，当土体达到极限平衡状态时，莫尔圆与抗剪强度线相切。图8.6所示即表示某一土体单元处于极限平衡状态时的应力条件，抗剪强度线和极限应力圆相切于 A 点。根据几何关系可得

$$\sin\varphi = \frac{(\sigma_1 - \sigma_3)/2}{c\cot\varphi + \frac{1}{2}(\sigma_1 + \sigma_3)}$$

$$\frac{\sigma_1 - \sigma_3}{2} = \frac{\sigma_1 + \sigma_3}{2}\sin\varphi + c\cos\varphi$$

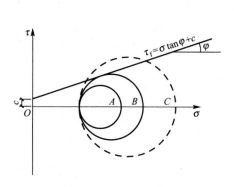
图 8.5 莫尔-库仑破坏准则

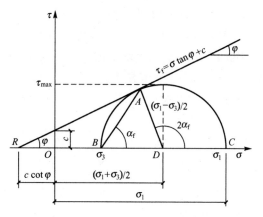
图 8.6 土的极限平衡状态

上式简化后可得

$$\sigma_1 = \frac{1+\sin\varphi}{1-\sin\varphi}\sigma_3 + 2c\frac{\cos\varphi}{1-\sin\varphi}$$

再通过三角函数间的变换关系,最后可得土体中某点处于极限平衡状态时主应力与抗剪强度指标之间的关系,即极限平衡条件。

$$\sigma_1 = \sigma_3 \tan^2\left(45° + \frac{\varphi}{2}\right) + 2c\tan\left(45° + \frac{\varphi}{2}\right) \tag{8-4}$$

或

$$\sigma_3 = \sigma_1 \tan^2\left(45° - \frac{\varphi}{2}\right) - 2c\tan\left(45° - \frac{\varphi}{2}\right) \tag{8-5}$$

土处于极限平衡状态时破坏面与最大主应力面间的夹角为 α_f,且

$$\alpha_f = \frac{1}{2}(90° + \varphi) = 45° + \frac{\varphi}{2} \tag{8-6}$$

式(8-4)、式(8-5)是基于黏性土推导得到的极限平衡条件,当为无黏性土时,由于 $c=0$,代入式(8-4)、式(8-5),可得

$$\sigma_1 = \sigma_3 \tan^2\left(45° + \frac{\varphi}{2}\right) \tag{8-7}$$

或

$$\sigma_3 = \sigma_1 \tan^2\left(45° - \frac{\varphi}{2}\right) \tag{8-8}$$

上面推导的极限平衡表达式(8-4)～式(8-8)是用来判别土是否达到剪切破坏的强度条件,是土的强度理论,通常称为莫尔-库仑强度理论。由该理论可知,土的剪切破坏并不是由最大剪应力 $\tau_{max} = \frac{\sigma_1 - \sigma_3}{2}$ 来控制,即剪切破坏不是发生在最大剪应力面(与大主应力面成 $45°$ 夹角)上,而是发生在与大主应力面成 $45° + \varphi/2$ 夹角(由于大、小主应力面互相垂直,故与小主应力面成 $45° - \varphi/2$ 夹角)的平面上,只有当 $\varphi = 0$ 时,剪切破坏面才与最大剪应力面一致。

根据极限平衡条件,可以很方便地判断土体中某点是否达到剪切破坏。其方法是:若已知土体中某点的主应力及强度指标分别为 σ_1、σ_3、c、φ,就可根据式(8-4)或式(8-5)来判断,如将已知的 σ_3(或 σ_1)、c、φ 等数值代入公式的右边,求出 σ_1'(或 σ_3'),若 $\sigma_1 < \sigma_1'$(或

$\sigma_3 > \sigma_3'$），则该点土体处于弹性平衡状态；若 $\sigma_1 = \sigma_1'$（或 $\sigma_3 = \sigma_3'$），则该点土体处于极限平衡状态；若 $\sigma_1 > \sigma_1'$（或 $\sigma_3 < \sigma_3'$），则该点土体已经破坏。

【例 8-1】 某粉质黏土地基内一点的最大主应力 $\sigma_1 = 135\text{kPa}$，最小主应力 $\sigma_3 = 20\text{kPa}$，黏聚力 $c = 20\text{kPa}$，内摩擦角 $\varphi = 30°$。试根据极限平衡条件判断该点土体是否破坏。

解： ① 由已知 σ_3 求 σ_1'。

$$\sigma_1' = \sigma_3 \tan^2\left(45° + \frac{\varphi}{2}\right) + 2c\tan\left(45° + \frac{\varphi}{2}\right)$$
$$= 20 \times \tan^2\left(45° + \frac{30°}{2}\right) + 2 \times 20 \times \tan\left(45° + \frac{30°}{2}\right)$$
$$= 60 + 69.28 = 129.28(\text{kPa}) < \sigma_1 = 135\text{kPa}$$

故土体破坏。

② 由已知 σ_1 求 σ_3'。

$$\sigma_3' = \sigma_1 \tan^2\left(45° - \frac{\varphi}{2}\right) - 2c\tan\left(45° - \frac{\varphi}{2}\right)$$
$$= 135 \times \tan^2\left(45° - \frac{30°}{2}\right) - 2 \times 20 \times \tan\left(45° - \frac{30°}{2}\right)$$
$$= 45 - 23.09 = 21.91(\text{kPa}) > \sigma_3 = 20\text{kPa}$$

故土体破坏。

3. 有效应力理论

土力学中应用最多的是有效应力理论。太沙基（Terzaghi，1936）指出：土体是由固体颗粒和孔隙水及空气组成的三相集合体，显然外荷在土体中产生的应力是通过颗粒间的接触来传递的。由颗粒间接触点传递的应力，会使土的颗粒产生位移，引起土体的变形和强度的变化，这种对土体变形和强度有效的粒间应力，称为有效应力，用 $\bar{\sigma}$ 表示。而通常认为饱和土体中的孔隙是互相连通且充满水的，则孔隙中的水服从静水压力分布规律。这种由孔隙水传递的应力，称为孔隙水压力，用 μ 来表示。

在单位断面的饱和土体中，每单位面积土粒间接触点处垂直分力的总和为有效应力 $\bar{\sigma}$，若在单位断面上土粒间接触点的面积为 a，则孔隙水压力作用的面积为 $(1-a)$。由此，饱和土体垂直方向所受的总应力 σ 为有效应力及孔隙水压力之和，即

$$\sigma = \bar{\sigma} + \mu(1-a) \tag{8-9}$$

研究表明，土粒间接触点的面积 a 值甚小，与总断面积相比，可忽略不计，故式（8-9）可写成

$$\sigma = \bar{\sigma} + \mu \tag{8-10}$$

式（8-10）说明了饱和土体中的有效应力与总应力及孔隙水压力之间的关系。当总应力一定，而土体中孔隙水压力有所增减时，势必相应地改变土体内的有效应力，从而影响土体的固结程度，这就是太沙基提出的饱和土体有效应力原理。它是研究土体固结和强度的重要理论基础，土体抗剪强度 τ_f 的摩擦力部分主要取决于法向有效应力 $\bar{\sigma}$，而有效应力 $\bar{\sigma}$ 等于法向总应力 σ 减去孔隙水压力 μ，因此，太沙基建议莫尔-库仑表达式采用下述形式。

$$\tau_f = \bar{c} + \bar{\sigma}\tan\bar{\varphi} = \bar{c} + (\sigma - \mu)\tan\bar{\varphi} \tag{8-11}$$

其中，$\bar{c}$ 和 $\bar{\varphi}$ 值为有效应力强度指标，$\bar{c}$ 称为有效黏聚力，$\bar{\varphi}$ 称为有效内摩擦角。

在实际应用中,首先通过试验测定土的有效应力强度指标 $\bar{c}$ 和 $\bar{\varphi}$ 值,然后根据式(8-11)计算得到土的抗剪强度,这种采用有效应力强度指标进行土工分析的方法称为抗剪强度有效应力分析法。有时为了省去孔隙水压力的估算工作,也可以把孔隙水压力的影响包括在强度指标中。在实际应用中,首先一般在实验室中模拟实际的排水条件进行剪切试验,测定土的总应力强度指标 c 和 φ,然后在分析中采用式(8-12)计算得到土的抗剪强度。

$$\tau_f = c + \sigma\tan\varphi \tag{8-12}$$

这种采用总应力抗剪强度指标进行土工分析的方法称为抗剪强度总应力分析法。抗剪强度有效应力分析法和总应力分析法在实际工程中应用广泛。

◉ 特 别 提 示

土的强度指标为 c 和 φ。当土中含水量较大时,有效应力 $\bar{\sigma}$ 等于法向总应力 σ 减去孔隙水压力 μ,土体抗剪强度就较弱。

8.1.2 强度指标的测定方法

土的抗剪强度指标的确定有很多种方法,既可在室内进行,也可在现场进行原位测试。室内试验的特点是边界条件比较明确,并且容易控制,其不足之处是必须从现场采集样品,在取样的过程中不可避免地会引起土的应力释放和结构扰动。原位测试的优点是能够直接在现场进行,不需取样,能较好地反映土的结构和构造特性。目前,常用的室内试验有直接剪切试验、三轴压缩试验、无侧限抗压强度试验等;原位测试有十字板剪切试验等。

1. 直接剪切试验

直接剪切试验是测定土的抗剪强度指标的室内试验方法之一,它可以直接测出预定剪切破裂面上的抗剪强度,简称直剪试验。直剪试验的仪器称为直剪仪,有应变控制式直剪仪和应力控制式直剪仪两种,前者是以等应变速率使土样产生剪切位移直至剪切破坏,后者是分级施加水平剪应力并测定相应的剪切位移。目前我国用得较多的是应变控制式直剪仪,如图 8.7 所示。直剪仪的剪切盒由上、下两个可互相错动的金属盒组成。土样一般呈扁圆柱形,高为 2cm,面积为 30cm²。

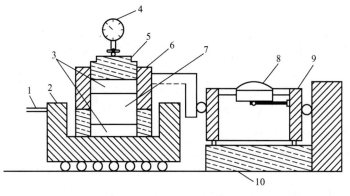

图 8.7 应变控制式直剪仪

1—轮轴;2—底座;3—透水石;4—测微表;5—活塞;
6—上盒;7—土样;8—测微表;9—量力环;10—下盒

为了确定土的抗剪强度指标，通常要取 4 组（或 4 组以上）相同的土样，分别施加不同的竖向应力，一般可取竖向应力为 100kPa、200kPa、300kPa、400kPa，测出它们相应的抗剪强度，将结果绘在以竖向应力 σ 为横坐标、以抗剪强度 τ_f 为纵坐标的平面图上。连接图上各试验点，可绘一直线，此即土的抗剪强度线，如图 8.8 所示。

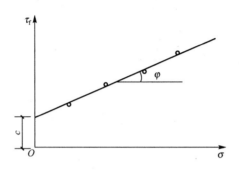

图 8.8　抗剪强度线

为了近似模拟土体在现场受剪的排水条件，根据加荷速率的快慢可将直剪试验分为快剪、固结快剪和慢剪 3 种试验类型。

① 快剪。在竖向压力施加后，立即施加水平剪力进行剪切，使土样在 3～5min 内剪坏，剪切速率为 0.8mm/min。由于剪切速度快，可认为土样在这样短暂的时间内没有排水固结或者说模拟了"不排水"剪切情况。如公路挖方边坡，一般比较干燥，施工期边坡不发生排水固结作用，可以采用该试验方法。

② 固结快剪。在竖向压力施加后，给以充分时间使土样排水固结。固结终了后施加水平剪力，快速地（约在 3～5min 内）把土样剪坏，剪切速率为 0.8mm/min，即剪切时模拟不排水条件。对于公路高填方边坡，土体有一定湿度，施工中逐步压实固结，可以采用该试验方法。

③ 慢剪。在竖向压力施加后，让土样充分排水固结，固结后以慢速施加水平剪力，剪切速率为 0.2mm/min，使土样在受剪过程中一直有充分时间排水固结，直到土样被剪切破坏。对于在施工期和工程使用期有充分时间允许排水固结的情况，可以采用该试验方法。

由上述 3 种试验方法可知，即使在同一垂直压力作用下，由于试验时的排水条件不同，作用在受剪面积上的有效应力不同，所测得的抗剪强度指标也不同。在一般情况下，$\varphi_慢 > \varphi_{固快}> \varphi_快$。

上述 3 种试验方法对黏性土是有意义的，但效果要视土的渗透性大小而定。对于非黏性土，由于土的渗透性很大，即使快剪也会产生排水固结，所以通常只采用一种剪切速率进行排水剪切试验。

直剪试验有较突出的优点是仪器构造简单、操作方便，但是它也存在缺点，主要有以下几点。

① 不能控制排水条件。
② 剪切面是人为固定的，该面不一定是土样的最薄弱面。
③ 剪切面上的应力分布不均匀。

④ 在剪切过程中，土样剪切面逐渐缩小，而在计算抗剪强度时却是按土样的原截面积计算的。

2. 三轴压缩试验

三轴压缩试验是直接测量试样在不同恒定周围压力下的抗压强度，然后利用莫尔-库仑破坏准则间接推求土的抗剪强度。

三轴压缩仪是目前测定土的抗剪强度较为完善的仪器，其核心部分是三轴压力室，三轴压力室的构造如图 8.9 所示。它是一个由金属上盖、底座和有机玻璃圆筒组成的密闭容器。此外，还配备有：①轴压系统，即三轴压缩仪的主机台，用以对土样施加轴向附加压力，并可控制轴向应变的速率；②侧压系统，通过液体（通常是水）对土样施加周围压力；③孔隙水压力测读系统，用以测量土样孔隙水压力及其在试验过程中的变化。

土样为圆柱形，高度与直径之比一般采用 2～2.5。土样用乳胶膜封裹，以避免压力室的水进入土样。土样上、下两端可根据试验要求放置透水石或不透水板。试验中土样的排水情况可由排水阀控制。土样底部与孔隙水压力测量系统连接，可根据需要测定试验中土样的孔隙水压力值。

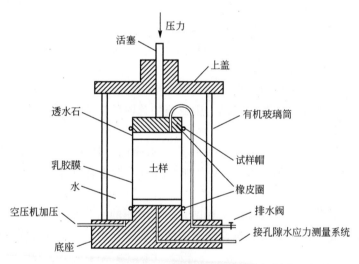

图 8.9　三轴压力室的构造

试验时，首先通过空压机或其他稳压装置对土样施加各向相等的周围压力 σ_3，然后通过传压活塞在土样顶上逐渐施加轴向力 $(\sigma_1-\sigma_3)$，逐渐加大 $(\sigma_1-\sigma_3)$ 的值，直至土样剪切破坏。在受剪过程中同时要测读土样的轴向压缩量，以便计算轴向应变 ε。

根据三轴压缩试验结果绘制某一 σ_3 作用下的主应力差 $(\sigma_1-\sigma_3)$ 与轴向应变 ε 的关系曲线，如图 8.10 所示。以曲线峰值 $(\sigma_1-\sigma_3)_f$（该级 σ_3 下的抗压强度）作为该级 σ_3 的极限应力圆的直径。如果不出现峰值，则取与某一轴向应变（如 15%）对应的主应力差作为极限应力圆的直径。

通常至少需要 3～4 个土样在不同的 σ_3 作用下进行剪切，从而得到 3～4 个不同的极限应力圆，绘出各应力圆的公切线，即为土的抗剪强度包络线（图 8.11）。由此可求得抗剪强度指标 c、φ 值。

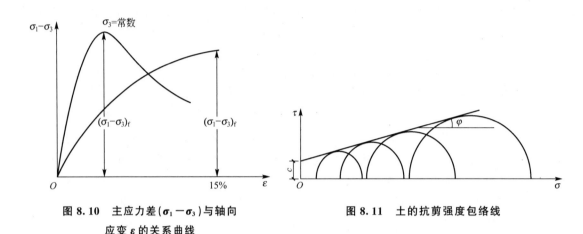

图 8.10　主应力差$(\sigma_1-\sigma_3)$与轴向应变ε的关系曲线

图 8.11　土的抗剪强度包络线

根据土样固结排水条件的不同，相应于直剪试验，三轴压缩试验也可分为下列 3 种基本方法。

(1) 不固结不排水剪(UU)试验

先向土样施加周围压力 σ_3，随后即施加轴向力$(\sigma_1-\sigma_3)$，直至剪切破坏。在施加主应力差$(\sigma_1-\sigma_3)$的过程中，应自始至终关闭排水阀门，不允许土中水排出，即在施加周围压力和剪切力时均不允许土样发生排水固结。

这样从开始加压直到土样剪切破坏全过程中土中的含水量均保持不变。这种试验方法所对应的实际工程条件相当于饱和软黏土中快速加荷时的应力状况。

(2) 固结不排水剪(CU)试验

试验时先对土样施加周围压力 σ_3，并打开排水阀门，使土样在 σ_3 作用下充分排水固结，然后施加轴向力$(\sigma_1-\sigma_3)$，此时，关上排水阀门，使土样在不能向外排水的条件下受剪直至破坏。

固结不排水剪试验是经常要做的工程试验，它适用的实际工程条件常常是一般正常固结土层在工程竣工时或以后受到大量、快速的活荷载或新增加的荷载的作用时所对应的受力情况。

(3) 固结排水剪(CD)试验

在施加周围压力 σ_3 和轴向力$(\sigma_1-\sigma_3)$的全过程中，土样始终处于排水状态，土中孔隙水压力始终处于消散为零的状态，直至土样剪切破坏。

这 3 种不同的三轴压缩试验方法所得的强度、包络线性状及其相应的强度指标也不相同，如图 8.12 所示。不固结不排水剪试验强度指标为 c_u、φ_u；固结不排水剪试验强度指标为 c_{cu}、φ_{cu}；固结排水剪试验强度指标为 c_d、φ_d。其中，对于不固结不排水剪试验指标 φ_u 来说，一般情况下，φ_u 是不太大的，试验也已证明，对于饱和软黏土，其 $\varphi_u \approx 0°$，即它的强度包络线是一条近乎水平的直线。

3. 无侧限抗压强度试验

无侧限抗压强度试验是三轴压缩试验中周围压力 $\sigma_3=0$ 的一种特殊情况，所以又称单轴试验。无侧限抗压强度试验所使用的无侧限压力仪，其结构构造如图 8.13 所示。但现在也常利用三轴仪做该种试验，试验时，在不加任何侧向压力的情况下，对圆柱体土样施加轴向压力,直至土样剪切破坏为止。土样破坏时的轴向压力以 q_u 表示,称为无侧限抗压强度。

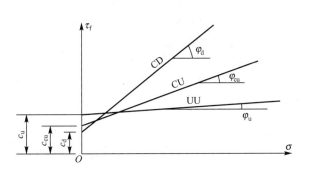

图 8.12 不同排水条件下的强度包络线与强度指标

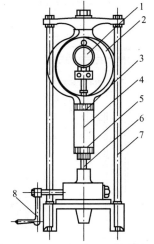

图 8.13 无侧限压力仪结构构造
1—百分表;2—测力计;3—上加压杆;
4—土样;5—下加压板;6—升降螺杆;
7—加压框架;8—手轮

无侧限抗压强度试验由于不能施加周围压力,因而根据试验结果,只能作一个极限应力圆,难以得到破坏包络线,如图 8.14 所示。饱和黏性土的三轴不固结不排水剪试验结果表明,其破坏包络线为一水平线,即 $\varphi_u=0$。因此,对于饱和黏性土的不排水抗剪强度,就可利用无侧限抗压强度 q_u 来得到,即

$$\tau_f = c_u = q_u/2 \qquad (8-13)$$

用无侧限抗压强度试验还可以测定饱和黏性土的灵敏度 S_t。

4. 十字板剪切试验

十字板剪切试验是一种土的抗剪强度的原位测试方法。这种试验方法适合于在现场测定饱和黏性土的原位不排水抗剪强度,特别适用于均匀饱和软黏土。它的优点是构造简单、操作方便,试验时对土的结构扰动也较小,故在实际中得到广泛应用。

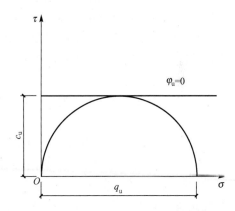

图 8.14 土的无侧限抗压强度试验结果

十字板剪切试验采用的试验设备主要是十字板剪力仪,十字板剪力仪通常由十字板头、扭力装置和量测装置三部分组成,其构造如图 8.15 所示。试验时,先把套管打到要求测试深度以下 0.75m 处,将套管内的土清除,再通过套管将安装在钻杆下的十字板压入土中至测试的深度。加荷是由地面上的扭力装置对钻杆施加扭矩,使埋在土中的十字板扭转,直至土体剪切破坏(破坏面为十字板旋转所形成的圆柱面)。

设土体剪切破坏时所施加的扭矩为 M,则它应该与剪切破坏圆柱面(包括侧面和上下面)上土的抗剪强度所产生的抵抗力矩相等,即

$$M=\pi DH \cdot \frac{D}{2} \cdot \tau_v + 2 \cdot \frac{\pi D^2}{4} \cdot \frac{D}{3}\tau_H = \frac{1}{2}\pi D^2 H\tau_v + \frac{\pi D^3}{6}\tau_H \qquad (8-14)$$

式中 M——剪切破坏时的扭矩(kN·m);
τ_v、τ_H——分别为剪切破坏时圆柱体侧面和上下面土的抗剪强度(kPa);
H——十字板的高度(m);
D——十字板的直径(m)。

天然状态的土体是各向异性的,但实用上为了简化计算,假定土体为各向同性体,即 $\tau_v = \tau_H$,并记作 τ_+,则式(8-14)可写成

$$\tau_+ = \frac{2M}{\pi D^2 \left(H + \dfrac{D}{3}\right)} \qquad (8-15)$$

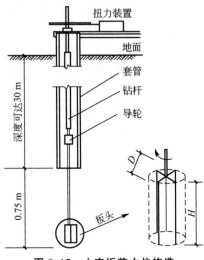

图 8.15 十字板剪力仪构造

式中 τ_+——十字板测定的土的抗剪强度(kPa)。

十字板剪切试验所得结果相当于不排水抗剪强度。

5. 强度试验方法与指标的选用

在实际工程中,强度试验方法与指标如何选用是个比较复杂的问题。这主要是因为地基条件与加荷情况不一定非常明确,如加荷速度的快慢、土层的厚薄、荷载的大小及加荷过程等都没有定量的界限值,而常规的直剪试验与三轴压缩试验是在理想化的室内试验条件下进行的,与实际工程之间存在一定的差异。因此,在选用强度指标前需要认真分析实际工程的地基条件与加荷条件,并结合类似工程的经验加以判断,选用合适的试验方法与强度指标。

(1) 试验方法

相对于三轴压缩试验而言,直剪试验的设备简单、操作方便,故目前在实际工程中使用比较普遍。然而,直剪试验中只是用剪切速率的"快"与"慢"来模拟试验中的"不排水"和"排水",对试验排水条件的控制是很不严格的,因此在有条件的情况下应尽量采用三轴压缩试验方法。另外,《公路土工试验规程》(JTG E40—2007)规定直剪试验的快剪和固结快剪试验只适用于渗透系数小于 10^{-6} cm/s 的土类。

(2) 有效应力强度指标

用有效应力法及相应指标进行计算,概念明确,指标稳定,是一种比较合理的分析方法,只要能比较准确地确定孔隙水压力,则应该推荐采用有效应力强度指标。当土中的孔隙水压力能通过试验、计算或其他方法加以确定时,宜采用有效应力法。有效应力强度指标可用固结排水剪试验或固结不排水剪试验(测孔隙水压力)测定。

(3) 不固结不排水剪指标

土样进行不固结不排水剪试验时,所施加的外力将全部由孔隙水压力承担,土样完全保持初始的有效应力状态,所测得的强度即为土的天然强度。在对可能发生快速加荷的正常固结黏性土路堤进行短期稳定分析时,可采用不固结不排水剪的强度指标;在对土层较

厚、渗透性较小、排水条件较差、施工速度较快的工程的施工期或竣工期进行分析时，也可采用不固结不排水剪的强度指标。

（4）固结不排水剪指标

土样进行固结不排水剪试验时，周围固结压力 σ_3 将全部转化为有效应力，而施加的偏应力将产生孔隙水压力。在对土层较薄、渗透性较大、排水条件较好、施工速度较慢的工程进行分析时，可采用固结不排水剪的强度指标。

任务 8.2　土压力计算

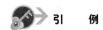
引　例

土建工程中许多构筑物如边坡挡土墙、隧道和基坑围护结构等挡土结构起着支撑土体，保持土体稳定，使之不致坍塌的作用，而另一些构筑物如桥台等则受到土体的支撑，土体起着提供反力的作用，如图 8.16 所示。在这些构筑物与土体的接触面处均存在侧向压力的作用，这种侧向压力就是土压力。

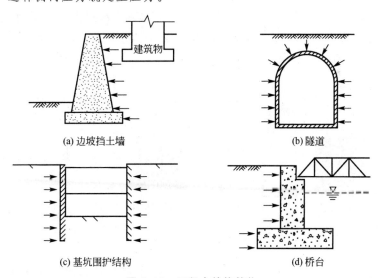

(a) 边坡挡土墙　　　　　　　　　　　(b) 隧道

(c) 基坑围护结构　　　　　　　　　　(d) 桥台

图 8.16　工程中的构筑物

8.2.1　土压力的分类

土压力的大小及其分布规律与挡土结构物的水平位移方向和大小、土的性质、挡土结构物的状况（如刚度、高度、墙背剖面的形状、墙背竖直或倾斜、墙背光滑或粗糙等）有关。其中，当挡土墙位移的方向相反时，作用在挡土墙后的土压力会相差几十倍。土压力的大小直接影响到挡土墙的稳定性，所以土压力的计算是土力学中的一个重要内容。挡土墙的位移方向是影响土压力大小的最主要因素。根据挡土墙可能产生位移的方向，通常将土压力分为下列3种。

1. 静止土压力

挡土墙保持原来位置静止不动，挡土墙背后的土体处于静止的弹性平衡状态，此时墙后土体作用在挡土墙上的土压力称为静止土压力，如图 8.17(a)所示。静止土压力强度用 p_0 表示，作用于每延米挡土墙上的静止土压力的合力用 E_0(kN/m)表示。

2. 主动土压力

挡土墙在墙后土体的作用下(是土主动推墙)背离填土方向向前移动，墙后土体也随之向前移动，这时作用在墙上的土压力将由静止土压力逐渐减小，土中产生剪应力 τ。随着位移的逐渐增大，土中剪应力也随之增大，具有阻碍土体移动的抗剪强度逐渐发挥作用。当土中剪应力达到极限值($\tau=\tau_f$)时，墙后土体达到极限平衡状态，并出现连续滑动面使土体下滑，此时土压力减至最小值，此时的土压力称为主动土压力，如图 8.17(b) 所示。主动土压力强度用 p_a 表示，作用于每延米挡土墙上的主动土压力的合力用 E_a(kN/m)表示。

3. 被动土压力

挡土墙在某种外力作用下向填土方向移动(土被动受挤)，墙后土体也随之向后移动，土中产生了剪应力。随着位移的逐渐增大，土中剪应力也随之增大，具有阻碍土体移动的抗剪强度逐渐发挥作用，当土中剪应力达到极限值($\tau=\tau_f$)时，墙后土体达到极限平衡状态，并出现连续滑动面，墙后土体向上挤出隆起，此时土压力增至最大值，此时的土压力称为被动土压力，如图 8.17(c) 所示。被动土压力强度用 p_p 表示，作用于每延米挡土墙上的被动土压力的合力用 E_p(kN/m)表示。某种外力作用在挡土墙前端，如拱桥的桥台所承受的土压力即属于这种情况。

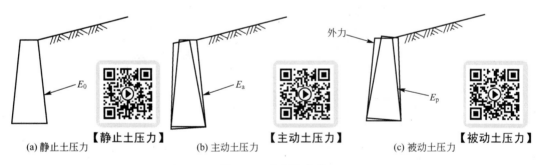

(a) 静止土压力　　(b) 主动土压力　　(c) 被动土压力

图 8.17　土压力分类

4. 三种土压力的相互关系

在相同的墙高和填土条件下，主动土压力小于静止土压力，被动土压力大于静止土压力，即 $E_a < E_0 < E_p$，如图 8.18 所示。在设计挡土墙时，采用何种土压力，除了根据挡土墙产生位移的方向确定外，还要考虑其位移的大小，即位移量。因为试验表明，形成被动极限平衡状态时的位移量远远大于形成主动极限平衡状态时的位移量。

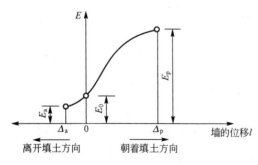

图 8.18　土压力与挡土结构位移的关系

设挡土墙高为 H，土体达到主动极限平衡状态时的位移量：密实砂土为 $0.5\%H$，密实黏土为 $(1\sim 2)\%H$。土体达到被动极限平衡状态时的位移量：密实砂土为 $5\%H$，密实黏土为 $10\%H$。若 $H=10\mathrm{m}$，土体达到被动极限平衡状态时，密实黏土的位移量将达到 $1\mathrm{m}$，这样大的位移量一般的挡土墙是不允许的。因此在实际工程中，计算应根据实际情况采用。

一般情况下，对于分散土地基上的梁桥桥台或挡土墙，采用主动土压力计算；对拱桥桥台应根据受力情况和填土的压实情况，采用静止土压力或静止土压力加土抗力计算；对临时性挡土结构物，可采用主动土压力或被动土压力计算。

8.2.2 静止土压力计算

1. 计算原理

静止土压力可根据半无限弹性体的应力状态进行计算。在土体表面下任意深度 z 处取一微小单元体，其上作用着竖向自重应力和侧压力（图 8.19），这个侧压力的反作用力就是静止土压力。根据半无限弹性体在无侧移的条件下侧压力与竖向应力之间的关系，该处的静止土压力强度 p_0 可按式（8-16）计算。

$$p_0 = K_0 \sigma_{cz} = \xi \gamma z \tag{8-16}$$

式中 K_0——静止土压力系数（即土的侧压力系数），可参考表 8-1 的经验值选取，或按半经验公式 $K_0 = 1 - \sin\varphi'$ 求得，其中 φ' 为土的有效内摩擦角（°）。

表 8-1 压实土的静止土压力系数

压实土的名称	砾石、卵石	砂土	亚砂土	亚黏土	黏土
K_0	0.20	0.25	0.35	0.45	0.55

2. 计算公式

由式（8-16）可知，当墙高为 h 时，静止土压力强度 p_0 沿墙背高度呈三角形分布，如图 8.19 所示。作用在每延米挡土墙上的静止土压力 E_0 为

$$E_0 = \frac{1}{2} K_0 \gamma \cdot h \cdot h = \frac{1}{2} K_0 \gamma h^2 \tag{8-17}$$

式中 E_0——作用于墙背上的静止土压力（kN/m）；

γ——墙后填土的重度（kN/m³）；

h——挡土墙的高度（m）。

E_0 的方向为水平，作用线通过分布图的形心，离墙底的高度为 $h/3$，如图 8.19 所示。

3. 静止土压力计算公式的应用

（1）挡土墙后的填土表面上作用有均布荷载 q 时

此时挡土墙背后在 z 处的静止土压力强度为

$$p_0 = K_0(q + \gamma z) \tag{8-18}$$

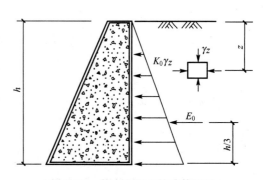

图 8.19 静止土压力的计算图示

绘出 p_0 沿挡土墙高度 h 的分布图(此时分布图形为梯形),再求出分布图形的面积,就是作用在每延米挡土墙上的静止土压力 E_0,其值为

$$E_0 = \frac{1}{2}[K_0q + K_0(q+\gamma h)]h = \frac{1}{2}(2q+\gamma h)K_0 h \qquad (8-19)$$

E_0 的方向为水平,作用线通过梯形分布图的形心。

(2) 墙后填土中有地下水时

此时水下土应考虑水的浮力,即式(8-19)中 γ 应采用浮重度,并同时计算作用在挡土墙上的静水压力 E_w,分别绘出 p_0 和 E_w 沿挡土墙高度 h 的分布图,再求出分布图形的总面积,就是作用在每延米挡土墙上的静止土压力 E_0。E_0 的方向为水平,作用线通过分布图的形心。

【例 8-2】 计算作用在图 8.20(a)所示挡土墙上的静止土压力,已知条件如图 8.20 所示。

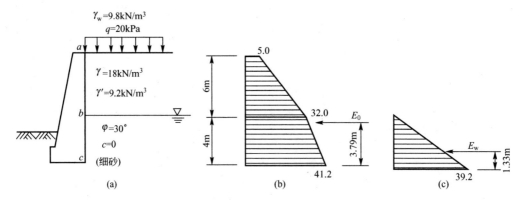

图 8.20 挡土墙的静止土压力计算示意图

解: ① 求各特征点的竖向应力。

$$\sigma_{za} = q = 20 \text{kPa}$$
$$\sigma_{zb} = q + \gamma_1 h_1 = 20 + 18 \times 6 = 128 (\text{kPa})$$
$$\sigma_{zc} = q + \gamma_1 h_1 + \gamma_2 h_2 = 128 + 9.2 \times 4 = 164.8 (\text{kPa})$$

② 求各特征点的土压力强度。

查表 8-1 可得

$$K_0 = 0.25$$
$$p_{0a} = K_0 \sigma_{za} = 0.25 \times 20 = 5.0 (\text{kPa})$$
$$p_{0b} = K_0 \sigma_{zb} = 0.25 \times 128 = 32.0 (\text{kPa})$$
$$p_{0c} = K_0 \sigma_{zc} = 0.25 \times 164.8 = 41.2 (\text{kPa})$$

c 点的静水压强为

$$p_{wc} = \gamma_w h_w = 9.8 \times 4 = 39.2 (\text{kPa})$$

③ 求 E_0 及 E_w。

由计算结果绘出土压力强度 p_0 及静水压强 p_w 分布图,如图 8.20(b)所示。将 p_0 分布图分为 4 块(矩形或三角形),分别求其面积,求和后即为 E_0。

$$E_{01} = p_{0a}h_1 = 5.0 \times 6 = 30.0 (\text{kN/m})$$

$$E_{02} = \frac{1}{2}(p_{0b} - p_{0a})h_1 = \frac{1}{2}(32.0 - 5.0) \times 6 = 81.0 \,(\text{kN/m})$$

$$E_{03} = p_{0b}h_2 = 32.0 \times 4 = 128.0 \,(\text{kN/m})$$

$$E_{04} = \frac{1}{2}(p_{0c} - p_{0b})h_2 = \frac{1}{2}(41.2 - 32.0) \times 4 = 18.4 \,(\text{kN/m})$$

$$E_0 = E_{01} + E_{02} + E_{03} + E_{04} = 30.0 + 81.0 + 128.0 + 18.4 = 257.4 \,(\text{kN/m})$$

$$E_w = \frac{1}{2}p_{wc}h_w = \frac{1}{2} \times 39.2 \times 4 = 78.4 \,(\text{kN/m})$$

④ 求 E_0 及 E_w 的作用点位置。

$$z_{0c} = \frac{\sum(E_{0i}z_i)}{\sum E_{0i}} = \frac{E_{01}\left(h_2 + \frac{h_1}{2}\right) + E_{02}\left(h_2 + \frac{h_1}{3}\right) + E_{03} \cdot \frac{h_2}{2} + E_{04} \cdot \frac{h_2}{3}}{E_0}$$

$$= \frac{30.0 \times \left(4 + \frac{6}{2}\right) + 81.0 \times \left(4 + \frac{6}{3}\right) + 128.0 \times \frac{4}{2} + 18.4 \times \frac{4}{3}}{257.4} = 3.79 \,(\text{m})$$

$$z_{wc} = \frac{h_w}{3} = \frac{4}{3} = 1.33 \,(\text{m})$$

8.2.3 朗肯土压力理论

1. 基本原理

1857 年，英国学者朗肯（W. J. M. Rankine）研究了半无限土体处于极限平衡时的应力状态，提出了著名的朗肯土压力理论。该理论虽然不够完善，但由于计算简单，在一定条件下其计算结果与实际较符合，所以目前仍被广泛应用。

朗肯土压力理论是从分析挡土结构物后面土体内部因自重产生的应力状态入手去研究土压力的。如图 8.21(a)所示，在半无限土体中任意取一竖直切面 AB 即为对称面，因为 AB 面为半无限土体对称面，所以该面无剪力作用，即说明该面和与其垂直的水平面为主应力面，则 AB 面上的深度 z 处的土单元体上的竖向应力 σ_z 和水平应力 σ_x 均为主应力。此时，由于 AB 面两侧的土体无相对位移，土体处于弹性平衡状态，即 $\sigma_z = \gamma z$、$\sigma_x = \xi \gamma z$，其应力圆如图 8.21(b)中的圆 O_1，应力圆与抗剪强度线相离，该点处于弹性平衡状态。

在 σ_z 不变的条件下，若 σ_x 逐渐减小，在土体达到极限平衡时，其应力圆将与抗剪强度线相切，如图 8.21(b)中的应力圆 O_2，σ_z 和 σ_x 分别为最大及最小主应力，此时称为朗肯主动极限平衡状态，土体中产生的两组滑动面与水平面成 $\left(45° + \frac{\varphi}{2}\right)$ 夹角，如图 8.21(c) 所示。

在 σ_z 不变的条件下，若 σ_x 逐渐增大，在土体达到极限平衡时，其应力圆将与抗剪强度线相切，如图 8.21(b)中的应力圆 O_3，此时称为朗肯被动极限平衡状态，土体中产生的两组滑动面与水平面成 $\left(45° - \frac{\varphi}{2}\right)$ 夹角，如图 8.21(d)所示。朗肯假定：把半无限土体中的任意竖直面 AB，看成一个虚设的光滑（无摩擦）的挡土墙墙背。当该墙背产生位移时，使得墙后土体达到主动或被动极限平衡状态，此时作用在墙背上的土压力强度等于相应状态下的水平应力 σ_x。

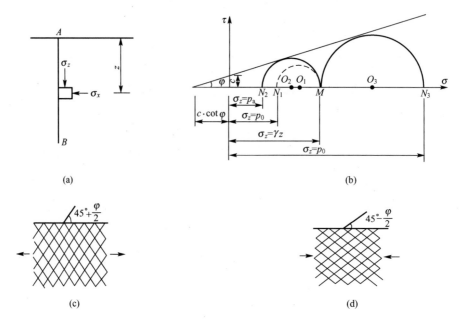

图 8.21　朗肯极限平衡状态

朗肯土压力公式适用于墙背竖直光滑（墙背与土体间不计摩擦力）、墙后填土表面水平且与墙顶齐平的情况。

2. 朗肯主动土压力计算

（1）基本计算公式

计算如图 8.22(a) 所示挡土墙上的主动土压力，已知墙背竖直，填土面水平，若墙背在土压力作用下背离填土向外移动，当挡土墙后土体达到极限平衡状态时，即朗肯主动极限平衡状态，在墙背深度 z 处取土单元体，其竖向应力 $\sigma_z = \gamma z$ 是最大主应力 σ_1，水平应力 $\sigma_x = \sigma_3 = p_a$，根据极限平衡条件得

$$\sigma_3 = \sigma_1 \tan^2\left(45° - \frac{\varphi}{2}\right) - 2c\tan\left(45° - \frac{\varphi}{2}\right)$$

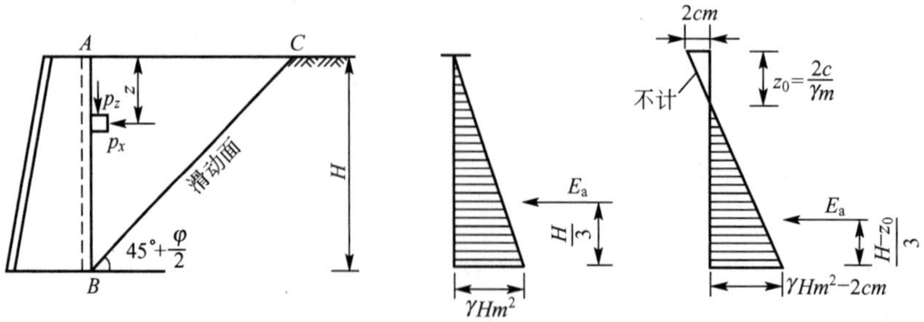

(a) 挡土墙的主动土压力　　(b) 砂性土　　(c) 黏性土

图 8.22　朗肯主动土压力计算

可得 z 处的主动土压力强度为

$$p_a = \sigma_z \tan^2\left(45° - \frac{\varphi}{2}\right) - 2c\tan\left(45° - \frac{\varphi}{2}\right) \tag{8-20}$$

或

$$p_a = \sigma_z m^2 - 2cm$$

式中 p_a——主动土压力强度；

σ_z——深度 z 处的竖向应力；

φ——土体的内摩擦角；

c——土体的黏聚力；

m——土压力系数，其值为 $\tan(45° - \frac{\varphi}{2})$。

① 砂性土。黏聚力 $c=0$，由式(8-20)得 $p_a = \sigma_z m^2 = \gamma z m^2$，$p_a$ 与 z 成正比，其分布图为三角形，如图 8.22(b)所示，作用于每延米挡土墙上的主动土压力合力 E_a 等于该三角形的面积。

E_a 的大小为

$$E_a = \frac{1}{2}(\gamma H m^2) H = \frac{1}{2}\gamma H^2 m^2 \tag{8-21}$$

E_a 的方向为水平指向挡土墙墙背。

E_a 的作用点通过该面积形心，离墙底的高度为 $\frac{H}{3}$，如图 8.22(b)所示。

② 黏性土。黏聚力 $c \neq 0$，由式(8-20)知：当 $z=0$ 时，$\sigma_z = \gamma z = 0$，$p_a = -2cm$；当 $z=H$ 时，$\sigma_z = \gamma H$，$p_a = \gamma H m^2 - 2cm$。其分布图为两个三角形，如图 8.22(c)所示，其中面积为负的部分表示受拉，而墙背与土体间不可能存在拉应力，故计算土压力时，负值部分应略去不计。

假设 $p_a = 0$ 处的深度为 z_0，则由式(8-20)得

$$z_0 = \frac{2c}{\gamma m}$$

作用于每延米挡土墙上的主动土压力合力 E_a 等于分布图中压力部分三角形的面积。

E_a 的大小为

$$E_a = \frac{1}{2}(\gamma H m^2 - 2cm)(H - z_0) \tag{8-22}$$

E_a 的方向为水平指向挡土墙墙背。

E_a 的作用点通过分布图形心，离墙底的高度为 $\frac{H-z_0}{3}$，如图 8.22(c) 所示。

(2) 朗肯土压力公式应用

① 填土面上作用有连续均布荷载时。如图 8.23(a)所示，当填土面上作用有连续均布荷载 q 时，先求出深度 z 处的竖向应力。

$$\sigma_z = q + \gamma z$$

代入式(8-20)得

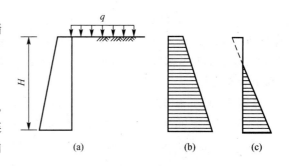

图 8.23 填土面上作用有连续均布荷载时的主动土压力计算

$$p_a = \sigma_z m^2 - 2cm = (q+\gamma z)m^2 - 2cm$$

a. 砂性土(黏聚力 $c=0$)。当 $z=0$ 时，$p_a = qm^2$；当 $z=H$ 时，$p_a = (q+\gamma H)m^2 - 2cm$。其土压力分布图为梯形，如图 8.23(b)所示。

b. 黏性土(黏聚力 $c \neq 0$)。当 $z=0$ 时，$p_a = qm^2 - 2cm$，若 $qm^2 > 2cm$，则 $p_a > 0$，p_a 分布图为梯形；若 $qm^2 \leq 2cm$，则 $p_a \leq 0$，p_a 的分布图为三角形，如图 8.23(c)所示，负值部分不考虑。

② 墙后填土为多层土时。如图 8.24 所示，当填土有两层或两层以上时，需分层计算其土压力。

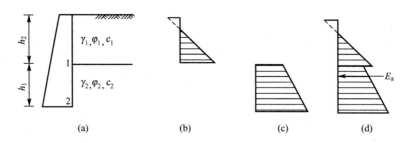

图 8.24 墙后填土为多层土时的主动土压力计算

a. 上部土层产生的土压力按前述方法计算，对于黏性土有
$$p_{a0} = -2c_1 m_1$$
$$p_{a1} = \sigma_{z1} m_1^2 - 2c_1 m_1$$

其分布图如图 8.24(b)所示。

b. 下部土层产生的土压力，可将上部土层视为均布荷载，即
$$q = \gamma_1 h_1, \quad \sigma_{z2} = \gamma_1 h_1 + \gamma_2 h_2$$

则
$$p_{a1} = \sigma_{z1} m_2^2 - 2c_2 m_2 = \gamma_1 h_1 m_2^2 - 2c_2 m_2$$
$$p_{a2} = \sigma_{z2} m_2^2 - 2c_2 m_2 = (\gamma_1 h_1 + \gamma_2 h_2) m_2^2 - 2c_2 m_2$$

其分布图如图 8.24(c)所示。

c. 将上下土层得到的土压力相加，即将图 8.24(b)和(c)的土压力分布图的面积相加，即为整个挡土墙所承受的土压力 E_a，其作用方向水平指向挡土墙墙背，作用点通过其分布图的形心，如图 8.24(d)所示。

③ 墙后填土中有地下水时。将地下水位处看作一个土层分界面，水位以下的土一般采用浮重度 γ'，土压力计算方法同上，同时应注意计算静水压力。目前岩土工程界一般认为，对地下水的考虑应分成两种情况，对于砂性土采用"水土分算法"，对黏性土则采用"水土合算法"。

【例 8-3】 如图 8.25 所示，已知挡土墙后水位距墙顶 6m，墙后填土 $\gamma = 18 \text{kN/m}^3$，$c=0$，$\varphi = 30°$，$\gamma' = 9\text{kN/m}^3$，求作用在挡土墙上的主动土压力。

解：① 先求各层面的竖向应力。
$$\sigma_{z0} = q = 0$$
$$\sigma_{z1} = \gamma h_1 = 18 \times 6 = 108 (\text{kPa})$$
$$\sigma_{z2} = \gamma h_1 + \gamma' h_2 = 108 + 9 \times 4 = 144 (\text{kPa})$$

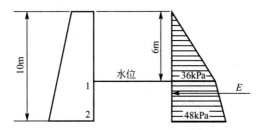

图 8.25 挡土墙主动土压力计算

② 求各层面的土压力强度。

$$m = \tan\left(45° - \frac{\varphi}{2}\right) = \tan\left(45° - \frac{30°}{2}\right) = 0.577, \quad m^2 = 0.333$$

$$p_{a0} = \sigma_{z0} m^2 = 0$$
$$p_{a1} = \sigma_{z1} m_1^2 = 108 \times 0.333 = 36 \text{(kPa)}$$
$$p_{a2} = \sigma_{z2} m_1^2 = 144 \times 0.333 = 48 \text{(kPa)}$$

按计算结果绘出 p_a 分布图(图 8.25)。

③ 求 E_a 值及其作用点。

$$E_a = E_{a1} + E_{a2} + E_{a3} = \frac{36 \times 6}{2} + 36 \times 4 + \frac{(48-36) \times 4}{2} = 108 + 144 + 24 = 276 \text{(kN/m)}$$

E_a 作用方向水平指向挡土墙,作用点距挡土墙底的高度为

$$z_c = \frac{\sum (E_{ai} z_i)}{\sum E_{ai}} = \frac{108 \times \left(4 + \frac{6}{3}\right) + 144 \times \frac{4}{2} + 24 \times \frac{4}{3}}{276} = 3.51 \text{(m)}$$

【例 8-4】 挡土墙后的填土面上作用均布荷载 $q = 10 \text{kPa}$,填土分两层,其厚度和物理力学性质指标如图 8.26 所示,求作用在挡土墙上的主动土压力。

解: ① 先求各层面的竖向应力。

$$\sigma_{z0} = q = 10 \text{kPa}$$
$$\sigma_{z1} = q + \gamma_1 h_1 = 10 + 20 \times 3 = 70 \text{(kPa)}$$
$$\sigma_{z2} = \sigma_{z1} + \gamma_2 h_2 = 70 + 18 \times 2 = 106 \text{(kPa)}$$

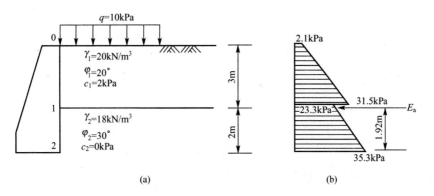

图 8.26 挡土墙上的主动土压力计算

② 求各层面的土压力强度。

由 $\varphi_1=20°$、$\varphi_2=30°$，利用 $m=\tan(45°-\dfrac{\varphi}{2})$ 可得

$$m_1=0.70,\ m_1^2=0.49;\ m_2=0.577,\ m_2^2=0.333$$

上层：$p_{a0}=\sigma_{z0}m_1^2-2c_1m_1=10\times0.49-2\times2\times0.7=2.1(\text{kPa})$

$p_{a1}=\sigma_{z1}m_1^2-2c_1m_1=70\times0.49-2\times2\times0.7=31.5(\text{kPa})$

下层：$p_{a1}=\sigma_{z1}m_2^2-2c_2m_2=70\times0.333-2\times0\times0.577=23.3(\text{kPa})$

$p_{a2}=\sigma_{z2}m_2^2-2c_2m_2=106\times0.333-2\times0\times0.577=35.3(\text{kPa})$

按计算结果绘出 p_a 分布图[图 8.26(b)]。

③ 求 E_a 值及其作用点。

$E_a=E_{a1}+E_{a2}+E_{a3}+E_{a4}=2.1\times3+\dfrac{(31.5-2.1)}{2}\times3+23.3\times2+\dfrac{(35.3-23.3)\times2}{2}$

$=6.3+44.1+46.6+12=109(\text{kN/m})$

E_a 作用方向水平指向挡土墙，作用点距挡土墙底的高度为

$$z_c=\dfrac{\sum(E_{ai}z_i)}{\sum E_{ai}}=\dfrac{6.3\times\left(2+\dfrac{3}{2}\right)+44.1\times\left(2+\dfrac{3}{3}\right)+46.6\times\dfrac{2}{2}+12\times\dfrac{2}{3}}{109}=1.92(\text{m})$$

3. 朗肯被动土压力计算

计算如图 8.27(a)所示挡土墙的被动土压力，已知墙背竖直，填土面水平，若挡土墙在外力作用下推向填土，当挡土墙后土体达到极限平衡状态时，即朗肯被动极限平衡状态，在墙背深度 z 处取土单元体，其竖直应力 $\sigma_z=\gamma z$ 是最小主应力 σ_3，水平应力 $\sigma_x=\sigma_1=p_p$，根据极限平衡条件

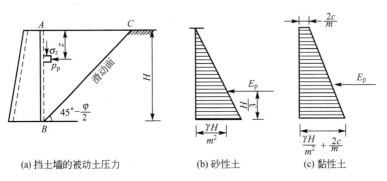

(a) 挡土墙的被动土压力　　(b) 砂性土　　(c) 黏性土

图 8.27　朗肯被动土压力计算

$$\sigma_1=\sigma_3\tan^2\left(45°+\dfrac{\varphi}{2}\right)+2c\tan\left(45°+\dfrac{\varphi}{2}\right)$$

可得出深度 z 处的被动土压力强度公式。

$$p_p=\sigma_z\tan^2\left(45°+\dfrac{\varphi}{2}\right)+2c\tan\left(45°+\dfrac{\varphi}{2}\right) \quad (8-23)$$

令 $\dfrac{1}{m}=\tan^2\left(45°+\dfrac{\varphi}{2}\right)$，则

$$p_p=\sigma_z\dfrac{1}{m^2}+2c\dfrac{1}{m}$$

式中 p_p——被动土压力强度（kPa）；

其他符号意义同前。

(1) 砂性土

黏聚力 $c=0$，由式(8-23)得 $p_p=\sigma_z \dfrac{1}{m^2}=\dfrac{\gamma z}{m^2}$，$p_p$ 与 z 成正比，其分布图为三角形，如图 8.27(b)所示，作用于每延米挡土墙上的被动土压力合力 E_p 等于该三角形的面积。

E_p 的大小为

$$E_p=\frac{1}{2}\cdot\frac{\gamma H^2}{m^2}\cdot H=\frac{\gamma H^2}{2m^2} \tag{8-24}$$

E_p 的方向为水平指向挡土墙墙背。

E_p 的作用点为通过该面积形心，离墙底的高度为 $\dfrac{H}{3}$，如图 8.27(b)所示。

(2) 黏性土

黏聚力 $c\neq 0$，由式(8-23)知：当 $z=0$ 时，$\sigma_z=\gamma z=0$，$p_p=\dfrac{2c}{m}$；当 $z=H$ 时，$\sigma_z=\gamma H$，$p_p=\dfrac{\gamma H}{m^2}+\dfrac{2c}{m}$。其分布图为梯形，如图 8.27(c)所示。作用于每延米挡土墙上的被动土压力合力 E_p 等于该梯形分布图的面积。

E_p 的大小为

$$E_p=\frac{\gamma H}{2m^2}+\frac{2c}{m} \tag{8-25}$$

E_p 的方向为水平指向挡土墙墙背。

E_p 的作用点为通过分布图形心。

【例 8-5】 计算作用在图 8.28 所示挡土墙上的被动土压力的分布图及其合力，填土面上作用均布荷载 $q=30\text{kPa}$，填土的物理力学性质指标如图 8.28 所示。

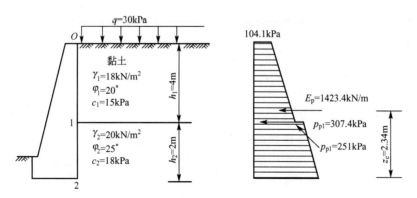

图 8.28 挡土墙上的被动土压力计算

解：① 先求各层面的竖向应力。

$$\sigma_{z0}=q=30\text{kPa}$$

$$\sigma_{z1}=q+\gamma_1 h_1=30+18\times 4=102(\text{kPa})$$
$$\sigma_{z2}=\sigma_{z1}+\gamma_2 h_2=102+20\times 2=142(\text{kPa})$$

② 求各层面的土压力强度。

由 $\varphi_1=20°$、$\varphi_2=25°$，利用 $m=\tan(45°+\dfrac{\varphi}{2})$ 可得

$$\dfrac{1}{m_1}=1.428,\ \dfrac{1}{m_1^2}=2.040;\ \dfrac{1}{m_2}=1.570,\ \dfrac{1}{m_2^2}=2.464$$

上层：$p_{p0}=\sigma_{z0}\dfrac{1}{m_1^2}+\dfrac{2c_1}{m_1}=30\times 2.040+2\times 15\times 1.428=104.1(\text{kPa})$

$p_{p1}=\sigma_{z1}\dfrac{1}{m_1^2}+\dfrac{2c_1}{m_1}=102\times 2.04+2\times 15\times 1.428=251(\text{kPa})$

下层：$p_{p1}=\sigma_{z1}\dfrac{1}{m_2^2}+\dfrac{2c_2}{m_2}=102\times 2.464+2\times 18\times 1.570=307.4(\text{kPa})$

$p_{p2}=\sigma_{z2}\dfrac{1}{m_2^2}+\dfrac{2c_2}{m_2}=142\times 2.464+2\times 18\times 1.570=405.8(\text{kPa})$

按计算结果绘出 p_p 分布图(图 8.28)。

③ 求 E_p 值及其作用点。

$$E_p=E_{p1}+E_{p2}+E_{p3}+E_{p4}=\dfrac{(251-104.1)}{2}\times 4+307.4\times 2+\dfrac{(405.8-307.4)\times 2}{2}$$
$$=416.4+293.8+614.8+98.4=1423.4(\text{kN/m})$$

E_p 作用方向为水平指向挡土墙，作用点距挡土墙底的高度为

$$z_c=\dfrac{\sum(E_{pi}z_i)}{\sum E_{pi}}=\dfrac{416.4\times\left(2+\dfrac{4}{2}\right)+293.8\times\left(2+\dfrac{4}{3}\right)+614.8\times\dfrac{2}{2}+98.4\times\dfrac{2}{3}}{1423.4}$$
$$=2.34(\text{m})$$

8.2.4 库仑土压力计算

1. 基本原理

库仑(C. A. Coulomb)在 1776 年提出了一种土压力理论，由于该理论计算方法简便，计算结果较符合实际，且能适用各种填土面和不同的墙背条件，因此至今仍被广泛应用。

库仑土压力理论假定如下。

① 墙后填土为松散、匀质的砂性土。

② 当墙后填土达到极限平衡状态时，土楔体是一个刚性整体。

③ 滑裂面为通过墙角的两个平面。一个是墙背 AB 面，另一个是通过墙角的 AC 面。

如图 8.29(a)所示，根据刚性土楔体的静力平衡条件，按平面问题可解出挡土墙墙背上的土压力。因此库仑土压力理论也称为滑楔土压力理论。

2. 库仑主动土压力计算

如图 8.29(a)所示的挡土墙，由库仑土压力理论假定可知，当墙背向前移动一定值时，墙后填土将达到主动极限平衡状态，土体中将产生两个滑裂面 AB 面和 AC 面，形成滑动

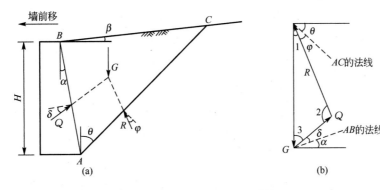

图 8.29 库仑主动土压力计算

的刚性土楔体 ABC。取单位长度挡土墙,此时,作用于该土楔体上的力有:为阻止土楔体下滑在 AB 面和 AC 面上均产生摩阻力;土楔体自重 G;墙背 AB 面上的反力 Q 和 AC 面上的反力 R。G 通过 △ABC 的形心,方向垂直向下;Q 与 AB 面的法线成 δ 角(δ 是墙背与土体间的摩擦角),Q 与水平面夹角为 $\alpha+\delta$;R 与 AC 面的法线成 φ 角(φ 为土的内摩擦角),AC 面与竖直面成 θ 角,所以 R 与竖直面夹角为 $90°-\theta-\varphi$。根据力的平衡原理可知:G、Q、R 三个力应交于一点,且应组成闭合的力三角形,如图 8.29(b)所示。在力的三角形中,$\angle 1 = 90°-\theta-\varphi$,$\angle 2 = \varphi+\theta+\alpha+\delta$,$\angle 3 = 90°-\alpha-\delta$。

由正弦定理得

$$\frac{Q}{\sin(90°-\theta-\varphi)} = \frac{G}{\sin(\varphi+\theta+\alpha+\delta)}$$

$$Q = G\frac{\sin(90°-\theta-\varphi)}{\sin(\varphi+\theta+\alpha+\delta)} = G\frac{\cos(\theta+\varphi)}{\sin(\varphi+\theta+\alpha+\delta)} \tag{8-26}$$

设 △ABC 的底为 AC、高为 h,则有:$G = \frac{1}{2}ACh\gamma$

$$\frac{AC}{AB} = \frac{\sin(90°-\alpha+\beta)}{\sin[180°-(90°-\alpha+\beta)-(\alpha+\theta)]} = \frac{\sin(90°-\alpha+\beta)}{\sin(90°-\theta-\beta)} = \frac{\cos(\alpha-\beta)}{\cos(\theta+\beta)}$$

$$AC = AB\frac{\cos(\alpha-\beta)}{\cos(\theta+\beta)} = H\sec\alpha\frac{\cos(\alpha-\beta)}{\cos(\theta+\beta)}$$

$$h = AB\sin(\alpha+\theta) = H\sec\alpha\sin(\alpha+\theta)$$

$$G = \frac{1}{2}\gamma H^2\sec^2\alpha\cos(\alpha-\beta)\frac{\sin(\alpha+\theta)}{\cos(\theta+\beta)}$$

将 G 代入式(8-26)得

$$Q = \frac{1}{2}\gamma H^2\sec^2\alpha\cos(\alpha-\beta)\frac{\sin(\alpha+\theta)\cos(\theta+\varphi)}{\cos(\theta+\beta)\sin(\varphi+\theta+\delta+\alpha)} \tag{8-27}$$

式(8-27)中,α、β、φ、δ 均为常数,Q 仅随 θ 变化,θ 为滑裂面与竖直面的夹角,称为破裂角。当 $\theta=-\alpha$ 时,$G=0$,即 $\alpha=0$;当 $\theta=90°-\varphi$ 时,R 与 G 重合,则 $Q=0$。θ 在 $-\alpha$ 与 $90°-\varphi$ 之间变化时,Q 将有一个极大值,这个极大值 Q_{max} 即所求的主动土压力 E_a(E_a 与 Q 是作用力与反作用力)。为求极大值 Q_{max},$\frac{dQ}{d\theta}=0$ 可求得破裂角 θ 的计算式为

$$\tan(\theta+\beta) = -\tan(\omega-\beta) + \sqrt{[\tan(\omega-\beta)+\cot(\varphi-\beta)][\tan(\omega-\beta)-\tan(\alpha-\beta)]} \tag{8-28}$$

其中：$\omega = \alpha + \delta + \varphi$。

将式(8-28)代入式(8-27)，得：$E_a = Q_{max} = \dfrac{1}{2}\gamma H^2 K_a \tag{8-29}$

$$K_a = \dfrac{\cos^2(\varphi-\alpha)}{\cos^2\alpha \cos(\alpha+\delta)\left[1+\sqrt{\dfrac{\sin(\delta+\varphi)\sin(\varphi-\beta)}{\cos(\delta+\alpha)\cos(\alpha-\beta)}}\right]^2} \tag{8-30}$$

式中 K_a——库仑主动土压力系数，由式(8-30)计算求出，当 $\beta=0$ 时，可查表 8-2 得到；

γ——墙后填土的重度(kN/m³)；

H——挡土墙高度(m)；

φ——填土的内摩擦角(°)；

δ——墙背与填土之间的摩擦角(°)，由试验确定或参考表 8-3 得到；

α——墙背与竖直面间的夹角(°)，墙背俯斜时为正值，仰斜时为负值；

β——填土面与水平面间的夹角(°)。

表 8-2 $\beta=0$ 时的库仑主动土压力系数 K_a

墙背坡度		墙背与填土的摩擦角 δ(°)	土的内摩擦角 φ(°)					
			20	25	30	35	40	45
俯斜式挡土墙	1:0.33 ($\alpha=18°26'$)	$\dfrac{1}{2}\varphi$	0.598	0.523	0.459	0.402	0.353	0.307
		$\dfrac{2}{3}\varphi$	0.594	0.522	0.461	0.408	0.362	0.321
	1:0.29 ($\alpha=16°10'$)	$\dfrac{1}{2}\varphi$	0.572	0.498	0.433	0.376	0.327	0.283
		$\dfrac{2}{3}\varphi$	0.569	0.496	0.435	0.381	0.334	0.295
	1:0.25 ($\alpha=14°02'$)	$\dfrac{1}{2}\varphi$	0.556	0.479	0.414	0.358	0.309	0.265
		$\dfrac{2}{3}\varphi$	0.550	0.477	0.414	0.361	0.313	0.277
	1:0.20 ($\alpha=11°19'$)	$\dfrac{1}{2}\varphi$	0.532	0.455	0.390	0.334	0.285	0.241
		$\dfrac{2}{3}\varphi$	0.525	0.452	0.389	0.336	0.289	0.249

续表

墙背坡度		墙背与填土的摩擦角 $\delta(°)$	土的内摩擦角 $\varphi(°)$					
			20	25	30	35	40	45
仰斜式挡土墙	1:0.29 ($\alpha=16°10'$)	$\frac{1}{2}\varphi$	0.351	0.269	0.203	0.150	0.110	0.077
		$\frac{2}{3}\varphi$	0.340	0.260	0.190	0.147	0.108	0.076
	1:0.25 ($\alpha=14°02'$)	$\frac{1}{2}\varphi$	0.363	0.279	0.241	0.161	0.119	0.086
		$\frac{2}{3}\varphi$	0.352	0.271	0.208	0.157	0.117	0.085
	1:0.20 ($\alpha=11°19'$)	$\frac{1}{2}\varphi$	0.377	0.295	0.229	0.176	0.133	0.098
		$\frac{2}{3}\varphi$	0.366	0.237	0.223	0.173	0.132	0.098
竖直墙背挡土墙	1:0 ($\alpha=0$)	$\frac{1}{2}\varphi$	0.446	0.368	0.301	0.247	0.198	0.160
		$\frac{2}{3}\varphi$	0.439	0.361	0.297	0.245	0.199	0.162

表 8-3 墙背与填土之间的摩擦角 δ

挡土墙情况	摩擦角 δ	挡土墙情况	摩擦角 δ
墙背平滑、排水不良	$(0\sim0.33)\varphi$	墙背很粗糙、排水良好	$(0.5\sim0.67)\varphi$
墙背粗糙、排水良好	$(0.33\sim0.5)\varphi$	墙背与填土间不可能滑动	$(0.67\sim1.0)\varphi$

注：φ 为墙背填土的内摩擦角。

由式(8-29)可以看出，库仑主动土压力 E_a 是墙高 H 的二次函数，故主动土压力强度 p_a 是沿墙高按直线规律变化的，即深度 z 处 $p_a = \dfrac{dE_a}{dz} = K_a \gamma z$，式中 γz 即竖向应力 σ_z，故该式可写为

$$p_a = K_a \sigma_z = K_a \gamma z \quad (8-31)$$

填土表面处 $\sigma_z = 0$，$p_a = 0$，随深度 z 的增加，σ_z 呈直线增加，p_a 也呈直线增加，所以，库仑主动土压力强度分布图的形心，距墙底的高度为 $H/3$；其作用线方向与墙背法线成 δ 角，并指向墙背(与水平面成 $\alpha+\delta$ 角)(图 8.30)。

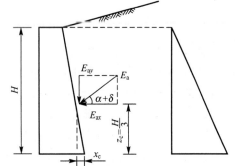

图 8.30 库仑主动土压力

E_a 可分解为水平方向和竖直方向两个分量。

$$E_{ax} = E_a \cos(\alpha+\delta) \quad (8-32a)$$
$$E_{ay} = E_a \sin(\alpha+\delta) \quad (8-32b)$$

3. 库仑被动土压力计算

如图 8.31 所示，由库仑土压力计算假定可知，当墙背向后移动一定值时，墙后填土将处于被动极限平衡状态，滑裂面为 AB 面和 AC 面，形成滑动的刚性土楔体 ABC。此时，在 AB 面、AC 面上作用的摩阻力均向下，与主动极限平衡时的方向刚好相反，根据 G、Q、R 三力平衡条件，可推导出被动土压力公式。

$$E_p = \gamma H^2 K_p \tag{8-33}$$

$$K_p = \frac{\cos^2(\varphi+\alpha)}{\cos^2\alpha\cos(\alpha-\delta)\left[1-\sqrt{\dfrac{\sin(\delta+\varphi)\sin(\alpha+\beta)}{\cos(\alpha-\delta)\cos(\alpha-\beta)}}\right]^2} \tag{8-34}$$

式中 K_p——库仑被动土压力系数；

其他符号意义同前。

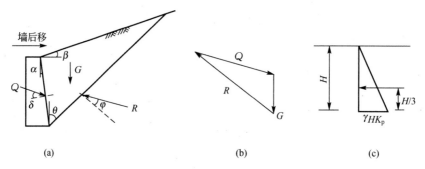

图 8.31 库仑被动土压力

库仑被动土压力强度沿墙高的分布也呈三角形，如图 8.31 所示，合力作用点距墙底的高度也为 $H/3$。

当挡土墙满足朗肯理论假设，即墙背垂直（$\alpha=0$）、光滑（$\delta=0$），填土面水平（$\beta=0$）且无荷载（包括填土与挡土墙顶齐高）时，式（8-33）可简化为

$$E_p = \frac{1}{2}\gamma H^2 \tan^2\left(45°+\frac{\varphi}{2}\right)$$

显然，满足朗肯理论假设时，库仑土压力理论与朗肯土压力理论的被动土压力计算公式也相同，由此可见，朗肯土压力理论实际上是库仑土压力理论的一个特例。

4. 墙后填土为非砂性土时的处理

由于库仑土压力理论研究的挡土墙墙后的填土是砂性土，实用中很多情况下墙后填土是非砂性土，这时，可将 φ 值适当提高，采用所谓的"综合内摩擦角 φ_0"近似计算土压力，以反映黏聚力 c 对土压力的影响。《公路路基设计规范》（JTG D30—2015）建议：当 $H\leqslant 6m$ 时，取 $\varphi_0=35°\sim40°$；当 $H>6m$ 时，取 $\varphi_0=30°\sim35°$。采用上述综合内摩擦角，对于矮挡土墙是偏于安全的，对于高挡土墙有时则偏于危险。因此，对于高挡土墙，应按墙高酌情降低换算内摩擦角 φ_0 的数值。

库仑主动土压力公式所算得的结果，一般情况下都比较接近实际情况，且计算简便，适应范围广泛，因此，目前铁路、公路桥涵设计规范都推荐采用库仑土压力公式计算主动

土压力。但库仑被动土压力计算结果常常偏大，δ值越大，偏差也越大，偏于危险，所以，实践中一般不用库仑被动土压力公式。

5. 库仑土压力公式应用

(1) 填土面上有连续均布荷载作用

如图 8.32 所示，当填土面上有连续均布荷载 q 作用时，求出深度 z 处的竖向应力和荷载强度。

$$\sigma_z = q + \gamma z$$
$$p_a = K_a \sigma_z$$

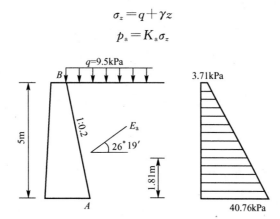

图 8.32　填土面上有连续均布荷载作用时的库仑土压力

再由 p_a 分布图求出分布图面积即得库仑土压力合力 E_a。但有时为方便计算，经常用厚度为 h、重度与填土相同（为 γ）的等代土层来代替 q，即 $q = \gamma h$，于是等代土层的厚度 $h = \dfrac{q}{\gamma}$，同时假想有墙背为 AB'，因而可求绘出三角形的土压力强度分布图。但 BB' 段墙背是虚设的，高度 h 范围内的侧压力不应计算，因此作用于墙背 AB 上的土压力应为实际墙高 H 范围内的梯形面积，即

$$E_a = \frac{H}{2}[K_a \gamma h + K_a \gamma (H+h)]$$

$$E_a = \frac{1}{2} K_a \gamma h (H + 2h) \tag{8-35}$$

E_a 的作用点为梯形面积的形心，作用方向线与水平成 $\alpha + \delta$ 角，指向挡土墙。

【例 8-6】 某挡土墙如图 8.33 所示，填土为细砂，$\gamma = 19 \text{kN/m}^3$，$\varphi = 30°$，$\delta = \dfrac{\varphi}{2} = 15°$，试按库仑理论求其主动土压力。

解：本题有两种解法。

解法 1：① 先求出深度 z 处的竖向应力和荷载强度。

$$\sigma_{zB} = q = 9.5 \text{kPa}$$
$$\sigma_{zA} = q + \gamma H = 9.5 + 19 \times 5 = 104.5 (\text{kPa})$$

由 $\varphi = 30°$，查主动土压力系数表得 $K_a = 0.390$，则有

$$p_{aB} = K_a \sigma_{zB} = 0.390 \times 9.5 = 3.71 (\text{kPa})$$

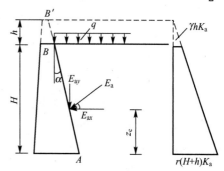

图 8.33　挡土墙主动土压力计算

$$p_{aA}=K_a\sigma_{zA}=0.390\times104.5=40.76(\text{kPa})$$

② 绘出 p_a 分布图，如图 8.33 所示，求出分布图面积，即为库仑土压力合力 E_a。

$$E_a=E_{a1}+E_{a2}=3.71\times5+\frac{1}{2}\times(40.76-3.71)\times5=18.6+92.6=111.2(\text{kN/m})$$

③ E_a 作用点为梯形面积的形心。

$$z_c=\frac{\sum(E_{ai}z_i)}{\sum E_{ai}}=\frac{18.6\times\frac{5}{2}+92.6\times\frac{5}{3}}{111.2}=1.81(\text{m})$$

E_a 作用线与水平面的夹角为

$$\alpha+\delta=11°19'+15°=26°19'$$

解法 2：用厚度为 h，重度与填土相同的等代土层来代替 q，则有

$$h=\frac{q}{\gamma}=\frac{9.5}{19}=0.5(\text{m})$$

由 $\varphi=30°$，查主动土压力系数表得 $K_a=0.390$，代入式(8-35)得库仑土压力值。

$$E_a=\frac{1}{2}K_a\gamma h(H+2h)=\frac{1}{2}\times0.390\times19\times5(5+2\times0.5)=111.2(\text{kN/m})$$

E_a 作用点为梯形面积的形心。

$$z_c=\frac{H}{3}\cdot\frac{H+3h}{H+2h}=\frac{5}{3}\times\frac{5+3\times0.5}{5+2\times0.5}=1.81(\text{m})$$

E_a 作用线与水平面的夹角为

$$\alpha+\delta=11°19'+15°=26°19'$$

(2) 车辆荷载引起的土压力计算

在桥台或挡土墙设计时，应考虑车辆荷载引起的土压力。《公路桥涵设计通用规范》(JTG D60—2015)中对车辆荷载做出了具体规定。其计算原理是按照库仑土压力理论，将填土破坏棱体范围内的车辆荷载(滑动土楔体范围内的车辆总重力)，换算成厚度为 h、重度与填土相同的等代土层(或均布载荷)来代替，再按库仑主动土压力公式计算，如图 8.34 所示。其计算公式为

$$h=\frac{\sum G}{\gamma Bl_0}$$

式中　γ——填土的重度(kN/m^3)；

B——桥台的计算宽度或挡土墙的计算长度(m)；

l_0——滑动土楔体长度(m)；

$\sum G$——布置在 Bl_0 面积内的车轮总重力(kN)。

《公路桥涵设计通用规范》(JTG D60—2015)中，对桥台计算宽度或挡土墙的计算长度及荷载规定如下：

① 确定桥台的计算宽度或挡土墙的计算长度 B。

桥台的计算宽度 B 即为桥台横桥向的宽度，如图 8.34 所示。挡土墙的计算长度 B 可

按下列公式计算(实际为汽车荷载的扩散长度)。
$$B = b + H\tan 30° \quad (8-36)$$
式中　b——汽车前后轴轴距加车轮着地长度(m);
　　　H——挡土墙高度(m),对于墙顶以上有填土的挡土墙,为墙顶填土厚度的两倍加墙高。

但挡土墙的计算长度 B 不应超过挡土墙的分段长度。

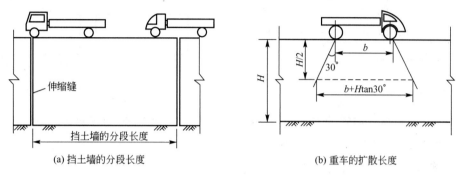

图 8.34　挡土墙计算长度 B 的确定

② 确定滑动楔体长度 l_0,如图 8.35 所示,滑动土楔体长度 l_0 的计算公式为
$$l_0 = H(\tan\theta + \tan\alpha) \quad (8-37)$$
式中　α——墙背倾斜角[如图 8.35(a)所示,俯斜墙背的 α 为正值;如图 8.35(b)所示,仰斜墙背的 α 为负值;而竖直墙背的 $\alpha = 0$];
　　　θ——滑动面与竖直面间的夹角。

当填土面水平时,$\beta = 0$,将此代入式(8-37)得
$$\tan\theta = -\tan(\varphi+\alpha+\delta) + \sqrt{[\cot\varphi + \tan(\varphi+\alpha+\delta)][\tan(\varphi+\alpha+\delta) - \tan\alpha]} \quad (8-38)$$

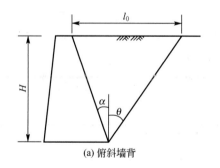 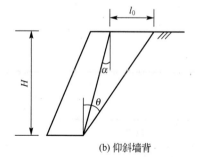

(a) 俯斜墙背　　　　　　　　　　　(b) 仰斜墙背

图 8.35　滑动土楔体 l_0

③ 确定布置在 Bl_0 面积内的车轮总重力 $\sum G$。

a. 桥台和挡土墙土压力计算应采用车辆荷载。

b. 公路-Ⅰ级和公路-Ⅱ级采用相同的车辆标准值。图 8.36 所示为车辆荷载布置。

c. 车辆荷载横向布置如图 8.37 所示,外轮中线距路面边缘 0.5m。

289

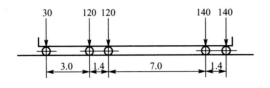

(a) 立面布置

(b) 平面尺寸

图 8.36 车辆荷载布置
(重力单位：kN，尺寸单位：m)

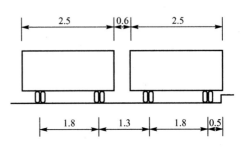

图 8.37 车辆荷载横向布置
(尺寸单位：m)

d. 多车道加载时，车轮总重力应按表 8-4 和表 8-5 折减。

表 8-4 桥涵设计车道数

车辆单向行驶时	车辆双向行驶时	桥涵设计车道数
$B \leqslant 7.0$		1
$7.0 < B \leqslant 10.5$	$6.0 < B \leqslant 14.0$	2
$10.5 < B \leqslant 14.0$		3
$14.0 < B \leqslant 17.5$	$14.0 < B \leqslant 21.0$	4
$17.5 < B \leqslant 21.0$		5
$21.0 < B \leqslant 24.5$	$21.0 < B \leqslant 28.0$	6
$24.5 < B \leqslant 28.0$		7
$28.0 < B \leqslant 31.5$	$28.0 < B \leqslant 35.0$	8

表 8-5 横向折减系数

横向布置设计车道数(条)	2	3	4	5	6	7	8
横向折减系数	1.00	0.78	0.67	0.60	0.55	0.52	0.50

e. 在 Bl_0 面积内按不利情况布置轮重。

【例 8-7】 某高速公路梁桥桥台布置如图 8.38 所示，桥台宽度为 8.5m，土的重度 $\gamma=18kN/m^3$，$\varphi=35°$，$c=0$，填土与墙背间的摩擦角 $\delta=\frac{2}{3}\varphi$，桥台高 $H=8m$，求作用于台背 AB 上的主动土压力。

解：① 确定桥台的计算宽度 B。

桥台 B 应取横向宽度，即 $B=8.5m$。

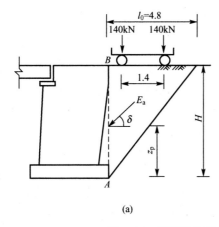
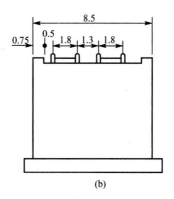

图 8.38　某高速公路梁桥桥台布置(尺寸单位：m)

② 确定滑动土楔体长度 l_0。

AB 作为台背，$\alpha=0$；台后填土面水平，即 $\beta=0$；$\delta=\dfrac{2}{3}\varphi=23.33°$，则有

$$\tan\theta = -\tan(\varphi+\delta) + \sqrt{[\cot\varphi+\tan(\varphi+\delta)]\tan(\varphi+\delta)}$$
$$= -\tan(35°+23.33°) + \sqrt{[\cot 35°+\tan(35°+23.33°)]\tan(35°+23.33°)}$$
$$= -1.62+2.22 = 0.60$$

$$l_0 = H\tan\theta = 8\times 0.6 = 4.8 \text{(m)}$$

③ 确定布置在 Bl_0 面积内的车辆荷载 $\sum G$，求等代土层厚度 h。

对于桥台 Bl_0 面积内可能布置的车辆荷载，由图 8.38(a)可知，l_0 范围内可布置一辆重车；由图 8.38(b)可知，B 范围内可布置两辆汽车。所以，Bl_0 范围内可布置的车轮总重为

$$\sum G = 2\times(140+140) = 560 \text{(kN)}$$

$$h = \dfrac{\sum G}{\gamma B l_0} = \dfrac{560}{18\times 8.5\times 4.8} = 0.763 \text{(m)}$$

④ 求主动土压力。

由 $\varphi=35°$，$\delta=\dfrac{2}{3}\varphi$，$\alpha=0$，查表 8-2 得 $K_a=0.245$。

再代入式(8-35)得

$$E_a = \dfrac{1}{2}K_a\gamma H(H+2h) = \dfrac{1}{2}\times 0.245\times 18\times 8\times(8+2\times 0.763) = 168 \text{(kN/m)}$$

E_a 与水平面的夹角：$\alpha+\delta=23.33°$。

E_a 作用点离台脚的高度为

$$z_c = \dfrac{H}{3}\cdot\dfrac{H+3h}{H+2h} = \dfrac{8}{3}\times\dfrac{8+3\times 0.763}{8+2\times 0.763} = 2.88 \text{(m)}$$

所以作用于整个桥台上的主动土压力为

$$BE_a = 8.5\times 168 = 1428 \text{(kN)}$$

8.2.5 土坡稳定性分析

1. 边坡稳定的概念及其主要影响因素

土坡就是具有倾斜坡面的土体，它的简单外形和各部位名称如图 8.39 所示。土坡可分为天然土坡与人工土坡。前者如天然河道的岸坡、山麓堆积的坡积层等；后者包括人工填筑的土坝、防洪堤、路堤、人工开挖的引河、基坑等。

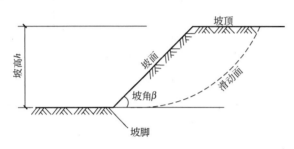

图 8.39　土坡简单外形和各部位名称

在工程实践中，在道路、桥梁等土建工程中经常会遇到路堑、路堤或基坑开挖时边坡的稳定问题。分析土坡的稳定性的目的是分析所设计的土坡断面是否安全与合理。缓坡可增加土坡的稳定性，但会使土方量增加；而陡坡虽然可减少土方量，但有可能会发生坍滑，使土坡丧失稳定性。

土坡的滑动，一般是指土坡在一定范围内整体地沿某一滑动面产生向下和向外移动而丧失其稳定性，土坡的失稳常常是在外界的不利因素影响下触发和加剧的，一般有以下几个原因。

① 土坡的作用力发生变化。例如，由于人工开挖坡脚、水流波浪的冲刷、坡顶堆放材料增加荷载，或由于打桩、车辆行驶、爆破、地震等引起的振动改变了原来的土坡平衡状态。

② 土的抗剪强度降低。例如，土体中含水量或超静水压力的增加；土的结构破坏，起初形成细微的裂缝，继而将土体分割成许多小块。

③ 静水压力的作用。例如，雨水或地面水流入土坡中的竖向裂缝，对土坡产生侧向压力而促进土坡的滑动。因此，黏性土坡发生裂缝常是土坡稳定性的不利因素。

④ 土坡中渗流的作用。如果边坡中有水渗流时，对潜在的滑动面除有动水力和浮托力作用外，渗流还有可能产生潜蚀，并逐渐扩大形成管涌。

土坡稳定性分析属于土力学中的稳定问题，也是工程中非常重要和实际的问题。本节主要介绍简单土坡的稳定性分析方法。所谓简单土坡是指土坡的坡度不变，顶面和底面都是水平的，并且土质均匀，没有地下水，对于稍复杂的土坡则由此引申分析。

2. 无黏性土土坡稳定性分析

图 8.40 所示为一坡角为 β 的无黏性土土坡。由于无黏性土颗粒间无黏聚力存在，因此只要位于坡面上的各土粒能保持稳定状态不致下滑，则该土坡就是稳定的。

设坡面上某土颗粒 M 所受的重力为 G，砂土的内摩擦角为 φ，重力 G 沿坡面的切向分力 $T=G\sin\beta$，切向分力 $N=G\cos\beta$。切向分力 T 使颗粒 M 向下滑动，而法向分力 N 在坡面上引起的摩擦力 $T'(=N\tan\varphi=G\cos\beta\tan\varphi)$

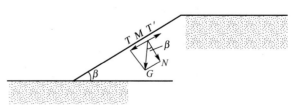

图 8.40　无黏性土坡稳定分析

将阻止土粒下滑。抗滑力和滑动力的比值称为稳定安全系数，用 K 表示，即

$$K = \frac{T'}{T} = \frac{G\cos\beta\tan\varphi}{G\sin\beta} = \frac{\tan\varphi}{\tan\beta} \tag{8-39}$$

由式(8-39)可知，当 $\beta=\varphi$ 时，$K=1$，即抗滑力等于滑动力，此时土坡处于极限平衡状态。由此可知，土坡稳定的极限坡角等于砂土的内摩擦角 φ，此坡角称为自然休止角。从式(8-39)还可看出，无黏性土土坡的稳定与坡高无关，而仅与坡角 β 有关，只要 $\beta<\varphi$（$K>1$），土坡就是稳定的。为了保证土坡具有足够的安全储备，一般要求 $K>1.25\sim1.30$。

3. 黏性土土坡稳定性分析

黏性土的抗剪强度是由内摩擦力和黏聚力组成的。由于黏聚力的存在，黏性土坡不会像无黏性土土坡一样最易滑动面为土坡表面，其危险滑动面必定深入土体内部。根据土体极限平衡理论，可以推出均质黏性土土坡的滑动面为对数螺线曲面，近似圆弧面。因此，在研究黏性土坡的稳定性分析时，常假定滑动面为圆弧面。其形式一般有下述 3 种：一是圆弧滑动面通过坡脚 B 点，如图 8.41(a)所示，称为坡脚圆；二是圆弧滑动面通过坡面上 E 点，如图 8.41(b)所示，称为坡面圆；三是滑动面发生在坡脚以外的一点，如图 8.41(c)所示，称为中点圆。

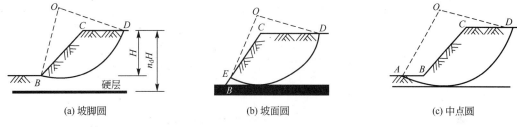

(a) 坡脚圆　　　　　　　(b) 坡面圆　　　　　　　(c) 中点圆

图 8.41　均质黏性土土坡的 3 种圆弧滑动面

圆弧滑动面的采用首先由彼德森(K. E. Petterson)1916 年提出，此后费伦纽斯(W. Fellenius, 1927)和泰勒(D. W. Tayler, 1948)又做了研究和改进，可以将他们提出的分析方法分成两种：一种称为土坡圆弧滑动体的整体稳定分析法，主要适用于均质简单土坡；另一种称为土坡稳定的条分法分析法，适用于外形复杂的土坡、非均质土坡和浸于水中的土坡等。

(1) 圆弧滑动体的整体稳定分析法

① 基本原理。如图 8.42 所示，若可能的圆弧滑动面为 $\widehat{AD}$。其圆心为 O，半径为 R。分析时在土坡长度方向截取单位长土坡，按平面问题分析。滑动土体 ABCDA 的重力为 W，它是促使土坡滑动的力；沿着滑动面 $\widehat{AD}$ 上分布的土的抗剪强度为 τ_f，它是抵抗土坡滑动的力。将滑动力 W 及抗滑力 τ_f，分别对滑动面圆心 O 取矩，得到滑动力矩 M_s 及稳定力矩 M_r 为

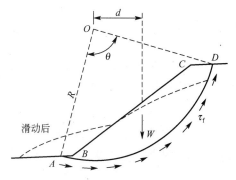

图 8.42　土坡的整体稳定性分析

$$M_s = Wd$$

$$M_r = \tau_f \hat{L} R$$

式中 W——滑动土体 $ABCDA$ 的重力；

d——W 对 O 点的力臂；

τ_f——土的抗剪强度，按库仑定律 $\tau_f = \sigma\tan\varphi + c$ 确定；

$\hat{L}$——滑动圆弧 $\overset{\frown}{AD}$ 的长度；

R——滑动圆弧面的半径。

土坡的稳定安全系数 K 也可以用稳定力矩 M_r 与滑动力矩 M_s 的比值表示，即

$$K = \frac{M_r}{M_s} = \frac{\tau_f \hat{L} R}{Wd} \tag{8-40}$$

式(8-40)中土的抗剪强度 τ_f 沿滑动面 $\overset{\frown}{AD}$ 上的分布是不均匀的，因此，按式(8-40)计算土坡的稳定安全系数有一定误差。

② 摩擦圆法。摩擦圆法由泰勒提出，他认为如图 8.43 所示滑动面 $\overset{\frown}{AD}$ 上的抵抗力包括土的摩阻力及黏聚力两部分，它们的合力分别为 F 及 C。假定滑动面上的摩阻力首先得到充分发挥，然后才由土的黏聚力补充。下面分别讨论作用在滑动土体 $ABCDA$ 上的 3 个力。

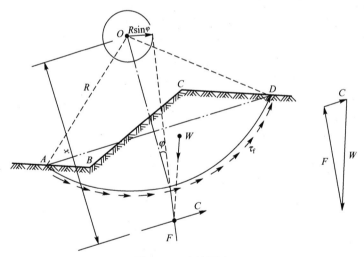

图 8.43 摩擦圆法

第一个力是滑动土体的重力 W，它等于滑动土体 $ABCDA$ 的面积与土的重度 γ 的乘积，其作用点位置在滑动土体面积 $ABCDA$ 的形心。因此，W 的大小和作用线都是已知的。

第二个力是作用在滑动面 $\overset{\frown}{AD}$ 上的黏聚力的合力 C。为了维持土坡稳定，沿滑动面 $\overset{\frown}{AD}$ 上分布着需要发挥的黏聚力 c_1，可以求得黏聚力的合力 C 及其对圆心 O 的力矩臂 x 分别为

$$C = c_1 \cdot \overline{AD} \tag{8-41}$$

$$x = \frac{\overset{\frown}{AD}}{\overline{AD}} \cdot R$$

其中，$\overset{\frown}{AD}$ 及 $\overline{AD}$ 分别为 AD 的弧长及弦长。所以 C 的作用线是已知的，但其大小未知（因为 c_1 是未知值）。

第三个力是作用在滑动面 $\overset{\frown}{AD}$ 上的法向力及摩擦力的合力，用 F 表示。泰勒假定 F 的作用线与圆弧 $\overset{\frown}{AD}$ 的法线成 φ 角，也即 F 与圆心 O 点处半径为 $R\sin\varphi$ 的圆（称为摩擦圆）相切，同时 F 还一定通过 W 与 C 的交点。因此，F 的作用线是已知的，其大小未知。

根据滑动土体 $ABCDA$ 上 3 个作用力 W、F、C 的静力平衡条件，从图 8.43 所示的力三角形中求得 C 值，再由式（8-41）可求得维持土坡平衡时滑动面上所需要发挥的黏聚力 c_1 值。这时土坡的稳定安全系数为

$$K = \frac{c}{c_1} \qquad (8-42)$$

式中　c——土的实际黏聚力。

上述计算中的滑动面 $\overset{\frown}{AD}$ 是任意假定的，只有相应于最小稳定安全系数 $K_{\min}$ 的滑动面才是最危险的滑动面，为求最危险的滑动面需要试算许多个可能的滑动面。这样一来，计算的工作量很大，为了方便计算，在对均质简单土坡做了大量计算分析工作的基础上，费伦纽斯提出了确定最危险滑动面圆心的经验法，泰勒提出了计算土坡稳定安全系数的图表法。

③ 费伦纽斯确定最危险滑动面圆心的经验法。

a. 土的内摩擦角 $\varphi = 0$。费伦纽斯认为土坡的最危险圆弧滑动面通过坡脚，其圆心为 D 点，如图 8.44 所示。BD 线与坡面的夹角为 β_1，CD 线与水平面的夹角为 β_2。β_1 和 β_2 角与土坡坡角 β 有关，可由表 8-6 查得。

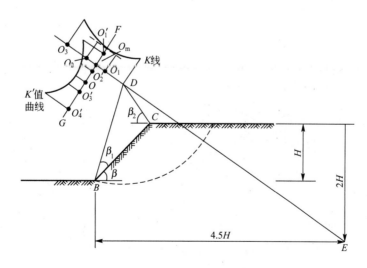

图 8.44　确定最危险滑动面圆心位置

表 8-6 β_1 和 β_2 数值

土坡坡度	坡角 β	β_1	β_2
1:0.5	60°	29°	40°
1:1.0	45°	28°	37°
1:1.5	33°41′	26°	35°
1:2.0	26°34′	25°	35°
1:3.0	18°26′	25°	35°
1:4.0	14°02′	25°	37°
1:5.0	19°	25°	37°

b. 土的内摩擦角 $\varphi>0$。费伦纽斯认为最危险滑动面仍通过坡脚，其圆心在 ED 的延长线上，如图 8.44 所示。E 点的位置距坡脚 B 点的水平距离为 4.5H，垂直距离为 H。φ 值越大，圆心越向外移。计算时从 D 点向外延伸取几个试算圆心 O_1、O_2…，分别求得其相应的滑动稳定安全系数 K_1、K_2…，绘出 K 值曲线即可得到最小安全系数值 K_{min}，其相应的圆心 O_m 即为在危险滑动面的圆心。

实际上土坡的最危险滑动面圆心位置有时并不一定在 ED 的延长线上，而可能在其左右附近，因此圆心 O_m 可能并不是危险滑动面的圆心，这时可以通过 O_m 点作 ED 线的垂线 FG，在 FG 上取几个试算滑动面的圆心 O'_1、O'_2…，求得其相应的滑动稳定安全系数 K'_1、K'_2…，绘出 K' 值曲线，相应于 K_{min} 值的圆心 O 就是最危险滑动面的圆心。

④ 泰勒计算土坡稳定安全系数的图表法。

泰勒认为圆弧滑动面的 3 种形式是同土的内摩擦角 φ 值、坡角 β 及硬层的埋置深度等因素有关的。泰勒经过大量的计算分析后提出以下结论。

a. 当 $\varphi>3°$ 时，滑动面为坡脚圆，其最危险滑动面圆心位置可根据 φ 及 β 值，从图 8.45 中的曲线查得 θ 及 α 值，从而作图求得。

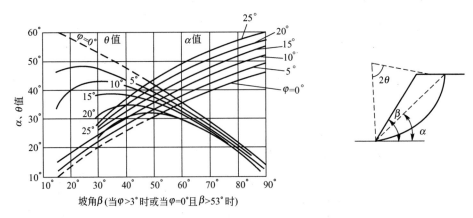

图 8.45 按泰勒方法确定最危险滑动面圆心位置(一)

b. 当 $\varphi=0°$ 且 $\beta<53°$ 时，滑动面可能是中点圆，也可能是坡脚圆或坡面圆，具体形式取决于硬层的埋藏深度。设土坡高度为 H，硬层的埋藏深度为 n_dH。若滑动面为中点圆，

则圆心位置在坡面中点 M 的铅直线上,且与硬层相切,如图 8.46 所示,滑动面与土面的交点为 A,A 点距坡脚 B 的距离为 $n_x H$,n_x 值可根据 n_d 及 β 值由图 8.46 中的曲线查得。若硬层埋藏较浅,则滑动面可能是坡脚圆或坡面圆,其圆心位置需通过试算确定。

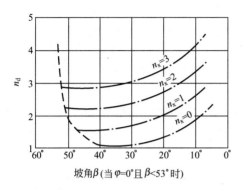 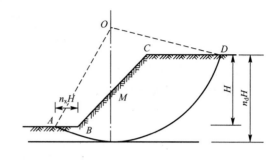

图 8.46　按泰勒方法确定最危险滑动面圆心位置(二)

泰勒提出在土坡稳定分析中共有 5 个计算参数,即土的重度、土坡高度、坡角及土的抗剪强度指标。若知道其中 4 个参数就可以求出第 5 个参数值。为了简化计算,泰勒把其中 3 个参数组成一个新的参数 N_s(称为稳定因数),即

$$N_s = \frac{\gamma H}{c} \tag{8-43}$$

通过大量计算可以得到稳定因数 N_s 与 φ 及 β 间的关系曲线,如图 8.47 所示。图 8.47(a)给出了 $\varphi=0°$ 时,N_s 与 β 的关系曲线;图 8.47(b)给出了 $\varphi>0°$ 时,N_s 与 β 的关系曲线。从图中可以看到,当 $\beta<53°$ 时,滑动面的形式与硬层的埋藏深度 n_d 值有关。

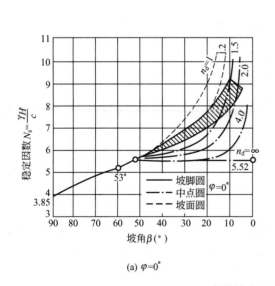 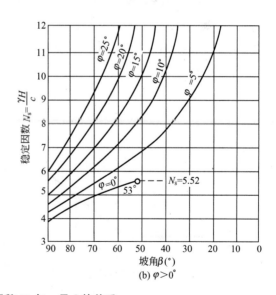

图 8.47　泰勒的稳定因数 N_s 与 φ 及 β 的关系

泰勒在分析简单土坡的稳定性时,假定滑动面上土的摩阻力首先得到充分发挥,然后才由土的黏聚力补充。

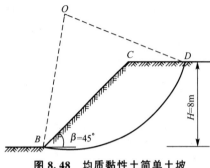

图 8.48 均质黏性土简单土坡

因此只要求出满足土坡稳定时滑动面上所需要的黏聚力 c_1，再与土的实际黏聚力 c 进行比较，即可求出土坡的稳定安全系数。

【例 8-8】 如图 8.48 所示，有一个均质黏性土简单土坡，已知土坡的 $H=8\mathrm{m}$，坡角 $\beta=45°$，土的性质为：$\gamma=19.4\mathrm{kN/m^3}$，$\varphi=10°$，$c=25\mathrm{kPa}$。试用泰勒的稳定因数曲线计算土坡的稳定安全系数。

解： 当 $\varphi=10°$，$\beta=45°$ 时，由图 8.47(b) 查得 $N_s=9.2$。由式(8-43)可求得此时滑动面上所需要的黏聚力 c_1 为

$$c_1=\frac{\gamma H}{N_s}=\frac{19.4\times 8}{9.2}=16.9(\mathrm{kPa})$$

土坡稳定安全系数为

$$K=\frac{c}{c_1}=\frac{25}{16.9}=1.48$$

(2) 条分法分析土坡稳定

前述圆弧滑动体的整体稳定分析法适用于均质简单土坡，它对于外形复杂的土坡、非均质土坡和浸于水中的土坡等均不适用。费伦纽斯提出的条分法可以解决这类问题，此法至今仍应用较广。所谓条分法，就是将滑动土体竖直分成若干个土条，把土条看成是刚体，分别求出作用于各个土条上的力对圆心的滑动力矩和抗滑力矩，然后按式(8-42)求出土坡的稳定安全系数。

① 基本原理。如图 8.49 所示土坡，取单位长度土坡按平面问题计算。假设可能滑动面是一圆弧 $\overset{\frown}{AD}$，圆心为 O，半径为 R。将滑动土体 $ABCDA$ 分成许多竖向土条，土条宽度一般可取 $b=0.1R$，则任意一土条 i 上的作用力包括以下几种。

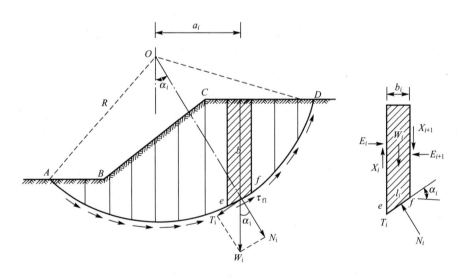

图 8.49 用条分法计算土坡稳定性

a. 土条的重力 W_i，其大小、作用点位置及方向均已知。

b. 滑动面 ef 上的法向反力 N_i 及切向反力 T_i，假定 N_i、T_i 作用在滑动面 ef 的中点，它们的大小均未知。

c. 土条两侧的法向力 E_i、E_{i+1} 及竖向剪切力 X_i、X_{i+1}，其中 E_i 和 X_i 可由前一个土条的平衡条件求得，而 E_{i+1} 和 X_{i+1} 的大小未知，E_{i+1} 的作用点位置也未知。

从上面的分析可以知道：土条 i 的作用力中有 5 个未知数，但只能建立 3 个平衡条件方程，故无法直接求解。为了求得 N_i、T_i 值，还必须对土条两侧作用力的大小和位置做出适当假定。费伦纽斯条分法不考虑土条两侧的作用力，也即假设 E_i 和 X_i 的合力等于 E_{i+1} 和 X_{i+1} 的合力，同时它们的作用线重合，因此土条两侧的作用力相互抵消。这时土条 i 仅有作用力 W_i、N_i 及 T_i，根据平衡条件可得

$$N_i = W_i \cos\alpha_i$$
$$T_i = W_i \sin\alpha_i$$

滑动面 ef 上的抗剪强度为

$$\tau_{fi} = \sigma_i \tan\varphi_i + c_i = \frac{1}{l_i}(N_i \tan\varphi_i + c_i l_i) = \frac{1}{l_i}(W_i \cos\alpha_i \tan\varphi_i + c_i l_i)$$

式中　α_i——土条 i 滑动面的法线（即半径）与竖直线的夹角；

　　　l_i——土条 i 滑动面的弧长；

c_i、φ_i——滑动面上土的黏聚力及内摩擦角。

土条 i 上的作用力对圆心 O 产生的滑动力矩 M_s 及稳定力矩 M_r 分别为

$$M_s = T_i R_i = W_i R \sin\alpha_i$$
$$M_r = \tau_{fi} l_i R = (W_i \cos\alpha_i \tan\varphi_i + c_i l_i) R$$

整个土坡相应于滑动面时的稳定安全系数为

$$K = \frac{M_r}{M_s} = \frac{R \sum_{i=1}^{n}(W_i \cos\alpha_i \tan\varphi_i + c_i l_i)}{R \sum_{i=1}^{n} W_i \sin\alpha_i} \tag{8-44}$$

对于均质土坡，$\varphi_i = \varphi$、$c_i = c$，则有

$$K = \frac{\tan\varphi \sum_{i=1}^{n} W_i \cos\alpha_i + cL}{\sum_{i=1}^{n} W_i \sin\alpha_i} \tag{8-45}$$

式中　$\overset{\frown}{L}$——滑动面 $\overset{\frown}{AD}$ 的弧长；

　　　n——土条的分条数。

② 最危险滑动面圆心位置的确定。上面是对于某一个假定滑动面求得的稳定安全系数，因此需要试算许多个可能的滑动面，相应于最小安全系数的滑动面圆心位置的方法，同样可利用前述费伦纽斯的经验法或泰勒的图表法。

【例 8-9】　某土坡如图 8.50 所示。已知土坡高度 $H=6m$，坡角 $\beta=55°$，重度 $\gamma=18.6kN/m^3$，内摩擦角 $\varphi=12°$，黏聚力 $c=16.7kPa$。试用条分法验算土坡的稳定安全系数。

解：① 按比例绘出土坡的剖面图，采用泰勒的图表法确定最危险滑动面圆心位置。

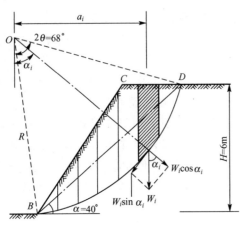

图8.50 土坡计算图

由已知 $\varphi=12°$，$\beta=55°$，确定土坡的滑动面是坡脚圆，其最危险滑动面圆心的位置，可从图8.45中的曲线得到 $\alpha=40°$，$\theta=34°$，以此作图求得圆心 O，如图8.50所示。

② 将滑动土体 $BCDB$ 划分成若干竖直土条。滑动圆弧 $\overset{\frown}{BD}$ 的水平投影长度为 $H\cot\alpha = 6\times\cot 40°=7.15(m)$，把滑动土体划分为7条土条，从坡脚开始编号，把第1~6条的宽度均取为1m，而余下的第7条的宽度则为1.15m。

③ 计算各土条滑动面中点与圆心的连线同竖直线间的夹角值，可按下式计算。

$$\sin\alpha_i=\frac{a_i}{R}$$

$$R=\frac{d}{2\sin\theta}=\frac{H}{2\sin\alpha\sin\theta}=\frac{6}{2\sin 40°\sin 34°}=8.35(m)$$

式中 a_i——土条的滑动面中点与圆心 O 的水平距离；

R——圆弧滑动面 $\overset{\frown}{BD}$ 的半径；

d——$\overline{BD}$ 弦的长度，$d=\dfrac{H}{\sin\alpha}$；

θ、α——求圆心 O 位置时的参数。

将求得的各土条 α_i 值列于表8-7中。

④ 从图中量取各土条的中心高度 h_i，计算各土条的重力 $W_i(=\gamma b_i h_i)$、$W_i\sin\alpha_i$ 和 $W_i\cos\alpha_i$ 值，其计算结果见表8-7。

表8-7 土坡稳定计算结果

土条编号	土条宽度 b_i (m)	土条中心高 h_i (m)	土条重力 W_i (kN)	α_i (°)	$W_i\sin\alpha_i$ (kN)	$W_i\cos\alpha_i$ (kN)
1	1	0.60	11.16	9.5	1.84	11.00
2	1	1.80	33.48	16.5	9.51	32.11
3	1	2.85	53.01	23.8	21.42	48.50
4	1	3.75	69.75	31.6	36.55	59.43
5	1	4.10	76.26	40.1	49.11	58.34
6	1	3.05	56.73	49.8	43.28	36.59
7	1.15	1.50	32.09	63.0	28.55	14.57
合计					190.30	260.54

⑤ 计算滑动面圆弧长度 $\hat{L}$。

$$\hat{L}=\frac{\pi}{180}\times 2\theta R=\frac{2\times\pi\times 34\times 8.35}{180}=9.91(\text{m})$$

⑥ 用式(8-45)计算土坡的稳定安全系数 K。

$$K=\frac{\tan\varphi\sum_{i=1}^{7}W_i\cos\alpha_i+c\hat{L}}{\sum_{i=1}^{7}W_i\sin\alpha_i}=\frac{\tan 12°\times 260.54+16.7\times 9.91}{190.30}=1.16$$

任务 8.3 地基承载力分析

引 例

地基承受建筑物荷载的作用后,内部应力将发生变化:一方面附加应力引起地基内土体变形,造成建筑物的沉降;另一方面,引起地基内土体的剪应力增加。若地基中某点沿某方向剪应力达到土的抗剪强度,该点即处于极限平衡状态,若应力再增加,该点就会发生破坏。随着外部荷载的不断增大,土体内部存在多个破坏点,若这些点连成整体,就形成了破坏面。地基中一旦形成了整体的滑动面,建筑物就会发生急剧沉降、倾斜,导致建筑物失去使用功能,这种状态称为地基土失稳或丧失承载能力。

地基承受荷载的能力称为地基的承载力,通常可分为两种:一种是极限承载力,它是指地基即将丧失稳定性时的承载力;另一种是容许承载力,它是指地基稳定、有足够的安全度,并且变形控制在建筑物容许范围内时的承载力。

8.3.1 地基的破坏形式

1. 地基破坏的 3 个阶段

通过地基土现场荷载试验可得到其荷载 p 与沉降 s 的关系曲线,即 $p-s$ 曲线,从 $p-s$ 曲线形态来看,地基破坏的过程一般将经历如下 3 个阶段。

(1) 压密阶段[或称线弹性变形阶段,图 8.51(a)]

在这一阶段,$p-s$ 曲线接近于直线,土中各点的剪应力均小于土的抗剪强度,土体处于弹性平衡状态。在这一阶段,荷载板的沉降主要是由于土的压密变形引起的,如图 8.51(d)中 $p-s$ 曲线上的 Oa 段。通常将 $p-s$ 曲线上相应于 a 点的荷载称为比例界限荷载 p_{cr}。

(2) 剪切阶段[或称弹塑性变形阶段,图 8.51(b)]

在这一阶段,$p-s$ 曲线已不再保持线性关系,沉降的增长率随荷载的增大而增加。在这个阶段,地基土中局部范围内(首先在基础边缘处)的剪应力达到土的抗剪强度,土体发

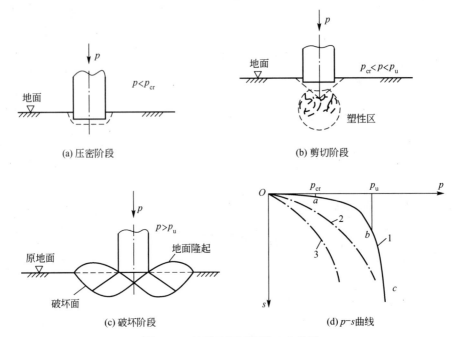

图 8.51 地基破坏过程的 3 个阶段

生剪切破坏,这些区域也称塑性区。随着荷载的继续增加,土中塑性区的范围也逐步扩大,直到土中形成连续的滑动面。因此,剪切阶段也是地基中塑性区的发生与发展阶段。剪切阶段相当于图 8.51(d) 中 $p-s$ 曲线上的 ab 段,而 b 点对应的荷载称为极限荷载 p_u。

(3) 破坏阶段[图 8.51(c)]

当荷载超过极限荷载后,荷载板急剧下沉,即使不增加荷载,沉降也不能稳定,这表明地基进入了破坏阶段。在这一阶段,由于土中塑性区范围的不断扩展,最后在土中形成连续滑动面,土从荷载板四周挤出隆起,基础急剧下沉或向一侧倾斜,地基发生整体剪切破坏。破坏阶段相当于图 8.51(d) 中 $p-s$ 曲线上的 bc 段。

$p-s$ 曲线中相应于地基变形破坏的 3 个阶段,有两个界限荷载:前一个是相当于从压密阶段过渡到剪切阶段的界限荷载,称为比例界限荷载或临塑荷载,一般记为 p_{cr};后一个是相应于从剪切阶段过渡到破坏阶段的界限荷载,称为极限荷载,记为 p_u。显然,以极限荷载 p_u 作为地基的容许承载力是极不安全的,而将临塑荷载作为地基的容许承载力,又偏于保守,因为在剪切阶段,只要保证塑性区最大深度不超过某一界限,地基就不会形成连通的滑动面,也就不会发生整体剪切破坏。实践表明,地基土中塑性变形区的最大深度 z_{max} 达到 $1/4 \sim 1/3$ 的基础宽度时,地基仍是安全的。与塑性区最大深度 z_{max} 相对应的荷载强度,称为临界荷载,如相应于 $z_{max}=b/4$ 时的临界荷载用 $p_{\frac{1}{4}}$ 表示。

2. 地基破坏的主要形式

地基土的破坏是由于抗剪强度的不足引起的剪切破坏。通过地基土现场荷载试验成果分析,可以了解地基破坏机理。一般认为,在基础荷载作用下,地基土体随着土的性状的不同,会发生 3 种形式的破坏,分别是整体剪切破坏、局部剪切破坏和冲剪破坏。

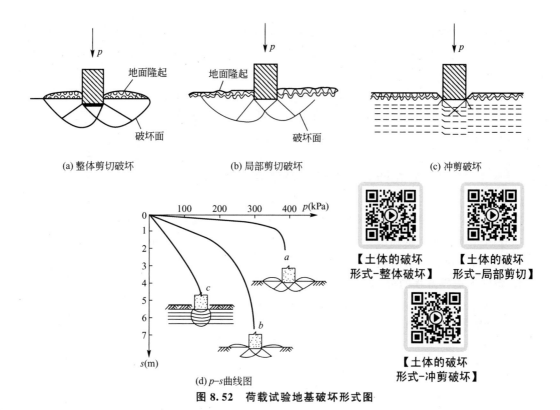

图 8.52 荷载试验地基破坏形式图

(1) 整体剪切破坏[图 8.52(a)]

当基础上荷载较小时,基础下形成一个三角形压密区,随同基础压入土中,这时 p-s 曲线如图 8.52(d)中的曲线 a 呈直线关系。随着荷载增加,压密区向两侧挤压,土中产生塑性区,塑性区先在基础边缘产生,然后逐步扩大扩展。这时基础的沉降增长率较前一阶段增大,故 p-s 曲线呈曲线状。当荷载达到最大值后,土中形成连续滑动面,并延伸到地面,土从基础两侧挤出并隆起,基础沉降急剧增加,整个地基失稳破坏,p-s 曲线上出现明显的转折点,其相应的荷载称为极限荷载。整体剪切破坏常发生在浅埋基础下的密砂或硬黏土等坚实地基中。当发生这种类型的破坏时,建筑物会突然倾倒。

(2) 局部剪切破坏[图 8.52(b)]

随着荷载的增加,基础下也产生压密区及塑性区,但塑性区仅仅发展到地基某一范围内,土中滑动面并不延伸到地面,基础两侧地面微微隆起,没有出现明显的裂缝。其 p-s 曲线如图 8.52(d)中的曲线 b,曲线也有一个转折点,但不像整体剪切破坏那么明显。局部剪切破坏常发生于中等密实砂土中。

(3) 冲剪破坏[刺入剪切破坏,图 8.52(c)]

在基础下没有明显的连续滑动面,随着荷载的增加,基础随着土层发生压缩变形而下沉。随着荷载继续增加,基础周围附近土体发生竖向剪切破坏,使基础刺入土中,刺入剪切破坏的 p-s 曲线如图 8.52(d)中的曲线 c,该曲线没有明显的转折点,没有明显的比例界限及极限荷载,这种破坏形式常发生在松砂及软土中。

地基的破坏形式主要与土的压缩性有关,一般来说,对于密实砂土和坚硬黏土将出现整体剪切破坏,而对于压缩性比较大的松砂和软黏土,将可能出现局部剪切或刺入剪切破坏。此外，破坏形式还与基础埋深、加荷速率等因素有关。当基础埋深较浅、荷载快速施加时，将趋向于发生整体剪切破坏；当基础埋深较大时，无论是砂性土还是黏性土地基，最常见的破坏形态是局部剪切破坏。

在基础设计中，要求地基压应力的计算值不超过地基容许承载力。地基容许承载力一般可通过如下3种途径确定：①利用理论公式；②利用现场荷载试验结果；③按公路桥涵设计规范方法。

8.3.2 按理论公式计算临塑荷载及临界荷载

在实践中，可以根据建筑物的不同要求，用临塑荷载或临界荷载作为地基容许承载力，如我国《建筑地基基础设计规范》（GB 50007—2011）就是用临界荷载 $p_{\frac{1}{4}}$ 作为地基土的容许承载力。现就临塑荷载及临界荷载的理论计算公式介绍如下。

1. 塑性区边界方程的推导

如图 8.53(a)所示，在地基表面作用条形均布荷载 p，用条形荷载下土中任一点的主应力公式计算土中任一点 M 由 p 引起的最大与最小主应力 σ_1 和 σ_3，即

$$\left.\begin{array}{l}\sigma_1\\\sigma_3\end{array}\right\} = \frac{p}{\pi}[2\alpha \pm \sin 2\alpha] \tag{8-46}$$

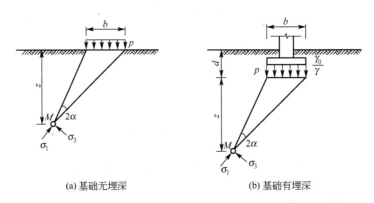

(a) 基础无埋深 (b) 基础有埋深

图 8.53 均布条形荷载下地基中主应力计算

当考虑土体重力的影响时，则 M 点由土体重力产生的竖向应力为 $\sigma_{cz}=\gamma z$，水平向应力为 $\sigma_{cx}=K_0\gamma z$。当土体处于极限平衡状态时，可假定土的侧压力系数 $K_0=1.0$，此时土的重力产生的压应力将如同静水压力一样，在各个方向是相等的且为 γz。于是，当考虑土的重力时，M 点的最大及最小主应力为

$$\left.\begin{array}{l}\sigma_1\\\sigma_3\end{array}\right\} = \frac{p}{\pi}[2\alpha \pm \sin 2\alpha] + \gamma z \tag{8-47}$$

当条形基础的埋置深度为 d 时[图 8.53(b)]，基底附加压力为 $p-\gamma_0 d$，由土自重作用在 M 点产生的主应力为 $\gamma_0 d + \gamma z$。由此可得土中任一点 M 的主应力为

$$\left.\begin{array}{l}\sigma_1\\\sigma_3\end{array}\right\} = \frac{p}{\pi}[2\alpha \pm \sin 2\alpha] + \gamma z + \gamma_0 d \tag{8-48}$$

若 M 点位于塑性区的边界上，即 M 点处于极限平衡状态。根据土的极限平衡条件可知，当土中某点处于极限破坏状态时，其主应力应满足下述条件。

$$\sin\varphi = \frac{\frac{1}{2}(\sigma_1-\sigma_3)}{\frac{1}{2}(\sigma_1+\sigma_3)+c\cot\varphi} \tag{8-49}$$

将 M 点的主应力代入式(8-49)得

$$\sin\varphi = \frac{\dfrac{p-\gamma_0 d}{\pi}\sin 2\alpha}{\dfrac{p-\gamma_0 d}{\pi}2\alpha+\gamma_0 d+\gamma z+c\cot\varphi} \tag{8-50}$$

整理后得

$$z = \frac{p-\gamma_0 d}{\gamma\pi}\left(\frac{\sin 2\alpha}{\sin\varphi}-2\alpha\right)-\frac{c\cdot\cot\varphi}{\gamma}-d\cdot\frac{\gamma_0}{\gamma} \tag{8-51}$$

式(8-51)即为土中塑性区边界线的表达式。若已知条形基础的尺寸 b 和 d、荷载 p 及土性指标，假定不同的视角 2α 值代入式(8-51)求出相应的深度 z 值，将这一系列由(2α, z)值决定位置的点连起来，就得到条形均布荷载作用下土中塑性区的边界线，也即土中塑性区的开展范围。

在土中塑性区边界线表达式中对 α 求导数，并令此导数等于零，可求得相应的 2α 角为

$$2\alpha = \frac{\pi}{2}-\varphi \tag{8-52}$$

将此 2α 值代入塑性区边界线表达式，即得地基中塑性区开展的最大深度 z_{max} 的计算公式，由此解得

$$z_{max} = \frac{p-\gamma_0 d}{\gamma\pi}\left[\cot\varphi-\left(\frac{\pi}{2}-\varphi\right)\right]-\frac{c\cdot\cot\varphi}{\gamma}-d\cdot\frac{\gamma_0}{\gamma} \tag{8-53}$$

从式(8-53)即可得到相应的基底均布荷载 p 的表达式。

$$p = 4N_r\gamma z_{max}+N_q\gamma_0 d+N_c c \tag{8-54}$$

2. 临塑荷载及临界荷载的计算

分别令 $z_{max}=0$ 和 $z_{max}=b/4$（b 为基础宽度），代入式(8-54)，对应的基底压力 p 即为临塑荷载 p_{cr} 和临界荷载 $p_{\frac{1}{4}}$。

$$p_{cr} = N_q\gamma_0 d+N_c c \tag{8-55}$$

$$p_{\frac{1}{4}} = N_r\gamma b+N_q\gamma_0 d+N_c c \tag{8-56}$$

其中，N_r、N_q、N_c 称为承载力系数，它们只与土的内摩擦角有关，其计算公式如下。

$$N_r = \frac{\pi}{4\left(\cot\varphi+\varphi-\dfrac{\pi}{2}\right)}; \quad N_q = \frac{\cot\varphi+\varphi+\dfrac{\pi}{2}}{\cot\varphi+\varphi-\dfrac{\pi}{2}}; \quad N_c = \frac{\pi\cot\varphi}{\cot\varphi+\varphi-\dfrac{\pi}{2}}$$

承载力系数 N_r、N_q、N_c 也可从相应的表格中查得，具体见表 8-8。

表 8-8 承载力系数 N_r、N_q、N_c

$\varphi(°)$	N_r	N_q	N_c	$\varphi(°)$	N_r	N_q	N_c
0	0.00	1.00	3.14	22	0.61	3.44	6.04
2	0.03	1.12	3.32	24	0.80	3.87	6.45
4	0.06	1.25	3.51	26	1.10	4.37	6.90
6	0.10	1.39	3.71	28	1.40	4.93	7.40
8	0.14	1.55	3.93	30	1.90	5.59	7.95
10	0.18	1.73	4.17	32	2.60	6.35	8.51
12	0.23	1.94	4.42	34	3.40	7.21	9.22
14	0.29	2.17	4.69	36	4.20	8.25	9.97
16	0.36	2.43	5.00	38	5.00	9.44	10.80
18	0.43	2.72	5.31	40	5.80	10.84	11.73
20	0.51	3.06	5.66	45	3.66	15.64	14.64

3. 临塑荷载及临界荷载计算公式的适用条件

① 计算公式适用于条形基础。这些计算公式是从平面问题的条形均布荷载情况下导得的，若将它近似地用于矩形基础，其结果是偏于安全的。

② 在计算土中由自重产生的主应力时，假定土的侧压力系数 $K_0=1$，这与土的实际情况不符，但这样可使计算公式简化。

③ 在计算临界荷载 $p_{\frac{1}{4}}$ 时，土中已出现塑性区，但这时仍按弹性理论计算土中应力，这在理论上是相互矛盾的，其所引起的误差随着塑性区范围的扩大而扩大。

【例 8-10】 某条形基础，基础宽 $b=3$m，埋置深度 $d=2$m，作用在基础底面的均布荷载 $p=200$kPa。已知土的内摩擦角 $\varphi=15°$，黏聚力 $c=16$kPa，天然重度为 18kN/m³。求其临塑荷载及临界荷载。

解： 已知土的内摩擦角 $\varphi=15°$，由表 8-8 查得承载力系数 $N_r=0.33$，$N_q=2.30$，$N_c=4.85$。

由式（8-55）得临塑荷载为

$$p_{cr}=N_q\gamma_0 d+N_c c=2.30\times 18\times 2+4.85\times 16=160(\text{kPa})$$

由式（8-56）得临界荷载 $p_{\frac{1}{4}}$ 为

$$p_{\frac{1}{4}}=N_r\gamma b+N_q\gamma_0 d+N_c c=0.33\times 18\times 3+2.30\times 18\times 2+4.85\times 16=178.2(\text{kPa})$$

8.3.3 按极限荷载计算地基承载力

1. 普朗特尔地基极限承载力公式

普朗特尔（Ludwig Prandtl，1875—1953）于 20 世纪初提出了边界层理论，1920 年导出了条形基础的极限承载力公式，1925 年建立了动量传递理论。

普朗特尔在假定条形基础置于地基表面($d=0$)、地基土无重力($g=0$)且基础底面光滑无摩擦力的条件下，根据塑性力学理论求得了基础下形成连续塑性区而处于极限平衡状态时的地基滑动面形态，如图 8.54 所示。地基的极限平衡区可分为 3 个区：在基底下的朗肯主动状态区(Ⅰ区)、基础外侧的朗肯被动状态区(Ⅲ区)及Ⅰ区与Ⅲ区之间的过渡区(Ⅱ区)。相应的地基极限承载力理论公式如下。

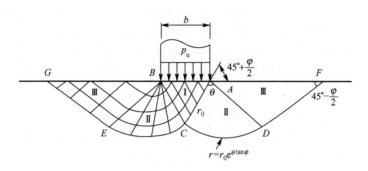

图 8.54　普朗特尔地基滑动面形态

$$p_u = cN_c \tag{8-57}$$

式中承载力系数 $N_c = \left[e^{\pi\tan\varphi} \tan^2\left(\dfrac{\pi}{4} + \dfrac{\varphi}{2}\right) - 1 \right] \cot\varphi$，它是内摩擦角 φ 的函数。

2. 斯肯普顿地基极限承载力公式

斯肯普顿(A. W. Skempton)在 1952 年导出了饱和软黏土地基极限承载力的计算公式。对于饱和软黏土地基土($\varphi=0$)，连续滑动面Ⅱ区的对数螺旋线蜕变成圆弧，如图 8.55 所示。斯肯普顿根据极限状态下各滑动体的平衡条件，导出其地基极限承载力的计算公式为

$$p_u = 5.14c + \gamma_0 d \tag{8-58}$$

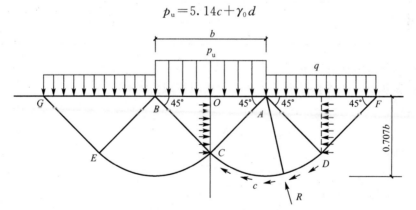

图 8.55　斯肯普顿滑动面

对于矩形基础，地基极限承载力公式为

$$p_u = 5c\left(1 + \dfrac{b}{5l}\right)\left(1 + \dfrac{d}{5b}\right) + \gamma_0 d \tag{8-59}$$

式中　c——地基土黏聚力(kPa)（取基底以下 $0.707b$ 深度范围内的平均值；考虑饱和黏性土和粉土在不排水条件下的短期承载力时，黏聚力应采用土的不排水抗剪强度 c_u）；

b、l——分别为基础的宽度和长度(m)；

γ_0——基础埋置深度 d 范围内土的重度（kN/m^3）。

工程实践证明，用斯肯普顿公式计算的软土地基承载力与实际情况是比较接近的，安全系数 K 可取 1.1～1.3。

3. 太沙基地基极限承载力公式

太沙基（K. Terzaghi, 1943）假定基础底面粗糙，并忽略土的重度对滑动面的影响，假定地基滑动面的形状也可以分成 3 个区，但Ⅰ区内土体不是处于朗肯主动状态，而是处于弹性压密状态，它与基础底面一起移动，并假定滑动面与水平面成 φ 角。Ⅱ区、Ⅲ区与普朗特尔解相似，分别是辐射线和对数螺旋曲线组成的过渡区与朗肯被动状态区。为了推导地基承载力公式，太沙基从实际工程的精度要求出发做了进一步简化，认为浅基础的地基极限承载力可近似地假设为以下 3 种情况的总和。

① 土是无质量的，有黏聚力和内摩擦角，没有超载，即 $\gamma=0$, $c\neq0$, $\varphi\neq0$, $q=0$。
② 土是没有质量的，无黏聚力，有内摩擦角，有超载，即 $\gamma=0$, $c=0$, $\varphi\neq0$, $q\neq0$。
③ 土是有质量的，无黏聚力，有内摩擦角，没有超载，即 $\gamma\neq0$, $c=0$, $\varphi\neq0$, $q=0$。

据此导出如下地基极限承载力基本公式。

$$p_u = \frac{1}{2}\gamma b N_r + q N_q + c N_c \tag{8-60}$$

式中　N_r、N_q、N_c——太沙基承载力系数，它们只与土的内摩擦角有关，可从表 8-9 查得。

表 8-9　太沙基承载力系数

φ	0°	5°	10°	15°	20°	25°	30°	35°	40°	45°
N_r	0	0.51	1.20	1.80	4.0	11.0	21.8	45.4	125	326
N_q	1.0	1.64	2.69	4.45	7.42	12.7	22.5	41.4	81.3	173.3
N_c	5.71	7.32	9.58	12.9	17.6	25.1	37.2	57.7	95.7	172.2

太沙基地基极限承载力基本公式只适用于条形基础（长宽比 $b/l \geqslant 5$，埋深 $d \leqslant b$），对于圆形或方形基础，太沙基提出了半经验的极限荷载公式。

方形基础：

$$p_u = 0.4\gamma b N_r + q N_q + 1.2 c N_c \tag{8-61}$$

圆形基础：

$$p_u = 0.3\gamma D N_r + q N_q + 1.2 c N_c \tag{8-62}$$

式中　D——圆形基础的直径。

上述承载力公式只适用于地基土是整体剪切破坏的情况，即地基土较密实，其 p-s 曲线有明显的转折点，破坏前沉降不大等情况。对于松软土质，地基破坏是局部剪切破坏，沉降较大，其极限荷载较小。在这种情况下太沙基建议采用较小的等效强度指标值 $\bar{c}$、$\bar{\varphi}$ 代入上述各式计算极限承载力，即令

$$\tan\bar{\varphi} = \frac{2}{3}\tan\varphi, \quad \bar{c} = \frac{2}{3}c$$

根据 $\bar{\varphi}$ 值由表 8-9 查得太沙基承载力系数后，再用 $\bar{c}$ 代入承载力公式，即可计算出局部剪切破坏模式下的地基承载力。

用太沙基极限承载力公式计算地基承载力时，其安全系数一般可取为 3。

8.3.4 按荷载试验确定地基承载力

根据荷载试验得到的 $p-s$ 曲线，就可以确定地基的容许承载力，主要考虑以下几个方面。

对于密实砂土、一般硬黏土等低压缩性土，其 $p-s$ 曲线通常有较明显的直线段，如图 8.51(d) 中的曲线 1，可取 a 点所对应的临塑荷载 p_{cr} 作为地基容许承载力。

对于稍松的砂土、新填土、可塑性黏土等中高压缩性土，其 $p-s$ 曲线没有明显的直线段和转折点，如图 8.51(d) 中曲线 2，一般取压缩变形量为 $0.02b$ 所对应的荷载 $p_{0.02b}$ 作为地基容许承载力。

对于少数硬黏土，临塑荷载 p_{cr} 接近极限荷载 p_u，可取 p_u/K（K 为安全系数，取 $K=2$）作为地基容许承载力。

由于地基承载力还与基础的形状、底面尺寸、埋置深度等有关，而荷载试验用的承压板尺寸远小于实际基础的底面尺寸，因此，根据上述方法计算所得的地基容许承载力是偏于保守的。

8.3.5 按规范确定地基承载力

现行的《公路桥涵地基与基础设计规范》(JTG D63—2007)，是在《公路桥涵地基与基础设计规范》(JTJ 024—1985) 的基础上，吸取国内有关科研、设计、检测等单位的研究成果和实际工程经验，得出的在一般情况下都能适用的基本方法。

其方法和步骤如下。

(1) 确定地基土的类别、状态和物理力学性质指标

进行必要的土工试验，确定地基土的物理性质和状态指标。对于一般的黏性土，主要是液性指数 I_L 和天然孔隙比 e；对于砂性土，主要是密实度和水位情况；其他土类所需指标见设计规范。

(2) 确定地基承载力基本容许值 $[f_{a0}]$

当基础宽度 $b \leqslant 2m$，埋置深度 $h \leqslant 3m$ 时，地基土的容许承载力可从规范相应的表中根据地基承载力基本容许值 $[f_{a0}]$ 直接查得。现将常用土类的 $[f_{a0}]$ 值列于表 8-10～表 8-16。

① 黏性土。

a. 一般黏性土地基承载力基本容许值 $[f_{a0}]$，可按 I_L 和 e 查表 8-10 得出。

表 8-10　一般黏性土地基承载力基本容许值 $[f_{a0}]$　　单位：kPa

e	I_L												
	0	0.1	0.2	0.3	0.4	0.5	0.6	0.7	0.8	0.9	1.0	1.1	1.2
0.5	450	440	430	420	400	380	350	310	270	240	220	—	—
0.6	420	410	400	380	360	340	310	280	250	220	200	180	—
0.7	400	370	350	330	310	290	270	240	220	190	170	160	150

续表

e	I_L												
	0	0.1	0.2	0.3	0.4	0.5	0.6	0.7	0.8	0.9	1.0	1.1	1.2
0.8	380	330	300	280	260	240	230	210	180	160	150	140	130
0.9	320	280	260	240	220	210	190	180	160	140	130	120	100
1.0	250	230	220	210	190	170	160	150	140	120	110	—	—
1.1	—	—	160	150	140	130	120	110	100	90	—	—	—

注：1. 当土中含有粒径大于2mm的颗粒质量超过总质量的30%以上者，$[f_{a0}]$可适当提高。
2. 当$e<0.5$时，取$e=0.5$；当$I_L<0$时，取$I_L=0$。此外，超过表列范围的一般黏性土，$[f_{a0}]=57.22E_s^{0.57}$。

b. 新近沉积黏性土地基承载力基本容许值$[f_{a0}]$，可按I_L和e查表8-11得出。

表 8-11　新近沉积黏性土地基承载力基本容许值$[f_{a0}]$　　　单位：kPa

e	I_L		
	≤0.25	0.75	1.25
≤0.8	140	120	100
0.9	130	110	90
1.0	120	100	80
1.1	110	90	—

c. 老黏性土地基承载力基本容许值$[f_{a0}]$，可按弹性模量E_s查表8-12得出。

表 8-12　老黏性土地基承载力基本容许值$[f_{a0}]$

E_s(MPa)	10	15	20	25	30	35	40
$[f_{a0}]$ (kPa)	380	430	470	510	550	580	620

② 砂土。砂土地基承载力基本容许值$[f_{a0}]$，可按表8-13选用。

表 8-13　砂土地基承载力基本容许值$[f_{a0}]$　　　单位：kPa

土名及水位情况		密实度			
		密实	中密	稍密	松散
砾砂、粗砂	与湿度无关	550	430	370	200
中砂	与湿度无关	450	370	330	150
细砂	水上	350	270	230	100
	水下	300	210	190	—
粉砂	水上	300	210	190	—
	水下	200	110	90	—

③ 碎石。碎石地基承载力基本容许值$[f_{a0}]$，可按表 8-14 选用。

表 8-14　碎石地基承载力基本容许值$[f_{a0}]$　　　　　　单位：kPa

土　名	密实度			
	密实	中密	稍密	松散
卵石	1000～1200	650～1000	500～650	300～500
碎石	800～1000	550～800	400～550	200～400
圆砾	600～800	400～600	300～400	200～300
角砾	500～700	400～500	300～400	200～300

注：1. 由硬质岩组成，填充砂土者取高值；由软质岩组成，填充黏性土者取低值。
　　2. 半胶结的碎石土，可按密实的同类土的$[f_{a0}]$值提高 10%～30%。
　　3. 松散的碎石土在天然河床中很少遇见，需特别注意鉴定。
　　4. 漂石、块石的$[f_{a0}]$值，可参照卵石、碎石适当提高。

④ 岩石。一般岩石地基可根据强度等级、节理按表 8-15 确定承载力基本容许值$[f_{a0}]$。对于复杂的岩层（如溶洞、断层、软弱夹层、易溶岩石、软化岩石等），应按各项因素综合确定。

表 8-15　岩石地基承载力基本容许值$[f_{a0}]$　　　　　　单位：kPa

坚硬程度	节理发育程度		
	节理不发育	节理发育	节理很发育
坚硬岩	>3000	2000～3000	1500～2000
较硬岩	1500～3000	1000～1500	800～1000
软岩	1000～1200	800～1000	500～800
极软岩	400～500	300～400	200～300

岩石地基的承载力与岩石的成因、构造、矿物成分、形成年代、裂隙发育程度和水浸湿影响等因素有关。

⑤ 粉土。粉土地基承载力基本容许值$[f_{a0}]$，可按 w 和 e 查表 8-16 得出。

表 8-16　粉土地基承载力基本容许值$[f_{a0}]$　　　　　　单位：kPa

e	w					
	10%	15%	20%	25%	30%	35%
0.5	400	380	355	—	—	—
0.6	300	290	280	270	—	—
0.7	250	235	225	215	205	—
0.8	200	190	180	170	165	—
0.9	160	150	145	140	130	125

(3) 计算修正后的地基承载力容许值$[f_a]$

地基承载力容许值不仅与地基土的性质有关，而且与基础底面尺寸、埋置深度等有关。因此，当基底宽度 $b>2m$，埋置深度 $h>3m$，且 $h/b\leqslant 4$ 时，地基的承载力容许值应该修正，修正后的地基承载力容许值 $[f_a]$ 可按式(8-63)计算。当基础位于水中不透水地层上时，$[f_a]$ 按平均常水位至一般冲刷线的水深每米再增大 10kPa。

$$[f_a]=[f_{a0}]+k_1\gamma_1(b-2)+k_2\gamma_2(h-3) \tag{8-63}$$

式中 $[f_a]$——修正后的地基承载力容许值(kPa)；

b——基础底面的最小边宽(m)(当 $b<2$ 时，取 $b=2m$；当 $b>10m$ 时，取 $b=10m$)；

h——基底埋置深度(m)，自天然地面起算，有水流冲刷时自一般冲刷线起算(当 $h<3m$ 时，取 $h=3m$；当 $h/b>4$ 时，取 $h=4b$)；

k_1、k_2——基底宽度、深度修正系数，根据基底持力层土的类别按表 8-17 确定；

γ_1——基底持力层土的天然重度(kN/m^3)（若持力层在水面以下且为透水者，应取浮重度）；

γ_2——基底以上土层的加权平均重度(kN/m^3)（换算时当持力层在水面以下，且不透水时，不论基底以上土的透水性质如何，一律取饱和重度；当透水时，水中部分土层则应取浮重度）。

关于深度和宽度的修正问题，应该注意：从地基强度考虑，基础越宽，承载力越大，但从沉降方面考虑，在荷载强度相同的情况下，基础越宽，沉降越大，这在黏性土地基上尤其明显，故在表 8-17 中黏性土的 k_1 为零，即不做宽度修正。对其他土的宽度修正，也做了一定的限制，如规定当 $b>10m$ 时，按 $b=10m$ 计。对深度的修正由于公式是按浅基础概念导出的，为了安全相对埋深限制 $h/b\leqslant 4$。

表 8-17 地基土承载力基底宽度与深度修正系数 k_1、k_2

土类 系数	黏性土			粉土	砂土							碎石土			
	老黏性土	一般黏性土		新近沉积黏性土		粉砂		细砂		中砂		砾砂、粗砂		碎石、圆砾、角砾		卵石	
		$I_L\geqslant 0.5$	$I_L<0.5$			中密	密实	中密	密实	中密	密实	中密	密实	中密	密实	中密	密实
k_1	0	0	0	0	0	1.0	1.2	1.5	2.0	2.0	3.0	3.0	4.0	3.0	4.0	3.0	4.0
k_2	2.5	1.5	2.5	1.0	1.5	2.0	2.5	3.0	4.0	4.0	5.5	5.0	6.0	5.0	6.0	6.0	10.0

注：1. 对于稍密实和松散状态的砂、碎石土，k_1、k_2 值可采用表列中密值的 50%。
2. 强风化和全风化的岩石，可参照所风化成的相应土类取值；其他状态下的岩石不修正。

(4) 地基承载力容许值的提高

地基承载力容许值 $[f_a]$ 应根据地基受荷阶段和受荷情况，乘以下列规定的抗力系数 γ_R。

① 使用阶段。

a. 当地基承受作用短期效应组合或作用效应偶然组合时，可取 $\gamma_R=1.25$；但对承载力容许值 $[f_a]$ 小于 150kPa 的地基，应取 $\gamma_R=1.0$。

b. 当地基承受的作用短期效应组合仅包括结构自重、预加力、土重、土侧压力、汽车和人群效应时，应取 $\gamma_R=1.0$。

c. 当基础建于经多年压实未遭破坏的旧桥基(岩石旧桥基除外)上时，不论地基承受的作用情况如何，抗力系数均可取 $\gamma_R=1.5$；对 $[f_a]$ 小于 150kPa 的地基，可取 $\gamma_R=1.25$。

d. 当基础建于岩石旧桥基上时，应取 $\gamma_R=1.0$。

② 施工阶段。

a. 地基在施工荷载作用下，可取 $\gamma_R=1.25$。

b. 当墩台施工期间承受单向推力时，可取 $\gamma_R=1.5$。

【例 8-11】 某桥墩基础如图 8.56 所示。已知基础底面宽度 $b=5m$，长度 $l=10m$，埋置深度 $h=4m$，作用在基底中心的竖向荷载 $N=8000kN$，地基土的性质如图 8.56 所示。试按《公路桥涵地基与基础设计规范》(JTG D63—2007)确定地基是否满足强度要求。(取 $\gamma_w=10kN/cm^3$)

解： 首先判定地基承载力容许值是否需要修正。已知基础底面宽度 $b=5m$，埋置深度 $h=4m$，可得 $h/b=0.80<4$，因此，该地基的承载力容许值需要进行修正。

由已知地基以下的持力层为中密粉砂（水下），查表 8-13，可得 $[f_{a0}]=110kPa$；且中密粉砂在水下为透水层，故 $\gamma_1=\gamma_{sat}-\gamma_w=20-10=10(kN/cm^3)$。

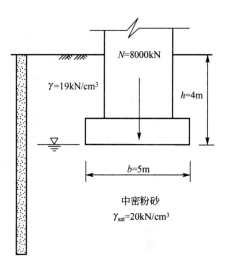

图 8.56 某桥墩基础

地基以上土为水上的中密粉砂，故 $\gamma_2=19kN/cm^3$；由表 8-17 查得 $k_1=1.0$，$k_2=2.0$。将以上数据代入式(8-63)得

$$[f_a]=[f_{a0}]+k_1\gamma_1(b-2)+k_2\gamma_2(h-3)$$
$$=110+1\times10\times(5-2)+2\times19\times(4-3)$$
$$=178(kPa)$$

基底压力：$\sigma=\dfrac{N}{bl}=\dfrac{8000}{5\times10}=160(kPa)<[f_a]=178kPa$

故地基强度满足要求。

任务 8.4　土的直剪试验

1. 目的和适用范围

直剪试验的目的是测定试样的抗剪强度；本试验适用于渗透系数小于 $10^{-6}cm/s$ 的黏质土。

2. 仪器设备

① 应变控制式直剪仪：由剪切盒、垂直加荷设备、剪切传动装置和测力计组成。

② 环刀：内径 61.8mm，高 20mm。

③ 位移量测设备：百分表或传感器。百分表量程为 10mm，分度值为 0.01mm；传感器的精度应为零级。

3. 试样

(1) 原状土试样制备

① 每组试样制备不得少于4个。

② 按土样上下层次小心开启原状土包装皮，将土样取出放正，整平两端。在环刀内壁涂一薄层凡士林，刀口向下，放在土样上。无特殊要求时，切土方向应与天然土层面垂直。

③ 将试验用的切土环刀内壁涂一薄层凡士林，刀口向下，放在试件上，用切土刀将试件削成略大于环刀直径的土柱。然后将环刀垂直向下压，边压边削，至土样伸出环刀上部为止，削平环刀两端，擦净环刀外壁，称环土合质量，准确至0.1g，并测定环刀两端所削下土样的含水率。试件与环刀要密合，否则应重取。切削过程中，应细心观察并记录试件的层次、气味、颜色，有无杂质，土质是否均匀，有无裂缝等。如连续切取数个试件，应使含水率不发生变化。视试件本身及工程要求，决定试件是否进行饱和，如不立即进行试验或饱和时，则将试件暂存于保湿器内。切取试件后，剩余的原状土样用蜡纸包好，置于保湿器内，以备补做试验之用。切削的余土做物理性试验。平行试验或同一组试件密度差值不大于±0.1g/cm³，含水率差值不大于2%。

(2) 扰动土试样制备

① 对细粒土扰动土样进行土样描述，如颜色、土类、气味及夹杂物等。如有需要，将扰动土样充分拌匀，取代表性土样进行含水率测定。

② 将块状扰动土放在橡皮板上，用木碾或粉碎机将其碾散，但切勿压碎颗粒。如含水率较大不能碾散时，应风干至可碾散时为止。

③ 根据试验所需土样数量，将碾散后的土样过筛。物理性试验如液限、塑限、缩限等试验，需过0.5mm筛；常规水理及力学试验土样，需过2mm筛。按规定过标准筛后，取出足够数量代表性试样，然后分别装入容器内，标以标签。标签上应注明工程名称、土样编号、过筛孔径、用途、制备日期和人员等，以备各项试验之用。若系含有多量粗砂及少量细粒土(泥砂或黏土)的松散土样，应加水润湿松散后，用四分法取出代表性试样。若系净砂，则可用匀土器取代表性试样。

④ 为配制一定含水率的试样，取过2mm筛的足够试验用的风干土1~5kg，按式(8-64)计算制备土样所需加水量。

$$m_w = \frac{m}{1+0.01w_h} \times 0.01(w-w_h) \qquad (8-64)$$

式中 m_w——土样所需加水量(g)；

m——风干含水率时土样质量(g)；

w_h——风干含水率(%)；

w——土样所要求的含水率(%)。

将所取土样平铺于不吸水盘内，用喷雾设备喷洒预计的加水量，并充分拌和；然后将土样装入容器内盖紧，润湿一昼夜备用(砂类土浸润时间可酌量缩短)。

⑤ 测定湿润土样不同位置的含水率(至少两个以上)，要求差值满足含水率测定的允许平行差值。

⑥ 对不同土层的土样制备混合试样时，应根据各土层厚度，按比例计算相应质量配合，然后按本方法步骤①~④进行扰动土的制备。

(3) 试件饱和

土的孔隙逐渐被水填充的过程称为饱和。孔隙被水充满时的土,称为饱和土。土的性质决定土的饱和方法。

对于砂类土,可直接在仪器内浸水饱和;对于较易透水的黏性土,即渗透系数大于 10^{-4} cm/s 的黏性土,采用毛细管饱和法较为方便,也可采用浸水饱和法;对于不易透水的黏性土,即渗透系数小于 10^{-4} cm/s 的黏性土,可采用真空饱和法。如土的结构性较弱,抽气可能发生扰动,则不宜采用真空饱和法。

4. 试验步骤

① 对准剪切容器上下盒,插入固定销,在下盒内放透水石和滤纸,将带有试样的环刀刃向上,对准剪切盒口,在试样上放滤纸和透水石,将试样小心地推入剪切盒内。

② 移动传动装置,使上盒前端钢珠刚好与测力计接触,依次加上传压板、加压框架,安装垂直位移量测装置,测记初始读数。

③ 根据工程实际和土的软硬程度施加各级垂直压力,然后向盒内注水;当试样为非饱和试样时,应在加压板周围包以湿棉花。

④ 施加垂直压力,每 1h 测记垂直变形一次。试样固结稳定时的垂直变形值为:黏土垂直变形每 1h 不大于 0.005mm。

⑤ 拔去固定销,固结快剪试验的剪切速度为 0.8mm/min,在 3～5min 内剪损,并每隔一定时间测记测力计百分表读数,直至剪损。

⑥ 试样剪损时间可按式(8-65)估算。

$$t_f = 50 t_{50} \qquad (8-65)$$

式中　t_f——达到剪损所经历的时间(min);

　　　t_{50}——固结度达到50%所需的时间(min)。

⑦ 当测力计百分表读数不变或后退时,继续剪切至剪切位移为 4mm 时停止,记下破坏值。当剪切过程中测力计百分表无峰值时,剪切至剪切位移达 6mm 时停止。

⑧ 剪切结束,吸去盒内积水,退掉剪切力和垂直力,移动压力框架,取出试样,测定其含水率。

5. 结果整理

① 剪切位移按式(8-66)计算。

$$\Delta l = 20n - R \qquad (8-66)$$

式中　Δl——剪切位移(kPa),计算至 0.01kPa;

　　　n——手轮转数;

　　　R——百分表读数。

② 剪应力按式(8-67)计算。

$$\tau = CR \qquad (8-67)$$

式中　τ——剪应力(kPa),计算至 0.1kPa;

　　　C——测力计校正系数,6.21kPa/0.01mm。

③ 以剪应力 τ 为纵坐标,以剪切位移 Δl 为横坐标,绘制 $\tau - \Delta l$ 的关系曲线,如图 8.57 所示。

④ 以垂直压力 p 为横坐标,抗剪强度 S 为纵坐标,将每一试样的抗剪强度点绘在

坐标纸上，并连成一直线。此直线的倾角为摩擦角 φ，纵坐标上的截距为凝聚力 c，如图 8.58 所示。

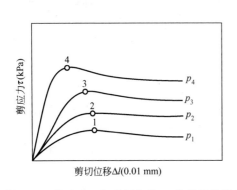

图 8.57　剪应力 τ 与剪切位移 Δl 的关系曲线

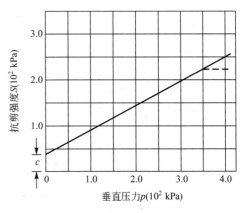

图 8.58　抗剪强度 S 与垂直压力 p 的关系曲线

⑤ 本试验记录格式，见表 8-18。

表 8-18　直剪试验表

土样编号_____　　　　　　　　班　级_____
试验方法　固结快剪　　　　　　　　试验小组_____
环刀面积　$F=30\mathrm{cm}^2$　　　　　　姓　名_____
土样说明_____　　　　　　　　试验日期_____

仪器编号	(1)	(1)				
量力环号码	(2)	(2)				
垂直压应力 σ(kPa)	(3)	(3)	50	100	200	300	400
量力环初读数(0.01mm)	(4)	(4)				
量力环终读数(0.01mm)	(5)	(5)				
量力环读数差 R(0.01mm)	(6)	(5)-(4)				
量力环系数 C(kPa/0.01mm)	(7)	(7)				
抗剪强度 τ(kPa)	(8)	(6)×(7)				

应用 Excel，并根据线性回归分析，确定土体强度公式。

小　结

1. 土的强度指标与测定

（1）土的抗剪强度是指土体抵抗剪切破坏的极限能力，其大小就等于剪切破坏时滑动面上的剪应力。土的抗剪强度指标是土的黏聚力 c 和内摩擦角 φ。

（2）土的强度理论主要有库仑定律和莫尔－库仑破坏准则。

（3）土的抗剪强度常用的室内测定方法有直接剪切试验、三轴压缩试验、无侧限抗压强度试验等；原位测试有十字板剪切试验等。

2. 土压力计算

(1) 土压力是土体作用在挡土墙墙背的侧向压力。

(2) 土压力类型：静止土压力、主动土压力、被动土压力。

(3) 静止土压力计算公式：$E_0 = \frac{1}{2} K_0 \gamma \cdot h \cdot h = \frac{1}{2} K_0 \gamma h^2$。

(4) 朗肯土压力计算公式：$E = \frac{1}{2}(\gamma H m^2) H = \frac{1}{2} \gamma H^2 m^2$。

(5) 库仑土压力理论假定：匀质砂土；两个滑动面（AB、AC）；土楔体（土体 ABC）。

(6) 库仑土压力计算公式：$E = \frac{1}{2}(\gamma H m^2) H = \frac{1}{2} \gamma H^2 K$。

3. 地基承载力分析

(1) 地基承受荷载的能力称为地基的承载力，通常可分为两种：一种是极限承载力，它是指地基即将丧失稳定性时的承载力；另一种是容许承载力，它是指地基稳定、有足够的安全度，并且变形控制在建筑物容许范围内时的承载力。

(2) 地基破坏的主要形式：整体剪切破坏、局部剪切破坏、冲剪破坏。

(3) 地基承载力的计算方法：理论公式、极限荷载、荷载试验、规范。

4. 土的直剪试验

在土工实验室，会熟练操作土的直剪试验。

复习思考题

1. 什么是土的强度？土的抗剪强度指标有哪些？
2. 简述库仑定理。
3. 试分析莫尔-库仑破坏准则。
4. 简述地基破坏的3个阶段。

能力训练

1. 已知某地基为砂性土，直剪试验结果为某一点所受的最大主应力为300kPa，最小主应力为100kPa。

(1) 绘制莫尔应力圆。

(2) 求土的内摩擦角。

(3) 求土体剪切破坏时，土的最大剪应力和破裂角。

2. 某条形基础承受中心荷载，其底面宽 $b=2$m，埋置深度为 $d=1$m，地基土的重度为20kN/m³，内摩擦角为25°，黏聚力为30kPa。试用理论公式确定地基的临塑荷载和临界荷载。

3. 利用朗肯土压力理论计算图 8.59 所示挡土墙上的主动土压力的分布及其合力，已知填土为黏性土，土的物理性质指标如下：$\gamma=18\mathrm{kN/m^3}$，$\varphi=20°$，$c=12\mathrm{kPa}$，$H=5\mathrm{m}$，$q=20\mathrm{kN/m^2}$。

4. 计算图 8.60 所示挡土墙上的主动土压力的分布图及其合力，墙后填土为黏土，填土面上作用有均布荷载 $q=20\mathrm{kPa}$。

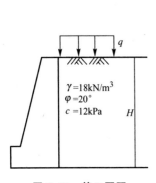

图 8.59　第 3 题图

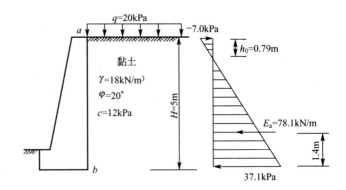

图 8.60　挡土墙上的主动土压力计算

5. 图 8.61 所示为某公路路基挡土墙，其分段长度为 15m，墙高 $H=6\mathrm{m}$，填土重度 $\gamma=18\mathrm{kN/m^3}$，$\varphi=35°$，$c=0$，填土与墙背间的摩擦角 $\delta=\dfrac{2}{3}\varphi$，$\alpha=14°$。试求挡土墙上承受的主动土压力。

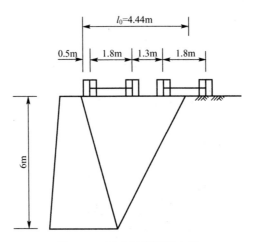

图 8.61　某公路路基挡土墙

【学习情境8题库】

附录 常用地质符号

1. 地层符号

(1) 地层年代符号及颜色

界	系		颜色
新生界 K_z	第四系 Q		黄色
	第三系 R（橙色）	晚第三系 N	淡橙色
		早第三系 E	深橙色
中生界 M_z	白垩系 K		草绿色
	侏罗系 J		蓝色
	三叠系 T		紫色
古生界 P_z	二叠系 P		棕色
	石炭系 C		灰色
	泥盆系 D		褐色
	志留系 S		靛青色
	奥陶系 O		深蓝色
	寒武系 t		橄榄绿色
元古界 P_t	震旦系 Z		蓝灰色
太古界 A_r			

(2) 地层代号

① 岩浆岩。

γ	花岗岩	γ_π	花岗斑岩	λ	流纹岩
δ	闪长岩	δ_π	闪长玢岩	α	安山岩
υ	辉长岩	υ_π	辉绿岩	β	玄武岩

② 沉积岩。

| C_g | 砾岩 | S_s | 砂岩 | S_n | 页岩 |
| b_{te} | 角砾岩 | M_s | 泥灰岩 | L_s | 石灰岩 |

③ 变质岩。

| g_n | 片麻岩 | S | 片岩 | P_n | 千枚岩 |
| S_p | 板岩 | m_b | 大理岩 | q | 石英岩 |

2. 岩性符号
（1）岩浆岩

 花岗岩　　 花岗斑岩　　 流纹岩

 闪长岩　　 闪长玢岩　　 安山岩

 正长岩　　 辉长岩　　 玄武岩

（2）沉积岩

 砾岩　　 角砾岩　　 砂岩

 页岩　　 泥岩　　 泥灰岩

 石炭岩　　 白云岩　　 白云质灰岩

（3）变质岩

 片麻岩　　 片岩　　 千枚岩

 板岩　　 大理岩　　 石英岩

3. 地质构造符号

 地质界线　　 岩浆侵入体界线　　 水平岩层产状

 垂直岩层产状　　 岩层产状　　 背斜轴

 向斜轴　　 倾伏背斜轴　　 倾伏向斜轴

 倒转褶曲　　 正断层　　 逆断层

 平推断层　　 断层破碎带（断面图用）　　 不整合接触线（断面图用）

参 考 文 献

陈洪江. 土木工程地质 [M]. 北京：中国建材工业出版社，2005.
高大钊，袁聚云. 土质学与土力学 [M]. 3 版. 北京：人民交通出版社，2006.
姜尧发. 工程地质 [M]. 北京：科学出版社，2008.
李波. 土力学与地基 [M]. 北京：人民交通出版社，2011.
盛海洋. 工程地质与水文 [M]. 北京：科学出版社，2011.
宿文姬，李子生. 工程地质学 [M]. 广州：华南理工大学出版社，2006.
孙家齐，陈新民. 工程地质 [M]. 3 版. 武汉：武汉理工大学出版社，2007.
王贵荣. 工程地质学 [M]. 北京：机械工业出版社，2009.
熊文林. 工程地质 [M]. 大连：大连理工大学出版社，2011.
杨仲元. 工程地质与水文 [M]. 北京：人民交通出版社，2010.
张忠苗. 工程地质学 [M]. 北京：中国建筑工业出版社，2007.
周东久. 土力学与地基基础 [M]. 北京：人民交通出版社，2005.